酒造りの歴史

【普及版】

柚木 学 著

雄山閣

米洗いの図（『日本山海名産図会』より）

麹つくりの図

酛おろしの図

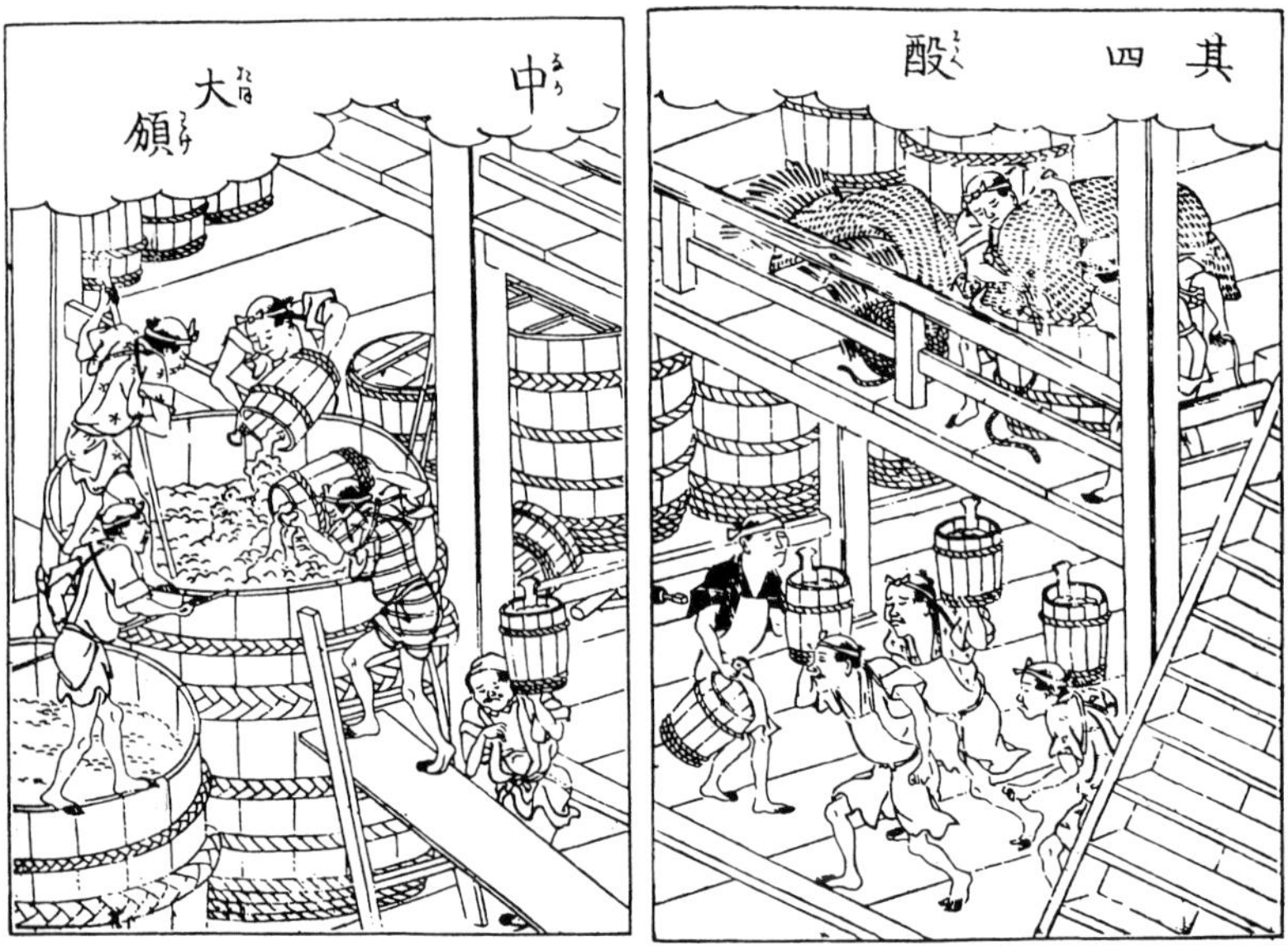

添え仕込の図

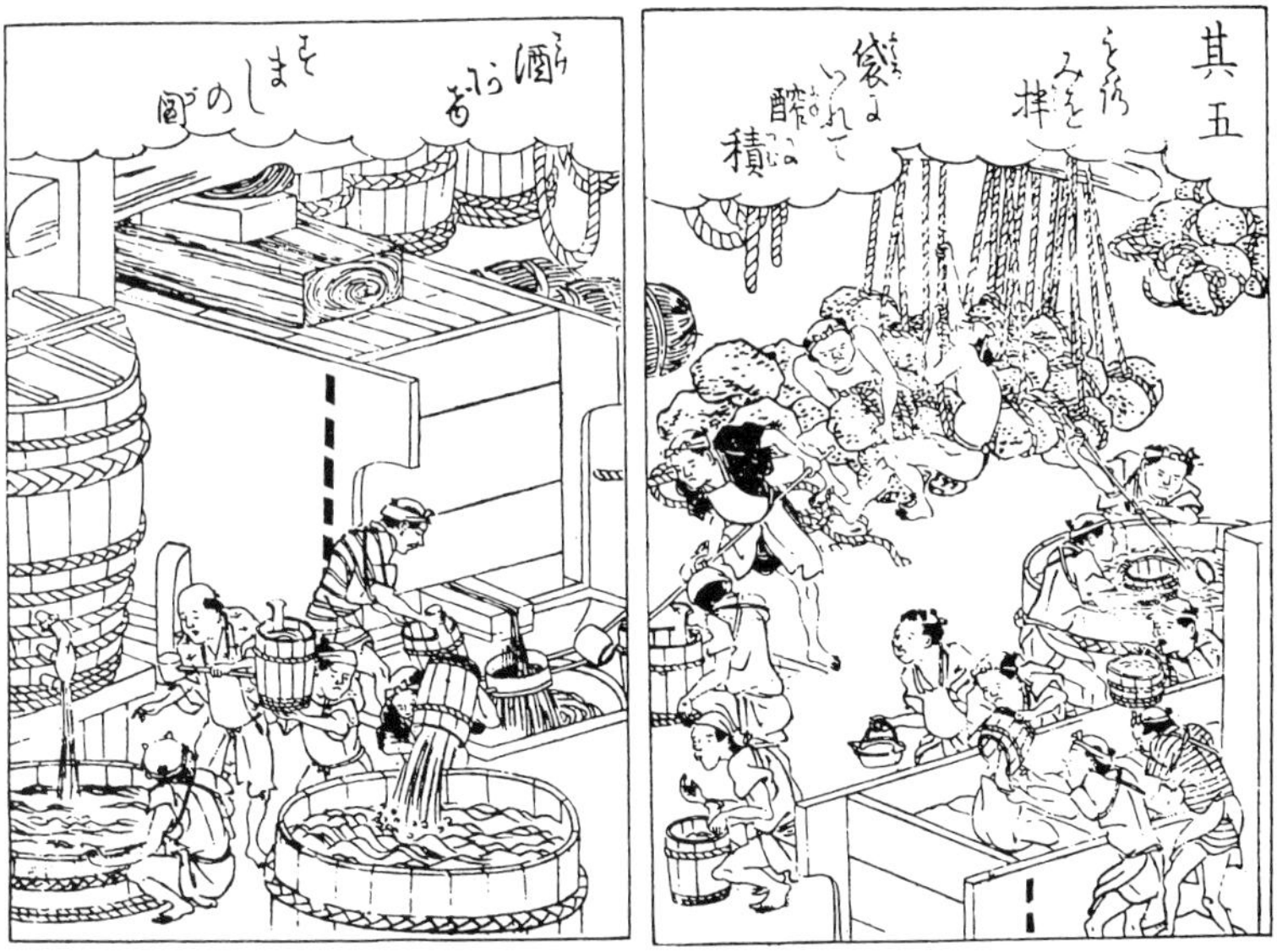

酒しぼりの図

江戸新川の酒問屋風景（『江戸名所図会』より）

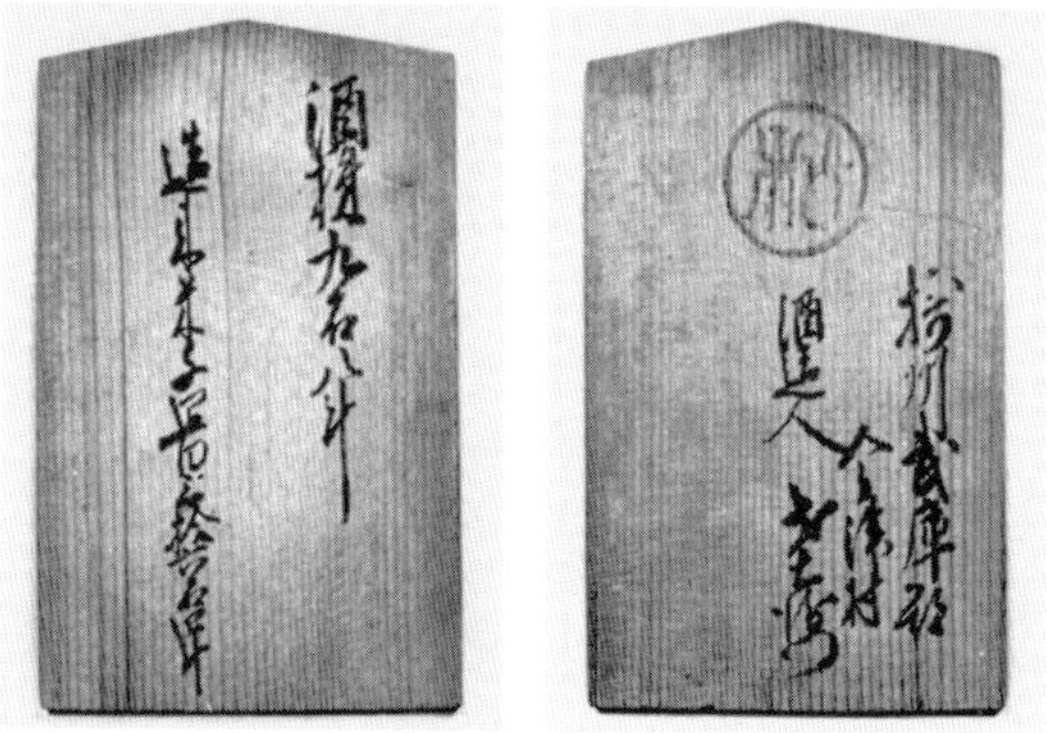

酒造株札（江戸時代）
左は表、右は裏

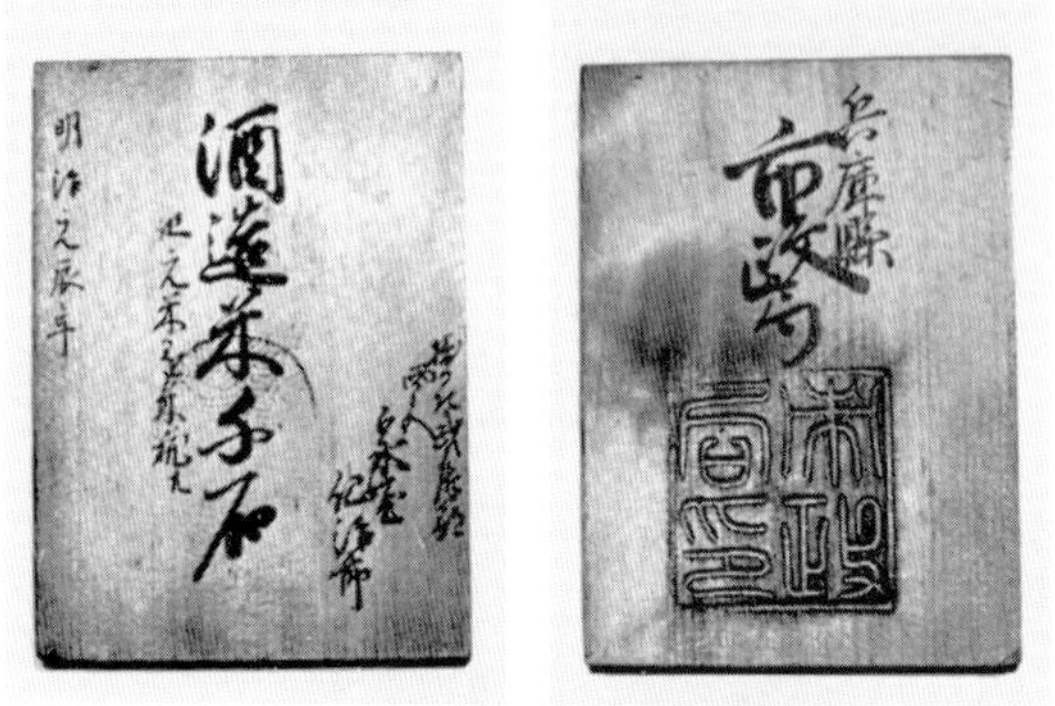

酒造鑑札（明治元年）
左は表、右は裏

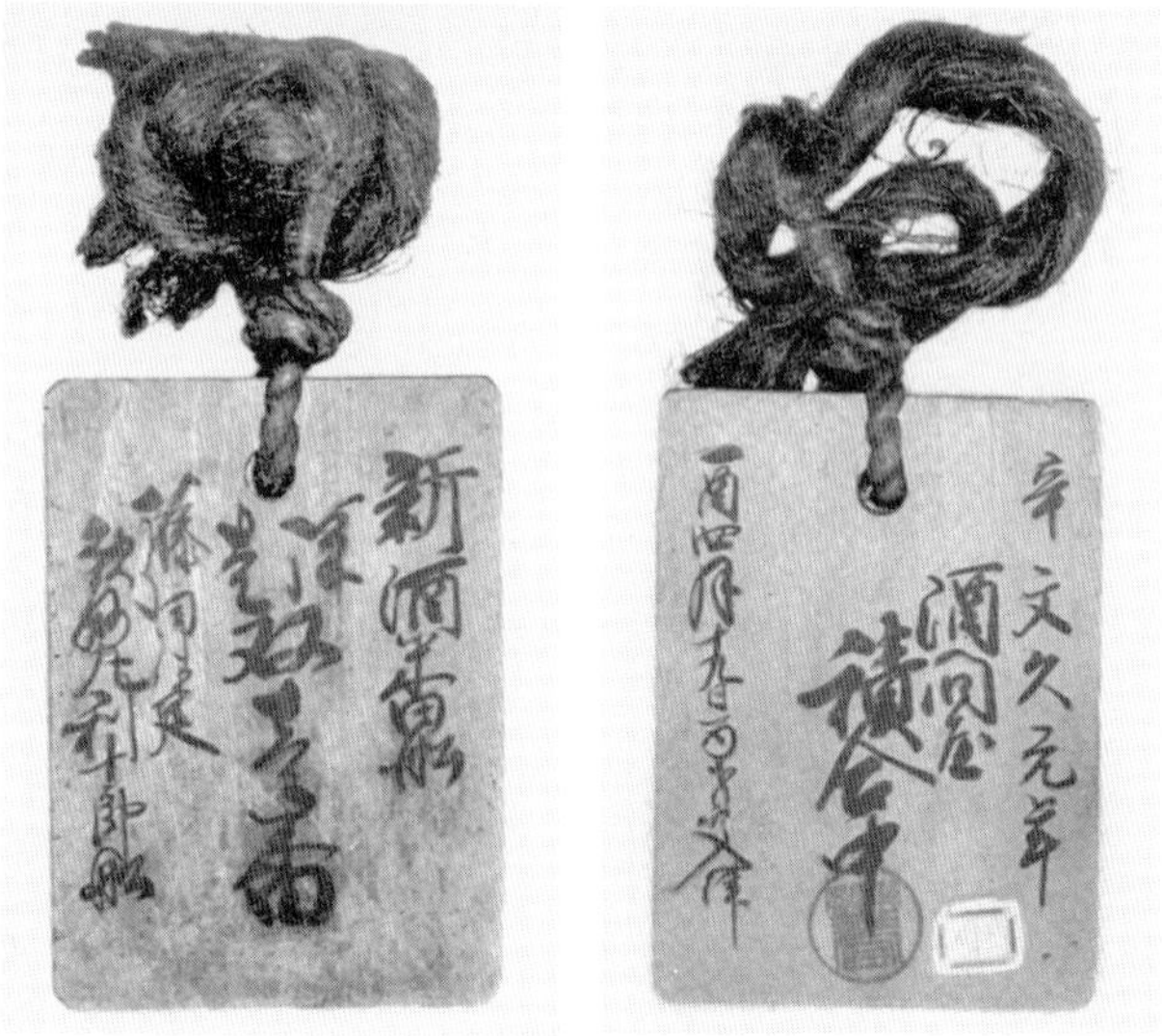

新酒番船一番札
左は表、右は裏

はしがき

酒は人類の歴史とともに古く、世界各国では、その国独自の原料を利用して、特色ある酒を醸造している。ウィスキーやブランデー・ウォッカは蒸留酒としてアルコール度高く、エキス分の低い酒をつくりだしているし、日本酒はビール・ワインと同じく醸造酒としてアルコール度低く、エキス分の高い酒を生みだしてきた。この日本独自の清酒は、また日本人の生活と風土がもたらした所産でもある。そこに日本酒の歴史と伝統が息づいており、日本独特の文化を醸成してきたということができる。

日本酒を代表する清酒の歴史は、せいぜい一六世紀後半このかたのことであって、それ以前は口嚼酒（くちがみのさけ）から濁酒への長い歴史があった。そして濁酒からの脱皮は、南都諸白（もろはく）にはじまり、伊丹諸白に継承されて、新しい清酒醸造技術の原型を定着させていった。近世江戸積酒造業は、この伊丹諸白から一九世紀の灘流の寒造り酒＝生酒（きざけ）を開発し、それへの集中化をとおして、灘酒造業の発展をもたらしたのである。

本書は、この近世酒造業の発展に視点をすえて、その社会経済史的側面と醸造技術史的側面とを考察したものである。そして当初、昭和五〇年に『日本酒の歴史』の書名で雄山閣歴史選書シリーズの一冊として刊行された。このたび歴史選書が廃刊となり、新装版として雄山閣ブックスに加えられることになったのを機会に、書名を『酒造りの歴史』と改めた。その際、若干の補筆訂正を加えたうえで、とくに次の二点に留意した。第一は、旧著最後の「むすび―明治時代への展望―」を敷衍して、新たに「第一三章　明治前期酒造業の展開と酒屋会議」なる一章を書き加えた。また巻末「酒造関係研究参考文献目録一覧」は昭和四九年現在のものであるので、本書では「酒造史参考文献目録」のもとに、昭和六〇年までの編著書・市町村史・酒造組合史・企業社史・雑誌論文を新たに増補追加して完結させた。酒造史研究者が研究調査のために利用されることを願っている。

旧著の刊行は昭和五〇年であるので、その後一〇年以上を経過している。その間、酒造史研究は、歴史研究のなかでもやや特殊部門に属しているが、各地酒造組合や個別企業の組合史・社史編纂などをはじめ、各地の研究者は地味な調査研究を続けている。そのなかで注目されるのは、日本酒造史研究会の設立である。日本酒を対象に、自然・人文・社会の諸科学を総合した学際的研究として「日本酒学」の確立を目指し、昭和五八年一一月に発足した。とくにわが国における最先端技術としてのバイオテクノロジーの領域での成果の多くは、長い優れた伝統をもつこの日本酒造技術から醸成された点が指摘され、その歴史的研究の必要性と、貴重な史（資）料調査研究が強調されているのである。研究会機関誌として『酒史研究』も刊行され、現在五号が編集中である。酒造史研究は、このような学際的視野からも、その見直しと再検討が要請されているのが現状である。

最後に、本書を歴史選書にかわって、新たに雄山閣ブックスに新装版として組み入れることを企画して下さった雄山閣出版株式会社編集長芳賀章内氏に深く謝意を表するものである。

昭和六二年五月五日

関西学院大学池内記念館にて

柚木　学

酒造りの歴史——目次

第六章　灘酒造業の発展過程……121

酒造りの歴史

第一章　近世酒造業発展前史

1　酒造りの始まりと〝民族の酒〟

大昔から日本民族のあいだで行なわれた酒造りは、『三国志』巻三〇・「魏志東夷伝」のなかに見いだすことができる。それによると「人性酒を嗜む」とあり、また喪に際しては、よそからきた人たちが「歌舞飲酒」をする風習のあったことがわかる。古い日本民族のあいだに酒があって、しかも大いにそれを飲む習慣のあったことを物語る、一番信用のおける文献であろう。ただその酒がどのような種類の酒であったか――米の酒であったか、粟の酒であったか、あるいは「口嚼酒（くちがみのさけ）」であったか、それとも今日と同じ「カビ（麴）の酒」であったか、などについてはまったくわかっていない。しかし、この古い時代におけるわが国の酒造りを、坂口謹一郎氏は「民族の酒」と名づけておられるのである（『日本の酒』）。

この民族の酒のうちで、『日本書紀』（神代の巻）の「やまたの大蛇」退治にでてくる酒が問題となる。このとき、すさのおのみことが「衆菓（あまたのこのみ）をもって酒八かめを醸（か）もせ」と教えたというのが、昔から記紀研究者のあいだで論議をかもしている。もしこれが果実でつくる酒のあったことを示すものだとすると、それ以後の長い歴史のなかで、果実でつくる酒があまりでてこないままで明治にいたっているのは、どういうことであろうか。

それにくらべて、カビ（麴）の酒がでてくるのが、『播磨風土記』の記載である。『風土記』は奈良時代に和銅六年（七一三）の『古事記』と前後して、地方の国司に命じて諸国の地理・歴史やその土地の産物・伝承などを編纂させたものであるが、その内容はいわゆる「神代」にさかのぼっている。この『播磨風土記』宍禾郡（しさわのこおり）庭音村の条に、ある神社の「大神の御粮（または糧）、枯れて梅（かび、または黴）生えき。即ち酒を醸さしめて庭酒（にわき）

に献（たてまつ）りて宴しき」とある。米飯《めし》に「カビ」が生えたものは、古く「加無太知（かむたち）」または「加牟多知（かむたち）」とよばれた。いまの麹である。この場合の「御粮」が稲であったろうことは、登呂遺跡その他先史、古代遺跡発掘調査などの結果からも明らかであろう。今日と同じ米でつくった酒の存在が確認される点は注目されよう。

2　造酒司と〝朝廷の酒〟

日本の社会が農業社会の姿をはっきりと示していったのは、水稲耕作の導入以後のことである。そうした農業を中心に各地に形成されていった小共同体は、やがて南大和地方を発生地とした軍事力と政治力とによって、近辺諸地域を支配統率することに成功していた大和朝廷に、しだいに服属させられていった。大和朝廷が日本全国をほぼ統一したのは四世紀半ばごろと考えられているが、この支配体制の経済的基礎は、ミヤケの設置などに代表されるように、農業生産物を中心とするものであった。

他方このころから絶え間なく流入する中国大陸や朝鮮半島の文化は、進んだ技術と高度の文明を日本にもたらし、それが農業技術の上に大きな影響をあたえたことについては、最近とくに注目されているところであるが、農業に限らず、手工業生産などもまた盛んとなっていった。この点で、帰化人とよばれる大陸・半島からの渡来民のもつ意味は重要といわなければならない。大和朝廷の支配組織の一環をなす氏姓制度における部民のなかで、手工業生産に従事する職業部民あるいはその統率者の多くが、帰化人であることは、けっして理由のないことではないのである。酒についていえば、少なくとも〝民族の酒〟にかわって、〝朝廷の酒〟の時代を迎えたといえよう。

しかも六世紀の末ごろから、大和朝廷の政治組織がしだいに整えられ、隋唐の律令支配体制にならった官僚制的色彩も濃厚になっていったが、大化改新を契機として皇室権力を中核とする中央集権的支配体制は、よりいっそう完成の域に近づくこととなった。そして大宝律令の制定施行により、法的な裏づけをもつことによって、この国家体制は完成した姿を示したのである。

こうした体制にささえられて、酒造業も中央の官営工房のもとに育成されていった。この酒造りを、坂口氏は「朝廷の酒」とよんでおられる。そして朝廷の酒は、禁裏造酒司における酒造者、神社付属の酒殿において酒造に従事する神人であった。しかもこれは利潤を対象とするものではなく、これらの従業者はその職務として、酒造りに従事するにすぎなかった。いわば一種の技術者であり、そのもとで働く労働者群であった。いまこうした朝廷の酒造りの実態を示してくれる文献として、『令集解』（りょうのしゅうげ）と『延喜式』（えんぎしき）をあげることができる。

『令集解』は『延喜式』とほとんど同期の平安時代初期に書かれたものである。その内容は、それより二〇〇年ほど前に制定された大宝律令と、それを改定した養老律令について、そのころの多くの学者によって解釈や意見などをつけ加えて編纂したものである。奈良時代を中心にした古い時代の官制や格式が書かれている。そこでこれによって当時の朝廷の酒の実態にふれてみよう。

『令集解』によると、当時の朝廷では酒に限らず、あらゆる朝廷の調度を製造するために、大規模な工房をもち、多くの工人をかかえていたようで、その種類も筆墨、製紙、製本、金属加工、染織、漆工、造兵、そのほかあらゆる必需品に及んでいる。そしてこのような生産に従事する工人たちは、〝品部〞（しなべ）とよばれていた。この人たちは、〝雑戸〞（ざっこ）または〝雑工戸〞（ざっこうこ）とよばれる、それぞれ専門の技術をもった民戸の集団から、朝廷へ出仕するのである。この雑戸は、おそらく上古からのわが国の氏族制度のうちにあったように、家業をもって朝廷に仕える集団からきた制度とも思われるが、一般の農民からは区別して、その技能を世襲させ、そのかわりに租税は免除されて特別に保護された人たちである。その各戸から一丁（一人）の割で工房に召され品部となるのである。特殊技能の技術者であるので、当時の技術導入の先端をゆく、帰化人の百済部や狛部（こまべ）の系譜につながるものであろうと推測される。現在、正倉院に残されている芸術作品も、おそらくこうした人たちの作品であったろうと思われる。酒造りもこれと同じような制度のもとで行なわれ、役所としては、宮内省のうちの造酒司と、後宮の酒司とが主であって、前者が朝廷用の大部分の酒を造っていたようである。その長官の酒造正（さけのかみ）は、なかなかの高官であり、当時小国の太守や、大国の介（次官）と同等の正六位となっている。そしてその下にも、造酒佑（さけのじょう）とか造酒司長とかいった高等官僚がひかえていた。

実際に酒を造るのは、六〇人の酒部（さかべ）という品部の人たちである。そして酒部の出身は、倭国（大和）に九〇戸、川内国（河内）に七〇戸、計一六〇戸の酒戸である。このほか津国（摂津）にも二五戸あったが、これは主として酒をサービスする役にまわる家柄とされている。当時は春と秋にも酒を造っていたようで、かりに年三回造るとすると、現在の酒造にあてはめれば、これだけの人数だと少なくとも五〇〇〇石くらいは造ったはずである。しかし、『令集解』には、具体的に造酒法についての記載がまったくないのが惜しまれる。

といっても、同じ宮内省の大膳職（だいぜんしき）のうちに、現今の味噌や醤油の先祖のようなものを造る工房があって、ここにはそれらの製法まで詳しく記載されている。それによると、現今の方法とあまり違わないのであって、酒の造り方もほぼ同じように考えられるのである。もっとも、当時の酒造の実際は、つぎに述べる『延喜式』にかなり詳しくでてくるので、これによって朝廷の酒の実態を推察することができる。

『延喜式』は平安朝初期、醍醐天皇の延喜五年（九〇五）に、天皇の命によって編纂された法文集で、内容は朝廷の年中儀式、百官臨時の作法、諸官の事務規定を記したものである。このなかで酒に関して興味あるのは、「民族の酒」、すなわち原始の酒造りの形式らしいものが、相当詳しく書かれていることである。それは民部省式の中にある新嘗会（しんじょうえ）に使う酒であって、この祭は、その年の新穀をもって、白貴（しろき）・黒貴（くろき）二種の酒を造って神を祭るのである。儀式は一般に古式を保存するものであるから、昔からのしきたりによる製法であったろうと推定される。

これによると、斎場（さいじょう）には、まず「酒殿（さかどの）一宇（う）。臼殿（うすどの）一宇。麹室（こうじむろ）一宇。」という配置の建物が設けられる。臼殿は精米場であり、舂稲仕女（つきしねのしにょ）四人、つまり米を搗（つ）くのは女の仕事であり、酒原料の米一石を四人の仕女が搗くことになっている。酒殿には酒を醸もす甕が並べられ、また麹製造のために特別の麹室がつくられていた。そこでいま造酒司にみえる造酒原料米とそこでつくられる酒の種類を示すと、次のとおりである。

御酒料　二百十二石九斗三升六合九勺九撮
酒八斗料　米一石　糵（よねのもやし）四斗　水九斗
この醸造用雑器
甕（みか、つぼのこと）の木蓋二百枚　筌（うえ）百口　槽（ふね）六隻　甑（こしき）三口　中取案八脚　木臼一腰　杵二枚　箕二十枚　水樽十口　水麻笥（おけ）二十口　小麻笥二十口　匏（なりひさご）十口
御井酒料　十九石五斗
御井酒四斗の料　米一石　糵四斗　水六斗
擣糟（すりそう）料　四十八石
擣糟一石料　米一石　糵七斗　水一石
右擣糟以上三種料　二百七十五石一斗
白米（此の中糯米十五石）
醴（れい）酒料　三石六斗
醴酒九升料　米四升　糵二升　酒三升
篩（ふるい）の料　薄絁（あしきぬ）五尺　醴を冷す由加（ゆか、かめのこと）一口　韓竈（からがま）一具
三種糟料八斗　糯（もちごめ）五斗　粱米（あわのうるしね）五斗　小麦三斗
一種糟五斗の料　米五石　糵一斗　麦萌（もやし）一斗　酒五斗
一種糟五斗の料　糯米五斗　糵一斗　小麦萌一斗　酒五斗
一種糟五斗の料　精粱五斗　糵一斗　小麦萌一斗　酒五斗
醴酒、並三種糟料水、及小麦　別大炊寮に請く
篩の料　絹五尺　韓竈一具
雑給酒料　六百十五石七斗七升七合

右庸米を以てし、民部省に受く
頓酒八斗料　米一石　糵四斗　水九斗
熟酒一石四斗の料　米一石　糵四斗　水一石一斗七升
汁糟一石　粉酒一石の料は酒八斗の法に准ず
　糵一石三斗の料　米一石　白米加糵一斗
右御酒は十月に起して醸造、旬を経て醞となる。四度に限る。御井酒は七月下旬に起して醸造、八月一日始て供す。
醴酒は日に造ること一度、六月一日に起して、七月卅日に尽す。
三種糟は予め前に醸造し、正月三節に之を供す。

そこで造られる麹は、糵（よねのもやし）という字で表わされる「ばら麹」で、これは現今の製法とまったく同じであって、中国の酒の麹とは異なるものである。しかも酒のつくり方は、同じ『延喜式』の造酒司のところにでてくるような進歩したものではなく、飯と麹と水とをかめのなかでまぜて一〇日くらいでできる薄い酒である。『万葉酒』の待酒（まちざけ）なども、多分このようなものであったことと思われる。そして白貴はそのままの酒で、黒貴はこれに臭木（久佐木・くさき）の灰をまぜて酸を中和したもののように書かれている。

『延喜式』には、このような酒は例外で、さまざまな種類の酒のつくり方が書かれている。その種類は一〇種類くらいにおよび、本格的の酒をもっとも大量につくるのは、宮内省の酒造司であり、年に九〇〇石余の米を使うという。また天子の供御用の濃い仕込みの酒、あるいは水のかわりに酒を使って仕込み、あるいは甘くするために小麦の麦芽を加える珍しい酒、あるいは麹の割合をうんと多くした甘酒のような酒など、実にあらゆる技巧を凝らして造られている。またそれとは反対に、下々の役人に飲ませるための雑給酒には、「頓酒（とんしゅ）」とか、「熟酒（じゅくしゅ）」とか、「汁糟（じゅうそう）」などという、水の割合の多いものもある。また酒造の技術もかなり進歩していたことは、濃い酒をつくるためには、米と麹とを何回にも分けて加えたり、発酵のすんだもろみを袋に入れてしぼって、澄んだ酒をとったりする技術は、原理的には今の酒造りと少しも違わない。これらの技術はおそらく中国の影響によるものかもしれない。このことは、糟（ツアオ・一種の酒）などという中国くさい酒名が幾種類もでてくるところなどからも察せられる。しかし製法の大すじからみて、当時中国で行なわれたと思われる『斉民要術』の酒造法などとは著しく違っていて、すでにわが国独自の酒の特徴をはっきりうちだしていることは明らかである。

3　中世酒造業と〝酒屋の酒〟

中央の官営工房のもとに育成されてきた酒造業が、その技術をいかにして民間に移していったか。つまり染織業にしても、鉱山・金属工業にしても、古代の手工業が国家の主導のもとに展開したとすれば、国家＝中央の力が弱まれば、手工業も衰えはじめるのは当然である。そして鎌倉時代になると、中世の産業は、地方に成長してきた領主層がその主な担い手となる。しかしそのはじめは、これらの領主層も、古代の律令体制を継承する国衙および荘園の機構と密接に結びつき、それを利用しながら、その勢力を伸ばしてきたものであった。したがって中世の産業も、鎌倉時代には公家や社寺など古代権力の継承者によって保護され、また成長をとげた。これを酒造りの場合でいえば、まず政府に近いほど、大きな権力をもつ寺院が多かったので、酒造りもその方で行なわれるようになっていった。つまり僧坊酒造業としての発展が、それであった。

他方、清盛の日宋貿易にはじまる宋銭の輸入を契機として、貨幣経済が一段と進展し、それにともなって生産者自体が利潤を対象とする商品生産として、いわば営業酒の一般化が顕著となっていった。これは酒のみに限らず、手工業生産一般の展開が、急速に進行していったことと軌を一にしている。そしてとくに京都を中心に商工業が発達した。というのも、一二世紀の末からこの平安の都は、数多くの惨禍に見舞われ、たびたびの大火・大風・大ひでり・大水、そして飢饉のくりかえしのなかで、古い平安京は荒れ果て、燃えつきた一方では、新しい都市としての京都の生命力が盛んに動きだしていったからである。荒廃のなかから、綾・絹・布などの高級衣類、ヨロイ・弓矢・太刀などの武具や、その他の日用品などをつくり出し、売り買いする手工業者・商人などの町が発展しはじめた。文暦元年（一二三四）ごろには、烏丸西・油小路東・七条坊門南・八条坊門北の付近は、「土倉不知員数、商賈充満、海内之財貨只在其所」といわれるまでの繁栄をきわめた。そして酒屋についても、仁治元年（一二四〇）には、「於酒屋等者、東西両京以下、相分于条理、雖不知其員」といわれるほどの発達をみせていた。一方、左京の室町と西洞院の通りにはさまれた南北の路は「町」とよばれるようになり、その両側は商業地区として、「棚」・「見世棚」とよばれる常設の店舗が立ち並ぶまでにいたったのである。それは京都のみに限らず、東大寺辺垣内、大和宇智郡今井庄、紀伊の偏村・佐和庄内にも酒屋が存在していた。そして建長四年（一二五二）に、幕府のお膝元の鎌倉中の民家の酒壺を調査したところ、全部で三万七二七四個を数えたという。

しかしこのような酒造業の広汎な発展に対して、鎌倉幕府は一軒に一個ずつを残し、残りの酒壺を破却して沽酒を禁じ、また諸国の市酒を禁ずる政策をうちだした。以来沽酒の禁は鎌倉幕府の伝統的政策となった。それは武家法制の根底に、過差の禁止、勤倹・礼節の厳守が法制化されていたため、酒は抑制力を弱め、節度・礼節を乱し、また武家を困窮におとし入れるおそれのあるものとして、忌避されたためであろう。したがって、幕府自体の政策として、以来酒造業の発展が著しかったにもかかわらず、あえてそれを課税対象としては考えなかったのである。

鎌倉幕府の「沽酒之禁」のもと、酒の売買が禁止されたが、やがて一四世紀になり、武家と公家が対立するなかで、武家支配の抑圧が強まり、荘園が武家によって侵蝕されつつあった公家が、むしろ荘園年貢にかわる有力財源を酒屋に求めるにいたった。まずその最初は、新日吉社造営料として、また神輿修理費の調達のため、新日吉社に対し、正和（一三一二—一六）・元亨（一三二一—一三二三）・建武（一三三四・三五）の時代にわたり、洛中ならびに河東（賀茂川東岸）の酒屋に対し、課税金の徴収の勅許を求めている。これは酒造税ないしは醸造石税として定期的に徴収されたものではなく、あくまで神社造営ないし修理のための臨時的な性格のものであった。

当時京都の町座商人は、商品種によって結束し、領主と仰ぐ権門・寺社に一定の課役を納めるかわりに、一定地域における特定商品の販売と、原料の購入の独占を認められていた。そして酒屋公事が禁裏経済の一財源として徴収されるにいたったのが、貞治年中（一三六二—六七）、大外記（造酒正）中原師連の申請により酒麴売課役を課したのにはじまる。つづいて応安四年（一三七一）、後円融天皇の即位に際して、一一月二日足利幕府は諸国に段銭を課すとともに、土倉（質屋）から一軒ごとに三〇貫文、酒屋（造酒業者）から酒壺一つにつき二〇〇文ずつを借用という名目で徴収した。段銭は一段あたり五〇文から一〇〇文ぐらいのことが多いから、土倉は田三〇町歩から六〇町歩所有者に相当する勘定となる。土倉はその名のとおり土倉をもつ商人で、商人中のトップクラスに属するものであった。課税者にとって商業の地位が農業とならんで重要視されてきたことを示すと同時に、幕府税制上からみて、土倉課役と酒屋課役との分離を示す最初の文献であった点でも、注目されるところである。さらに酒屋税が酒屋一軒ずつの均等課税ではなく、酒壺という酒の容器にしたがって醸造石高別に課せられたことは、酒屋の間でかなりの格差のあることを示しており、その点では、実態にそくした形での酒壺役は合理的な課税方法であったということができる。そして明徳四年（一三九三）に、土倉酒屋に対する課税規定が、「洛中辺土散在土倉并酒屋役条々」として明文化され、ここに幕府は社寺本所がその支配下の酒屋土倉に独占的に課税する権利を否定して、一般の酒屋土倉なみに幕府の徴税権に服すべきことを規定したのである。

4　酒屋の酒と僧坊酒

一四世紀ごろより、商品生産としての酒造りが本格化しはじめ、その意味では従来の自給生産の段階から、販売めあての生産に移行しはじめたという点で、酒造業発展史のうえでも、一つの大転換期であったといえよう。鎌倉幕府の伝統的政策である沽酒の禁は、この時代には放棄せられ、やがて商品生産としての酒造りが、幕府の重要財源として恒常的な課税の対象となるまでに発展する。室町幕府の財政を支えていた主なるものが、酒屋土倉であり、その法的な明文化は、前述の明徳四年（一三九三）である。そして室町時代における酒造業の全国的躍進の基礎が固められていったのである。

まず応永三二、三年（一四二五、六）に調査した洛中洛外の『酒屋名簿』が、今日北野神社に保管されているが、それには合計三四二軒の造り酒屋が登録されている。そしてその大半が土倉を兼営していた。いまこれを図示したのが第1図で、それらは洛中では、北は四条坊門、南は五条坊門、東は東洞院、西は西洞院のあいだの一郭にもっとも多く密集していたが、『庭訓往来』によれば、四条・五条の辻が商業繁栄の中心であり、酒屋もまたこの繁華街に集中していたことがわかる。さらにこのほか七条以北、大宮大路の東にもひろく分布しており、洛外では嵯峨・河東（賀茂川東岸）・伏見などに多くあつまっていた。洛北の仁和寺門前には四軒の酒屋が散在し、嵯峨谷には天龍寺・臨川寺・二尊院・大覚寺などの大寺を中心に密集していた。

第1図　洛中洛外酒屋・土倉の分布図

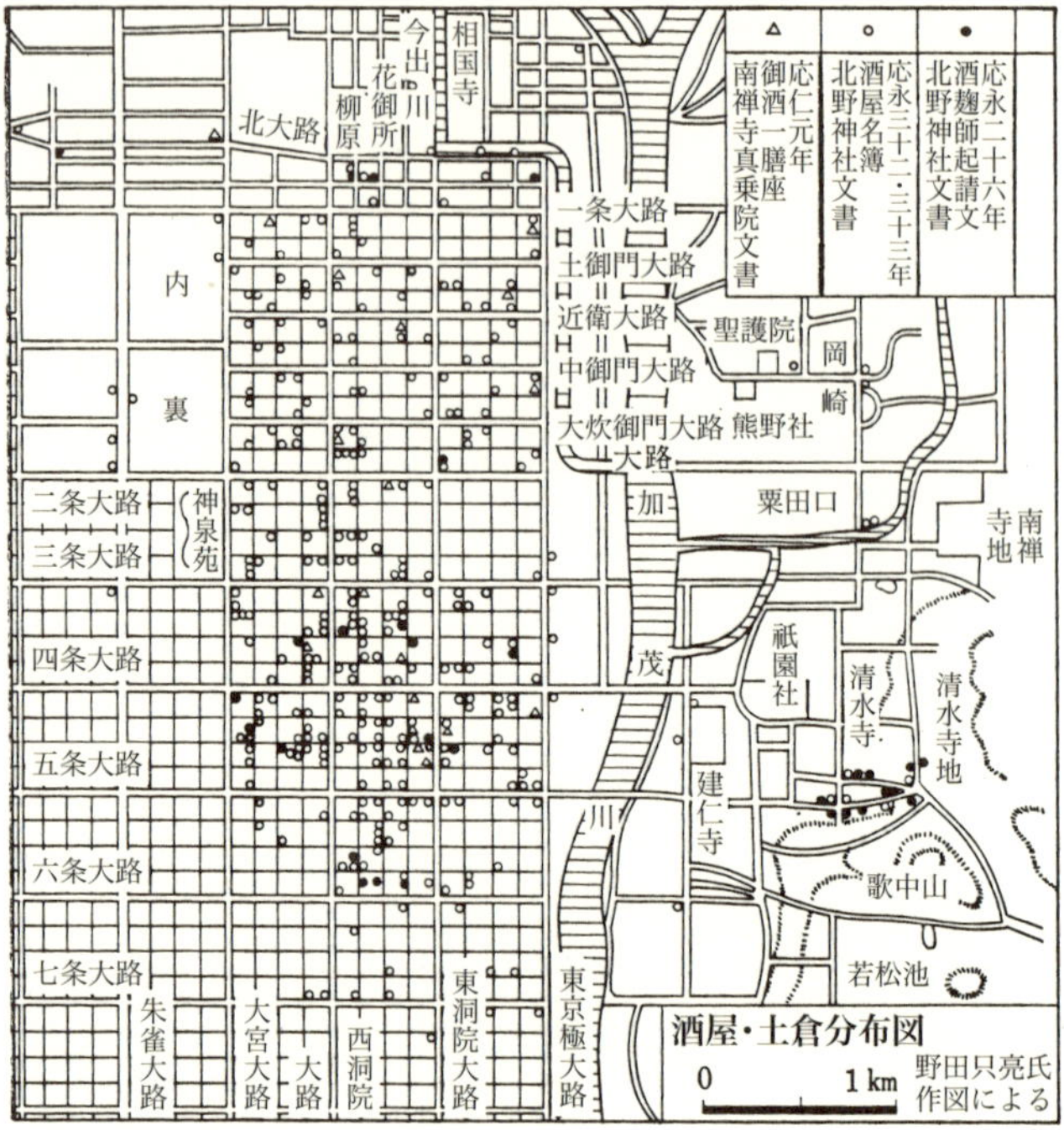

（史料）　永原慶二著『日本の歴史』10　50ページ

　酒屋役をかける単位となった酒壺数をみると、応仁の乱後の衰退期でも、多いものは一軒で壺数一二〇、少ないものでも一五ほどもっており、その経営規模は他の手工業などと比較にならぬ大きさである。これらの酒屋のうち、量質ともに著名なのは、五条坊門西洞院にかまえた柳酒屋であった。この酒造家の納める酒屋役は一軒で七二〇貫といわれたから、造酒量でも抜群であったが、その芳醇さも当時天下にひびきわたっていた。ある記録（『諸芸才代物附』）によると、

　一さけの代、本の代古酒は百文別ニ五

杓宛、新酒は百文別二六杓、吉分、次は七杓、
一やなきの代、古酒百文別三杓、新酒百文別四杓、

（小野晃嗣著『日本産業発達史の研究』一四五頁）

とある。つまり銭百文で買える柳酒の古酒は、わずか酒杓三杯で、最高級だったわけである。

京都の酒屋がこのように発展した要因としては、酒米の確保が前提条件である。この点では京都はもともと荘園領主のあつまり住む場所であるから、諸国の年貢米がここにあつまった。当時米場といわれた米穀市場は、三条室町と七条あたりにあり、馬借の運ぶ北国米も、淀・伏見・鳥羽などから運びこまれる西国米も、みなここで取引されるようになっていた。

また酒のもとには酒麴が重要であるが、この酒麴の製造・販売の特権は、北野神社に属する座衆が独占していた。もちろん一般の酒屋でもひそかに麴をつくったが、北野神社周辺には酒麴の製造業者があつまって座を結び、強くこれに反対した。

このような洛中洛外の酒造状況から、さらに地方に眼を転ずると、河内天野山金剛寺・大和菩提山寺・中川寺・近江百済寺などがあげられる。

なかでも室町時代の公家・武家・僧侶などの支配階級のあいだで評判の高かったのが、天野酒である。この酒は河内南部、現在の大阪府河内長野市の山中の巨刹である天台宗天野山金剛寺の酒である。天野酒として史料に現われるのは、室町幕府六代将軍足利義教が播磨の守護赤松満祐邸で暗殺された直後の嘉吉四年（一四四四）のころといわれている。応仁の乱の一方の立役者で、金剛寺のある河内国の守護でもあった畠山政長は、毎年のように天野酒を将軍に献上しており、当時の僧侶たちも、「比類無き名酒」とか、「美酒言語に絶す」など、最大級の言葉で讃称しているのである。豊臣秀吉もこの酒を深く嗜み、わざわざ朱印状を下して、「念をいれつめ候て」とか、「情を入るべきこと専一なり」（金剛寺文書）とかいって、伝統ある名酒の醸造に専念すべきことを命じているほどであった。

ついでこの天野酒とならぶ僧坊酒が、大和国菩提山寺の酒である。この寺は奈良市東南の渓谷にあり、開山は平安

時代といわれ、鎌倉時代には再興、摂関家藤原氏の菩提寺である奈良興福寺大乗院の末寺で、室町時代には堂坊八六という大伽藍を誇っていた。この渓谷を流れる清水は奈良盆地の北部の荘園村落の水田をうるおし、同時に天下一品の僧坊酒の源水となったものであった。この寺でつくられた酒は、「菩提泉」・「山樽」・「南酒」・「奈良酒」として記録や古文書に現われ、天野酒とならんで、当時の支配階級の間でもっとも愛好された酒のひとつであったという。朝廷でもこの酒をとくに愛飲されていたようで、それは応仁の乱をさけて奈良に疎開していた関白一条兼良らが献上したものであった。菩提山寺は「菩提泉（ぼだいせん）」を売り出して大きな収益をあげていたらしく、その収益の一部が壺銭という名のもとに、本寺の大乗院に貢納され、大乗院の有力な財源となっていた。また室町幕府九代将軍義尚は、この「菩提泉」については「酒に好悪有り、興福寺より進上の酒（菩提泉）もっとも可なり」と激賞してやまなかったことが『蔭涼軒日録』（おんりょうけんにちろく）にみえている。

このほか近江国愛知郡角井村の百済寺の名酒「百済寺」が有名である。『法空抄』によれば、この寺は聖徳太子建立四六カ寺のひとつとされている天台の古刹である。中世にはいっても栄え、『百済寺古記』によると、東西南北の谷々にまたがって四七の僧坊が建立されていたといわれるが、その宏壮な僧坊と、鈴鹿山系から湧き出る清水、香り高い近江米、これらが名酒「百済寺」が生まれる条件であった。この酒は中央では天野酒・菩提泉ほど有名ではないが、幕府の要路、あるいは幕府と関係ある禅僧たちの間で好まれていたようである。

なお百済寺のある近江の湖東の地は、帰化人が多く定住した地域とされているが、その銘柄から想像できるように、この酒は大陸から伝えられた醸造技術がもとになって生まれた酒であったかと推測されるのである。

5　中世酒造業と酒造技術

京都の柳酒、それに天野酒と菩提泉についで、室町時代にはやや遅れて「近江百済寺の酒、摂津西宮・兵庫の酒、越州豊原の酒、加賀宮腰の菊酒、筑前博多の練貫酒、伊豆江川の酒」が「田舎酒」として現われてくる。すなわち『尺素往来（せきそおうらい）』に、「酒は柳一荷、之に加ふるに天野、南京の名物」にならべて、「兵庫・西宮の旨酒、および越州豊原、加州宮腰等」と記している。いずれも僧坊および交通の要所で銘酒が発生している点が注目される。

さて、こうした僧坊酒の、当時の醸造技術を伝えてくれる文献として、「御酒之日記（ごしゅのにっき）」をあげることができる。小野晃嗣氏引用の色川本「佐竹文書」は東大史料編纂所所蔵のものであるが、本来は常陸国増井の禅寺正宗寺所蔵の文書で、中世の佐竹一族に関する若干の史料と「御酒之日記」等からなっている。この文書が書写されたのは、永正、天文の間（あるいは永禄九年）で、だいたい一六世紀のはじめと推定され、記事の内容からみて南北朝からおそらく室町初期あたりの酒造りの口伝を覚書的に書き写したものと考えることができよう。そしてこの冒頭に「御酒之日記　能々口伝可秘」と記され、当時の一般的な酒造りにつづいて、天野・練貫・菩提泉・菊酒・酢など、六種類の醸造方法が書かれている。そのうちの最初に書かれている当時の一般的酒造りでは、白米一斗・麴六斗・水一斗より混ぜて酛（もと）をつくり、さらにそれに白米一斗を掛けてゆく、といった二段掛法が述べられ、濁酒から清酒醸造技術へ近づいてゆく三段掛法への過渡的な酒造りが展開されている。

いまこの「御酒之日記」の冒頭にでてくる一般酒の醸造法を掲げると、次のとおりである。

抑白米一斗夜一やひやすへし、明日ニ能〻むすへし、かうしハ六升ツ、の加減、人はたにて合之作候、よいよりひやし候水と作入水ヲハ人はたニて自上一斗はかりて入候、席（蓆カ）ヲかふセ六日程可置、成り出キ候ハ、かくへし、懇ニ桶はたまてかくへし、ひるハ二度つ〻かくなり、からミ出来候は水かうしをすへし、其時ニ如前ニ米一斗能〻むすへし、其を能〻さまし、わき候酒之中ニおたいを入候、自其而日ニ二度つ〻かくへし、又、しつまはまぜ木ヲ可引、ふたを作らセよ、口伝

（小野晃嗣著『日本産業発達史の研究』一七九頁）

「御酒之日記」が室町中期、一六世紀はじめの酒造りの口伝であるとすれば、室町末期から江戸初期にわたって当時の醸造技術を伝えてくれるものとして、『多聞院日記』をあげることができる。これは、大乗院や一乗院と同じように、奈良興福寺に所属する多聞院の僧英俊らが記したもので、文明一〇年（一四七八）より筆をおこし、元和四年（一六一八）

にまで及んでいて、戦国時代の社会経済に関する記述が多く、この時代の経済史を解明するうえできわめて貴重な史料である。いまこれにより中世末の僧坊酒の醸造過程を一瞥すれば第1表のとおりである。

第1表　『多聞院日記』にみる醸造過程

	永禄一一年（一五六八）	永禄一二年（一五六九）
夏酒醸造過程		
酛	二月一七日 夏酒一斗六升入了	二月二二日 夏酒入了、二斗、水二斗四升入了
初添	三月八日 酒口三斗足了	三月八日 少ツホ酒口足了、二斗入
仲添	三月九日 酒ノ口三斗足了、合七斗六升	三月一八日 酒口白四斗足也、合六斗也
留添		三月一九日 酒口四斗足之、三度ニ合白一石入了
	五月一日 酒場了、上々ニ出来了	五月九日 酒上了、ツホ一ツニ袋一八ニテ皆上了
	六月二三日 第一度 酒ニサセ樽へ入了	五月二〇日 酒ニサセ了、初度
正月酒醸造過程		
酛	九月二八日 正月酒白一斗入、ニコリ酒白一、米一斗入了	一〇月七日 ワリ酒白一斗五升入、カウシ七升五合、水一斗八升入了 正月酒三斗入、カウシ一斗五升入
初添	一〇月六日 正月酒口タス、米ツカス、白一石	
仲添	一〇月七日 正月酒口入、第二五斗、白	一〇月二四日 ワリ酒口タス、白二斗、以上七斗入
留添	一〇月八日 正月酒第三五斗口足了	一〇月二五日 正月酒三斗口足、合白一石入了、三度ニ入

（小野晃嗣著『日本産業発達史の研究』一七六〜一七七頁）

それによれば、当時は旧暦の二月と九月の二回つくられ、それぞれ夏酒・正月酒と称されていたが、中世酒造業の主力は、むしろ夏酒にあったといわれる。またその醸造方法は酛造り・初添・仲添・留添の三段掛法を採用している。そして夏酒では酛造りと初添の間に一五、六日より二〇日余の期間をおき、初添より仲添の間は約一〇日間、留添は仲添の翌日に行なっている。酒あげは留添より約二〇日間を経過した後である。正月酒では酛造りと初添は約七、八日間をおいているが、初添・仲添・留添は連日これを行なっている。夏酒・正月酒において、醸造日数を異にしているのは、おそらく温度の差による発酵度の変化によるものであろう。ともあれ、この一六世紀半ばに、すでに三段掛法が行なわれていたことは、まず注目すべき清酒醸造技術の発展であったといえよう。さらに永禄一二年（一五六九）五月九日の条に、「酒上了、ツホ一ツニ袋十八ニテ皆上了」とあり、酒袋でしぼっていることがわかり、さらに五月二〇日の条に「酒ニサセ了、初度」と書かれて、酒を「ニル」、つまり低温殺菌法とまったく同じ現今の「火入れ」がなされているのである。なお醸造用具としては、前述の記述に「ツホ一ツニ袋十八」と書かれているように、酒壺が使用されていた。この酒壺はせいぜい二石から三石を限度とするものであった（前述の「御酒之日記」でも、「かめ二こく」と書かれている）。これが天正一〇年（一五八二）正月三日の条に、

昨夜タカマ（高天）布屋ノ若尼十七才トヤラン、十石計アル酒ノ桶ニ、灯明備之トテ、中へ落入、忽死了云々、浅遠々々、横死前業々々、

とあり、一〇石入りの酒桶の存在を証明している。もちろん醸造容器がかめから数十石入りの結桶にかわるのは近世にはいってからと思われるが、しかしすでに一六世紀末の段階に、一〇石入りの桶があったことも、あわせて重要な生産用具の変革の一指標となりえよう。

さらに注目すべきは、文禄五年（一五九六）三月五日の条に、

ヒセンヨリモロハクノ事中上間、クホ転経院ニテ、三升カヘニ、一斗五升コナカラ取ニ遣ス。代米四斗七合済セ了ル。

とある。ヒセンは火煎酒で、酒焚きを終えた夏酒のことであり、モロハクは、いわゆる諸白で酛米・麹米とも白米で

つくられた冬酒のことを示し、同じ三段掛仕込みでつくった酒でも、諸白が火煎よりも品質上位の酒として、尊重されていることがわかる。したがって、この記載の内容も、火煎酒よりは諸白がほしいと希望して、酒一升を米三升の割で取り換えることを申入れたものであろう。こうして永禄一一年より約三〇年を経た文禄年間に冬酒を主とした諸白造りが現われ、しかも一〇石造り三段仕込みの諸白造りが、本格化してゆくのである。のちにのべる南都諸白の出現がかくして一六世紀後半に見出されるのである。

以上のように、これら中世における酒造の銘醸地は、いずれも室町期の貴族的貨幣経済を中心に、荘園領主の支配と庇護のもとに繁栄した。しかるに、戦国時代にはいり、とくに南北朝の争乱と応仁の乱（一四六六―七七）を契機として、従来の荘園領主体制は大きく動揺をきたした。荘園領主体制のもとで発展した以上の銘醸地も、必然的にその支柱を失って没落していった。またすでに酒造技術の点からみても、中世の僧坊酒のなかで、近世清酒醸造技術の原型が、ほぼ一六世紀後半にはできあがっていたということができよう。

このような中世酒造業の否定のうえに、近世酒造業が台頭してくる。それは、戦国大名が領国を単位とした経済圏を確立し、城下町を形成してゆくとき、この戦国大名の城下町に新しく商工業者が誘致された。これが中世的な座にかわる、楽市・楽座である。ここにおいて、荘園領主体制を基礎とした中世酒造業から、近世城下町の形成によって、都市産業としての近世酒造業の展開がまずはじまるのである。

第二章　近世酒造業の技術的基礎

1　酒造技術の源流

酒は米を原料とする加工業である。しかし単に米の澱粉に直接酵母菌を作用させて酒精ができるのではなく、澱粉はまず麹菌によって糖化され、できた糖分が酒精に転化する、という二段の変化をまたなければならない。つまり糖化作用と発酵作用の二つの化学作用によらなければならない。そしてさらにやっかいなことに、第一段階の糖化に際しては、これに用いられる麹菌のアミラーゼは至適温度が摂氏三七度で、できた糖分を酒精化する酵母の活動の至適温度は三〇〜三二度という点である。したがってこの点だけからすると、清酒醸造の最適期は、なるべく暑い時期、つまり夏季ということになる。実際に室町末期には旧二月に「夏酒」が仕込まれたことは、既述の『多聞院日記』にも述べられているとおりである（第1表参照）。またごく最近まで出雲で行なわれていた地伝酒も、夏の土用にかけてつくるのがよいといわれていた。しかしながら、夏季の高温の時季に仕込むと、酵母の働きが活発なだけでなく、腐敗菌や酢酸菌も同時に盛んに活動する。したがって、酒は早くできるが、できた酒はとかく酸味をおびた、すっぱい酒ができることになる。昔からこの二律背反を解決するために、いろいろな工夫が試みられ、そこに醸造技術の進歩がなされてきたといえよう。

そのひとつは、酒精の生産と酢酸のそれを同時に進行させるかわりに、醪（もろみ）が熟成した段階で、灰汁でもって酸分を中和する方法である。前述の出雲の地伝酒や肥後の赤酒、それに薩摩の地酒や、古くから大嘗会（だいじょうえ）の黒酒（くろき）など、みなこの方法でつくられた酒であった。また鴻池の番頭が主人をうらんで逐電するおり、火鉢の灰を醪桶に投げこんでいったが、それがかえって幸いして上々の清酒になり、今日の基礎をきづいたという鴻池家の家伝も（註）、要するにこの灰による酸の中和を暗示したものであろう。この澄し灰の法は、昔から考え出されていた日本酒の醸造法で、直し灰にはふつう椿や樫という硬木の灰が用いられ、江戸には直し灰問屋が数軒あったという。

（註）『摂陽落穂集』には、この説話を次のように述べている。

往古は今の如きすみたる酒にてはあらず。皆にごり酒にして今のどぶ六と唱へる是なり。或時鴻池山中酒屋に召遣ひの下男、根性あしき者にて、主人に何がな腹いせして帰らんと、あたりを見廻すほどに、裏口に灰桶のありしを見付け、家内の見ざるやうに土蔵に持ち行き、桶なる灰を酒桶に投込み、心地よげに独笑して、空さぬ顔に立帰りける。扨て主人初め家内の者、かゝることは露しらざりしが、右の酒桶の酒を汲み出さんとひしゃくにて汲み上げ見るに、こは如何に、きのふまでのにごり酒、忽ち清くすみ渡りたるは不思議なりし。是を一口呑むで見るに、香味も亦至って宜しく成りたるは如何なることならんと、よく〳〵見るに、桶の底に何やらん溜りたる物あり。やがて酒を汲み出し考ふに、是は灰の桶へ入りたるなり。濁れる酒のきよくすみて、自然と香味も宜しく成りたる也と心得たり。さは去りながら、何人のかゝる事を伝へしやらんと思ひ廻らし思ひ出したるは、扨は今日立帰りたる下男が、灰汁桶（あくおけ）をなげ込み置たるより、かゝることこそ出で来りたり。是れかれをして天より家にをしへ給ふ成るべしと、天を拝しいさむは道理也。穴かしこ、此の奥義をば人に沙汰をばいたすなと、家内の者を堅く制し、夫よりにごり酒にすまし灰を入れ、清くすみ渡りたる上酒とし売初めたりしかば、諸人不思議の思をなし、次第と商売繁昌し、後世富家の第一となりたるも、いはれは斯くと知られけり。

一方腐敗菌や酢酸菌は低温度では活動がにぶくなる点を利用して、極寒の冬季に仕込めば、糖化や発酵には時間が長くかかるが、それに反して腐敗菌や酢酸菌の繁殖がにぶり、それだけ純粋な酒精ができることになる。これがいわゆる寒造りの仕込法で、奈良や京都、それから伊丹・池田などの上方では早くから考案されていた。貞享年間（一六八四―八七）ころの作といわれている『童蒙酒造記』には、まだ夏から春までの温度に応じたいろいろのつくり方を紹介しているが、とくに寒造りを重視し、「中冬の節より立春の節に及ふ九十日」の「当流の寒造り」をよしとして、そのできた酒が「甘口にしてしゃんとする也」と記している。この夏から春にかけての酒を、『日本山海名産図会』では「当世醸する酒は、新酒（秋彼岸ころよりつくりはじめる）・間酒（新酒・寒前酒の間に作る）、寒前酒、寒酒等なり」

として、秋彼岸すぎから翌年春にかけて醸造されていた。しかしできた酒は寒酒が一番よく、「すべて日数も後程多く、あたひも次第に高し」と記している。同じ時期の寛政一二年（一八〇〇）に大坂で出版された『万金産業袋』においても、「酒は寒造りを専とする」とし、また「時節は寒造りとて、大寒・小寒、雨水の節迄を期とす。されは五寒は地気の陰中の陽、玄気空にこりて八水始て生ずるの時、大陽を発する百薬の長、甘露の酒の水に汲むこと、尤さもこそ」などと注がついている。伊丹・池田にかわって、この寒造りに集中していったのが灘酒造業であった。近世中期以降になって灘五郷が発展してゆく技術的要因が、この寒造りの仕込方法のなかにあったのである。

もう一つ、昔は新嘗祭に使う神酒は、必ずその年の新穀を用い、したがってふつうは早づくりの濁酒が用いられたが、この際しいて清酒を望むとすれば、遅くとも彼岸に仕込まなければならなかった。しかしまだこのころでは気候が暖かいので腐造の懸念がある。そこで原始的な乳酸馴養酛、すなわち水酛が発見されたのである。この水酛というのは、上方地方では早く廃れてしまったが、土佐・九州の暖かい地方では、最近まで用いられていた。これはまた菩提酛ともいわれ、おそらく奈良菩提山の秘法だったろうということが、『御酒之日記』に記されている。

なお清酒仕込法において、酵母菌はまた、とくにビタミンMの十分な補給がないかぎり、一定容積中の菌体数があるリミットを超過しなければ繁殖することができない、という特性をもっている。そのために大量に酒造を行ない、また酒精の濃度を高めるためには、酛のなかに原料米を何回かにわけて投入するか、またはいったん搾った薄い酒を汲水として、再び麹を仕込んでゆくか、いずれかの方法をとらなければならなかった。前者は中国の『斉民要術』にいう「酘（そえ）」法であり、後者は『詩経』などにいう「酎」法である。この酘法によったのが上風流の三段掛（初添・中添・留添）で、すでに室町末期には『多聞院日記』にみられるように三段掛法が試みられ、これが三段掛に定着するのは、南都諸白から伊丹諸白にかけてであった。他方、酎法は『本朝食鑑』では「古酒造り」としてのべており、今の味醂の醸造法は、この方法によっているのである。

このような酒造技術の変遷のなかで、江戸時代にはいり、寒造り集中化政策と新酒禁止の酒造政策が、幕府によって上から強化されていった。この同じ法令が江戸時代の中期まで何回となく繰り返されていることのなかに、政策と現実との背離を示しており、結局寒造りの酒造技術の革新に徹していったのが、灘酒造業の台頭発展であったということができるのである。

2　京の柳酒より南都諸白へ

室町時代の銘酒は京都の柳酒であり、当時この柳酒以外の土地の酒は「田舎酒」、または単に「田舎」と呼ばれていたことについては既述のとおりである。やがて時代が進み、各地に銘酒ができるようになって、それぞれの地名をつけて独占して呼ばれるようになった。この「田舎酒」の総称から最初に名乗りをあげてきたのが、奈良酒である。今日では〝奈良漬〟といった言葉が、一般に広く流布しているが、かつてはそのもとになる酒が有名であった。この奈良酒も、市中で醸造されるものよりは、正暦寺・中川寺などの寺院で仕込まれた僧坊酒が有名で、なかでも菩提山正暦寺の秘法たる「菩提酛」は、諸白酒の元祖で、この流儀は山家で受けつがれ、江戸時代に伝承されていった。

この諸白酒とは、『本朝食鑑』では、白米と白麹とをもって仕込んだ酒のことで、「近代絶美なる酒」と称讃している。『本朝食鑑』は元禄八年（一六九五）に宇都宮の人見必大が著述したものであるが、さらにつづけて、和州南都の諸白が諸国の銘酒中の第一で、伊丹・池田・富田など摂津の酒がこれについでいると記述している。そしてかつて中世の銘酒として著名であった京都の酒は、「和摂に近接していて、米・水もきわめて良好であるが、できた酒は甘すぎる」と評しているのである。

『本朝食鑑』とならんで有名なのが『和漢三才図会』である。これは正徳四年（一七一四）に浪華の医師寺島良安の書いたもので、酒に限らず当時の百科全書的な内容の書物であった。とくに著者が医者であるだけに、科学的な叙述に特徴がみられた。酒についても、「京都酒雖」良、甜過テ上戸ハ不好者多」と述べ、近世にはいって京都の酒にかわって諸白酒が出現し、ここでも京都の酒が甘すぎるとして、酒造技術の上からも取り残されてきている点を指摘している。

そして前掲の『童蒙酒造記』も、「夫れ奈良流は酒の根源（おこり）と謂べし、故に諸流是より起る」とのべ、南都諸白仕込みが、近世における清酒醸造流儀の根源であることを強調している。なおこの『童蒙酒造記』は「諸流」にもかなり広くふれており、夏から翌年春にかけての温度に応じたいろいろなつくり方を紹介し、片白・諸白などの区別もはっきりだされている。さきの菩提酒についても、この〝菩提〟は〝笊籠元（いかきもと）〟ともいい、立秋の頃より七、八月の残暑のきびしい時節につくられる速醸酒で、二段掛けの便利調法なる流儀である、と記述している。しかし、このようないろいろな造り方があるなかで、とくに寒造りを重視し、この「当流の寒造り」をよしとしている点については、前節でふれたとおりである。

寒造りについては後述するとして、要するに室町時代の京都の柳酒から南都諸白の時代に移り、近世前期においては、まずこの南都諸白が酒造技術の根源であった。そして南都諸白の特徴については、『本朝食鑑』では、(1)米と水の精選を重視し、(2)のちの育酛の流儀によって、前述の煮酛や水酛による速醸酒とは異なった酛立法を行ない、仕込みに際しては陀岐（だき）（いわゆる暖気《だき》樽のことで、『和漢三才図会』では湯婆《たんぽ》と書かれている）を使用し、(3)さらに酛仕込に続く掛仕込は初添・中添・留添の三段掛になっており、(4)酒造用具がこれまでの中世的な壺・甕にかわって桶が使用されていた、などを指摘している。そして酛仕込の割合は、蒸米一斗に麴七升、それに水が一斗四升で酛をつくり、これにさらに蒸米一斗・麴六升・水八升を、初添・中添・留添の各段ごとに単純に三回かけている。できた醪（もろみ）量は、したがって一石一斗五升で、量的にもまだそんなに大量生産されておらず、麴割合が六割、水の吸水率五・八水（米一石に対し水五斗八升）と、のちの伊丹諸白や灘酒にくらべると、いずれもまだ高い割合を示していた。ともあれ近世初頭の諸白酒の出現は、近世酒造業展開の技術的進歩の第一歩として評価することができよう。やがてそれは、江戸時代中期にかけて、伊丹諸白へと改良されてゆくのである。

3　南都諸白より伊丹諸白へ

南都諸白は、いわば室町末期から近世初頭にかけての銘酒であったが、江戸時代になると、伊丹諸白が台頭してきた。伊丹諸白はとくに江戸積酒造業として発展し、江戸市場での好評を博していった。元文五年（一七四〇）に伊丹酒が将軍家の「御膳酒」となるころには、〝丹醸〟ともてはやされ、銘酒のゆるぎない座を占めていた。元禄期はその繁栄のピークに到達していた。なかでも山本氏（木綿屋）の「老松」、筒井氏（小西）の「富士白雪」、八尾氏（紙屋）の「菊名酒」は有名であった。この伊丹の酒造地を実地に訪れて、寛政一一年（一七九九）に大坂の木村孔恭が著わした『日本山海名産図会』によると、当時醸造する酒を、新酒・間酒・寒前酒・寒酒にわけ、さらにそれに春酒を加えて、寒酒がとくによい酒であるとのべていることについては、既述のとおりである。そして昔は新酒の前に菩提という醸法があって、これを新酒とよんでいたが、この残暑の候につくられる速醸酒は、いまでは山家に受けつがれ、大坂などではたまたま嗜む者は、その家で自醸していると書いている。

さらに『日本山海名産図会』では、麹醸（こうじつくり）・酛おろし・大頒（おおわけ）・掛仕込から莚包みにいたる酒造工程を、図に描いて詳細に説明している。これについては、仕込桶の移動状況とあわせて、次節でのべるとして、ここではとくに前述の南都諸白と伊丹諸白の仕込方法を表示した第2表によりながら、南都諸白から伊丹諸白への技術的進歩のあとをふりかえってみよう。

まず第一に、酛米は『本朝食鑑』（以下『食鑑』と略す）が一斗酛仕込みに対し、『日本山海名産図会』（以下『図会』と略す）は五斗酛仕込みとなり、掛仕込では『食鑑』が初・中・留の三段掛を各蒸米一斗・麹六升・水八升の割合で単純に三回の繰り返しであるのに対し、『図会』では酛仕込→初添→中添→留添と工程が進行してゆくにつれて、順次蒸米・麹・水を一倍半から二倍近くに倍増しながら仕込んでいる。

第二に、『食鑑』が酛量三斗一升に対し醪量（蒸米合計プラス水）一石三升と三倍の増加に対し、『図会』では酛量一石一斗五升に対して醪量は一一倍にあたる一二石九斗となっている。

第三に、蒸米に対する麹の割合は、『食鑑』が六割二分に対し、『図会』では三割九分と減少している。この『図会』での麹割合は、のちの灘酒にみられる三割台に近づいている点で注目されよう。

第四に、使用米（麹米プラス蒸米）に対する水の使用量の割合を吸水率というが、この吸水率が、『食鑑』が五・八

第2表　「南都諸白」と「丹醸」の仕込方法

単位：斗

		酛	初添	中添	留添	合計
南都諸白 『本朝食鑑』 元禄8年刊 (1695)	蒸米	1	1	1	1	4
	麹	0.7	0.6	0.6	0.6	2.5
	白米高	1.7	1.6	1.6	1.6	6.5
	水	1.4	0.8	0.8	0.8	3.8
	合計	3.1	2.4	2.4	2.4	10.3
丹醸 『日本山海名産図会』 寛政11年刊 (1799)	蒸米	5.0	8.65	17.25	28.50	59.40
	麹	1.7	2.65	5.25	16.00	25.60
	白米高	6.7	11.30	22.50	44.50	85.00
	水	4.8	7.20	12.80	19.20	44.00
	合計	11.5	18.50	35.30	63.70	129.00
南都諸白	汲水率	0.8	0.5	0.5	0.5	0.58
	麹の使用率	0.7	0.6	0.6	0.6	0.62
丹醸	汲水率	0.71	0.63	0.56	0.43	0.51
	麹の使用率	0.34	0.30	0.30	0.56	0.43

（注）汲水率 $=\frac{\text{水}}{\text{蒸米}+\text{麹}}$　　麹の使用率 $=\frac{\text{麹}}{\text{蒸米}}$

水であるのに対し、『図会』は五・一水となって、水の使用量は若干減っている。灘酒の十水（とみず）へ増大してゆくのが技術進歩とすれば、『図会』ではこの点が逆行していることになる。

第五に、醪量＝仕込量の増大（前述第二の一二石九斗）によって、当然生産用具としての仕込桶の大型化が想定されなければならず、仕込量一二石九斗に湧きを計算に入れると、二〇石の大桶が使用されていたことになる。中世酒造業の生産用具が壺・甕であり、この段階では一回に仕込む容量は限られていて、数斗からせいぜい一、二石というのが大きい方であった。その代わり甕をたくさん並べればいくらでも醸造できたわけで、室町時代の京都の酒屋には、二〜三石の甕を一〇〇から一二〇も並べていたのが少なくなかったという。そしてこの甕から桶に代わるのが室町中期ごろからで、近世初頭になりようやく一〇石から二〇石入りの大桶ができてきたようである。前掲『多聞院日記』の天正一〇年（一五八二）正月三日の条に、布屋の一七歳の若尼が灯明をつけようとして一〇石ばかりある酒桶のなかに落ちて忽死した、という記事があるように、少なくとも一〇石入りの大桶の存在が確認できるのである。そしてこの大桶の出現は、室町中期に輸入された鉋の普及とおおいに関連があり、桶大工までがこれを使用するようになって、はじめて壺・甕から仕込桶への生産用具の改良が可能となった。近世酒造業における量産化の発端は、この意味で仕込桶の大型化のなかに見いだすことができるのである。

以上のように、当初清酒はまず諸白とよばれ、これが南都諸白から伊丹諸白へと技術的に引きつがれていった。そして新酒から間酒・寒前酒・寒酒・春酒と年間四、五季にわたって酒造仕込みされたが、商品性の点では、寒造りがよしとされた。しかしそれは、「すべて日数も多く、あたひも次第に高し」と評されていた。つまり酒造仕込み技術の観点からすれば、商品性の高い酒をつくるには、糖化作用と発酵作用とを並行的に進行させ、両作用を完結させてゆくことが秘訣である。それには季節の寒暖が大きく作用する。温暖な時節には糖化をこえて発酵が一方的に進行する。そこで発酵を抑える気候的な条件としては冬季が重要な意味をもってくる。しかし『図会』が指摘しているように、仕込み日数は寒中にむかうに従って長くなる。したがって商品性の高い諸白酒の需要増大に応じてゆくには、酒造季節の冬季への限定と仕込み日数の長期化、という二つの技術的条件を克服して量産化を実現してゆかねばならなかった。

伊丹酒が南都諸白を圧倒していった技術的高さは、実はこの克服のなかにみられた。つまり寒造りの諸白の量産化に成功したということである。しかし、それは実現化への第一歩が踏みだされたということであって、その完結は、近世後期に展開してくる灘酒造業のなかに見出されるのである。

4 『日本山海名産図会』にみる酒造生産工程

『日本山海名産図会』については、これまでしばしば引用してきたが、寛政一一年(一七九九)に浪華の木村蒹葭堂孔恭が実際に伊丹の本場の酒造りの状況を見聞して書かれたものであり、したがってその記述は当時の寒造り仕法の原型を示しているので、それを参考にしながら、ここで酒造仕込工程について一瞥してみよう。
いま参考のために酒造仕込工程の大要を図解したのが、第2図である（口絵ⅰ～ⅲ頁参照）。工程順にいえば、精米・洗米・蒸米は、いわば仕込工程の準備過程であり、それにつづいて麹仕込・酛（酒母）仕込・醪仕込の仕込工程が行なわれる。次に醪をしぼる圧搾工程、できた新酒を滓引（醪の沈澱物をとること）して貯蔵する貯蔵工程、最後に火入れ工程を経て酒を桶囲いし、ここですべての酒造仕込工程は完了する。

精米工程　精米の方法には、臼・杵を道具として足（人力）で踏みつける足踏精米と、水車を利用する水車精米がある。足踏精米は酒造蔵の敷地内にある碓（臼）屋で行なわれ、水車精米は酒造蔵外の水車場で行なわれた。そして水車精米はとくに米をつく水車であるので米搗水車ともいい、油を絞る油稼水車と区別され、河川の急流が利用でき

第２図　清酒仕込工程図解

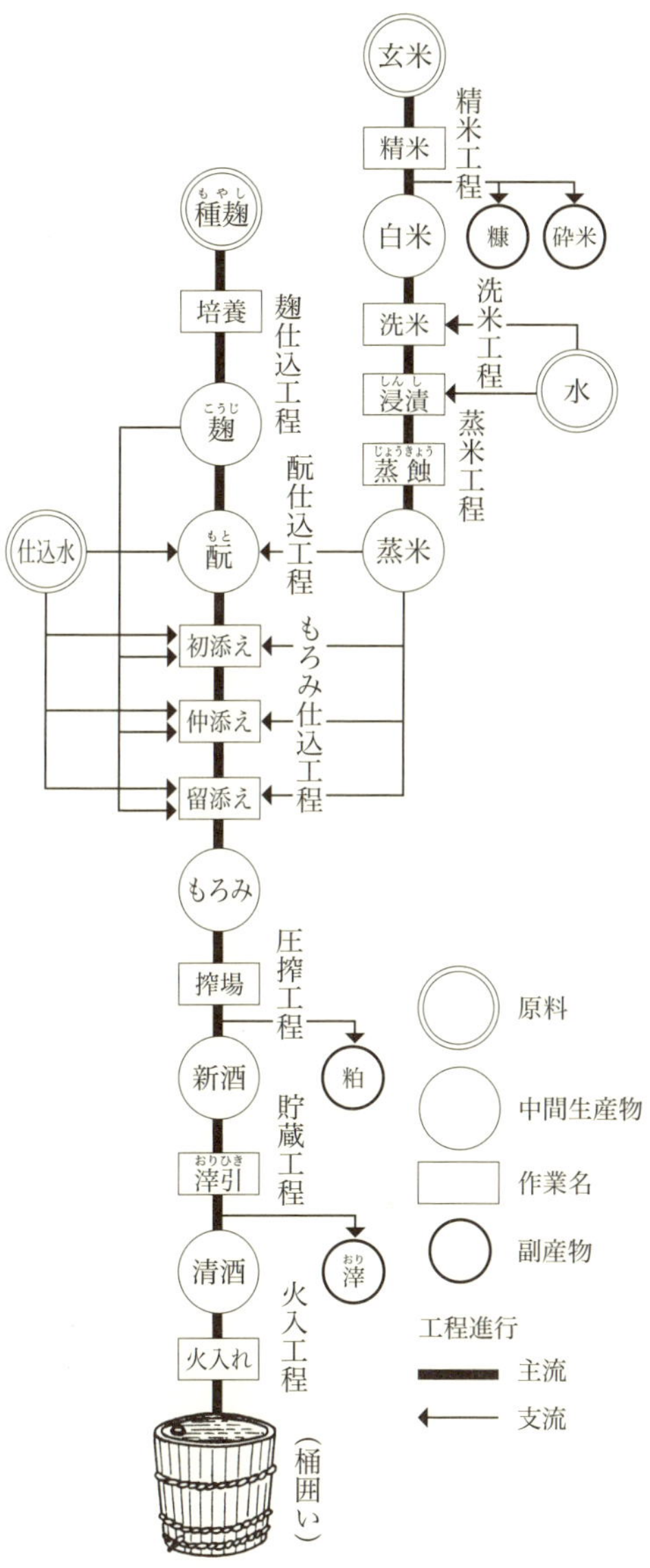

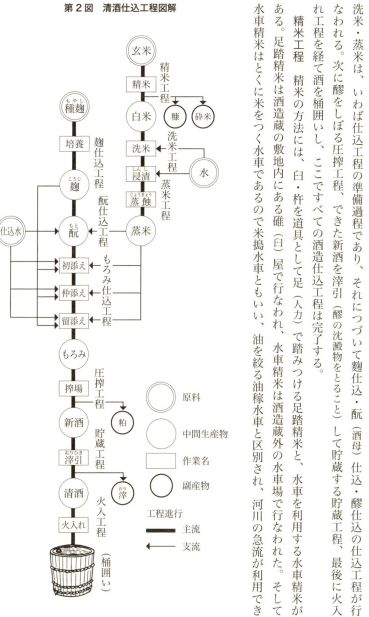

る立地条件を必要とした。

江戸時代前期から中期にかけては、足踏精米が支配的で、伊丹はもちろん池田やその後に発展した西宮・今津においても、主としてこの方法に依存していた。しかし江戸時代中期になって水車精米が出現した。はじめは足踏精米と併用されたが、後期には完全に水車精米にとってかわられた。この水車精米の一般化によって、酒造業に技術革新をもたらしたのが灘目（なだめ）であり、その画期は明和～天明期（一七六四—一七八八）であるが、これについては後述する。

『図会』がかかれた寛政一一年ごろにおいても、伊丹では精米工程はまだ臼つきに依存していた。酛は一人一日に四臼（一臼は約三斗三升五合）、掛米は一人一日五臼で、上酒の場合はとくに精白度を高めるため四臼としている。また碓屋の主要な道具は杵であり、その木質は柔らかいものがよく、尾張の五葉松の木を最良とした。木口がくぼむと米を損じるから、古杵になるとこれをとりかえた。また家々によって相違はあるが、杵のはけなげは四寸ぐらい、棹（さお）は七寸ぐらいがよく、一つ仕舞で、から臼一七、八ほどとしている。

このように臼つきによる精米では、一日一軒で六石前後の精米能力しかなく、しかもその精白度はせいぜい八分つきにすぎなかった。それに対して、水車による臼一本は一日四斗の精白が可能であり、一つの水車に四〇本もの臼が備えられていたとすれば、水車場一カ所で一日一六石の精米が可能であった。しかも精白度の点では、ふつうで一割づき前後、幕末期には一割五分づきから二割五分づきが可能となった。このように水車精米は、足踏精米にくらべて、精白しうる米量と精白度において、数段のすぐれた技術改良であった。

仕込工程　仕込工程は酒造業における基幹的工程である。碓屋ないし水車によって精白された酒造米は、酒造蔵に運びこまれて仕込工程がはじまる。以下この仕込工程を、洗米・蒸米・仕込・圧搾の順に、米から酒ができあがる過程をみていくこととしよう。

(1)洗米作業　米洗いにさきだって、まず井戸の根水をくみからし、澄みきった新水にしてから洗米にかかる。洗米は半切桶（はんぎりおけ）一枚に三人がかりで行なう。この三人を藪（やぶ）取り・中ふみ・尻（けつ）おしといい、

第３図　『日本山海名産図会』の酒造仕込工程図解

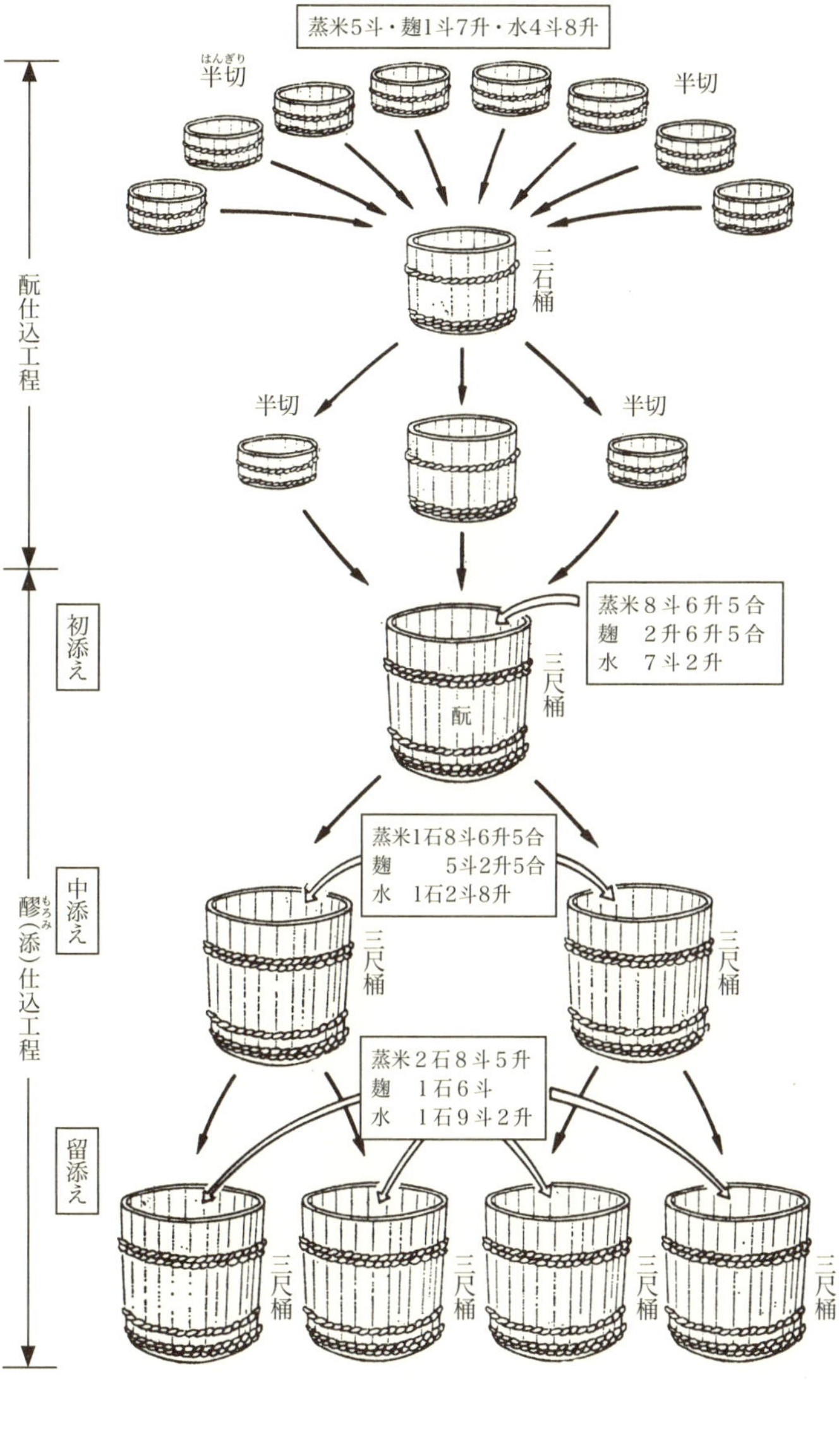

桶の中にならんで踏み洗いする。洗い水は四〇回かえる。とくに寒酒の場合は五〇回かえる。この洗米の目的は白米に付着している糠（ぬか）の搗粉その他の不純物や酒の質をそこなう成分をとりのぞくために行なわれるものである。この洗米作業の行なわれる場所が「洗場」である。

⑵蒸米作業　洗米のあと、浸漬（しんし）桶で米をつけてから蒸米にかかる。この作業は「釜屋」を中心に営まれる。薪が投入され、大釜・甑（こしき）などの道具が用意される。甑というのは桶状になったせいろのようなもので、かならず薩摩杉のまさ目を用い、「木目より息の洩れるもの」をよしとした。これによって米を蒸すのである。この蒸米作業の開始と同時に、つぎにのべる仕込作業が並行して行なわれる。この蒸米の開始を「甑初（こしきはじめ）」といい、終了時を「甑仕舞」とよんでいる。蒸米作業が終わるころ仕込工程のうちの麹つくり・酛つくり・掛仕込の各作業も完了する。そのため甑初めから甑仕舞までが、実質的には仕込期間であり、全稼働日数算出の指標となる。

酒造仲間による「甑日限」と称する減造申合せなどは、この蒸米作業日数を短縮し、それによって生産量の調整をはかるものであった。

⑶仕込作業　蒸米作業工程と並行して行なわれるのが仕込作業で、麹仕込・酛仕込・醪仕込と連続して行なわれる。とくに酛仕込・醪仕込を中心に、酛つくり桶・仕込桶の移動状況を示したのが第3図である。

麹仕込作業は酒造蔵の室（むろ）で行なわれ、蒸米に種麹（もやし・こうじをつくるもと）をまぜ麹をつくる作業である。ここで用いられるおもな用具は麹ぶたである。

まず酛入り予定日の三日前の朝に米を洗い、一日水につけてその翌日に蒸米し、これを莚にひろげて柄櫂（えかい）でかきならし、人はだぐらいの温度のときに槽（とこ）に移して莚でおおい、室のなかでおよそ半日放置しておく。

そのあと、かたまりをくだいて種麹を一石につき二合ぐらいの見当でまぜる。その夜の午前二時ごろに槽からとり出し、麹ぶたに盛って一〇枚ずつ積みかさねる。翌日に一度まぜて、夕方にふた一杯にかきならすと、翌朝四時ごろには黄色・白色の麹ができあがる。

《酛仕込》　酛仕込作業開始予定日の三日前に米を出し、翌朝洗米して水にひたしておき、その翌朝蒸米して、これを莚にひろげて冷やし、半切桶八枚にわけていれる（寒酒のときは六枚にわける）。このときで米五斗に麴一斗七升、水四斗八升を加える。半日ばかりして水が全部吸収されると、手でかきまぜる。この作業を「手元（手酛）」という。夜にはいって櫂を使ってくだく。これを「山卸（やまおろ）し」という。それから昼夜一時（いっとき・二時間）に一度ずつかきまぜて（これを仕事という）、三日のちに二石入りの仕込桶へ残らず集める。このあと三日おいて発酵させる。これをおどり（踊り）あるいは吹切（ふききり）という。あわが盛りあがってくると、また半切桶二枚と二石入り桶一本の三つにわけ、莚で桶を包んでおく。およそ六つ時ばかりたつと、自然の温気を生じる。寒酒の場合は、このときあたため桶（暖気樽・だきだる）に湯を入れて醪のなかへ入れる。この温気を生じたころをみはからって、櫂を入れてかきまぜながらさますと、二、三日の間に酛ができあがる。このように酛仕込作業の開始日を酛取・酛初めといい、新酒づくりがはじまる。

《醪仕込》　こうしてできた仕込酛を残らず三尺桶に集め、そのうえへ一定量の蒸米と麴と水とを三回にわけて加えていく。これを添えとも掛仕込ともいう。その最初の添加を初添えといい、さきの酛に蒸米八斗六升五合・麴二斗六升五合・水七斗二升を加える。同じく昼夜二時（ふたとき）ごとにまぜ合わせて、二日目は添仕込をしないで休み発酵させる（踊り）。三日目に三尺桶二本にわけて、そのうえにまた蒸米一石七斗二升五合・麴五斗二升五合・水一石二斗八升を加えてかき混ぜる。これが中添え仕込である。翌日さらに桶二本ずつにわける作業をする。これを大頒（おおわけ）とよぶ。同じくこれも二時ごとにかき混ぜて、その翌日また蒸米二石八斗五升・麴一石六斗・水一石九斗二升の第三回目の添加が行なわれる。これが留添（とめぞ）えである。または仕廻（しまい・仕舞）ともいう。以上、酛・添えの蒸米・麴は合わせて八石五斗、水四石四斗となる。このあと発酵の状況に応じて櫂入れをして酒の成熟をはかる。この櫂入れの時期が酒質を決定する非常に大事な作業となるのである。

以上が三段仕込とよばれる醪仕込の方法で、約一石の醪を培養基として、糖化作用と発酵作用を並行して進行させながら、一三石余の酒を製造していく合理的な方法である。この仕込工程では生産用具として桶が使用され、それはおのおの用途に応じて半切桶・三尺桶・六尺桶などに分かれている。作業が細分化されるにつれて用具もまた使用に適するようにつくられていくのである。

(4)圧搾作業　酒の成熟から八、九日をへて、三尺桶四本から、直接あげ桶によって酒袋へ入れ、「酒船（ふね・酔）」でしぼる。この酒船は一二石入りで酒袋三〇〇～五〇〇枚を限度とし、男柱（おとこばしら）に多数の掛り石をかけてしぼる。そこからでる酒が清酒であり、これを七寸の澄まし桶（大桶）に入れて四、五日たつと底に滓（おり）が沈澱する。これを「あらおり」とか「あらばしり」という。この作用のはじめを初揚（はつあげ）といい、完了時を総仕舞（そうしまい）という。これで仕込工程の全作業が完了する。

貯蔵工程　最後の貯蔵工程の作業は、火入れ作業と樽詰作業からなる。火入れ作業は酒焚（さけたき）ともいわれ、できた酒を貯蔵するために適度の火熱を加えて、夏季の腐敗を予防することである。たとえどんな純質の清酒でも味をそこなうにおいを生じて、火落（ひおち・腐敗して白くにごること）をきたすことがあるものである。『童蒙酒造記』によると、江戸積諸白は八十八夜前というから五月のはじめに火入れを行なう。春酒は五月中すぎ、寒酒は八十八夜後、片白（かたはく・諸白に対し、酛米は白米、麹米は玄米でつくった酒をいう）および新酒は五月節の中前に火入れをする、としるしている。

嘉永三年（一八五〇）の武庫郡鳴尾村（西宮市）辰屋与左衛門新場の場合をみると、仕込工程が一二月一日から翌年二月二九日までつづいたあと、三月一五日～同二七日まで火入れ作業を行なっている。つまり仕込稼働期間は八九日間で、そのあと頭司（とうじ・杜氏）とほかに蔵人一人、それに火入れ作業のみに四人が雇用されて、都合六人で営まれている。仕込工程は総仕舞のあと頭司と他一人を残して他は「先帰り」し、残った二人と新たに雇用された四人が火入れ作業に従事していることになる。

火入れ後に囲桶に入れ、いっぱいになったらただちにふたをして貯蔵操作をする。まず囲桶の目張りをし、桶ぶたをして、莚で巻き、熱が早くさめないように注意する。この囲桶の材料には佳品を選び、赤みをおびた木の香のある杉を使用した。火入れ後五〇～六〇日をへて初めて飲口より酒を少しだしてきき酒をする。これを初呑切（はつのみきり）という。寒造りのばあいなら、およそ六月ごろに行なう。そのあとさらに貯蔵し、秋になって、四斗樽に樽詰され、

いうが、このように新酒の意味も江戸時代前期と後期とでは異なってきているのである。

江戸積みされる。このはじめて送られる酒を新酒という。さきにのべた、秋彼岸すぎに古米で仕込まれる酒も新酒と

5　伊丹諸白から灘の寒酒へ

江戸時代のさいごの銘酒の名を表わしたのが灘の生一本であるが、その声価が宣伝されるようになったのは、文化・文政期（一八〇四—一八二九）である。生一本とは、もちろんのちになってのキャッチフレーズであるが、生一本の〝生〟とは〝純粋〟という意味だという。これを技術的な見地からみると、〝寒造りの酒〟ということであろう。

伊丹諸白のあとをうけて、近世後期に進出してくる灘酒造業発展の技術的条件は、ひとつは水車精米であり、他は寒造りへの集中化であった。精米工程が酒造蔵内部の労働工程から外部に延長され、米搗水車の工程として地域的社会分業の一環にくりこまれて、そこに量産化を可能とする生産力的な基盤があった。この点については、第五章第二節にふれることとしよう。

寒造りへの集中は、「仕込日数は長くかかるが、できた酒はよい」という『図会』ですでに指摘されていた諸白造りの特化のうちに求められる。それは稼働期間を短縮化しながら発酵技術を発展させ、仕込水を増量していったことである。そこで前掲第2表では南都諸白と伊丹諸白との仕込み方法の差異を述べたが、ここでは伊丹諸白と灘酒とを比較することによって、灘酒造業発展の技術的指標を明らかにしよう。第3表は、前と同じく伊丹諸白の仕込方法を伝える『図会』からの引用であり、灘酒の史料は上灘郷の御影村嘉納治郎右衛門家の実際の仕込方法を書きとめた史料からの引用である。そこでまず寛政期の伊丹諸白と灘酒をみると、(1)仕舞高（蒸米＋麹）は『図会』が八石五斗で灘酒は八石となっているが、寛政四年は減醸令が発令されたための減石かと思われる。(2)蒸米に対する麹の割合は『図会』が四割三分に対し、灘酒は三割三分と少ない。(3)蒸米一〇石に対する水の使用量は、『図会』が五斗一升、灘酒が五斗五升となって、灘酒の方が吸水率は高い。以上三点が注目されよう。さらにこれと嘉永元年の灘酒を比較

すれば、⑴糀（こうじ）割合が灘酒が三割とさらに少なくなっている。⑵仕舞高は八石五斗仕舞から九石仕舞となり、同じ酛量に対する醪量（白米高＋水）が『図会』の一二石九斗から灘酒の一八石へと増大している。⑶水の使用量がさらに増え、「十水（とみず）」（蒸米一〇石に対し水一〇石、石水《こくみず》ともいう）が果たされている。以上三点である。とくに糀割合は、南都諸白の六割三分（元禄八年）からみれば、ここではいずれも三割台となっていて、この糀割合の減少がすでに伊丹諸白によって克服され、元禄期から寛政期にかけての仕込方法の第一の改良点であった。それに対し、寛政期と嘉永期における注目すべき改良点は、水の使用量の増大という点である。この「十水」は以後の標準的な汲水率となり、灘目がこの改良に成功した意義は大きい。なかんずく、伊丹諸白の酛仕込から留添までの汲水率は漸次減少しているのに比べて、灘酒はむしろ上昇させている点が目立っている。しかしこの「十水」の法は、一挙に習得したものではなく、嘉納家では各仕込蔵の吸水率をかえ、寛政五年（一七九三）には六水（ろくみず・白米一〇石に対し水の使用量六石）の蔵では糀割合を三割三分とし、六・七五水（水六石七斗五升）の蔵では糀割合四割三分というように、使用水の多い蔵では糀割合も高くし、文化三年（一八〇六）には六水で糀割合四割三分、天保七年（一八三六）には九水に達しているが糀割合はまだ四割三分と高い比率を示し、このような試行錯誤を経て、やがて嘉永元年には十水でしかも糀割合三割という仕込方法に成功したのである。このように仕込水の使用量が十水に到達していることは、「延びのきく」酒への量産化の道が開かれ、仕込技術の進歩を示すと同時に、一仕舞八石から九石への増大は醪量の増大を意味し、ここに一八石の醪量は、「湧き」を考慮にいれると三〇前後の大桶が使用されていたことになる。丹醸の二〇石に比較すれば、ここに生産用具たる大桶の発達が想定され、仕込量の増大と大桶の発達によって量産化の課題が果たされ、それは当然酒造蔵における規模の拡大を前提とするものである。千石造りの酒造蔵の出現は、このような技術的進歩と生産用具の大型化によって可能となったのである。

そしてこのことは、酒造における仕込水の重要さを改めて認識させる画期的発展であった。この技術的発見を媒介にして、やがて西宮の浜方の一角から湧出する宮水への関心が高められてゆく。事実上灘郷中組の魚崎村の酒造家山邑太左衛門が西宮にも出造りして酒造蔵をもち、この西宮蔵と地元魚崎蔵との酒造仕込方法の差異から、やがて宮水

第3表　伊丹諸白と灘酒の酒造仕込方法の変遷

単位：石

		酛	初 添	中 添	留 添	合 計
I 丹醸 寛政10年 (1798)	蒸米	0.500	0.865	1.725	2.850	5.940
	麹	0.170	0.265	0.525	1.600	2.560
	白米高	0.670	1.130	2.250	4.450	8.500
	水	0.480	0.720	1.280	1.920	4.400
	合計	1.150	1.850	3.530	6.370	12.900
II 灘酒 寛政4年 (1792)	蒸米					6.000
	麹					2.000
	白米高					8.000
	水					4.400
	合計					12.400
III 灘酒 嘉永元年 (1848)	蒸米	0.600	0.900	1.800	3.600	6.900
	麹	0.200	0.300	0.560	1.040	2.100
	白米高	0.800	1.200	2.360	4.640	9.000
	水	0.720	0.900	2.380	5.000	9.000
	合計	1.520	2.100	4.740	9.640	18.000
I	糀割合	0.34	0.31	0.30	0.56	0.43
	汲水率	0.72	0.64	0.57	0.43	0.52
II	糀割合					0.33
	汲水率					0.55
III	糀割合	0.33	0.33	0.31	0.29	0.30
	汲水率	0.90	0.75	1.01	1.08	1.00

(注)「南都諸白」と「丹醸」の仕込方法、および糀割合と汲水率については、第2表（35ページ）参照

(史料) Iは『日本山海名産図会』(日本図会全集)

II・IIIは『本嘉納商店々史』77、78ページ

が発見されたという。ときまさに天保一一年（一八四〇）のことである（一説によれば、山邑ではなくて同じ魚崎村の雀部市郎右衛門だとの説もある。『灘酒沿革誌』一六二頁）。しかし、宮水の効用はいまも高く評価されている。そして、この史伝はまことに酒造技術の革新を推進し、試行錯誤の究極において、発酵原理の合理性に接近していった灘の酒造家たちの努力の跡を物語るものであろう。宮水が西宮の湧水でありながら、西宮の酒造家によってではなく、灘の酒造家によって発見されたという事実のうちに、既往の特権を圧迫して進出してゆく新興酒造地灘五郷のエネルギーがあったというべきであろう。

第三章　酒造株制度と酒造統制

1　酒造株の設定とその特質

近世酒造業は、幕藩体制成立の当初から、諸産業のなかでも、とくに幕藩領主の為政者によって厳重な統制をうけていた。それは、酒造業が幕藩領主経済の存続を左右する米穀加工業であったことによる。米の流通事情が、直接領主財政に大きな影響力を及ぼしたからでもある。したがって、まず米価調節の点からみて、幕藩領主の側で米価をしっかりと掌握しておかなければならなかった。

酒造株が制定されたのは明暦三年（一六五七）のことであるといわれている（『灘酒沿革誌』六五頁）。しかし法令の上で現実に確認できるのは、万治三年（一六六〇）八月の触書で、「去る申年迄」の造来米高を調査して、町中吟味のうえ、「米之員数帳面」に記載させ、これを届出させた。のちにこのときの届出をもって酒造株とみなし、その届出高を株高ときめたのであろう。この万治三年の触書は次の通りである。

一、町中跡々より、手前にて酒造来候酒屋、去る申年（明暦二年―註）迄に壱ケ年米何拾何石宛造り申候を、町中吟味仕、米之員数帳面に書立、早々持参可申候、少も偽りを申上、脇より訴人於有之者、其酒屋は不及申、家主月行事可為越度候間、有体書上可申事

一、弥跡々造り来候半分、当年も造り可申候、勿論新規之酒屋御法度候間、当座之新酒にても一円造申間敷事

（『日本財政経済史料』第二巻、一三六三頁）

またそれより先に大坂においても、明暦三年に総年寄総代を町奉行所に招集し、酒造制限令の布達の徹底をはかると同時に、翌万治元年（一六五八）には大坂三郷（天満組・南組・北組）の酒造米高検査にあたらせたのである（『大阪市

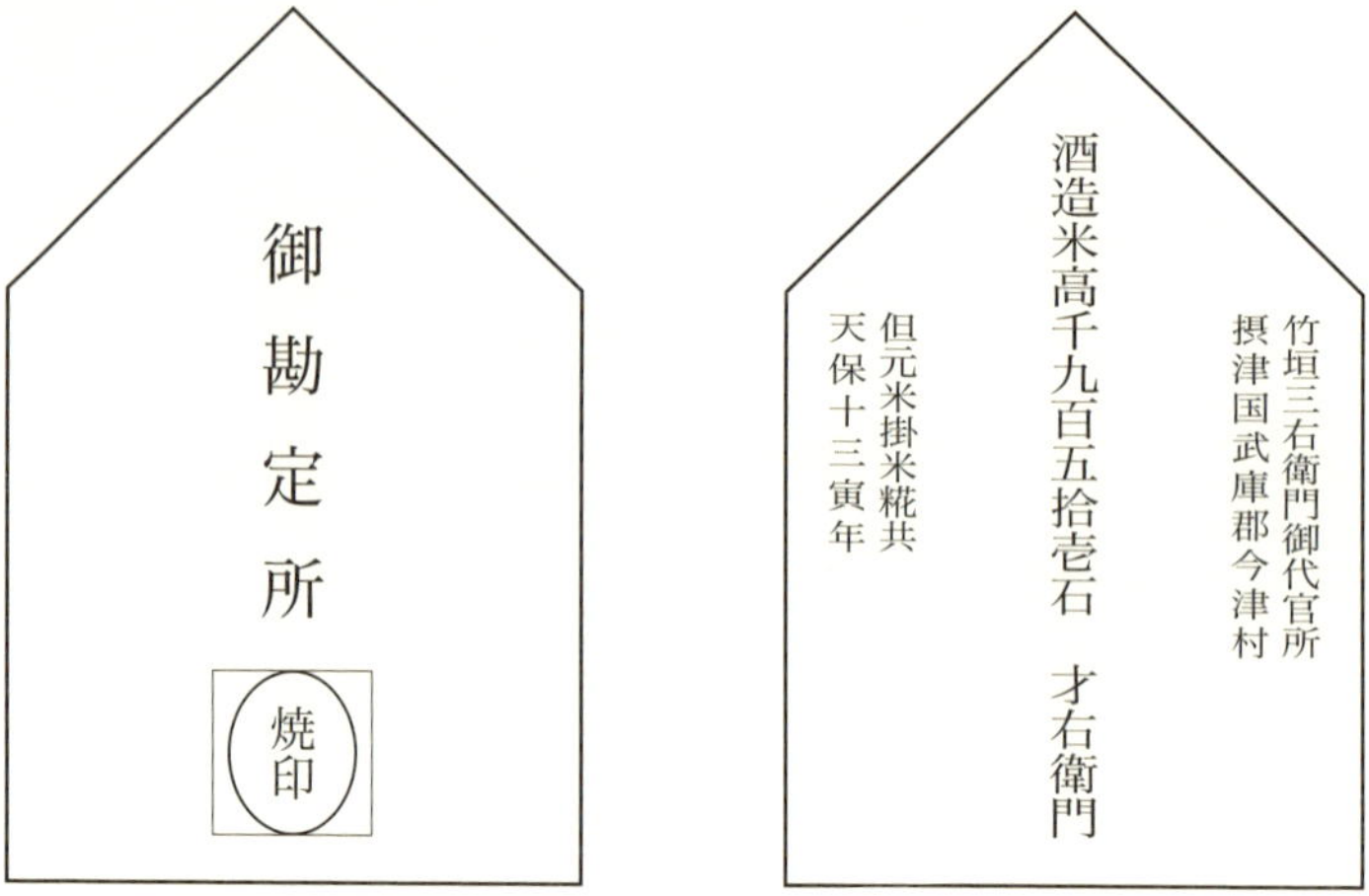

第４図　酒造株札（口絵Ｉ参照）

史』第一、三六七頁）。

一般に諸産業において株の免許が許されるのはもっと後のことであり、ただ例外的に警察的な取締りの必要から、当時質屋株（寛永一九年）、古手屋株・古道具屋株（正保二年）が公認されているにすぎなかった。酒造株も米価調節などの幕府の酒造政策の必要から、とくにその実態調査と酒造統制が行なわれたのである。

この明暦三年の株札が、どのような形態・体裁のものであったのかについては、いまではその現物に接することができないが、その後にでてくる酒造株札は、およそ将棋の駒の形をした木札のものが多い（なかには長方形のものもある）。その一例を示すと、第４図のようである。

この酒造株とは、各酒造家の酒造米高を株高として表示し、この株札に株高と酒造営業人の住所・氏名を明記して、各自に交付した鑑札である。そしてこの株札の所有者にのみ酒造営業権を公認し、しかもその株高を超越して酒造することは厳禁されていた。その意味で、酒造株とは「酒造渡世之根元」たるものであり、一種の営業特権を領主側から保証されていた。したがって株をもたない無株の者が、新規に酒造業を営むことがあれば、「帳はずれの酒屋の隠造」として厳罰をもって禁止されていた。とくに酒造統制令の際にはその取締りはきびしく、たとえば寛文九年（一六六九）正月の触では、「酒道具ともに取上、其身は曲事可申付候」と規定し（『日本財政経済史料』第二巻、一三二二頁）、享和三年（一八〇三）一〇月の触では、「若無株にて隠造などいたし候者於有之者、早速召捕、酒造蔵へ封印附可申候、勿論召捕候もの御料所之者に候はゞ手限に吟味いたし、御仕置之義可被相伺候、私領之者に候はゞ、上方筋は最寄奉行所へ被差出、其段御勘定所へも可被相届候」（『日本財政経済史料』第二巻、一三二七頁）と規定している。このように酒造営業人を明確に指定して彼に営業特権を与え、これを領主側で保証するといった酒造株のもつ性格を、酒造株の人的限定性とよんでいる。

しかし酒造株は単なる営業特権ではなく、各株にはそれぞれ所定の酒造米高が指定され、その限度において営業が認められていた。この株札のもつ株高の特性を、量的限定性とよんでいるが、この株高の特性こそ、いわば官許の公定基準石数としての重要性をもっていた。したがってこの株高をこえて酒造米を使用することは許されず、これは過造として禁止されていた。とくに酒造統制のときには厳格な取締りがあり、また長い間には現実の酒造米高と株高との背離も起こってくるので、これを調整したのが株改めであるが、これについては後述する。

さらにこのような特性のほかに、酒造株には地域的限定性があった。これは、酒造株を売買譲渡するときに、同一領内においてのみ許され、他国間同士の酒造株の移動が禁止されていた。この点については、とくに寛政五年（一七九三）一〇月の触に、「諸国にて酒造り候者、相対を以酒株譲渡之義、其国限りは格別、譬一領之内に候共、向後共他国之者より譲受或は他国之者へ譲渡候義、難相成事に候」（『日本財政経済史料』第二巻、一三三二頁）とあり、これは酒造株のもつ地域的限定性を成文化したものである。そして地域的限定性がつけられた理由として、酒造株に賦課されている冥加金が、次にのべる株の種類・地域によって、また領主の支配関係によって、必ずしも同一ではなかった点があげられる。

しかし、このように領主側からする上からの制約とともに、各酒造仲間によっても、その特権の維持をはかるために、酒造仲間の申合せとして、他への酒造株の売買譲渡を禁止していた。次にあげる史料は、天保一〇年（一八三九）に灘目のうちの下灘郷を形成している二ッ茶屋村において、村方一統および酒造仲間でなされた申合せである。

当村内酒造株、近年追々他村他郷へ売渡ニ相成候ニ付テハ、自分手元勝手ニ寄酒株直段高直ヲ見込、先祖ヨリ旧来所持ノ酒造株迄取放シ、売立候様相成候故、自然ト村内商売人相減候ニ付、一体不融通ニ相成、土地衰微ノ基ニ付、村方一統相談ノ上、向後酒造株他村へ売渡等ハ為相止可申、乍併無拠過分ノ借財等有之、質方へ可相渡歟、又ハ借財決定ニ付、売立ニ相成候酒造株ノ分ハ、其時節村方ニテ申談取斗可致候、然ル上ハ於仲間向後厳敷御取締有之、大体酒造株他村へ差出シ、売払ニ不相成候様御差止メ可被成候、以上

天保十亥年八月

村方 印

(『海事史料叢書』第一七巻、四三七頁)

天保期以降、酒造業は灘目のうちでも上灘郷の三組に集中し、下灘郷は衰微してゆく状況のなかで、二ッ茶屋村酒造仲間が酒造株の他村他郷への売渡し・譲渡しを禁止したものである。このような仲間の動きにもかかわらず、現実には下灘郷は幕末にかけて大きく江戸積酒造業より後退してゆくのである。

さらにこのほか、酒造株の特権の内容において種々の差があり、それに基づいて株の名称が生まれていた。すなわち、醸造米高＝株高が白米・玄米・籾であるかによって、白米株とか玄米株・籾株と呼ばれていた。たとえば籾株や玄米株よりは白米株は特権的に取扱われており、天保一三年(一八四二)の「伊丹郷新古酒造株所持名寄帳」(岡田利兵衛氏所蔵)の第一枚目に、「伊丹郷酒造株控、但し白米株也」と明記している。それに対し、灘五郷における籾買入株は籾株であり、辰年御免株は玄米株となっている。また冥加金の有無によって、それが免除されていたものを無冥加株といい、冥加金の賦課されているものを冥加株と称した。伊丹・池田・兵庫・西宮などは、すべて無冥加株であったのに対し、灘五郷の酒造株はすべて冥加株である。さらに、江戸積を許可された株を江戸積株といい、専ら地売を行なっているものを地売株とよんでいた。これは幕府や領主側によって規定されたものではなく、江戸積酒造仲間の特権としての区別を意味するもので、とくに酒造株の売買譲渡や質入れ証文には、必ずこの「江戸積株也」という文言が明記されていた。

2　酒造株の種類

酒造株は領主側によって公認された営業特権を内容とするものであるため、ひとつは酒造統制の上から定められたものであるが、他は領主の財政上、冥加金徴収の目的をもって、その種別ができあがっていた。したがってそれぞれの段階に応じて、漸次新たに酒造株がつくりだされてゆくのであり、かつまた冥加金賦課との関連において決定されていった。そして大別すれば酒造株は一般株と特殊株に分類されている。

一般株には永々株・籾買入株・辰年御免株があり、特殊株には由緒株（菊屋株・清水株・高橋株）と拝借株（北国株・関八州株・町奉行所株）があった。また一般株は酒造業者一般に広く認められた酒造株であるのに対し、特殊株は特定の人に対し由緒の故をもって授けられたり、特殊の事情のもとに限定的に特許されたものであった。

- 一般株
  - (1)　永々株
  - (2)　籾買入株
  - (3)　辰年御免株
- 特殊株
  - 由緒株
    - (4)　菊屋株
    - (5)　清水株
    - (6)　高橋株
  - 拝借株
    - (7)　北国株
    - (8)　関八州株
    - (9)　町奉行所株

以下これを説明してゆこう。

(1)　永々株（御免定株）

この株は酒造株のうちでもっとも基本的なものであり、明暦三年の酒造株設定と同時に認められた株で、実際の酒造株帳には「古株」とか「御免定株」とも書かれている。したがって犯罪ないしは相続者なき場合のほかは、没収されたり休業を命じられたりすることもなく、いわば「永代酒造人」としての特権を与えられたものであった。上方における江戸積酒造地たる大坂三郷をはじめ、伊丹・池田・西宮・兵庫の酒造株はみな古株であって、かつ無冥加株であった。ただ今津村南組の古株については、一株につき三六匁の冥加金がかかっていた。したがって以下の籾買入株や辰年御免株は、この無冥加株に対して新たに冥加金を課税するために設けられた酒造株であって、新興の灘目・今津の灘五郷に限ってみられるものである。

(2)　籾買入株

田沼意次治世下に、それまでほとんど酒造株には冥加金がかかっていなかったので、宝暦一四年（一七六四）、明和九年（一七七二）、天明三年（一七八三）と、再三にわたって江戸積酒造仲間を対象に、幕府は酒造冥加金を賦課しようとした。この政策に対して酒造仲間は一丸となって反対を表明し、酒造株については古来より無冥加であったという慣行を主張して、これを退けてきた。やがて松平定信の寛政改革の過程で、定信は田沼の失敗の経験から、その課税地域を従来の江戸積酒造地全体から、新興の在々酒造地たる灘五郷に限定して賦課しようとした。このとき灘酒造業は享保期以降、先進＝古規組たる伊丹・池田・西宮を凌駕して新興＝新規組として発展してきたもので、寛政四年（一七九二）にいたり、灘目の無冥加株に対しいっせいに冥加金が賦課されたのであり、その金額は株高千石につき銀三枚（一二九匁）と定められた。同じ新規組に属する今津郷が除外されているのは、すでに今津村では古株に対し一株につき銀三六匁の冥加金が賦課されていたためである。

この冥加金は、古株のそれが幕府の御金蔵に収納されたのに対し、代官所内に設けられた御蔵に収められ、その冥加金で籾を買入れて備荒貯蓄用にあてたところから、籾買入株とよばれたものである。なおこの冥加金は寛政六年（一七九四）までつづき、七年以降は酒造統制が緩和されると、前年までの籾買入株が三分の一造りの減醸令下のものであるので、それが解除された段階では一二九匁の三分の一、つまり四三匁に改めるべきであるという申入れが酒造仲間よりなされた。それが聞き入れられて、以後近世を通じて株高千石につき銀四三匁の永上納に固定されたのである。

しかし実際に籾買入株という名称に確定するのは、天保三年に辰年御免株の設定のときで、そのときにはじめて古株の御免定株とともに籾買入株という名称が決定した。それまではこの両者は、史料のうえで「古冥加御免附」に対し「新規御冥加籾蔵物」とか、「古冥加株」に対して「新冥加株」とよばれ、またその冥加金の納入される場所から「御金蔵」に対して「籾蔵」という名称で区別されてよばれていたにすぎなかった。

(3) 辰年御免株

享保末年以降の灘酒造業の発展を籾買入株として幕府が吸収したのに対し、文化・文政期の飛躍的発展による増石分を吸収して、新たに新規株を設けたのが天保三年で、その年が辰年にあたるところよりこの新規株を辰年御免株と称した。

すでに文政一一年（一八二八）六月の「口上覚」に「近来酒造無株ニ而も勝手造被仰付候ニ付、摂州名田（灘）郷之内無株之酒造場多分拵立、専ら酒造仕候」（四井家文書）とあるように、文化三年（一八〇六）の勝手造り令を契機に、株高を越えた増石分はもとより、無株の者の酒造営業をも黙認した形で、飛躍的に量的拡大をもたらした。ところが天保期にはいり、酒造統制令が発令されるや、ここに実醸高と株高との間に大きな懸隔を生じたため、天保三年に株改めが行なわれた。その方法は、文政一一年の実醸高を調査し、株高を超過した分と新規に営業をはじめた者に対して、ここに新規株を交付することとしたのである。これが辰年御免株で灘目四組と今津に限って許可された。このとき前記御免定株・籾買入株の株高約三〇万石に対して新規株は一五万石で、この一五万石につき免許料として株高一〇〇石につき金一三両二歩を上納することとし、天保二、三年の二ヵ年間に全納せしめ、その上に冥加金として天保二年は一〇〇石につき銀七〇匁、三年は五〇匁、四年以降は六〇匁ずつ上納させることとなった。古株にくらべてはもちろんのこと、籾買入株の一〇〇石につき四匁三分にくらべても、その冥加金の高率であることが注目されよう。

このようにして天保三年の時点で御免定株・籾買入株・辰年御免株という酒造株の種別ができあがるのである。これらが灘目四組・今津の新規組酒造仲間を対象に課税されたこと、西宮・大坂・伊丹の古規組酒造仲間はもちろん、他国の酒造業においても、このような株の種別はなかった点に注意しなければならない。いまこれを整理して表示すれば、次のとおりである。

種類	御免定株	籾買入株	辰年御免株
設定時期	明暦三年以降の古株（冥加株）	明暦三年以降の古株で、寛政四年当時の無冥加株	天保三年の新規株
対象地域	灘目の一部と今津	灘目（上灘・下灘）	灘目・今津の全域
冥加金（一〇〇〇石につき）	一定せず（多くは一株につき三六匁か、無冥加）	寛政五年までは一二・九匁、同六年以降は四・三匁	天保三年は五〇匁、同四年は七〇匁、同五年以降は六〇匁

⑷　菊屋株

この株は奈良の菊屋治郎左衛門が所持していたもので、別名「御膳酒株」ともいわれていた。そのいわれは、菊屋醸造の酒が幕府へ献納されていたためであろう。一説には菊屋の始祖は南都諸白をはじめてつくったため、その功績をたたえて御膳酒としての特典が与えられたものだという。いずれにしろこれらの事情から、冥加運上金は免除され、また減醸令の適用も受けることがなく、売買譲渡も厳禁されていた。

やがて元文五年（一七四〇）ごろより将軍家への御膳酒は伊丹の剣菱などの銘酒がつとめるようになると、菊屋株の御膳酒株としての特権も薄らいでいったであろうと推察される。その後は、この御膳酒株は「御膳酒造場所替」という名目で、官許をえて池田・西宮に移動していったのである。

⑸　清水株

この株は寛政五年（一七九三）に摂州島上郡富田村の酒造人清水市郎右衛門に特許されたものである。この摂州富田村は、近世初期より伊丹とならんで「富田酒」として有名で、『摂津名所図会』にも「本照寺の隣地清水氏の家にありて清澄にして寒暑に増減なし、此家酒匠を業とし、吉例として毎歳糟漬物を江府へ捧げ献る」とある。この清水家の祖先が慶長五年（一六〇〇）、関が原の役に際し、徳川家康の命を奉じて糧食の調達に応じ、また同一九年（一六一四）の大坂の役に際しても、ふたたび兵糧および竹木を献上し、またその自家製の香物を献納したが、たまたまこの日に大勝を博した。その功によりとくに許されて清水株の特権を受けたものである。

清水家は屋号を紅屋といい、近世初頭より酒造業を営んでおり、延宝六年（一六七八）改めの酒造株は村内でもとびぬけて二〇〇〇石の株高を所持していた。その後家運が衰退し、一時酒造業を廃業していたところ、寛政四年（一七九二）になって、ふたたび酒造業を再開しようとして幕府に請願した。ところが当時減醸令のでていた時期であったため許可されず、ついで翌五年にさらにその由緒を上申して、やっと一八〇〇石に限りその酒造が認められたのである。したがって、由緒株として減醸令に際しては、その適用から除外され、また無冥加の特典が与えられていた。しかし文化・文政期には清水株は伊丹へ貸出され、天保期になって灘の酒造家のもとへ分株されていた。天保七年（一八三六）の減醸令に際しての灘目「酒造取締方取斗振演舌書」にも、「清水市郎右衛門・高橋孫兵衛ニ株借受致酒造候もの共、是迄減石之年柄も皆造いたし来候得とも、当年之儀者三分一造被仰渡候ニ付、其段申渡請証文取置候儀ニ在之候間、右両人株借請酒造いたし候もの在之候ハヾ、前同様取締改方之事」とのべ、この株の借受け者を募っている。おそらく次の高橋株の例からみても、高額の貸料をとって貸付けていたものと考えられる。

⑹　高橋株

この株は天保三年（一八三二）に河内国讃良郡高橋孫兵衛が、由緒の故をもって幕府に酒造株を願いでたもので、幕府は欠所株のなかから一〇〇〇石の株高をとくに免許したものである。この由緒の願出は、すでに文政一三年（一八三〇）に奉行所に提出された。

乍恐以書附奉願上候

永井飛騨守様御預所
河州讃良郡岡山村
御勝山御巡見所
高橋孫兵衛

一私家御由緒之儀者、元和年中大坂御陣之節、御先陣為御案内本多豊後守様・藤堂和泉守様先祖高橋孫兵衛家へ被為遊御入、今度御陣御台所・御座之間被為仰付、御勝山之上ニ高サ弐丈余築山致し候様依御下知、則孫兵衛手請ヲ以弐丈築山不同出来、并家居・座敷・台所迄明奉差上御陣所ニ相成、大坂迄之御道筋等度々御案内奉申上、既ニ被為及御利運、乍恐万々歳御武運御長久奉祝之候、其砌権現様台徳院様御前へ先祖孫兵衛被為召出、今度孫兵衛忠義之働、土地勝利之場所案内申候段、神妙ニ被為思召、褒美之儀者近々城州伏見へ罷出候様奉蒙上意、御盃被為下置、冥加至極難有仕合ニ奉存候、今家宝仕罷在候、然ル処戦場之往復、流矢外玉等ニ当リ、手疵重く、其節伏見へ罷上リ不申故哉、最早弐百年余りも相成、未何之御手当も不被為下置候、然共其節ハ相応ニ相暮し、何事も不奉願、御吉例御勝山御遺跡守復仕居、右之御由緒を以テ其後ゟ御老中様方御城代様其外諸御役人様方御巡見有之、居宅御休息所ニ相成候御儀被為聞召通御座候、（中略）御勝山御遺跡奉守護候事不相成様成行、弐百年余相続仕来候御吉例御勝山御遺跡者勿論、家名退転ニおよひ候場合ニ至リ、先祖勤切難相立様成行候而者、歎ケ敷奉恐入候、最早此上相続方仕法も無御座候へ共、何卒以御憐愍酒造株高三千石御免被為成下、右高之内引分別造御貸渡之御主法ニも被為仰付被下置候ハヾ、御遺跡相続之基も相立可申哉と難有仕合奉存候、何卒格別之以御仁恵、右願之趣被為聞召合、偏ニ御慈悲之程奉願上候、以上

文政十三寅年六月

御勝山御本陣
高橋孫兵衛

御奉行所

（白嘉納家文書）

つまりこの由緒とは、元和年間（一六一五―二三）以来高橋家が御本陣として御用を勤めてきたことをさし、その勝山遺跡の維持が困難となってきた事情から、その相続方仕法として酒造株三〇〇〇石の免許を願い出たものである。そしてこの三年後の天保三年（一八三二）にいたり、一〇〇〇石の酒造株を免許し、この一〇〇〇石を一〇石ずつ一〇〇株に分けて希望者に貸付けたものである。天保三年には株改めがあり、しかも減醸令の発令されたときで、酒造家では株高と実醸高との調整が必要であった関係上、灘へ五〇〇石、伊丹・西宮・池田などへ五〇〇石が貸付けられた。この貸付料（株料）として、灘に対しては一〇〇石につき一ヵ年銀八六〇匁、他は七〇〇匁を徴収した（『灘酒経済史料集成』上巻、三三八―三三九頁）。この株も減醸令に際してはその造石制限から除外され、しかも無冥加株で冥加銀も免除されるという特権が与えられていた。

以上菊屋株・清水株・高橋株の由緒株は、いずれも特別に個人に免許された無冥加株で、本来は他への譲渡も許されていなかったのであるが、天保期には貸付料をとって、主として灘酒造家に貸付けられたのである。

これに対し、次にのべる拝借株は、幕府が株料（貸付料）をとって貸出すもので、株料は免許料に相当し、株を返上したときに払い戻されることになっていた。この株料のほかに、拝借株はいずれも年に冥加金を上納しなければならなかった。

(7) 関八州拝借株

この株の由来はもともと寛政改革のとき、上方より江戸への下り酒を抑え、むしろ関東地廻り酒を保護育成してゆくため、幕府が関八州の酒造家に対してとくに「御免酒屋」を指定し、これに原料の酒造米を貸与して醸造させた。のちこの御免酒屋が廃業するに及び、その「上ケ株」（没収株）を幕府が希望者に貸付けたものである。天保四年（一八三三）二月には、次のような触を出し、その内容を規定している。その株料は一〇〇石につき金一〇両（初年度納付）、冥加金は年三分であった。

此度関八州上酒御試造上ケ株、御料私領寺社領之差別なく、御貸渡之義被仰出候間、勝手造中増石又ハ無株ニ而酒造いたし、当時休居難儀いたし候者有之候ハゞ、早々取調可差出旨被仰渡、奉承知候、右御請として申上候、以上

羽倉外記手代

巳二月廿六日（天保四年―註）

田中寿三郎 ㊞

外出役連印

下ケ札

酒造鑑札願人有之候節ハ、年々冥加金三分ツヽ上納、株金初年斗百石ニ付金拾両差出、鑑札上ケ候節者、右株金差戻候事

（『牧民金鑑』下巻、二五五頁）

⑻　北国筋拝借株

この株は天保五年（一八三四）一一月に創設されたもので、その内容については次のように規定している。

此度北国筋ノ内、酒造株拝借ノ儀、再応相願候向モ有之候ニ付、御貸渡ノ儀被仰出候間、御料私領寺社領ノ無差別、勝手造御差留以後、家業ニ離レ難儀候モノ有之候ハゞ、取調可被申聞候、且株金トシテ酒造米高百石ニ付金拾両、初年相納置、冥加ノ儀ハ高百石ニ付金三分ヅツ、来未年以来稼中相納、前書株金ノ儀ハ、稼相仕廻候ハゞ御下ゲニ相成候間、右ノ趣相心得、村々迄相触、願出候モノ有之候ハゞ、石数等委細取調可被申聞候

（『日本財政経済史料』第二巻、一三三四―一三三五頁）

これによると天保五年に、北国筋の無株の酒造家に対して、株料として酒造米高一〇〇石につき金一〇両を初年に納め、冥加金として毎年一〇〇石につき金三分ずつ納めなければならなかった。その後天保一〇年（一八三九）になり、諸国の酒造「天保四年前迄造来高」の二分の一造り令が発せられるや、同一二年六月に、関東・北国筋の御貸付株もこの適用を受けるようになったが、その代償として減石の分の冥加金は免除されることとなり、二分の一造り以下の減醸の者には冥加金免除方の願出を要することとなった。

⑼　町奉行拝借株

この株は別名欠所株ともいわれ、驕奢・欠落・犯罪・死亡、その他法令に違反しまたは不正な営業（過造・隠造など）によって酒造営業を停止され、その株を没収されたもので、「上ヶ株」とも称された。この株は奉行所でまとめて希望者を募って入札させ、その入札金（冥加金）の最高額者に貸与したものである。酒造減醸令のきびしかった寛政期や天保期には、とくに営業違反者が多かっただけに、没収された欠所株も多く、大坂町奉行所管轄内においても、寛政以来欠所株となった酒造株は一万二八七七石余に達したといわれている。これらは関八州拝借株や北国筋拝借株と同じように、灘目・今津をはじめ摂泉十二郷酒造家に広く貸付けられたのである。

以上の一般株・特殊株は、要するに主として江戸積酒造地たる摂泉十二郷の酒造家に、なかんずく灘目・今津の酒造家に多くみられる種類で、また時代的にも寛政期、さらには天保期以降に一般化していったものである。

このほかに、現実の「酒造株帳」には出造株（または出稼株）とか、入株と記載されているものがある。出造稼とは、酒造株の所有者たる株主＝酒造家が、自己の所在地（居村）をはなれ、他の土地において酒造を営む形式のものである。つまり酒造家が、他村（郷）の休造蔵を借りて酒造仕込みをするもので、その場合酒造株は自己の所持株で酒造蔵だけを借りる場合と、休造者の酒造株もつけて酒造蔵を借りる場合とがあった。入株とは、とくに減醸令の際に、酒造株高を基準にして減石されるため、できるだけ酒造株を集める必要があり、そのとき政策的に酒造株を借り入れる場合をいう。灘酒造業が飛躍的に発展していった文化・文政期に、池田郷よりまとめて灘目へ入株したことがあり、また天保期に伊丹の近衛家が率先して酒造業発展誘致政策として灘目より入株し、これを地元の伊丹酒造家に貸付けた例もあった。いずれもかなり高額の株貸料を徴収していたのである。

3　株改めと減醸令

幕府の酒造統制は、いつもこの酒造株によって、もっと正確にいえば、株札に表示されている株高（酒造米高）によって実施された。たとえば、三分の一造り令というのは、あくまで株高を基準にしてのことである。しかし、この酒造株も、長期間にわたってその株高を固定しておくことは不可能で、とくに直接統制令の実施されない時期には、株高に関係なく、自由に酒造米高を増減することができた。その意味では、株高とは減醸令の時にのみ、いつもその基準石数として問題となるのである。

いま池田郷の寛文六年（一六六六）一一月の「元造り高帳」（満願寺屋文書）と題する酒造株帳の奥書には、次のように記されている。

> 右者去ル酉年（明暦三年—註）酒造申候米高之通、毛頭無相違御座候、当年者右石高之半分酒作可申旨被仰付畏奉存候、若少ニ而も違背仕、酒多作り訴人御座候カ、又ハ脇ゟ被為聞召候ハヽ、御公儀様御法度書之通、酒屋之儀ハ罪科、庄屋者いカ様之曲事ニも可被仰付候、新酒屋之儀、去ル酉之年被仰付候通、弥御停止之旨、是又奉畏候、
> 為其酒屋連判之帳面ニ庄屋加判仕差上申候、

池田郷の寛文六年の「元造り高帳」に記載の酒造株は、つまり次にのべる寛文六年からの減醸令にそなえ、明暦三年酒造株設定時の株高を確認したものということができる。

一般に酒株改めは減醸令の発令時に問題となるが、その場合必ずその前年までの酒造米高なり、届出高をもって新たなる株高と決めているのである。したがって、一度設定された酒造株も、勝手造り期ないし減醸令の発令されない時期や、生産力の上昇によって、再び統制期にはいり、株高が問題となるとき、現実には絶えず株高と酒造米高との間に乖離がみられた。「十石の株より百石つくるもあり、万石つくるもあり」（『宇下の人言』）という株高と現実の酒造米高との間の懸隔に直面する。この実際の酒造米高をもって新たに株高とし、株高と酒造米高の不合理を調整した

のが、「株改め」である。

明暦三年の酒造株設定のあと、寛文六年に第一次株改めがなされた。その法令には、

今年耕作損毛之地有之間、猥に米を費すべからず、酒造之儀、江戸・京都・大坂・堺之津、并名酒之所々、其外於諸国在々所々、累年造来候員数、其所之給人御代官より改之、其半分作らせ申べし、勿論新規之酒屋一切可令停止之、

(『日本財政経済史料』第二巻、一三六四頁)

と令している。つまり酒造制限令は株高にかかわりなく「累年の醸造米高の二分の一造り」であった。したがって後に酒株帳に記載されている寛文六年改め高とは、この「累年造来候員数」(=寛文五年の酒造米高)をもって株高としたものである(注)。そして翌七年三月には、前年一一月の法令による二分の一造りの励行を明記するとともに、寛文五、六両年の酒家戸数と酒造米高を注記提出させているのである。

一諸国在々所々に於て酒造之儀、去年十一月七日相触候趣を守り、重而被仰出有之迄は、何ケ年も減少たるべき事

一於面々領内、酒屋何ケ所有之而、米何程酒に造候哉、巳・午両年之分書注可被差上之事

(『日本財政経済史料』第二巻、一三六四頁)

(注) 正徳五年(一七一五)の伊丹郷の「酒株之寄帳」(伊丹酒造組合文書)に記載の古株はこの寛文六年改め高であり(本書八〇頁の第五表参照)、明和元年(一七六四)の西宮郷の「酒株人別帳」(四井幸吉文書)には、「寛文六午年酒株高」が注記されている。

ついで延宝八年(一六八〇)に第二次株改めが行なわれた。同年九月の触に「当年寒造之酒米員数之義、去年之半分可造之」(『日本財政経済史料』第二巻、一三六八頁)とある。このときも延宝八年の減醸令に際し、当時の株高(つまり第一次株改め時の寛文六年の株高)に関係なく、前年の延宝七年の酒造米高を基準に、その二分の一造りとしたものである。

天和三年(一六八三)八月の令に、

諸国在々所々酒造米之儀、可為減少之由、最前被仰出之候へども、当年は御用捨たるの間、延宝七未年造之員数之通可造之、若多く造之輩あらば、可為曲事者也、

（『日本財政経済史料』第二巻、一三五三頁）

とあり、減醸令を停止して延宝七年造来石高に復旧する旨が令せられている。したがって当時の株高は、すなわちこの延宝七年造来石高であった。明和元年（一七六四）の西宮の「酒株人別帳」にも「西宮酒株ハ延宝七未年・元禄十丑年御改株也、則株札株主之名題此帳面ニ相記、西宮酒家中間と定、古来より酒造商売致来候事」とのべている。そして「延宝七未年、寛文六午年御改之株高ゟ八分一ニ減少被仰付候」とあり、西宮郷では寛文六年改め株高の八分の一が、延宝八年の株改めによる株高（つまり延宝七年の造来石高）であることを注記しているのである。

4　元禄一〇年の第三次株改めと元禄調高

領主市場の成立と米の商品化を基軸に、近世酒造業は上方において急速に発展していった。そのピークが元禄期であった。このとき全国的な規模で、明暦三年以来の酒造株高の調整とその掌握に着手したのが元禄一〇年（一六九七）以降の一連の酒造政策であった。そして伊丹・西宮・池田などでは、寛文六年の第一次株改め、延宝八年の第二次株改めは、いずれも明暦三年の株高の確認であり、一応それに準じての減醸規制であった。しかし元禄一〇年のそれは、幕藩的な規模に拡大していった酒造業に対し、幕府が米価調節と酒運上金の賦課を目的として、まったく新たに再編していった点に、その特徴がみられた。

まず元禄一〇年に出された酒造統制令は、次のとおりである。

一今度町中造酒屋共方より御運上出候筈被仰付候、就夫御運上之儀、御酒屋理兵衛・八左衛門・次左衛門・忠介、此四人取立申候、改候仕方は、右四人の者方より可申談候間、少も違背仕間敷候、品に寄り、四人之方へ問屋共呼可申候間、左様候はゞ、早速罷越、指図を受け可申候、

但請酒屋の分は、運上出し不申、造酒屋之分計り出し申候間、此旨可相心得者也、
一酒造運上之儀被仰出候通り、可得其意候、委細は荻原近江守に承べき事
覚（此月九日、造酒屋運上差立人、御酒屋四人より造酒屋へ相渡候書付）
一今度酒御運上、我等共四人方へ、御運上金銀請取上納仕筈、被仰付候、自今以後、面々造酒直段、時之相場五割程ニ上げ、商売致し、即其五割増之分を、御運上に向後可指上候、縦令は相場一石に付、百目之酒に候はゞ、百五十目に売可申候、此五拾目運上に差上申積り、百目は自分之売立銀之積り、或は相場百二十目之酒に候はゞ、百八十目に売可申候、此内六十目運上に指上、百二十目、其自分之売立銀之積り、如此に時之相場に応じ、五割づつ高値に売、運上出候積りに候、
一面々酒造高承届、石高に応じ、道具之内三尺桶・四尺桶・壺代、此三色銘々酒造るべき石高に応じ、桶数相改、極印致し、相渡し可申候、其上五六日間を置き、手代弐人づゝ改に相廻り、造石高並売直段吟味可致候、
一諸国共、今度右之通り被仰付候に付、上方諸国共に、造候所にて五割程直段を上げ、夫程御運上出し、其上にて御当地え指下し候に付、惣て酒高直に成候積に相極め候、江戸之造酒計り高直に成、御運上出すにて無之、諸国一統之儀に候、
一面々造候石高承届、帳面に記し、判形をも取置き可申候、其上にて、酒に成り、売立直段、又承届け、御運上請取可申候、銘々一ケ年分之勘定に可致候、造掛け余り候酒之分は、翌年之勘定に可仕候、御運上取立候時節之儀、此末に書付相渡し候、
一為改、手代相廻候はゞ、改を請相違無之様、銘々相心得可被申候、但紛無之ため、改之手代に焼印之札を為持、可遣之候、依之判鑑可相渡置候、
一酒造之儀相止め、酒道具売り申者有之候はゞ、其段此方へ可申聞候、此方之帳面名前書替、判形取置可申候、
一酒造候道具潰し候者有之、又は拵直し候節は、其段此方へ申届候上、焼印切抜き、可有持参候、焼印打直し、相渡し可申候、焼印に不及道具にても仕直し、又は売買候節は、此方へ相断可被申候、

一造込候酒替り、商売に難成、酒など出来候はゞ、其旨此方へ相届可被申候、吟味之上可申渡候、
一酒売払候直段、毛頭偽申間敷候、相違之義外より相聞候はゞ、急度可被仰付事に候、
一御運上不掛酒、かくし造候酒屋有之候はゞ、急度可被仰付事に候、勿論此旨をも可被相心得候、
右ケ条は、被仰付候趣を以書付候事
一御運上銀取立候儀は、人々石高を一ケ年四度に割、此書付之日限に、御運上銀我等共四人之方へ可有持参候、
一三月朔日ゟ十日迄、五月朔日ゟ同、七月十日ゟ同廿日迄、十二月朔日ゟ同十日迄、

（『徳川十五代史』第六編、一四二―一四四頁）

この元禄一〇年の法令は、酒運上金の徴収を目的としたもので、減醸令も出されておらず、まず酒造米高の届出を確認することから着手されたことがわかる。いまその主要な点をあげると、次の諸点である。


⑴酒造道具のうち、三尺桶・四尺桶・壺代の三つを申告高に応じて極印をうつ。

⑵酒造石高を各自帳面に記載させ、判形をとり、また酒の販売価格を届けさせ、酒運上を徴収する。

⑶酒造業を廃業したり、酒造道具を売却したときは、直ちに届けさせ、帳面の名前を書きかえ、判形をとる。

⑷酒造道具が破損したり修理したりするときは、極印を切り抜き持参させる。

⑸造り酒が変質したときは、ただちに届け出る。

⑹五割の酒運上は、三月・五月・七月・一二月の四期に分けて納付させる。


このようにまだ減醸令の発令はなく、幕府の統制の主体は、単なる生産数量の統制というよりは、酒運上の賦課を目的に、酒造業の実態を掌握することにあった。とくに酒造道具の検査や移動を厳重にしているのは、そのためであった。しかし現実には酒造家はこの酒運上の高率に驚き、翌一一年には自発的に酒造石高を差抑えようとした。西宮の有力酒造家の四井久兵衛の日記にも、「寅年（元禄一一年―註）造高届ケ次第ニ候、人々びくびくニ而請申候、前年と違、石高無数請申候年ニ候」と書き記している。酒運上と酒造家の自主的な酒造石高の制限によって、酒価は高騰した。事実大坂においては、一升が銀八分であった酒価が、一匁三分にはねあがり、西宮でも元禄一一年には一升銀

一一匁一分であったのが、翌一二年には一四匁となり、一五年には一五匁三分にまで高騰したという。

しかし元禄一二年九月には「今度所々風雨損毛付て、江戸米其外穀類等可為不足候間、兼て諸国より江戸え相廻候米穀等は不及申、其所之用米之外、可成分ハ江戸え相廻候様ニ可被申付事」(『御触書寛保集成』一〇三七頁)とし、江戸廻米促進のため、五分の一造りに制限し、さらに一三年には「去々寅年(元禄一一年—註)造高之員数半分之積可造之候」とし、一三年から一四年にかけていずれも元禄一一年の造石高の五分の一造りとなっているのである。この一一年から一四年にかけては、一〇年の造石高ではなく、一一年の造石高を基準にしている点に注意しなければならない。そして元禄一五年三月になって、改めて酒造米高の調査を徹底させ、一〇年・一一年の酒造米高および両年の酒造米高不明のものについては、いずれの年でも、はっきりわかっている年の分を届けでるように命じている。しかも両年とも不造者の場合でも、酒造米高の届出を求めているのである。このことは、やはりこの時点で酒造株高の確認＝固定化をはかったものといえよう。その意味で、この一五年の届出高をもって元禄一〇年の「元禄調高」として設定したものと考えられるのである。この一五年三月の法令は次のとおりである。

前々酒造米之員数、御料者御代官、町方者其所之奉行人、私領者地頭より、領分きりに改、員数無二相違一書付御勘定所へ可被差出候、元禄十二卯年以来は、酒造米不同可レ有レ之候間、丑年寅年両年分年きりに書付可レ被二差出一候、但丑年寅年之酒造米員数不二相知一候所々は、いづれ之年成共相知次第書付可レ申候、右両年以後酒造相止候もの有レ之候とも、酒造米之員数は書出可レ申候、跡々之酒造米書付取レ之、其上に而当年酒造米之分量極り候之間、有体書付可レ申旨、酒造候者共へ念入申聞せ、無二相違一様被レ致二吟味一、当五月中迄之内出来次第、少も早く可レ被二差出一候、委細者荻原近江守(御勘定奉行)方迄可レ被二承合一候、以上

(『日本財政経済史料』第二巻、一三三七頁)

元禄調高については、これまでの研究によると、元禄一〇年の第三次株改めときの酒造米高をもって設定された、というのが通説となっている。そしてこの語の初見は『灘酒沿革誌』で、そこでは、

元禄十年、第三次株改ニ際シ、深ク其ノ弊ヲ察シ以為ラク、滔々タル世潮ニ反シ一概之ヲ抑圧スヘカラスト、断

然策ヲ決シ、其ノ年醸造ノ実額ヲ精査シ、其ノ額ヲ以テ株高ニ代ヘ、厳ニ密造ヲ禁セリ、世ニ之ヲ元禄調高ト称シ、其ノ後九十余年、上下之ニ由レリ（六五—六六頁）

とのべている。「其ノ年」を元禄一〇年と考えている点に問題がある。しかも江戸時代を通じて、酒造統制の御触のなかには、「元禄調高」という語は直接書かれていない。そして前述のとおり、実際は元禄一〇年と一一年には減醸令は発令されておらず、一二年から前年の酒造米高を基準にして五分の一造り令が出されている。そして一五年にいたり、酒造米高の調査を徹底させ、届出制をとって、このときに届出または確認した酒造米高を「元禄十丑年改高」とし、以後これを基準にして宝永五年(一七〇八)まで、連年五分の一造りが発令されているのである。したがって「元禄調高」なるものは、元禄一五年の段階で、元禄一〇年当時の酒造米高を届出させ、これをもって株高と認めたものということができる。その点で明暦三年の古株高はもちろん、寛文六年・延宝八年の株改め時の株高とも全然関係なく、新たに申告によって幕府が掌握したものである。しかもその背後に、五割の酒運上が義務づけられており、酒造家はこの運上金の負担を勘案して、現実の酒造米高を届出たものであった。

池田郷の例でいえば、享保一五年（一七三〇）の酒造家六三人の所持する明暦三年古株高合計は一万八二〇五石に対し、元禄一〇丑年改め高は一万一六〇三石であり、元禄期は相対的に明暦三年古株高にくらべると、その株高は低かったことがわかる。

このようにして、元禄調高を基準に、宝永五年（一七〇八）まで連年五分の一造り令がつづき、翌六年になって酒運上も廃止された。その後正徳五年（一七一五）には、再び元禄調高（法令では「元禄十年之定数」と書いている）の三分の一造りがでた以外は、天明六年（一七八六）まで減醸令は発令されることがなかったのである。

いまこの複雑な近世前半期における酒造制限令と株改めを整理して、総括的に表示したのが、第4表である。

第４表　近世前期酒造統制令一覧

年　代	株改め	酒　造　統　制	分　量　規　制
明暦３年（1657）	酒造株の設定		X
万治１年（1658）		閏 12 月、例年の 1/2 造り	Xの 1/2
2年（1659）		6月、1/2 造り	Xの 1/2
3年（1660）		8月、明暦２年迄造来高の 1/2 造り	Xの 1/2（明暦２年迄造来高＝Xの確認）
寛文６年（1666）	第１次株改め	11 月、累年の 1/2 造り	X'の 1/2、累年をX'として確認（X＝X'）
7年（1667）		3月、1/2 造り吟味	X'の 1/2
8年（1668）		2月、1/4 作り	X'の 1/4
9年（1669）		9月、　〃	X'の 1/4
10 年（1670）		9月、寒造り 1/4 造り	X'の 1/4
11 年（1671）		11月、寒造り前年の 1/2 造り	X'の 1/8
12 年（1672）		9月、寒造り前年の通り	X'の 1/8
延宝１年（1673）		8月、　〃	X'の 1/8
2年（1674）		9月、　〃	X'の 1/8
3年（1675）		8月、　〃	X'の 1/8
延宝８年（1680）	第２次株改め	9月、寒造り前年の 1/2 造り	X''の 1/2（Xの 1/16）前年をX''として確認
天和１年（1681）		9月、前年の 1/2 造り	X''の 1/4（Xの 1/32）
3年（1683）		8月、延宝７年造来高復旧	X''（Xの 1/8）
元禄 10 年（1697）	第３次株改め	10 月、造石高届出（Y）	酒運上金の賦課
11 年（1698）		9月、去年造石高（Z）の 1/5 造り	Zの 1/5（Z＜Y）
12 年（1699）		9月、11 年造石高の 1/2 造り	Zの 1/2
13 年（1700）		10月、５分の１造り	Zの 1/5
14 年（1701）		7月、元禄調高（Y'）の 1/5 造り	Y'の 1/5（Y'をYとして確認）
15 年（1702）		8月、　〃	〃
16 年（1703）		8月、　〃	〃
宝永１年（1704）		8月、　〃	〃
2年（1705）		8月、　〃	〃
3年（1706）		8月、　〃	〃
4年（1707）		9月、　〃	〃
5年（1708）		6月、　〃	〃
6年（1709）		3月、運上金の廃止	
正徳５年（1715）		10 月、寒造り、元禄調高の 1/3 造り	Y'の 1/3

X、Y、Zはその時点での株高＝酒造米高を示す

5　宝暦四年の勝手造り令と天明八年の株改め

元禄期を中心に正徳期までを近世前期酒造体制とすれば、それは都市酒造仲間＝古規組を中心とする特権的な酒造業者の繁栄期であった。ところが享保末年以降に米価下落がはじまるや、幕府はこれまでの米価高騰抑制政策から転じて、むしろ酒造業の造石奨励策への政策転換をはかった。つまり灘目・今津の新興在方酒造仲間＝新規組の台頭期を迎えることになる。そしてなかんずく、宝暦四年（一七五四）の「元禄十丑年之定数」＝元禄調高までの勝手造り令の発令は、この造石奨励への政策を、さらに大きく推進させてゆく原動力ともなったのである。その法文は次のとおりである。

酒造米之儀、諸国共、元禄十丑年之石数寒造之儀定数三分壱に限り、此外新酒一切に可ㇾ令二禁止一旨、正徳五未十月相触候、其後酒造米之儀相触候儀無ㇾ之に付、今以右之定数に相極事候、以来者諸国共、元禄十丑年之定数迄者新酒・寒造等勝手次第たるべし、但休酒屋之分も、是又酒造り申度分者、其所之奉行所、且御料者御代官、私領者地頭へ相届、以来者酒造り候儀勝手次第たるべく候、但酒造米高、其国々員数不相知分は、御勘定所へ可承合事

（『日本財政経済史料』第二巻、一三五四—一三五五頁）

この勝手造り令は、単に元禄調高までの復活を許したばかりではなく、休造者および新規営業者にいたるまで、届出さえすれば誰でも酒造できることになった点で注目される。そしてこの勝手造り令をはさんで、現実には正徳五年（一七一五）の減醸令のあと、次の天明六年（一七八六）までの約七〇年間は、自由営業期となったのである。それだけに天明六年には株高と実醸高とには相当の懸隔が生じており、天明七年一一月の減醸令には、「此度酒造之義、株石に不拘、只今迄造来候酒造米高之三分壱造候様可仕」（『日本財政経済史料』第二巻、一三七七頁）云々とあって、「只今迄造来候酒造米高」＝実醸高を基準として統制されることになった。そして翌天明八年には、七年のこの三分の一

造りの改め方の書式を例示して、天明六年以前における実醸高を注記提出させ、これをもっていよいよ基準石数の確定に努めることとなった。ついで翌寛政元年（一七八九）八月に、もはや従来の株高（元禄調高）は名実ともに実状にそぐわないものになったとし、またはなはだしい場合には株高不明のものもあって、ついに幕府は「天明六年以前迄造来候石高」を届出させ、これを「天明八未年改高」とし、かつ従来の株高の名称をかえて「永々之株」と称した。

ここでも天明八年改め高は、統制前の天明六年の届出高をもって、寛政元年に株改めしたことがわかるのである。このことのなかに、元禄調高にかわって、「永々之株」としての営業特権が改めて確認されたことになる。これが元禄一五年の株改めにつぐ第四次株改めであった。

これらの過程は、松平定信による寛政改革の一環としてとられた経済政策のなかのひとつであったことがわかる。なおこのとき今津・灘目の酒造株は冥加株として、新たに籾買入株が設定されたわけであるが、これについては第六章のなかでふれるであろう（一二六頁参照）。ここでは寛政元年八月の法令をかかげると、次のとおりである。

諸国造酒米高之儀、元禄十丑年之造米高を定規にいたし、正徳之比は右高之三分壱或は五分一と相触、宝暦之度は右元禄之高迄は勝手次第造酒可レ致旨相触置候処、近来米穀払底に付、天明六午年以来減石相触、此節は前々より右午年以前迄造来候高之三分壱造酒可レ致旨、去未年以来相触候儀も有レ之処、此度諸国届書相揃候上にて右三分壱高元禄の造り米高に見競候而者、元禄之高より毎時造りに三分壱之高抜群相増候、然上は、諸国一統差支之節は有レ之間敷事候間、追而及二沙汰一候迄は、弥去る午年以前迄造来候高之三分壱造りたるべし、改方は先達而相触候通相心得、隠造増造等致間敷候、休酒屋之分是又酒造不二相成一候、畢竟造酒に米を多く潰候ては、米値段高直に成、末々のもの難儀之筋に付、前々より分量極り有レ之事に候間、其旨を可レ存候

一、諸国酒屋之内、株高不二相分一も多く有レ之趣に付、以来は諸国一同株高と申名目を相止め、此度御勘定所へ相届候造り酒屋之分、永々之株に成候事にて、其株壱軒前を其儘譲渡候儀は相対たるべし、壱軒を何軒にも分譲渡候儀は不二相成一候

一、只今迄借株にて造酒いたし候分も有レ之由相聞候、右は譲渡候共、又は元株主方へ差返候共、相対次第可レ致

候、若無レ拠子細有レ之候はゞ、御料者其所之奉行御代官、私領者領主地頭へ其訳申上、差図可レ請候、以来新に借貸候儀は決而致間敷候、尤此度相届候酒屋之内、譲渡も不レ致、以来相続難レ成、潰株に相成候義有レ之節は、御料私領共其筋に申立、聞届之上右明株を引請、新に造酒始候儀は可二相成一事候

右之趣堅可二相守一候、若違犯之輩於レ有レ之者、可レ為二曲事一候、右之通御料者御代官御預所、私領者領主地頭より、不レ洩様可二触知一者也

(『日本財政経済史料』第二巻、一三二九―一三三〇頁)

6　酒造統制令の総括的展望

寛政四年の「永々之株」設定以後、幕末にかけての酒造統制については、灘酒造業の具体的な歴史的展開のなかで述べてゆくこととするので、ここでは一応江戸時代における酒造統制令を総括的にとりあげておこう。いま統制令の初見は、前述の寛永一一年であり、以後慶応三年までの約二三四年間における統制令の度数を図示すれば、第5図のとおりである。二三四年間を通じて約六七回の統制令が発令され、そのうちほとんどが制限令で、制限解除令はわずかに六回にすぎない。この解除令のなかでも、とくに、既述の宝暦四年(一七五四)と後述の文化三年(一八〇六)の勝手造り令の発令が注目される。

この統制令発令度数を一瞥することによって、次にのべる灘酒造業の台頭発展と関連して、次の四つの時期に分けて考えることができる。第一期は、元禄一〇年の「元禄調高」の設定を中心に近世前期の酒造株体制が編成された時期である。このときには江戸積酒造地としての灘酒造業はまだふくまれていない。そのあと宝暦四年の勝手造り令の発令を契機に、灘酒造業が台頭期を迎える。それが第二期である。しかし、天明八年の株改めと寛政改革の過程で、酒造統制は強化され、台頭したばかりの新興酒造地灘酒造業は一時抑えられる。しかし、また文化三年の勝手造り令の発令によって、文化・文政期の飛躍的発展の時期を迎える。この時期はまた、灘五郷が発展しきった時期ともいえ

第５図　酒造法令発布度数

（●印は制限令、○印は解除例）

年号	西暦＼年数	1	2	3	4	5	6	7	8	9	10	11	12	13	14	15	16	17	18	19	20
慶長	1596～																				
元和	1615～																				
寛永	1624～											●								●	●
正保	1644～																				
慶安	1648～																				
承応	1652～																				
明暦	1655～																				
万治	1658～	●		●																	
寛文	1661～						●	●	●	●	●	●	●								
延宝	1673～	●	●	●					●												
天和	1681～	●		○																	
貞享	1684～																				
元禄	1688～	●											●	●	●	●	●				
宝永	1704～	●	●	●	●	●															
正徳	1711～					●															
享保	1716～																		●		
元文	1736～																				
寛保	1741～																				
延享	1744～																				
寛延	1748～																				
宝暦	1751～				○																
明和	1764～																				
安永	1772～																				
天明	1781～						●	●	●												
寛政	1789～	●		●	●		●	○													
享和	1801～		○●																		
文化	1804～			○							●										
文政	1818～								●		○	●									
天保	1830～	●		●	●	●	●		●	●	●	●	●	●							
弘化	1844～				●																
嘉永	1848～			●			●														
安政	1854～						●														
万延	1860～	●																			
文久	1861～		●	●																	
元治	1864～																				
慶応	1865～		●	●																	

柚木重三著『灘酒経済史研究』169 頁参照

る。これが第三期である。この文化・文政期の発展を天保三年に、新規株の交付によって幕府が吸収し、それに莫大な冥加銀を賦課した。以後、株高をこえての酒造石高の増大はみられず、むしろ灘酒造業は幕藩体制の動揺してゆくなかで、全般的な停滞の時期にはいってゆくのである。これが第四期である。

このようにして、勝手造り—統制—勝手造り—統制という、二つの大きな循環の波にもまれながら、灘酒造業の台頭・発展と、そして幕末期の停滞がみられたということは、酒造業自体がそれだけ領主的規制の強い産業であったことを物語るものといえよう。

第四章　江戸積酒造業の展開と下り酒銘醸地の形成

1　全国的領主市場の形成と江戸積酒造業の展開

織豊政権によって開幕され、徳川政権によって成立した日本の近世社会を一般に幕藩体制社会とよんでいる。そのゆえんは、領主の支配体制が幕府と藩という形で実現し、しかも幕府を唯一的封建権力とし、恩貸地制に貫ぬかれた藩および家臣団によって、階級的秩序が維持された、すぐれて集権的性格を有する点に、象徴的に示されている。そしてこの集権的性格とは、参勤交代の実施、改易・転封の遂行、全国主要都市・鉱山の直轄、貨幣鋳造権の掌握、外国貿易および市場の独占という形で現われた。

この幕藩体制の確立によって、江戸は将軍の居住する城地として、前代にはみられない一大消費市場を形成した。そこには将軍直属の家臣団である旗本・御家人たちが集居していた。また寛永一二年に確立した参勤交代の制により、隔年に江戸に居住を義務づけられた諸大名や、その江戸常詰家臣たちも生活していた。そのうえに、これら武士たちの日常物資を調達する商人や、武具などの修理調整をする職人も、かなりあつまり住んでおり、近世初頭において、江戸はすでに厖大な人口をかかえた一大消費都市を形成していた。寛永一〇年（一六三三）の人口は一四万八七一九人、明暦三年（一六五七）には二八万五八一四人となり、元禄六年（一六九三）には三五万三五八八人を数えた。これに武家の人口を加えると、六〇万から七〇万に達したと推計される。そして近世中期には、およそ武士五〇万人、町人五〇万人、あわせて一〇〇万人を超す大都市に成長してゆくのである。

このような厖大な消費人口をかかえた江戸では、おのずと活発な商業が展開していった。一〇〇万人もの人口を有する大都市で消費する物資の量は、たとえ当時の生活水準があまり高くはなかったとしても、莫大なものであった。

いわば近世の江戸は、その初発から、近世最大の消費市場であり、その規模においても、他の城下町とは比較できないほどの大量の商品を需要する領主市場として出現した。しかも近世前期には、江戸の町自体はもとより、江戸周辺の関東農村の生産力もいまだ低かったため、江戸周辺だけでは、とうていこれらの需要をみたすことができなかった。

このような江戸の大量消費需要に対応して、その巨額の物資を調達するために、大坂が全国商品の集産市場としての役割をになってきた。なかでも大坂が幕藩体制の確立とともに、領主米の販売市場として登場してきた意義は大きく、当初は西国米の一大販売市場として成立しており、九州諸藩をはじめ西南諸藩の大坂蔵屋敷はかなり早くから整備されていた。しかし大坂をさらに大きく飛躍させたものは、寛文一二年（一六七二）の河村瑞賢による西廻り海運の開発であった。たとえば、加賀藩の大坂廻米は寛永年間（一六二四―四三）には年々一万石程度であったのが、西廻り海運の成立後の延宝年間（一六七三―八〇）には年一〇万石にも達している。この西国米はもとより、北国米の販売市場を大坂が包摂することによって、大坂を幾内における代表的商業都市、ひいては中央市場の中核として浮かびあがらせていった。宝暦七年（一七五七）の『商人生業鑑』では、「大坂は繁華の湊にて諸国より入船多く、それゆえ人の入込も甚多し。金銀代ものを大船小船に積、五百石・千石の船毎日々々川口より入込、伏見其他川筋よりも入船引きもきらず、何百艘といふかずを知らず」（『日本経済叢書』巻七、五〇三頁）とのべ、諸国廻船の入港で賑わう大坂の姿を描いているのである。

海陸交通の便に恵まれた大坂は、経済発展の高い瀬戸内沿岸を西に、畿内農村を背景にもって、寛文―元禄期に一層の繁栄をしていった。寛文初年には、問屋・十人両替（幕府公金の出納・貸付を行なう金融業者）を設置し、延売買がはじまって相場がたち、金相庭所も創立されるとともに、蔵元・銀掛屋の制も整備されていった。そのうえに諸大名から廻送されてくる米をはじめ諸商品が売りさばかれると同時に、江戸へ供給すべき多量の日常物資の集荷積送りも行なわれた。このような全国的な商品流通機構が、大坂を結節点として成立していった。大坂は「諸国取引第一之場所」として商権を拡大してゆく一方、「諸色平均相場之元方にて諸色見競相成、金銀融通も宜候に付、世俗諸国之台所と相唱、取引多端之所柄」（『大阪市史』第五、六三九頁）として、経済的地位をしだいに確立していったのである。

このような状況のなかで、すでに元和五年（一六一九）には、泉州堺の商人が紀州富田浦の二五〇石積廻船を借りうけ、大坂より木綿・油・酒・酢・醤油などの日常用品を積み込んで江戸に廻送した。これが菱垣廻船のはじまりである。寛永一三年（一六三六）の鎖国令公布に先立つこと一七年以前のことである。この廻船による江戸への商品輸送を皮切りに、廻船問屋がしだいに発生してくるのである。そして元和期（一六一五―二三）に堺に二軒の廻船問屋ができ、さらに寛永元年（一六二四）には大坂北浜の泉屋平右衛門なる者が江戸積船問屋を開業し、ついで同四年には毛馬屋・富田屋・大津屋・荒（顕）屋・塩屋の五軒が同じく船問屋を開店するにいたり、ここに大坂の菱垣廻船問屋が成立するのである。

他方、上方でつくられた酒が江戸に廻送されたのは、前述の元和五年の菱垣廻船によってであるが、正保期（一六四四―四七）には大坂廻船問屋によって伝法船が酒荷だけの積切りで廻送した。これがのちの伝法における樽廻船のはじまりである。そして伝法自体で廻船問屋ができるのは万治元年（一六五八）で、このとき北伝法の佃屋与治兵衛が問屋業を開店し、これを契機に南伝法にも廻船問屋が出現してくるのである。しかしせっかく伝法に廻船問屋ができても、その廻船問屋は、当時大坂の廻船問屋に圧倒されがちであった。やがて寛文年間（一六六一―七二）には、伝法廻船問屋は駿河国の廻船を雇船し、伊丹酒造仲間の後援によって、伊丹酒を主とし、酢・醤油・塗物・紙・木綿・繰綿・金物・畳表などの荒荷を積み合わせて江戸に積み下した。このために用いられた廻船が、二〇〇石から四〇〇石積のもので、船足が早いため当時の人は「小早」と称したが、これがのちの樽廻船となるものである。そして元禄七年（一六九四）に成立した江戸十組問屋に対応して、大坂でも十組問屋（江戸買次問屋でのちの廿四組問屋）が成立し、大坂と江戸との商品流通機構が、本格的に整備促進されていったのである。

ここに政治的覇府としての江戸と、経済的に天下の台所たる大坂の経済連関が、幕藩体制の確立を背景に、ますますその必要性を深めていった。このような商品流通の盛況のなかで、一般日常物資とならんで、江戸市場に志向してゆく上方江戸積酒造業の胎動と展開がはじまるのである。

2　近世前期における下り酒銘醸地

近世酒造業は、領主市場の成立と米の商品化を基軸にした経済関係のなかで発展していった。なかでも、江戸の発展と結合した江戸積酒造業は、上方において急速に発展し、そのピークが、元禄期であった。このとき、幕府が異常なまでに発展していった酒造業の規模を、全国的範囲で掌握したのが、「元禄調高」の株改めである。そこで近世前期における酒造業の発展に対する幕府の対応策を中心に、元禄酒造株体制の確立とその動揺過程を、幕府の酒造政策の面からみてゆくこととしよう。それはまた、灘酒造業発展の前史でもある。

徳川時代にはいっての江戸積酒造業の展開については、丹醸のすぐれた技術水準を伝えている既述の『日本山海名産図会』において、次のように叙述されている。

「伊丹は日本上酒の始めとも云べし。これまた古来久しきことにあらず、もとは文禄慶長の頃より起て、江府に売始しは、伊丹隣郷鴻池村山中氏の人なり、その起る時はわずか五斗・一石を醸して担ひ売をし、或は二十石、三十石にも及びし時は、近国にだに売りあまりたるによりて、馬に負ふせてはるばる江府に鬻（ひさ）ぎ、図らずも多くの利を得て、その価を又馬に乗せて帰りしに、江府ますます繁昌に随ひ、石高も限りなくなり、富巨万をなせり、ついで起る者、猪名寺屋・升屋と云て、是は伊丹に居住す、船積運送のことは、池田満願寺屋を始めとす」

これは寛政一一年（一七九九）に記述されたもので、個々の伝承については問題があるにしても、駄送り（酒を陸路馬背で運ぶこと）の元祖を鴻池山中氏に求める鴻池家伝は、前述した江戸の急速な発展に即応した上方の江戸積酒造業の台頭発展を物語るものとして注目される。元禄時代の文豪井原西鶴が『日本永代蔵』のなかで、「難波の津にも江戸酒つくりはじめて一門栄ゆるもあり」と述べている「一門」とは、まさにこの鴻池家の発展を想定しての叙述であったと考えられる。

なおこの家伝と関連して、寛政六年（一七九四）に鴻池新右衛門が大坂町奉行の下問に答えた文書のなかで、次のように述べている。

私酒造之儀は、御江戸表へ積下之元祖にて、往古は世上濁酒・片白に御座候処、私先祖澄酒を造初め、是を生諸白《キモロハク》と申候、即ち慶長四年より御江戸表江陸地を人馬を以て下し申候、右由緒を以て一樽を片馬と申候儀に御坐候、尓今樽印鴻池焼印并慶長始造納と申候焼印にて積下し申候、其後近辺、伊丹・池田・西宮・灘目諸郷習慕ひ、数百家之酒造家追々出来に付、以廻船運漕仕候様に相成、御江戸表并東海道筋へも酒小売仕候、

（『灘酒沿革誌』一三七―一三八頁）

ここでは清酒の元祖を鴻池家の生諸白（きもろはく）＝澄酒（すみざけ）にもとめ、かつ駄送りの開祖を同じく鴻池家に求めて、一樽を片馬といった由来にふれている。一樽は片馬で、馬の背に四斗樽を左右両側に一樽ずつ積むところより、二樽を一駄とよび、したがって一樽は片馬とよぶようになったというのである。その後、江戸への下り酒は多く海上輸送によったが、それにもかかわらず、酒樽を数えるのに「駄」という単位を用い、また江戸での酒の値段や運賃なども一〇駄（二〇樽）を基準として決められている。これは、江戸積酒＝下り酒が馬の背で運送されたことからはじまったという商慣習の名残りを示すものとして興味深い。

このように清酒の起源を鴻池家個人に限定して考えることについては問題があろう。しかし少なくとも伊丹・池田を中心とする周辺地域は、近世初頭にすでに銘醸地を形成しており、有力な江戸積酒造家を多数輩出したことは事実である。元禄一四年（一七〇一）刊の『摂陽群談』において、次の銘醸地をあげ、それぞれの特色を付記しているのである。

伊丹酒　河辺郡伊丹村の市店に造り、神崎の駅に送り、諸国の津に出す、香味甚美にして、深く酒を好人味之、当所の酒と知る事、他に勝る故也。

鴻池酒　河辺郡鴻池村に造之、香味の宜こと他に勝たり、因つて酒を商ふ家、此名を貸て沽之（これをうる）、土俗山中酒家と称す。

大鹿酒　河辺郡大鹿村に造之、凡て此辺の酒、山の流灑水を汲で造るを以って、甚香味なり。
富田酒　島上郡富田村に造之、所々の市店に出せり、香味勝て宜し。
福井酒　豊島郡福井村の民家に作り、市店に送る、香味富田酒に同じ。
池田酒　豊島郡池田村に造之、神崎の川船に積しめ、諸国の市店に運送す、猪名川の流を汲で、山水の清く澄を以つて造に因つて、香味勝て、如も強くして軽し、深く酒を好者求之、世俗辛口酒と云へり。

このような銘醸地にはそれぞれ銘酒家があり、伊丹の稲寺屋、池田の満願寺屋、鴻池の山中家、それに富田の清水家などがあった。

この元禄期に上方から江戸へ積み送られる下り酒は、元禄一〇年（一六九七）が六四万樽で、以下減醸令のため一一年五八万樽、一二年四二万樽、一三年二二万樽と逓減していっている。これを記録している「尼ケ崎大部屋日記之写し」（白嘉納家文書）には、江戸積主産地として「大坂天満・堺・伊丹・池田・尼ケ崎・大鹿・小浜・清水・三田・兵庫・富田・西宮・鴻池・山田・尾州・三州・濃州・勢州、比外所々在々ニて酒造申候」とのべている。つまり摂津では大坂・池田・尼崎・兵庫・西宮に、川辺郡の鴻池・清水・大鹿・山田・小浜の五カ村、島上郡の富田村、有馬郡の三田と、それに泉州堺を加えた上方銘醸地の名があがっている。それにつぐものとして尾州・三州・濃州・勢州の諸地域である。

ここでは、伊丹・池田を中心に、伊丹周辺の川辺・島上・有馬郡などの近世初頭の銘醸地の名がみえ、この地域はのちに北在郷として摂泉十二郷の一郷を形成してゆく銘醸地である。また寛永年間（一六二四—四三）伊丹の酒造家・雑古屋文右衛門が江戸積酒造業をはじめたといわれる西宮も含まれ、のち下り酒一一カ国の摂泉二国をのぞくほか九カ国（尾州・三州・濃州など）の名もあがっている。後述の江戸積摂泉十二郷のうち、灘目（上灘・下灘）・今津の灘三郷をのぞく九郷の酒造地域が形成されているが、近世後期に至って江戸積酒造業の覇権を握ってゆく灘目・今津は、ふくまれてはいなかった。したがって、灘目・今津の酒造業は、この元禄期の江戸積酒造体制のなかでは、まだ江戸積銘醸地として台頭していなかったのである。

3　伊丹酒造業の発展

近世前期の江戸積酒造地として、まず伊丹があげられる。この元禄期の伊丹酒造業について、たとえば元禄時代の文豪・井原西鶴は、『織留』のなかで、次のように描写している。

「池田、伊丹の売り酒、水より改め、米の吟味、こうじを惜しまず、さわりある女は蔵に入れず、男も替えぞうりをはきて、出し入れすれば、軒を並べて今のはんじょう。升屋、丸屋、油屋、山本屋……。このほかしだいに栄えて、上々吉諸白、松尾大明神のまもり給えば、千本の杉葉枝をならさぬ、津の国の隠れ里かくれなし」

この「津の国のかくれ里」と題した一文は、酒屋の父子のことを書いたもので、「かくれ里」とは分限者（ぶんげんしゃ）すなわち金持ちの隠れひそんでいる伊丹の町のことである。事実、当時の人びとは、伊丹郷町をその形が金を入れる金嚢に似ているところから、伊丹の地図のなかに「有岡金嚢地図」などと記している。有岡とは近世初頭、荒木村重の有岡城で有名で、伊丹を指してのことである。そしてその表現どおり、伊丹は寛文元年（一六六一）に近衛領となってからますます酒造業で栄えた富力豊かな町であった。

また、この上方酒造業の発展に異常な関心を示した西鶴は、同じように『西鶴俗つれ〴〵』のなかでも伊丹・池田・鴻池などの酒にふれている。それは、ある田舎者が江戸で酒をつくりはじめたが、上方酒の名声におされて、身代をつぶしてしまう話である。そのなかで、「上々吉諸白有、江戸呉服町を見渡せば、掛看板に名をしるし、鴻乃池・伊丹・池田・山本・清水・小浜・南都諸方の名酒爰（ここ）に出棚のかほり」と述べ、当時の江戸日本橋界隈の上方酒造家の出棚＝出店の盛況を描写している。また『日本永代蔵』では、大和龍田の田舎者が、あこがれの呉服町で店を借り、伊丹・池田の「上々吉諸白」と軒をならべて酒売りをはじめたばかりに元手の百両を全部使い果たし、四斗樽のこもをかぶって乞食におちぶれてゆく田舎酒屋の悲劇を、西鶴一流のタッチで描いているのである。

この元禄期の伊丹酒造業の状況については、正徳五年（一七一五）の「酒株之寄帳」（伊丹酒造組合文書）から旧地四八株・

第5表　古株高と元禄10年（1697）請株高

	酒造人	古株高(寛文6年)	元禄10年請株高	株数	休株
1	稲寺屋治郎三郎	4,171.8496石	1,140.111石	2	
2	油屋勘四良	11,112.1488	1,052.405	3	3
3	升屋三郎右衛門	1,989	932.812	2	
4	堂屋四郎右衛門	1,661.9992	853.087	3	
5	油屋藤右衛門	4,121.3	725.523	2	
6	丸屋七左衛門	3,182.2296	621.874	1	
7	〃重右衛門	3,433	621.874	1	
8	升屋九郎左衛門	4,007.5496	621.874	1	
9	豊島屋治郎左衛門	2,791.2	621.874	1	
10	〃休甫	4,437.9496	621.874	1	1
11	一文字屋作左衛門	2,488.8	621.874	1	
12	丸屋甚兵衛	2,791.2	518.231	1	
13	薬屋新右衛門	1,420.16	518.231	1	
14	木綿屋七郎右衛門	2,131.4496	518.231	1	
15	油屋九郎兵衛	2,263.5496	470.394	1	
16	豊島屋兵右衛門	3,517	454.447	1	
17	丸屋重兵衛	1,361.1496	414.584	1	
18	升屋彦三郎	2,243.2	414.584	2	
19	〃太郎右衛門	2,236.3496	414.584	1	
20	紙屋八左衛門	688.8	414.584	1	
21	松屋与兵衛	770.8	414.584	1	
22	稲寺屋弥右衛門	2,286.7496	334.859	1	
23	油屋八良兵衛	159.0496	310.939	1	
24	丸屋仁兵衛	67.2	310.939	1	
25	薬屋兵四郎	1,242.7496	310.939	1	
26	大黒屋善右衛門	4,709.6	310.938	1	
27	油屋勝右衛門	1,073.8	247.156	1	
28	一文字屋与治兵衛	1,479.2	231.211	1	
29	多田屋清右衛門	411.9	207.294	1	
30	丸屋喜兵衛	1,007.5496	207.294	1	
31	稲寺屋七兵衛	47.2	207.294	1	
32	大鹿屋忠兵衛	20	159.456	1	
33	油屋彦九郎	1,510.4	151.483	1	
34	升屋宗兵衛	324.6496	151.483	1	
35	伊勢村屋喜左衛門	1,902.4	151.484	1	
36	加勢屋与右衛門	698.6	15.948	1	
		79,761.7328	16,296.353	44	4

(史料)『伊丹市史』第2巻、113頁

酒造家三六人の請株高をとりだして表示したのが、第5表である。この三六人の持株は全部白米株であり、古株高とは寛文六年（一六六八）の第一次株改め時の請高であり、それと元禄一〇年の元禄調高を知ることができる。寛文六年の古株高の合計は約八万石で、近世前期の酒造業が量的にも拡大した時期であった。それが元禄一〇年の請高は一万六〇〇〇石で、約四分の一にまで激減している。そのことは、明暦頃に熊沢蕃山が著わした『大学或問』のなかで、「酒屋昔に百倍し、水になって捨てたる米数知らず」と書いているように、近世城下町の発達と領主層を中心とした商品貨幣経済の発展によって、酒造業が急速に伸びていったことを示している。なかでも伊丹・池田・鴻池などの先進＝畿内においては、江戸市場と直結して商品生産が胎動し、幕府からすれば江戸・大坂を基軸に展開しつつある商品流通を掌握し、集権化を推し進めなければならなかった。寛文六年から延宝・天和にかけての八分の一造り・一六分の一造りといったきびしい減醸令は、そのための幕府の対応策でもあった。そしてその集大成が元禄一〇年から一五年にかけての一連の元禄調高の設定であり、幕藩的規模で拡大した酒造業の凍結化の作業でもあった。その過程で伊丹周辺の大鹿・山田・小浜・鴻池などは衰退し、減醸令の強化と利潤部分の酒運上としての吸収を通して整理されていったのである。

つまりこれを酒造仲間の側からすれば、幕府の減醸令によって外部から抑制されることであり、同時に株高の所持が酒造特権として公認される過程でもあった。元禄調高が、近世前期における江戸積酒造体制の確立といわれるゆえんである。

いまこれを第5表によって伊丹酒造仲間内部の動向としてみるならば、個人別に古株高で油屋勘四良が一万石をこえて傑出していたが、元禄調高では一〇分の一の一〇〇〇石にまで激減している。そして相対的に古株高では株高の上下の格差が大きいことがわかる。それが元禄調高ではだいたい一〇〇〇石前後に平均化されており、そのなかで稲寺屋を筆頭に、油屋・升屋・丸屋が有力な酒造家として存在していた。

このように伊丹が元禄期にかけて発展してきた要因のひとつは、伊丹諸白の技術開発とならんで、流通過程の掌握があげられる。当時、伊丹酒の伊丹から江戸への輸送は、次の三ルートによって行なわれた。

⑴伊丹から神崎（または広芝）まで馬の背によって駄送されるルート。
⑵神崎から天道舟で伝法まで運ばれるルート。
⑶さらに伝法で江戸積大型廻船で積み出されるルート。

そしてそれぞれのルートに、積荷作業と運送業務を受けてもつ問屋があった。⑴は馬借問屋、⑵は神崎船積問屋、⑶は伝法船問屋（のちの樽廻船問屋）である。これらの各問屋に対し、酒造家は「伊丹酒家中」としての株仲間を組織し、荷主としての酒造家の利益と利権を主張していった。

とくに江戸積の窓口でもあった伝法を拠点に、伊丹酒造仲間に早くも天和二年（一六八二）に次のような申合せをして、廻船を確保し積問屋を掌握してゆく体勢を固めていったのである。

定

一酒樽積切船、拾人乗より内は堅積申間敷事
一田舎船ニ積申間敷事
若伝法船無之時分は荷主中え窺、問屋中立合見分之上ニ而能船候は、圍取ニ致借り可申候、我儘ニせり合借り申間敷事
一船之年数六年造より古キ船は積申間敷事
但問屋中見分之上ニ而能船候は、七八年迄も積可申候、
一釘貫新造は五年迄積可申事
一船道具之儀、伝法船・田舎船も吟味致、船相応より悪敷候は、仕替させ借り可申事
右之通船諸道具共ニ問屋中立合吟味仕、出船致させ可申候、以上

天和弐年戌
十月十七日

中島屋小左衛門㊞
綿屋治兵衛㊞
小山屋源左衛門㊞

堂屋藤兵衛㊞

伊丹

御酒屋中様

（『伊丹市史』第四巻、四二三頁）

次に伊丹酒造業発展の要因として、領主による保護育成があげられる。それは酒造業が領主的規制の強い産業であるだけに、減醸令のくり返されてゆくなかで、それをいかに受け止めて量的拡大と利潤確保を保持してゆくかが重要なポイントでもあった。この点で伊丹酒造仲間は、正徳五年（一七一五）の元禄調高の三分の一造りとする減醸令のなかで、元禄以来の発展の中でひとつの蹉跌に遭遇した。そこでさっそく次のような増石願書を提出した。

伊丹之義ハ無隠名酒所ニ而、江戸様御繁昌従、従往古酒家相続仕、家数四十八軒四万石ノ株ヲ以凡十万石余も酒造仕来候所、先年酒御法度之節八ケ一ニ減少可仕旨被仰出候ニ付、右四万石ノ八ケ一ハ纔五千石ニ而四十八軒ノ酒屋一軒ニ百石斗リニ相当リ候ヘハ、渡世可仕様無御座及渇命ニ可申段、なけかしき次第ニ奉存、四十八人ノ酒屋共京都へ罷上り、其時之御諸（所）司板倉内膳正様へ右之段々御訴詔申上候ヘハ、色々御吟味成被為下候上、伊丹酒之義ハ南都同事之名酒と申義被為聞召届候由ニ而、世間ハ酒造減少之節、下地四万石ノ酒株八万石ニ成被為下、右之八ケ一酒造可仕旨被為仰付、酒家相続仕難有奉存候、

（小西新右衛門文書、『伊丹市史』第四巻、四五二―四五三頁）

この趣旨は、伊丹酒屋は四八軒で酒造株四万石を所持し、実際には一〇万石の酒造を行なってきた。しかし先年の延宝期の八分の一造りの減醸令では、実醸高わずか五〇〇〇石にしかすぎないので、とくに京都へ願いでて四万石の株高を表向き八万石として、その八分の一造り、つまり一万石の酒造を維持してきたという。この文書はさらにつづいて、元禄一〇年の元禄調高に対し六万石の請株をしたが、六万石の株高では酒運上の上納も覚束ないので、元禄一〇、一一年の両年には株高九九六八石分の運上金を上納して六万石の酒造を行ない、一二年の五分の一造りでは、わずか二〇〇〇石分の運上金で内々にはそのまま六万石の酒造をしてきたという。そこで正徳五年の減醸令においても、

この六万石を株高として認められることによって、三分の一造りで二万石の酒造を確保したいと願いでているのである。

そのため前述の旧地古株四八株が古来よりの伊丹町の持株であり、この持株の増石分と、他に増地分（正徳元年）の五五株の入株分としての増石分とをふくめて、六万石の株高を認められることになった。いわば正徳五年の段階で一〇三株・六万石の株高を調整して、三分の一造りで二万石の酒造の維持をはかったというのが実状である。これによってみても、現実に減醸令がどの程度の効力をもっていたのか、また領主との結びつきで保護された特権的酒造仲間の存在も認められるのである。

しかし領主側からの特権的な保護政策にもかかわらず、享保末年以降の在方酒造地たる灘目・今津の台頭のまえに、伊丹酒造仲間の特権も大きく揺れ動いていった。正徳五年よりわずか五年後の享保五年（一七二〇）九月の「酒造人数帳」（伊丹酒造組合文書）によれば、一〇三株のうち稼働株は六一株で、残り四二株は休株となっている。また旧地・増地分別にみると、この六一株のうち旧地町分は四五株で、残り一六株は正徳元年新たに町分に編入された中小路村などの町つづきの農村地域のものである。このなかに中小路村の大鹿屋市郎兵衛、外城村の加勢屋与次右衛門、植松村の酒屋庄左衛門などの新興の酒造家もふくまれていた。元禄期の油屋・稲寺屋・升屋などが没落してゆくなかで、伊丹酒造仲間の元禄体制は大きく動揺し変貌しつつあったのである。

そして享保七年（一七二二）には、酒造仲間の内部統一と酒造特権を擁護するために、「酒屋中極之一札」（伊丹酒造組合文書）が申し合わされた。それは酒荷物の積出しに際し、駄数の点検や不正行為の取締りとならんで、とくに生産面については、精米に従事する米踏人（碓屋ともいう）の雇入れや労働時間についての取きめを行なっているのである。

一米踏之義、朝も遅ク来候而昼休抔致、剰早仕廻、其上不情ニ致候故、先年と違、臼数ヲ減、或は輪ヲ多入、其上諸事不埒致候、向後ハ六つ時前より踏出させ、無昼休七つ過迄も精出し踏せ可申候、勿論輪之吟味其外不埒等急度相改可申候、然ル上、古米五臼、新米六臼踏せ賃銀五分払可申候、右相極候上は、賃銀少も相増申間敷

事、
一家々ニ雇置候米踏取勝ニいたし申間敷候、従先年度々申合候、然とも近年米踏共我儘ニ成、何方へなりとも心任ニ参候而極置候方ニ手をつかせ候故、酒屋弥致迷惑、唯米踏離散不申様ニと斗専要ニ心掛候ニ付、自然と諸事我儘ニ成来候、向後は克々吟味いたし、外へ雇置候米踏は堅取申間敷候、若不存候而雇候とも、先方より断有之候は早速戻シ可申候、尤何事ニよらす、不埒我儘有之候は、惣宿老中へ相断、如何様とも埒明可申事

（『伊丹市史』第四巻、四五七―四五九頁）

酒造工程は仕込工程とその準備工程たる精米工程に分れ、前者に従事するのが杜氏をはじめとする蔵人であり、後者は碓屋・米踏人である。この米踏人の雇用をめぐって酒造家の間で奪い合いがあり、それゆえにこそ以上のような申合せがなされてくるわけである。この精米の問題は、のちに大坂三郷酒造家が「摂州内在」の灘酒造業の「水車精米」によって衰微していったと訴えているように、酒造技術のうえで、改めて足踏精米に依存する生産力の低さが問題となってくるのである。そして近衛家の特別の庇護のもとで育成されてきたにもかかわらず、競争激化のなかで特権的酒造仲間たる伊丹郷の動揺が、享保以降に顕著となってゆくのである（第6表参照）。

第6表　伊丹酒造業の変遷

年　代	酒造株高(石)	造石高(石)	酒造株数(株)	酒造人数(人)
寛文6年(1666)	79,761		48	36
元禄10年(1697)	80,964	16,400	48	
正徳5年(1715)	60,000	20,000	103	72
享保8年(1723)			55(造株) 48(休株)	45
寛延3年(1750)			56(造株) 47(休株)	
文化1年(1804)	107,928			
天保3年(1832)	106,758	71,861		85
〃 12年(1841)	137,535	62,000		86
弘化1年(1844)	92,650			

4　池田酒造業の発展

北摂に位置する池田は、地方豪族による政治支配体制から代官制のもとに、畿内先進地としての在郷町を形成し、それは周辺農村をも包

摂する形で完成されていった。そしてだいたい正保期（一六四四―四七）から延宝期（一六七三―八〇）にかけて、池田村の村落支配体制が確立されていったといえよう。その特権として「大坂御陣之節、闇峠（くらがりとうげ）御陣中へ池田名酒奉差上候」につき、慶長一九年（一六一四）一〇月、池田へ御朱印が下付され、「毎月十二日、池田市之日」として定められた（『池田酒史』三三頁）。

先掲の『摂陽群談』にも、

十二度之市を立て近里隣郷の土民・百姓并に商家・樵夫に至るまで、市店に群て米穀・飲食・果菰・衣服・器物諸材・柴・炭・鳥獣の類まで売買之、益繁栄の市也、

と記されている。また同じく『摂津名所図会』にも、「旧名呉服里（くれはのさと）と云ひ、豊嶋都会の地にして交易の商人多し、これより北の方の山家より所々の産物を運び出て、朝の市・暮の市とて商家の賑ひ、特には酒造りの家多くあり」と述べられて、交易商人が多く、酒造りで賑わった町であった。

このような商工業の勃興により、農民層の階層分化もはげしく、延宝七年（一六七九）の検地帳に名をつらねた本百姓は七一九人を数え、その家族や無高百姓などを加えると、かなりの人口であったことがわかる。しかもその本百姓のうち、持高五斗以下が全体の四七・六％を占め、一石以下もふくめると五七％と半ばをこえる比率となっている。他方では三八石を筆頭に、三〇―三五石台五人など、上下に大きな開きを示している。このことは、明らかに農業以外の稼得によって生計を維持していることを示唆しており、非農業的所得に依存する農閑余業が、当然予想されるところである。このような農業以外の労働力が放出されてくるところに、酒造業を中心とした酒屋稼ぎをはじめ、碓屋・中馬荷物稼ぎなどの広範な賃稼ぎの展開がみられるのである。

しかし、その後延宝期の本百姓七一九人から、元禄一〇年（一六九七）には四五一人に半減し、階層分化を強めている。このとき池田村世帯主数は一四四七人であるので、本百姓はその三〇パーセントにすぎず、残り九九六人は無高百姓ということになる（『池田市史』概説篇九一頁）。延宝期から元禄期にかけて、さらに無高層の増大がはげしく進行していたことがわかる。このことは、他面それだけ社会的分業が深化してきたことを示すもので、周辺農村をもそ

第７表　明暦３年（1657）池田村町中酒造米高

酒　造　人	酒造米高	酒造人	酒造米高
1 小部屋 七郎右衛門	920石	23 万願寺屋 弥兵衛	60石
2 〃 五郎兵衛	1,100	24 天王寺屋 五兵衛	100
3 〃 七郎兵衛	260	25 〃 庄右衛門	40
4 菊屋 市右衛門	900	26 きしべ屋 善左衛門	100
5 〃 甚兵衛	100	27 山本屋 弥右衛門	700
6 〃 源十郎	60	28 〃 新兵衛	740
7 木屋 市兵衛	100	29 〃 太郎右衛門	740
8 〃 善右衛門	50	30 〃 次郎兵衛	160
9 山田屋 四郎左衛門	240	31 〃 平右衛門	280
10 升屋 小兵衛	360	32 〃 平太夫	600
11 〃 清左衛門	280	33 清水屋 七左衛門	760
12 〃 孫兵衛	80	34 薬屋 次郎太郎	160
13 加茂屋 利兵衛	500	35 河内屋 太郎左衛門	30
14 大和屋 藤兵衛	700	36 多田屋 彦右衛門	100
15 〃 次右衛門	720	37 〃 五郎右衛門	30
16 〃 与次兵衛	400	38 西村屋 善左衛門	280
17 〃 善兵衛	320	39 いた屋 九兵衛	160
18 〃 太左衛門	180	40 長屋 五兵衛	50
19 かぎ屋 平兵衛	100	41 上池田 弥兵衛	40
20 淡路屋 十右衛門	260	42 丸屋 平兵衛	100
21 万願寺屋 九郎右衛門	660	計	13.640
22 〃 吉兵衛	120		

（史料）寛文六年「元造り高帳」（万願寺屋文書）

のなかに大きく包みこんでいった。このような背景のもとに、近世初頭以来の酒造特権を基礎に、広範な江戸積酒造業への胎動がみられるのである。

さてここで寛文六年（一六六六）の池田郷の「元造り高帳」（満願寺屋文書）によって、明暦三年酒造株設定時の酒造米高＝株高を表示したのが第7表である。先述の伊丹郷の正徳五年の「酒造之寄帳」記載の古株が、寛文六年改め高であったのに対し、池田郷の場合には明暦三年株である。酒造家四二軒・酒造株四二株が認められ、筆頭に小部屋五郎兵衛の一一〇〇石から最下位の三〇石まで、かなりの格差がみられる。平均株高三二五石に達しない者が二八人で過半数をこえており、すでにかなりの集中化が進行していた。しかし現実には一〇〇〇石以下は地売酒造家で、上位の江戸積酒造家との間には一線が画されていたと考えられる。屋号系にまとめてみると、一位は山本系ついで大和屋系・小部屋系・菊屋系・満願寺屋系である。なおこの明暦三年の酒造取締りに際しての酒屋年寄は、満願寺屋九郎右衛門と菊屋甚兵衛が任命されている。菊屋は先の延宝七年の検地帳での最高高持者（三八石八斗三升九合）であり、慶長期すでに町年寄であった満願寺屋とともに、池田村の特権的な有力家筋の出身者であった。

その後、明暦三年の株高は、そのまま寛文六年（第一次株改め）、延宝八年（第二次株改め）に引きつがれ、それぞれの時点での基本石数となっている（第4表参照）。しかし元禄一〇年の元禄調高になると、明暦三年株高との連続性はまったくたたれている。つまり元禄調高は元禄期にはいっての実績を基礎に申告された、新たな酒造株高の株改めであったことがわかる。この元禄一〇年の酒造株は四二株から六一株にふえ、酒造家は反対に四二人から三八人に減じ、その株高も、一万三六四〇石から一万一六〇三石に減少している。しかしこの三八人の酒造家も、休造者が一〇人で、実際の酒造営業者は二八人である。そして酒造営業者二八人のうちでも、江戸積酒造家は二一人で、地売酒造家一〇人（このうち三人は江戸積酒造家も兼ねる）となっている。すでに江戸積酒造家と地売酒造家とが明瞭に分離されている点に注目すべきであろう。いまこの江戸積高を家別にみてゆくと、筆頭は満願寺屋九郎右衛門の二九三九駄で、次が大和屋十郎右衛門の二八七〇駄であり、総出荷駄数は二万八二三八駄となっている。以後満願寺屋と大和屋で明和期に御朱印をめぐって両家の争いがあり、池田へ下付の御朱印は満願寺屋個人へ下付されたものとする満願寺屋の主張が否定され、御朱印は池田郷より剥奪されることで結着するが、しかし池田酒造業の御朱印剥奪はとりもなおさず、特権を喪失した池田郷全体の没落でもあった。

やがて正徳五年（一七一五）の株数は六三株で元禄期より多くはなっているが、稼働株は三一株で休株は三二株という状態であった。酒造特権としての株の所有と、現実の酒造経営とは、ここでは分離されている。この事情は先述の伊丹郷の場合でも同様であった。そして経営内部の矛盾は、米踏（碓屋）・百日奉公人（蔵人）の雇入れ方法と賃銀統制および生割木・干割木の買入れ価格ついての申合せとなって具体化してきているのである。この正徳元年（一七一一）八月の酒家申合せは、次のとおりである。

定

一家々雇付之米踏通致遣候後、其家之申付相背、我儘ニ其家へ不参、外之家江参相働候ハヽ、右雇付之家へ断相立、別条於無之儀ハ雇可申候、若申分有之候ハヽ、雇申間舗候、定之米踏賃之外ニ掛増致、我儘雇申間敷候、臼数ヲ増候而、賃銀相応之儀ハ可為格別事

一百日奉公人之儀、其家之申付相背罷出、又々偽ヲ申其家隙ヲ取申者、只今迄ハ有之候間、向後百日奉公人召抱候共、只今迄之居所致吟味、其家々へ相尋、不埒有之候ハヽ、召抱申間敷、勿論相勤居候奉公人ヲ内証ニ而給銀等相極、外之家江我儘ニ呼取申儀致間鋪候事

一（略）

一生割木近年相極候通、壱駄ツヽ、惣掛致シ請取可申候、我儘ニ束廻ニいたし、貫目掛不申請取申間敷候、若束廻シ無之候ハヽ、売申間敷ト申木主有之候ハヽ、其木ハ買申間敷候事

一干割木之儀、是又貫目掛請取可申候、直段相極候義、諸方承合中間ニ而相談之上、直段相極可申候、中間直段相極不申候内ハ、自分ニ直段相極申間敷候、（以下略）

右之通相定、判形之上は、相互ニ急度相守可申候、為其連判書付如件、

正徳元年卯八月

第８表　稼働株と休株別酒造株数

年　　代	造株	休株	計
明暦３年(1657)			42
元禄10年(1697)			60
宝永２年(1705)	57	5	62
正徳１年(1711)	31	32	63
享保15年(1730)	27	36	63
寛保４年(1744)	28	35	63
寛延４年(1751)	23	40	63
宝暦14年(1764)	24	39	63
安永６年(1777)	26	37	63
天明３年(1783)	26	37	63

（史料）各年の「酒株御改帳」・「酒造惣株書上帳」（いずれも万願寺屋文書）などにより作成

満願寺屋九郎右衛門印

以下三一名略

以後、池田酒造株六三株のうちの稼働株と休株は、第８表に示したとおり、その半ばが休造株であった。それは池田酒造仲間の動揺であり、株高酒造石高との現実の経営上の背離を示していた。そして前述の満願寺屋一件のあと、池田酒造株の特権は崩れ、酒造家内部の競争が激しくなってゆくなかで、安永三年（一七七四）には「酒仲間定書」として、あらためて酒造仲間の団結と排他的独占を確認しているのである。

定

一従古来酒仲間定之儀、相互ニ申合諸事猥り無之様致来候、依之仲間申合左之通、相互ニ急度相改堅相守可申事

一百日共儀、去冬は賃銀之儀ニ付所々江相集、参会之致候而直上ケ之儀彼是申出候事、不届とは乍申、不取〆り之酒家有之故之儀ニ候得は、銘々其旨相心得、取〆リ猥無之様急度相守可申事

一百日共随分宜人吟味致、召抱可申事、并賃銀是迄之格合を以、働人相応最初急度相極可申事

一何方之百日ニ而も、賃銀直上ケ之儀願可申相談致懸候とも、其ものへ相加り申間敷と申書附、百日共銘々ニ為致、其蔵々之頭司迄取らせ置可申事

一米踏賃之儀、仲間極之通無相違相渡可申候、自然右極メ之賃銭ニ而差支之方有之候は、早速御年番へ申出御差図請可申候、内分ニ而未熟之取計致間鋪事

一飯米之儀、百日・米踏とも定之通麦飯ニ可致候、

一右之外何ニ不寄、銘々未熟致間鋪候、諸事相互ニ申合、急度相守可申候、若申合相用不申もの有之候は、早速

第６図　津出しより江戸着まで池田酒の輸送経路と運賃

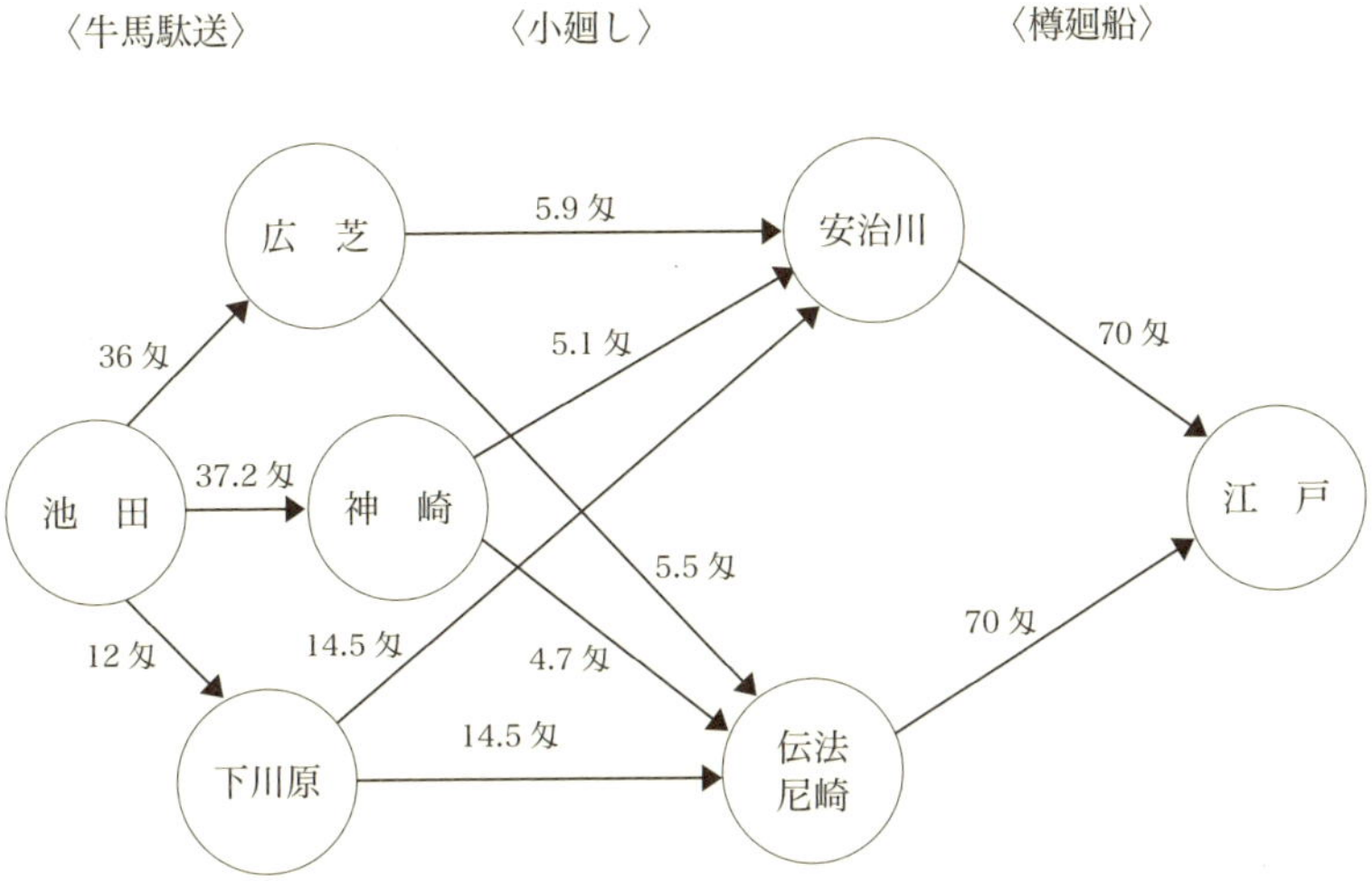

御蔵番へ可申出事

右之通急度相心得可申候、若心得違右示合相背申候は、積合御除キ被成候とも、如何様ニ被仰候とも、其節一言之中分無御座候、為後日依而連印如件、

安永三年甲午七月日　　　　油屋　蝶印

以下一七名略

酒屋御年寄中

このように池田郷は享保末年以降の新規灘目・今津の在方酒造業の台頭によって衰退してゆくが、その要因として酒造技術や経営内部のあり方が問題となる。それとともに他の重要な一因は船積みの問題である。これについては明和九年（一七七二）の「酒株御運上被仰付候一件」（稲束家文書）には、「池田村之義ハ、浜近辺とは違、山奥之場所ニ御座候ニ付、惣体荷物諸駄賃其外失却等殊之外多相掛、他所酒屋抔とは格別難引合候、（中略）山奥辺土之所柄ニ而失却等外々とは千駄ニ付凡六貫目余も相懸リ候」（『灘酒経済史料集成』上巻、一二三頁）とのべているように、「山奥辺土之所柄」の池田と、「船便利之地理ニて酒造勝手宜」しき灘郷との立地条件の差に注目しなければならない。いま池田酒の津出しより江戸着までの輸

送ルートとその運賃を図示したのが、第6図である。

先の伊丹郷の場合と同様に、牛馬駄送によって広芝・神崎・下川原へ津出しされ、そこから小廻し（三〇石積の小型廻船）で安治川または伝法へ運ばれる。そして安治川・伝法で大型の樽廻船に積込まれ、江戸まで海上輸送されることになる。その運賃は、寛政五年（一七九三）の史料では、もっとも標準的な池田—広芝—伝法コースで銀四一匁五分で、伝法—江戸間の七〇匁にくらべると、一定距離あたりの運賃は、前者がはるかに高率となる。これが池田—広芝—安治川で四一匁九分で、これだけ海岸沿線部の灘目にくらべると、余分の運賃負担がかかることになる。そこから「千駄につき六貫目余」のハンディキャップがでてくるのである。しかも駄送から舟運へ、舟運から海運への二度の積替えは、運賃という経済負担以上に、津出しから江戸着までの輸送日数も多くかかることになり、その意味でも水物といわれ迅速性が強く要求される酒荷の場合、重要な競争克服の要因であった。当初の菱垣廻船積荷物たる荒荷との積合いから分離して、酒荷専用の樽廻船が自立化してくるのも、この迅速性のためであった。

ただ同じ条件下にあった伊丹が、この明和・安永期に池田ほどの急激な衰退を示さなかったのは、前述のとおり、伊丹酒造仲間が江戸積のための輸送上の拠点として、早くから伝法をみずからの手で掌握していったことに起因していた。事実伝法の積問屋（樽廻船問屋）は、伊丹酒造家によってバックアップされ、その一統の資本下に直結させられてゆくのである。この違いが、新興酒造地灘目・今津の台頭によって、その後の発展でテンポの異なる方向を歩んでゆくのである。そして文政九年（一八二六）の「御影村出造一件扣」（稲東家文書）で「池田村酒造之儀者往古ゟ池田酒・伊丹酒と申、江戸積酒造においては、高名之場所ニ御座候、（中略）然ル処三十年已来此方、村方酒造年々衰微仕、江戸積駄数減少仕候ニ付、江戸表ニおゐて不捌不位に相成、当時にては古格を取失ひ、伊丹・池田と中位ニ相成、嘆ケ敷奉存候、此盛衰之起りを相考候処、年々江戸入津太数相減し候ニ付、自然と祟眉（衰微）仕、終に不格ニ相成候と歎ケ敷奉存候」と述べ、三〇年以前、つまり寛政期より衰微し、ついには古格を取失って文政期には完全に江戸積酒造体制から脱落してしまうのである。

5 西宮酒造業の発展

戦国期から近世初頭にかけて、摂津地方のなかで尼崎・池田・伊丹・吹田・茨木・富田などが、館町・門前町として、あるいは寺内町・宿場町として在郷町が登場してくるが、西宮もそうした町のひとつであった。そして西宮の江戸時代初頭の酒造業の展開については、寛永年間（一六二四―四三）に伊丹の酒造家雑古屋文右衛門なる人が、西宮に移り住んで江戸積酒造業を創めたと伝承されている。

西宮の酒造業について、今日残されているもっとも古いものは、明和元年（一七六四）の「酒株人別帳」（四井家文書）である。これに記載されている株高は、寛永六年・延宝七年、それに元禄一〇年の株改めによる株高（元禄調高）である。そこで一定の史料操作のうえで、明和元年の「酒株人別帳」から復原した寛文六年の西宮における酒造状況を検討してみよう（『西宮市史』第二巻三八〇頁掲載の第68表を参照した）。

これによると、寛文六年の請株数は合計五八株となり、株高合計は一万六〇四五石五斗となっている。この段階では、まだ一株＝一蔵の原則によっているところから、寛文六年の西宮の酒造蔵数は五八蔵ということになる。このときの株高をそのまま現実の造石高としてとらえることには問題があろうが、一株平均株高は二七六石余となり、一株での最高は真宜屋九右衛門の二五九八石である。また屋号系での最高は、さきの伝承にまつわる雑古屋系の株数二〇株、株高合計五〇八九石五斗で、圧倒的な地位を占めていた。つまり雑古屋系の西宮酒造業における開拓的役割を伝えるものといえよう。なお大坂・鹿島屋系の清右衛門は、大坂天満からの出造り酒造家で、大坂八軒の樽廻船問屋にも進出し、また江戸新川の有力な下り酒問屋鹿島清兵衛は、この一統にあたる。のちに伊丹にも出造りしてきている。いずれにしろ大坂鹿島屋の西宮への進出は、後年多数の出造り酒造家を輩出してくるが、その先駆をなすものであった。

次いで延宝七年の請株状況についてみると、(1)油屋系一軒、当舎系一軒、網中系一軒、魚屋系一軒の計四軒が、新たに酒造株の交付をうけていた。(2)雑古屋一系一軒はこのとき請株せず、酒造特権を放棄している。(3)したがって株数は差引き三株の増加で、西宮全体で六一株となる。(4)この六一株のうち、寛文六年の請株高の四分の一造りの者が一九株存在した。一般に延宝七年の株改めは、寛文六年の八分の一造り令であったが、このとき一部に四分の一造りの特権が付与されていたことは注目に価する。明らかに一般とは区別された営業特権を特別に承認されている酒造家が存在していたのである。

さらに元禄一〇年の株改めによる元禄調高を、さきの「酒株人別帳」から復原すると、株数合計は八二株と増加している。しかしこのうち三株は享保二年（一七一七）の分株による増加株であるので、これを差引くと七九株である。このうち七株は株改めをうけず、延宝七年株の存続であるので、厳密に株改めをうけたのは七二株であった。そしてこの七二株のなかでも、一五株が新規に請株したものであり、この元禄十年株改め株七二株の合計高は三三六〇石七斗九升五合で、一株平均株高は約四六石余と少ないものであった。そこでも、元禄調高の株高は、伊丹・池田と同様に、寛文六年の株高合計をはるかに下回る請株高であった。そしてそれは、酒運上賦課と合わせて、過少申告による結果であることが指摘されよう。

いずれにしろ、近世前期の江戸積酒造業は、西宮においても展開しつづけるが、内部的には新旧酒造家の交代が激しく繰り返されていた。そして元禄一〇年の株改めは、この明暦三年以来の酒造株体制を一応凍結した形で、幕府が掌握したことを意味していた。そのなかで、西宮の元禄期の酒造家は、干鰯商売に従事している者（赤野・辰・鮒屋・雑古屋・小網屋・神成屋・魚屋・塚口屋・大和屋・法花屋など）、廻船業に進出している者（平内・十文字屋・千足・雑古屋・大和屋・嵯峨屋・筒屋・当舎・小網中・辰・小阿見・常念）をも大きく捲き込んで、大坂中心に旋回してゆく全国的規模での商品貨幣流通に対応していったものといえよう。ここに酒造業が近世前期に目覚ましく展開してゆくひとつの条件を見いだすことができるのである。

しかし享保期以降は、新興酒造地灘目・今津の進出してゆく時期であり、幕府の酒造政策も勝手造りの自由営業・造石奨励策へ転化していった。それは一度公認された元禄酒造株体制の動揺であり、業者間の競争も激しくなる。こ

第９表　明和元年・西宮酒造家所持株高と株数

酒　造　人	酒造米高	株数	酒造人	酒造米高	株数
1 雑古屋吉次郎	47　石	1	29 千　足 九郎右衛門	5　石	1
2　〃　源十郎	155.2	3	30 当　舎 吉右衛門	91.7	2
3　〃　太右衛門	191	3	31 木綿屋弥三郎	160.5	1
4　〃　勘十郎	10	1	32 法花屋与左衛門	7	2
5　〃　六兵衛	1.5	1	33 筒　屋 八郎右衛門	96	2
6　〃　新十郎	403.35	2	34 十文字屋 太兵衛	14.77	1
7　〃　善五郎	123	1	35　〃　太右衛門	11	1
8　〃　源兵衛	101.27	1	36 真多屋治兵衛	20	1
9　〃　久左衛門	128.6	2	37 鮒　屋 五郎右衛門	15	1
10　〃　五郎兵衛	82.05	1	38 上田屋武兵衛	17.5	1
11　〃　市郎兵衛	27.5	1	39 善茂屋治左衛門	86.4	1
12　〃　熊次郎	66	1	40 油　屋 利左衛門	21	1
13 小阿見善右衛門	96	3	41　辰　与十郎	10	1
14 小網中源兵衛	90.5	2	42　〃　与惣右衛門	20	1
15 加茂屋権兵衛	22	2	43 奈良屋太郎衛門	26.3	1
16　〃　権八	107	1	44 江戸屋千吉	20	1
17　〃　善兵衛	55.6	1	45 樽　屋 武兵衛	25.5	1
18 嵯峨屋弥兵衛	100	1	46 緦　屋 利右衛門	81.25	1
19　〃　利兵衛	133.333	1	47 小寺屋甚重郎	2.4	1
20 真　宜 喜右衛門	90	1	48 大和屋喜兵衛	60	1
21　〃　九右衛門	32	2	49 平　内 太郎右衛門	39.44	1
22　〃　九左衛門	5	1	50 中　川 長次郎	100.571	1
23　〃　九郎右衛門	16	1	51 時友村 松田嘉兵衛	40	1
24 常念屋平右衛門	227	3			
25 千　足 太郎兵衛	10	1	52 大坂 鹿島清右衛門	60.5	1
26　〃　利兵衛	36.5	1			
27　〃　甚左衛門	3	1		3427.234	67
28　〃　助右衛門	35	1			

(史料) 明和元年「酒株人別帳」(四井家文書) より作成

こで西宮酒造株帳も、享保期になると、酒造株の移動が激しくなり、元禄一〇年の七九蔵、享保九年（一七二四）の八二軒の江戸積酒造家は、寛延二年（一七四九）には七二株となり、同領他所への株の譲渡が目立ってくる。延享二年（一七四五）に、当舎五郎兵衛と千足利兵衛の酒造蔵二蔵が、灘目の御影村の嘉納治兵衛に譲渡されてゆくのも、こうした状況を象徴的に反映していた。

このような変貌を前提として、明和元年七月には酒造仲間の団結と利益の擁護を期して、酒造株の確認と取締りが申し合わされた。このときの酒造家所持株数と株高を表示したのが、第9表である。酒造家は五二軒となり、その所持株数は六七株であった。そのうち一株は借株であったが、もともとそれは西宮の持株のものであった。また株高合計では三四二七石余で、うち八五石七斗五升（四株分）が延宝株で、他は元禄十年改め株である。そしてこの「酒株人別帳」の前書で、次のように記載されているのである。

定

一西宮酒株ハ延宝七未年・元禄十丑年御改株也、則株札株主之名題此帳面ニ相記、西宮酒家中間と定、古来ゟ酒造商売致来候事

一無株之酒造御法度也、或者分ケ株ヲ以酒造之事御免無之儀ニ候間、銘々此旨急度可相守事

一酒株譲渡或者貸借之儀酒家行司江其趣相断、其上町役人加印之願書ヲ以御地頭様へ可願出候、願相済候上、其趣書付ヲ以酒家行司江相断、譲渡者株帳面名題切替可申候、貸借者付紙ニ可相記候事

一他所買株加入銀

一仲間譲り株（マヽ）

一仲間借株加入銀

一他所借株加入銀

右加入銀目録、其上持参之上、於松尾講惣参会之席、行司取次ヲ以加入可致目見得候事

一酒家年行司四人宛組合、七月ゟ翌年六月迄一年代りニ相定、酒家之万事取〆り宜無懈怠可相勤執行事

一於西宮浦諸方酒荷物引請、船問屋支配ヲ以江戸廻船致船積候、則積荷物目録手板向ニ年行司并船役人奥印致、浦賀御番所通船致来候、海上之儀ハ御定法之通可相守事
一酒家仲間諸相談、一決之上相定候儀、万一不相用一存之私意ヲ以執量候者有之、相知レ候ハヽ、酒家中間積合相除可申事
右之通銘々堅可相守也、依酒株主仲間連印如件、
明和元年甲申秋七月

(『灘酒経済史料集成』上巻、二一二頁)

ここでのとりきめの主要点は、⑴西宮酒造仲間は延宝七年株と元禄一〇年株の所持者で構成する、⑵無株での酒造と株の分株を禁止する、⑶酒造株の譲渡・貸借には酒造行司へ届出て、そのうえで町役人の印形をうけて地頭へ差出し、許可を得てから名題を切り替える、⑷酒造行司四人は年番で交代する、⑸仲間加入に際しては、他所買株・仲間譲株・借株・他所借株に応じて加入銀を差し出す、の五点である。そして酒造仲間本来の排他的独占を強調して、「私意一存」の営業を固く禁止しているのである。

また同じ明和元年七月に、西宮酒造仲間の参会たる松尾講において、酒家中五九軒がさらに具体的に次のような申合せをしている。

覚

一御公儀様より被為仰渡候御法度之趣、急度相守可申事
一酒家参会之節、銘々出席可致候、若不参之方積合相除キ可申事
一蔵碓働人惣して無雑言無之様可申渡、并諸商人格別入込商不致候様、其外用事有之人は表ニて相調、うすやへ猥ニ入へからさる事
一蔵うすや共、惣仕廻并入替之節、荷物相改可申事
一蔵うすや不埒之働人ハ、相互ニ酒家中召遣申間敷事

第10表　稼働株・休造株別の西宮酒造株数

年　代	稼働株	休造株	計
明和1年(1764)			67
2年	64	3	67
3年	62	4	66
4年	61	4	65
5年	59	4	63
6年	44	17	61
7年	33	29	62
8年	39	23	62
安永1年(1772)	42	18	60
8年	37	17	54

一薪是迄通廿掛致相改、問屋不埒儀有之候は、行司へ相届ケ可申事
右之通松尾講参会之上相極申候、万一致相違一分之取斗有之相知レ
候ハヽ、積合相除キ可申事

中七月（明和元）　　　　当番
　　　　　　　　　　　行　司

右は松尾講において相極候趣、諸賃銀定書と一所に酒家中五拾九軒
へ相渡し置申候、

（『西宮市史』第五巻、二六八頁）

ここでもさきの伊丹や池田と同じように、競争が激しくなってゆくなかで、酒造経営のあり方が問題となり、その一つとして蔵人・碓屋の雇入れと労働規制を強化する申合せを行なっているのである。

しかしこのような申合せがなされる背景には、株仲間内部で大きな変化が刻々と進行していた。まず明和から安永期にかけての稼働株と休造株を表示した第11表をみてもわかるように、西宮酒造株が相対的に減少してゆくなかで、休造株の増加が目立っている。最初明和二年の稼働株六四株・休造株三株であり、明和四年までは一応六〇株台の稼働がみられた。それが明和五年より稼働株は逓減しはじめ、七年には最低の三三株で、反対に休造株が二九株にまで激増している。そして明和元年より八年までのわずか八カ年間存続している屋号は、雑古屋・加茂屋・鮒屋・常念屋・善茂屋・神成屋・真宜屋と、それに大坂からの出造り酒造家鹿島屋にすぎない。その反面、明和元年には一〇軒で一六株の株札を集中していた雑古屋系は、明和八年の所持株各一株の五軒に減っている。西宮での江戸積酒造業開祖にまつわる雑古屋系のこの衰退のなかに、元禄期の西宮酒造家の動揺が、象徴的に現われているのである。しかもこの八年間の部分的史料によっても、西宮株が兵庫津・大石村・住吉村へ各二株、今津村へ一株、計七株の移動がみられる。また安永期にはいっての新規酒造家として、小西甚兵衛（四株）、尼崎からの出造り酒造家として鯛屋伊左衛門（二

第11表　西宮酒造業の変遷

年　代	株　高（石）	株　数（株）	酒造家数（棟）	酒造米高（石）
寛文6年(1666)	16,045	58		16,045
元禄10年(1697)	3,360	75		
明和1年(1764)	3,427	67	52	
天明8年(1788)	1,456	44	36	63,300
文化1年(1804)		44	36	54,200

株）、武庫郡時友村からの出造り松田屋嘉兵衛が登場してくるのである。

このように明和・安永期は、西宮周辺部から西宮へ出造りしてくる酒屋、西宮から灘目・今津の他郷他村へ譲渡されてゆく西宮酒造株、それに町内酒造家の休造者の続出といったように、西宮酒造株はこもごも入り乱れて、株のはげしい移動がみられたのである。しかもこの間、町内旧酒造家の没落と西宮への出造り酒造家の進出が顕著にみられ、西宮酒造家の交代が進行していったのである。そして明和六年は西宮が尼崎領より公領に組み入れられた年であったことを考え合わせるならば、このような酒造業の変貌をみていることは、幕府の酒造政策の転換と合わせて注目しなければならないところである。そして同じく明和六年に公領になった灘目・今津を中心に、以後江戸積酒造業は、大きな変化をみせてゆくのと対照的に、第11表で示したように、西宮酒造業は一時酒造家数においても、また酒造米高においても、衰退傾向をみせるのである。

第五章　灘三郷の台頭と江戸積摂泉十二郷の形成

1　灘目農村の成長と在方酒造業の発展

灘目の名称と灘五郷

灘酒造業の中心を形成した地域は、摂津西部海岸地帯の「灘目（なだめ）」とよばれた地方でもある。もともと「灘」とは、東は武庫川口より、西は現在の三宮駅の東、生田川の近傍に至るまでの、およそ沿海六里ばかりの沿岸地域の総称である。ここに近世中期、すなわち一八世紀以降に江戸積酒造業が発達し、その後、今日に至るまで全国でも有数の酒造地帯を形成してゆくのである。「灘の生一本」の酒どころ＝灘五郷における酒造業の創生記から筆を起こしてゆくこととしよう。

文献のうえで「灘」という名称が現われるのは、正徳六年（一七一六）である（『灘酒沿革誌』一三一頁）。また寛延三年（一七五〇）において、御影石の大坂への「直付売買（じきつけばいばい）」をする御影村の石屋仲間に対し、それは従来からの特権をおびやかすものであると訴えた大坂石屋仲間の訴訟文書（神戸大学日本史研究室架蔵書）のなかで、「灘目」という呼称がでてくる。「灘目」というのは、灘辺という意味である。

さらに明和九年（一七七二）には、酒造冥加金をめぐる上方酒家十ケ所（大坂三郷・池田・伊丹・加茂・小池・尼崎・伝法・今津・西宮・上灘目・下灘目をさす。加茂と小池は、のちの北在郷に属する酒造地である）の酒運上金御免除の嘆願書のなかでは、「上灘目」と「下灘目」の名称がみえ（『灘酒経済史料集成』上巻、二三四頁）、「灘目」を二つの地域に分割している。また安永五年（一七七六）には、「上灘江戸積酒家中」と「下灘江戸積酒家中」という江戸積酒造仲間の結合のあとがうかがえる（『灘酒経済史料集成』下巻、七頁）。それは、江戸積酒造業が灘目においてかなり発展してきたことを示し、村単位に一郷を形成するまでに酒造仲間のまとまりができていることを意味している。

ここで注意すべきは、徳川時代の記録のうえで、一般に広く灘という場合には、灘目のほかに今津も含まれていたことである。当時はこの今津と上灘・下灘の三郷を合わせて「灘三郷」とも称し、広い意味での灘酒造業の中核をなしていた。

灘目のうち、上灘は菟原（うはら）郡に属し、下灘は八部（やたべ）郡に属している。菟原郡は今日の東灘区の区域であり、八部郡は灘区である。そして、この灘目二組（郡）と今津郷とをもって「灘三郷」と称した。後述するように、天明期（一七八一—一八八）に形成された江戸積摂泉十二郷の成立に際しては、上灘・下灘・今津の灘三郷が、十二郷のうちの三郷として数えられていた。

ところが、上灘郷がさらに分裂して、東組・中組・西組の三組を形成するのが、文政一一年（一八二八）である。詳細はあとでふれるが、上灘が分裂してゆくところに、酒造業の拡大発展のあったことを物語っている。その理由は、「上灘郷余り手広ニ付、取締等行届兼」ねるためだと記している。すなわち、東組とは青木（おうぎ）・魚崎・住吉の三カ村であり、中組は御影・石屋・東明（とうみょう）・八幡の四カ村であり、西組は新在家・大石の二カ村をふくんでいる。

この上灘三組と下灘・今津をもって、近世における「灘五郷」を形成していた。この点において、今日の灘五郷とは地域的に若干異なっていることに注意を要する。今日の灘五郷は、今津・魚崎・御影・西郷に西宮郷を加えて五郷としている。すなわち、下灘が脱落して西宮が加わっていることになる。しかし、これは明治一九年に「摂津灘酒造業組合」が創設されて以後の名称である（『続灘酒沿革誌』七二頁）。少なくとも近世においては、他の灘目農村が代官所支配であったのに対し、西宮は中世以降の宿場町として「町立て」され、大坂町奉行の支配とされていた。この支配関係の違いが、在々酒造業と町方酒造業の性格を規定していた。したがって西宮は灘目・今津とは隣接地域にありながら、近世においては伊丹や池田とともに、古規組＝都市酒造仲間の類型に属し、たえず灘目・今津の新規組＝在方酒造仲間と反目し、対立していた。いまこれをまとめて表示すれば、次のようになる。

旧名称 灘三郷	旧名称 灘五郷	旧郡名	所属村名	現名称 灘五郷	現住所
今津郷	今津郷	武庫郡	今津	今津郷	西宮市
上灘郷	東組	菟原郡	打出・芦屋・深江・青木・魚崎・住吉	魚崎郷	神戸市東灘区
	中組		御影・石屋・東明・八幡	御影郷	神戸市東灘区
	西組		新在家・大石・岩屋・稗田・河原・五毛	西郷	神戸市灘区
下灘郷	下灘郷	八部郡	二ツ茶屋・神戸・走水・脇浜		
(西宮郷)	(西宮郷)	(武庫郡)	(西宮町)	西宮郷	西宮市

近世前期における灘目農村の特徴

さて、このように酒造業の展開してゆく摂津西部沿岸地方の灘目農村は、江戸時代においてはもっとも「先進的」な地方であった。「先進的」というのは、自給的な純封建村落から、商品生産の発達した地域へと成長したことをさしている。

たとえば、明和六年(一七六九)の「村明細帳」(村勢要覧)をみると、御影村・新在家村・魚崎村・今津村では、稲・綿それに裏作の菜種・麦などを作っているが、それに使用する肥料は、干鰯(ほしか)・油粕といった購入肥料=金肥(きんぴ)であって、その点では、大坂中南部の棉作地帯の村々と同じであった。つまり早くから、商業的農業が営まれていたわけで、稲作一辺倒ではなく、それだけに農村の階層分化も進んでいた。もはや土地を媒介とした領主対農民の関係ではなしに、資本と賃労働の分化、地主と小作の分化がみられたわけである。

ここで、のちに灘目中組に属し、その酒造業の中心を形成してゆく御影村をとりあげてみよう。御影村は、大坂へ陸路七里、有馬へ四里、兵庫へ三里、西宮へ二里のところに位置し、村内は西組と東組とにわかれていた。これは領

第12表　御影村西組における土地所有者別階層構成

階層＼年代	寛文4年(1664)		元禄8年(1695)	
	人 数	割合(%)	人 数	割合(%)
5町以上			1	0.6
3町〜5町				
1町〜3町	4	2.2	2	1.2
7反〜1町	1	0.5	2	1.3
5反〜7反	6	3.4	2	1.3
3反〜5反	10	5.6	13	8.7
1反〜3反	52	29.1	37	24.7
1反以下	106	59.2	93	62
計	179	100	150	99.8

(史料) 寛文4年「御影村御検地帳」、元禄8年「御影村御検地写帳」
(以上いずれも神戸大学日本史研究室架蔵文書)

主支配関係を異にするもので、東組は大和・小泉領に属し、村高二一二石、西組は尼崎領で村高三五一石の小村にすぎなかった。この村の西組の場合、寛文四年（一六六四）の農民の土地持高による階層構成とその変化は第12表のとおりである。

寛文四年に二町二反の農民理兵衛がこの村の最高高持であり、元禄八年（一六九五）には生魚屋（うおや）治郎太夫が五町三反にまで上昇している。寛文期から元禄期までの約四〇年たらずのあいだに、前述の寛文期二町二反の最高土地保有農民たる理兵衛は転落し、そのとき一町四畝のこの村四番目の生魚屋治郎太夫が、元禄期に保有地を五町三反まで増大させている。いわば、この四〇年のあいだにこの村最高の高持百姓が交替しているのである。この生魚屋治郎太夫が、その後御影村のみならず、灘五郷きっての有力な酒造家となってゆく嘉納家の祖にあたることは、注目さるべきであろう。土地所有のうえでは、元禄より八〇年のちの安永八年（一七七九）になると、この治郎太夫の分家筋にあたる材木屋彦右衛門が三町二反、同治兵衛が二町四反、同治郎右衛門が二町二反と、材木屋三軒で上位三位を占めているのである。このときすでに酒造業を行なっており、材木屋の屋号となっている。これが嘉納屋と屋号が再びかわるのが天明期（一七八一―八八）ごろと思われる。

しかも他方では、三反以下の零細農民が、寛文四年には全土地保有農民の八六・五パーセントを占め、無高百姓の数は不明であるが、この村の一軒あたり平均持高は一反余となっている。この事情は、元禄八年においてもたいして変化しておらず、むしろ五反から三反の高持百姓が激減しているのが、特徴的である。

このことは、この村の大多数の農民が、すでに農業経営のみによっては彼らの生活を維持してゆくことができないことを示している。商業的農業の展開が、農民保有地の集中・分散を生みだしているのである。こうして、一部の上層農民に貨幣資本が蓄積され、新しい商人・地主が現われている。それ以外の多数の農民は、農業以外の余業に依存しなければならない、ということである。それだけ商品経済の広汎な展開と、社会的分業の深化を物語っているわけである。したがって、西組においては、天明期（一七八一—八八）において、すでに貢租の上納は、高持百姓の出銀によって他国米を購入して、これを充用しているのである。すなわち、主穀生産はもとより、燃料・日用品に至るまで、すべて貨幣でもって購入しなければならないほど、貨幣経済が発達していた、ということである。土地を媒介とした自給自足の村落構造がくずれて、農民生活のあらゆる面が、貨幣を媒介にしてなされたのである。

しかし、灘目における貨幣経済の浸透は、すでに幕藩体制確立期たる寛文・延宝期（一六六一—八〇）にかなり活発化している。とくに大坂・兵庫津の特権的な問屋商人と対立し、さらに街道宿駅荷受問屋との抗争がつづき、灘目自体のなかから、在方商人を生み出していった。彼らは、手広い商品貨幣流通に加わり、貨幣を蓄積してゆく村内での有力な階層であった。

たとえば、寛文一二年（一六七二）には、生瀬以下五ケ駅の馬借（ばしゃく・陸上運送業者）がいうには、灘目在方商人が、公認のルートからはずれた、六甲山を越えて灘目の浜・御影村に通ずる脇街道（公認の街道以外の街道）に進出し、脇商売（もぐり商売）をすることは、「宿々退転（衰亡）の基」であるから、そのような「新儀は迷惑」である（松岡孝彰著『生瀬の歴史』七一頁）旨を訴えている。この脇街道に進出して、街道筋の問屋・馬借と対立抗争してゆく者こそ、御影村における在方商人をさしている。

また延宝期（一六七三—八〇）には、兵庫津の問屋が、次のように領主側に嘆願している。それによると、灘目近辺の村々でも、問屋業を営む者があり、彼らは廻船をひきうけて商売をなすので、今後問屋の営業は、兵庫津の問屋のみに限って許可し、その数も一三六軒に限定してほしい（『神戸市史』資料一、五一九—五二〇頁）、と述べている。ここでも灘目の周辺の村々の商人が、問屋業類似の商売を行なって兵庫津問屋と対立し、そのために兵庫津問屋は株立てによって、従来の営業特権を確保しようとしているのである。

しかも、これらの特権的な都市問屋商人との対立・抗争は、宝暦・明和・安永期にかけてますます激しくなり、それだけ灘目の在方商人の活動が積極的となっていることを示している。さきの丹波・北国筋からの六甲越えの脇街道への進出の動きも、宝暦四年（一七五四）には、はっきりと御影村隣村の東明村の柴屋又四郎の仕業であると指摘されている（松岡孝彰著『生瀬の歴史』八九頁）。柴屋は宝暦元年（一七五一）に酒造業をはじめた灘酒造家の一人で、やはり当時灘目における有力な在方商人の一人であったと考えられる。これらの有力在方商人が、江戸積酒造業に進出していったのである。

御影村の発展と酒造資本の確立

このように在方商人が、多数灘目農村で台頭してくる背後には、商品生産の展開・貨幣経済の発展によって、封建村落経済を変貌させ、階層分化を通して、資本対労働の関係がなりたっていたことを示している。すなわち、社会的分業の進展がみられた、ということである。

いま、この状況を明和六年の御影村（東組・西組）について述べれば、次の第13表のとおりである。米屋・質屋・古手屋・小間物屋・干鰯屋・鍛冶屋・材木問屋を営む多くの商人があり、廻船四四艘とそれに関連した船大工一二軒・廻船宿二九軒をかぞえている。そして一方では、酒屋三四軒を筆頭に、焼酎屋三軒・酒樽屋三九軒・水車四輌の酒造業関係部門も現われている。これによって、さきに西組の階層構成について指摘したように、村内において多数の農民が、何らかの形で、農業以外の諸商売・諸稼ぎに従事しており、これらが酒造業を中核とする社会的分業の環を形成していたのである。

いま天明八年（一七八八）の記録（「酒造方万暦」白嘉納家文書）によれば、

摂州村々惣名灘目と唱来り、村高相応人家数多御座候而、百姓一通ニ而ハ渡世難仕、身元相応ニ暮候者共ハ酒造稼商売仕来候ニ付、末々百姓共作間排として酒造働キ其外船手水車諸商売、酒造ニ拘り渡世仕候ニ付、御年貢引続御冥加夫々無滞御上納仕罷在候、

第13表　明和6年御影村職業構成

職業	東組(人)	西組(人)	職業	東組(人)	西組(人)
酒造屋	18	16	干鰯屋	3	2
酒樽屋	14	25	鍛冶屋	5	0
紺屋	3	2	薪仲買	3	2
米屋	10	6	左官	1	3
素麺屋	7	4	傘ちょうちん屋	0	2
質屋	2	1	焼酎屋	2	1
古手屋	2	0	菓子屋	2	0
古道具屋	2	0	薬種屋	0	1
船大工	11	1	医師	3	5
家大工	0	2	八百屋	1	2
瓦屋	0	1	醤油屋	1	1
木挽職	5	2	うどん屋	1	1
畳屋	2	0	小間物屋	7	0
塗師屋	2	0	牛博労	1	0
材木屋	0	5	廻船宿	12	17
材木問屋	1	1	絹屋	0	1
肴屋	4	3	屋根葺	0	1
水車	2輛	2輛	廻船	24艘	20艘

(史料) 明和6年「差出明細帳」(白嘉納家文書)

として、「酒造ニ拘り渡世仕候者共」として次のような酒造稼諸商売をあげている。

一、酒造働人
一、酒造米踏人・米踏水車
一、酒米中買共
一、酒樽屋共并手間人共
一、酒樽積入廻船并小舟諸荷物積入
一、糠・粕・木薪中買渡世之者
一、惣別働人
一、酒袋糸木綿稼人　老女惣別女童之手業
一、酒樽巻并莚　老人足弱之手業
一、組縄　右同断

酒造働き人や碓屋働き人をはじめ、仲買人、一般日雇人それに酒袋糸木綿稼ぎ人や酒樽巻ならびに莚・組縄などの仕事をする老人・老女・女子供があり、灘目農村一帯は、まさに酒造り一色にぬりつぶされていた。したがって、土地を失った農民の生活もまた、酒造りに関連のある仕事につらなって生活しており、そこではもはや土地を媒介とする純封建的小農民の生活というよりは、原生的な資本対労働の関係が形成されつつあったといえる。

以上のような灘目農村における在方商人の台頭と、貨幣資本の蓄積とによって、その蓄積せる貨幣を酒造資本に転化させてゆく条件がととのい、他方では、階層分化を通して生み出された土地なき零細な農民が、酒造一般働き人や酒造に関連ある加工業働き人または日雇い人として、酒造資本に吸収されてゆくのである。そして安永四年(一七七五)

九月には、御影酒屋中では、「近年酒造家猥ニ相成候ニ付、……酒造仲間堅申合、蔵臼家働人其外酒家掛り之者不行儀無之様、左之通可相慎候」として、蔵臼家働人の夜分の外出や、過分の賃銀要求を禁止し、樽屋の出入りを規制するなどを申し合わせているのである（白嘉納家文書）。

覚

一近年酒造家猥ニ相成候ニ付、御役人衆中迄不埒之筋相聞江申ニ付、此度厳敷被仰渡候、依之酒造仲間堅申合、蔵臼家働人其外酒家掛り之者不行儀無之様、左之通可相慎候、

一第一火之用心、博奕諸勝負、

一蔵臼家働人夜分之出入致間敷、若無拠節ハ其主人・頭司へ相断、其日相休用向可相調、猶又国元傍輩抔逢ニ参候ハヾ、兎角仕事之害ニ不相成様可致、併夜中ニハ弥無用たるへく事

一蔵臼家働人申合致、徒党極之外、賃銀過分ニ相貪り候事言語同断、勿論御法度之義ニ候間、ケ様之類決而無之様可相慎事、

一世間働人不行義躰有之間、蔵臼家働人惣仕舞国元へ帰り候節ハ、疑之不掛様持参之荷箇物頭司へ相改貰イ、日中ニ可罷出事、

一蔵臼家働人、舟中之通路致間敷事、

一肴売諸商人、一切蔵へ出入為致間敷事

一樽屋樽持参之節、其家ニ相勤居申者之外相雇出入為致間敷、并夏分ニ至細工之外決而出入為致間鋪、尤樽屋蔵出入札相渡置候間、無札之者可相改、樽屋ゟ音物請間敷、肴持参酒呑ニ来事不届之至ニ候、

一樽出し之者并米車牛追ひ、猥ニ蔵江入酒抔乞イ申とも、決而不可相用候事

一米踏車背付之者上下ケ不存寄処ニて牛つなき抔致不可相休、万一不埒之筋及見聞候ハヾ、酒家申合以来米踏申儀頼申間敷事、

右之通銘々無間違可被相心得、若見遁シ於相顕ニハ、講中相省積合除、其上御役人衆中迄御訴可申出候間、此後

不行義無之様、急度可被致吟味候、以上

安永四未九月　　　　　　　　　　　　　　（御影）酒家中行司㊞

台頭期の今津酒造業

今津村は西宮の東南に接し、村内は南・北両組にわかれていた。これは前述の御影村の場合と同様に、領主の支配関係を異にしていたためで、北組は明和六年（一七六九）まで尼崎藩領であり、南組は旗本伏尾氏の所領であった。明和六年には灘目農村・西宮・兵庫とともに幕府領（天領）として上知され、以後幕末までその支配がつづくのである。

さて、明和六年の「村明細帳」（大阪経済大学・日本経済史研究所所蔵文書）によって、南組の村況を概括すれば、次のようである。村高は三六〇石余で、田畑・屋敷総反別は四〇〇反で、総百姓軒数は三五八軒となっている。百姓一軒につき平均所持石高一石で、当時の一般村落と比較して、すでに村高に対して百姓軒数が多かったことが注目される。しかもこの三五八軒のうち、高持百姓が一四五軒、水呑百姓が二一三軒で、土地所有から遊離した水呑層の比率が五九・五パーセントにまで達している。

これら百姓たちは、「田畑無数、農業ばかりニては渡世成がたい」状況で、村内には酒屋二三軒（うち出店酒屋六軒）・樽屋一六軒・呑酒小売屋五軒・米小売兼呑酒小酒屋二軒・米小売四軒・材木屋薪仲買一軒・ざこ売商人三軒・小間物屋四軒・各種仲買四軒などの余業があり、そのほかに、廻船八艘（うち六五〇石積・六〇〇石積各一艘、その他六〇石積五艘、四〇石積一艘）・渡海廻七艘、小船（八石積）四艘、手操網小船五艘の商船・漁船をも所有していた。これらの状況は、前述の御影村と同じように、すでに近世中期において、農業耕作のみに専念してゆく近世初期の村の姿はうすれて、商品生産および流通の発達と農民層の分解を通して、村内でかなりの社会的分業の深まりゆく状況を示していたのである。このような状況のなかで、今津村の酒造業は展開していった。

明和六年において二三軒の酒造業を数えた今津村は、当時すでに村内の中心的な産業の一部門を構成していたが、灘酒造業のうちでも、比較的早くその展開をみた地域であった。正徳六年（一七一六）の「酒造高書上之留」（鷲尾家文書）

によれば、当時の株札は二〇枚で酒造家一八人をかぞえている。このときの前年の元徳五年の造石高は三分の一造りで、二九七余石となっている。この「留」（酒株帳）に記載の「元禄十年造高」を合計すれば八九一石余で、「古来よりの造高」は一五七〇石となる。この二〇株のほかに、正徳六年当時、他郷・他村より譲受けて領主側に申請中の酒造株札が七枚あり、これを加えると全部で二七枚の酒造株札が存在していたことになる。

いま、この二七枚の酒造株の系譜をさかのぼると、一四枚は他郷・他村よりの譲受け株であり、残り一三枚が南組で古来より所持してきた酒造株であった。この一四枚の買入れ株にその後安永期までに購入した株六枚を合わせると、買入れ株札は合計二〇枚となる。これを購入時期と購入地域別に表示すると第14表のようになる。購入地域別では摂津川辺郡・豊嶋郡から八枚で、他は西宮二枚・大坂・武庫郡各一枚ずつとなっている。また時期的には、元禄・正徳・安永期に集中的にみられ、都市酒造株および近世前期に江戸積酒造地として発展してきた前記川辺・豊嶋・武庫郡下の諸地域、すなわち北在株からの購入が注目される。この時期を中心に、今津酒造業が江戸積酒造地として急速に展開していったのである。

いま、その他郷他村よりの買入れ株の譲受け願書によれば、次のように記載されている。

願書々留

一私儀田地高も所持不仕、外ニ商売とても無之候ニ付、少宛酒造仕度奉存候折節、北村次郎右衛門と申者所持之酒かふ私方へ譲可申由申候故、譲請申候、何とそ此かふを以酒造候様ニ御赦免被為成被下候者、難有可奉存候、右之通御取成を以御赦免被為遊被為下候様ニ奉願上候、尤酒かふ譲状之写、別紙奉差上候、以上

正徳元卯年九月五日

願主　又六

兄　又右衛門

六郎兵衛

庄や

伊左衛門殿

（『灘酒経済史料集成』上巻二〇八―二〇九頁）

すなわち、今津村土着の百姓が正徳元年（一七一一）に川辺郡北村の次郎右衛門所持の酒株を譲受けたい旨を願いでたものであり、その理由として、「田地高も所持不仕」る百姓であり、「外ニに商売とても無之候」につき、酒造業を許可してほしい、というのである。

また、今津村以外の者が、今津村百姓が所持していた酒造株を譲受け、同村の百姓となって酒造営業を願いでている例もみられた。次はその例である。

奉願候覚

一摂州今津村御百姓（姓）米や次右衛門所持仕候高廿石之酒かふ不残私譲り受、同村御百性ニ罷成酒造り仕度奉存候、尤以後私酒造不罷成候者、酒株御百性之内へ譲り、他村へ者譲申間敷候、願之通御百性被仰付、酒かふ譲り受候様ニ奉願候、以上

享保十七子霜月　　大坂尼崎町一丁目
　　　　　　　　　天王寺や久太郎

庄屋
彦五郎殿
年寄中

奉願候覚

一私所持仕候高廿石之酒かふ、不残此度大坂町人天王寺屋六右衛門悴（ママ）久太郎と申者、今津村御百性ニ罷成、右私酒かふ譲り受申度旨申候、右之酒かふ不残久太郎へ譲申度奉願候、以上

享保十七子年

米屋次右衛門

庄屋
　彦五郎殿
　年寄中

（『灘酒経済史料集成』上巻、二一一頁）

ここでも、大坂町人天王寺屋六右衛門の伜久太郎が享保一七年（一七三二）に、今津村の百姓となり、もし再び酒造株を譲渡する場合には、今津村の百姓に譲り、「他村へは譲り申す間敷く」という条件づきで、今津村での酒造業を出願しているのである。以上のような酒造許可願いを整理したのが第14表である。

第14表　他村酒造株の今津村へ移動の年と譲渡人の郡名

今津村への移動の年	株札(枚)	譲渡人の郡名	株札(枚)
延宝(1673～1680)	1	摂州河辺郡	8
元禄(1688～1703)	3	〃 豊島郡	8
宝永(1704～1710)	1	武庫郡	1
正徳(1711～1715)	9	大坂	1
享保(1716～1735)	1	西宮	2
明和(1764～1771)	1	計	20
安永(1772～1780)	4		
計	20		
古来よりの所持株	13		
総　計	33		

（史料）天明6年「酒造株書上帳」「酒造株小前書上帳」（以上いずれも「今津酒造組合文書」）より作成

その後、宝暦一一年（一七六一）と明和四年（一七六七）の「酒家銘々算用帳」（今津酒造組合文書）によって、酒造家の名前を表示したのが、第15表である。まず宝暦一一年に掲載されている酒造家は、米屋の屋号のもの四軒、木綿屋の屋号のもの四軒、小豆嶋屋二軒で、他に小湊屋・片屋・かま屋・ざこ屋・小阿み屋・多賀屋・蒔田の計一七軒である。しかし、このなかには、まだ後述の大坂屋の名前は見出されない。これから六年を経過した明和四年のものについては、前記米屋・木綿屋は変わりがないが、小湊屋をのぞく他の六軒はその名前を見いだしえず、かわって清水屋・さぬき屋・分銅屋・大坂屋の新規酒造人の名義が新たにあらわれている。

この史料は酒造人の名前だけで、株高や造石高の記載がない

第15表　宝暦・明和の今津郷（南組）の造酒家

宝暦11年(1761)		明和4年(1767)	
米屋	五郎右衛門	米屋	五郎右衛門
〃	義右衛門	〃	与右衛門
〃	ちや	〃	ちや
〃	善兵衛	〃	善太郎
		〃	藤八
木綿屋	吉左衛門	木綿屋	吉左衛門
〃	勘介	〃	勘左衛門
〃	弥三左衛門	〃	弥三左衛門
〃	四郎三郎	〃	四郎三郎
		〃	重太郎
小豆嶋屋	善兵衛	小豆嶋屋	貞太郎
〃	善右衛門	〃	善右衛門
		〃	源次郎
小湊屋	久右衛門	小湊屋	久右衛門
蒔田屋	権七	清水屋	武左衛門
片屋	新十郎	さぬき屋	嘉兵衛
かまや	佐太郎	分銅屋	忠兵衛
ざこや	新右衛門	大坂屋	文次郎
小阿み	源三郎		
多賀屋	高松		

（史料）「酒家銘々算用帳」（今津酒造組合文書）より作成

ので、これ以上詳しいことは知りえない。しかし、先の「村明細帳」によれば、二三軒の酒造家軒数は、当時の稼働蔵数をも表示したもので、この株高合計は一五一五石となっている。しかもこのときの江戸積駄数が五、六千駄とあり、米一〇石につき清酒一駄として換算すれば、造石高は五千石前後となる。しかしこの明和期を前後とする時期は、前述のごとく西宮酒造業においても変動の激しかった時点であった。と同様に今津村においても、大いに変化のめまぐるしく展開する時期であった。そして享保～正徳期にかけて台頭してきた酒造家が、前記小豆嶋屋・木綿屋・米屋の三家であり、この三家が近世後期にかけて今津村酒造業の発展の担い手となっている。それに比肩しながら新たに大坂屋が、明和期以後、これら三家につづいて発展してゆくのである。そうした意味では、確かに宝暦～明和期は、今津酒造業台頭の一転機を形成していたといえよう。

2　灘酒造業の発展と摂泉十二郷の成立

灘目・今津の台頭と西宮・大坂の衰退

宝暦四年（一七五四）の幕府の酒造勝手造り令は、享保期末年における米価の低落によって、酒造奨励策をあらためて政策として公達したものであった。その米価引上げの有効な手段として、「在々」酒造業禁止から、積極政策への転換が打ち出された。他方、さきにみた明和期における灘目農村における商品貨幣経済の発達は、社会的分業の深まりと農民層の分解を通して、やがて有力な在方商人の手元に自由な貨幣が蓄積されていった。この貨幣資本が、「在在」酒造業の奨励策を推進してゆく幕府の要請にこたえて、灘目農村において急速に江戸積酒造業が展開していった。そして「元禄調高」によって一度は掌握された株仲間のわくを、幕府みずからが破ってゆかざるをえなくなってきたところに、在方酒造業としての灘酒造業の展開がみられた。いいかえると、江戸前期の都市酒造仲間による排他的独占体制から、造石奨励・自由営業への政策転換によって、競争契機が導入されてきたということである。そこに今津、さらに灘目一円の村々で酒造業が勃興し、その出現のまえに大坂や西宮など従来の都市酒造仲間が江戸市場から後退せざるをえなくなり、ここに停滞と衰微をもたらしていったわけである。

事実、後述する天明四年（一七八四）の「酒造株冥加金願上写」（本嘉納家文書）において、かつて七〇〇軒あった由緒ある大坂三郷酒造家が現在休業三〇〇軒で、稼働している酒造家が四〇〇軒にしかすぎない状況を、大坂三郷酒造物年寄が次のように訴えているのである。

大坂三郷酒造株之義、万治元戌年曾我又左衛門様・松平隼人正様御在勤之筋ゟ私共へ支配被仰付、石改等仕、株札相渡来申候、右之節は酒造屋凡七百軒余御座候而商売繁昌仕候、尤酒造方之儀被仰出候節も、市中之義ニ而取締宜敷御座候処、近来摂州之内在ニ而水車稼酒造多仕、石数等勝手ニ仕入仕、当時凡弐百軒御座候而商売繁昌仕候、右ニ付大坂酒造屋不景気ニ罷成、年々酒造相減、当時四百軒余ニ罷成候ニ付、浮株凡三百軒余御座候

とのべ、「水車稼酒造」を中心として「摂州之内在」の二〇〇軒の灘目酒造業の商売繁昌による「大坂酒造屋不景気」を訴えているのである。

さらに、かつて西宮郷には、元禄一〇年（一六九七）に七九蔵が存在し、享保九年（一七二四）には八二軒の江戸積酒造が稼働していたが、明和二年（一七六五）には六四蔵となり、明和四年までは六〇蔵台の稼働となっていた。しかるに明和五年には五九蔵となり、同六年には、四四蔵、七年には最低の三三蔵にまで減少している。このような稼

働蔵数の変動をとってみても、明和期は西宮酒造業にとって転換の時期であったことを示している。それゆえにこそ、灘目酒造業の台頭と競争を前にして、酒造仲間の団結と利益擁護をはかるために、明和元年（一七六四）に「我意一存」の営業をおさえる仲間申合せをしているのである。しかし、それにもかかわらず、宝暦四年を契機に、明和・安永期には西宮の停滞と衰微がつづき、酒造仲間の構成員の交替がはげしく繰り返されてゆくのであった。

　このようにして、同じ相隣接している地域でありながら、江戸時代中期に今津酒造業が台頭し、他方西宮酒造業が停滞あるいは変貌する事態に立ちいたるのである。

　そこで、以上のような変貌のあとを、まず天明期になって判明する江戸積各郷ごとの江戸入津高によってみよう。いま、天明五年（一七八五）における江戸入津樽数を表示したのが第16表である。この一年間で江戸入津樽数は七七万樽であり、元禄一〇年の六四万樽を大きく上廻っている。

　このなかで、まず今津が四万樽、灘目三二万樽、計灘五郷で三六万樽となり、全体の四七パーセントを占めている。これを当時の経営史料を基礎にして玄米量による造石高に換算してみると、約二二万石となる。また摂泉十二郷のうち、今津・灘目をのぞく上方各郷は二七万樽で、全体の三六パーセントを占め、なかでも伊丹・西宮が主要な銘産地であったことがわかる。それに尾張・三河・美濃などの東海三ヵ国は、のちに「中国酒」（すなわち江戸と上方の中間に位置するところより醸造する酒という意味で、やはり下り酒のなかにふくまれていた）の銘産地で、一三万五千樽、一七・五パーセントを占めていた。灘

第16表　天明5年における江戸入津樽数

地　域	樽　数	割合(%)
今　津	41,634	5.4
灘　目	318,903	41.2
小　計	360,537	46.6
西　宮	74,154	9.6
伊　丹	112,660	14.5
池　田	18,219	2.3
大　坂	33,903	4.4
伝　法	20,748	2.7
尼　崎	6,682	0.9
堺	11,797	1.5
小　計	278,163	35.9
河　州	260	0.0
播　州	850	0.1
城　州	1,984	0.3
尾　州	50,673	6.5
参　州	55,927	7.2
濃　州	26,232	3.4
勢　州	71	0.0
小　計	135,997	17.5
総計	774,697	100.0

（史料）「江戸積樽数書上之写」（白嘉納家文書）

目が江戸積酒産地として台頭してくるのが享保期であるので、わずか半世紀ほどの間に、灘酒造業が急速に発展してきたことが理解されるであろう。そこで次に、個別的に今津村を中心として天明五年の具体的な酒造状況についてながめてみることとしよう。

江戸積酒造仲間の古規組と新規組

いま、天明五年（一七八五）における今津村南組の酒造石高と株高とを表示したのが、第17表である。今津村南組においては、二〇軒の酒造家が二八蔵を稼働していた。しかも株高合計は一、三六四石余に対し、その現実の造石高は二万三二七六石余となって、そこに大きな懸隔が生じている。そこで元禄調高以降放置されていた株高と、現実の造石高を調整したのが株改めであり、その懸隔が大きいほど、酒造業が急速に発展していったことを物語ることになる。

第17表　今津郷（南組）における天明5年の酒造石高状況

酒造家名	酒造石高(石)	株高(石)	蔵数(蔵)	株数(株)
小豆嶋屋才右衛門	4,820	51	4	4
米屋与右衛門	3,271	30	3	3
木綿屋伊右衛門	1,990	440	2	2
米屋杢太郎	1,574	100	2	2
〃　善四郎	1,303	50	1	1
大坂屋長兵衛	1,230	13	1	1
米屋鉄蔵	1,085	20	1	1
〃　吟次郎	934	15	1	1
壇屋八十吉	897	400	1	1
米屋卯之平	852	20	1	1
小豆嶋屋源次郎	837	40	1	1
清水屋新四郎	837	20	1	1
倉屋仁右衛門	817	35	1	1
銭屋清右衛門	746	25	1	1
大坂屋文次郎	601	20	1	1
米屋長四郎	512	15	1	1
〃　宗次郎	490	20	1	1
〃　惣次郎	350		1	
〃　吉郎兵衛	200	50	1	1
倉屋甚太夫	30		1	
	23,376	1,364	27	25

（史料）天明5年「酒造本株帳」（鷺尾家文書）

ただここで注意しなければならないのは、この天明五年の造石高というのは、実は、天明八年の株改めに際して、各自酒造家に申告させた造石高であるため、果たして天明五年当時に申告高を造っていたかどうかは確かではない。事実、天明五年当時酒造稼をしていたが、天明八

第18表　御影村西組における天明5年の株高および酒造石高

酒造家名	株高(石)	酒造石高(石)
嘉納屋彦右衛門	141	5,373
〃　治兵衛	31	3,748
〃　治郎右衛門	823	3,675
雑古屋六三郎	13	1,287
〃　伝六	10	1,673
〃　伝三郎	18	1,287
伊勢屋七右衛門	105	1,764
五兵衛	5	40
	1,146	18,847

(史料) 天明6年「酒造高書上帳」(御影酒造組合文書)

年の段階で休造した酒造家が三軒あり、これらはしたがってこの表には洩れていることになる。さらに、天明五年の数字は、申告高であるため、以後の厳しい幕府の減醸令のあることを見越して、実は実際より多く申告されていたと考えられることである。元禄一〇年の株改めに際しての請株においても、実際とはかなりの差異があったことは、既述のとおりである。このときは、運上金が賦課されたため、過少に申告されたが、第18表の場合には実醸石をかなり上回った造石高が申告されていた事実だけは指摘しうるであろう。

同じく前章でとりあげた御影村西組の場合における、天明五年の造石高と株高とを表示すれば、第18表のとおりである。ここでも天明五年に八軒の酒造家が存在し、株高一一四六石に対して、酒造石高は一万八八四七石となって、この株高と酒造石高との懸隔は、今津村南組の場合とほぼ同じような事情となっている。御影村の嘉納家は、前述の在方商人として頭をもたげ、土地所有の面でも、この村第一の高持百姓として成長してくるが、治兵衛・治郎右衛門・彦右衛門の三つどもえの形で存在している。他方、座古屋三軒は明和・安永期には酒造家・廻船持として活躍するが、天明以後、この村の酒造家から名前が消えてゆく。かつてこの村の有力な地主である座古屋の没落と、新興の在方商人たる嘉納屋の台頭は、灘目酒造業の発展による村落内部での新旧交替の様相を如実に示しているのである。

前章で詳述してきた享保期以降の灘酒造業の発展していった姿を、以上のような天明期の段落での数字によって確証することができるのである。それはまさに、目覚ましい「在々」酒造家による江戸積酒造業の発展であったといえよう。

以上述べてきたところを整理してみるならば、次のように要約することができよう。すなわち、一八世紀以降において、江戸積酒造地のあいだで顕著な傾向がみられるようになってきたということ、一つは、旧来よりの江戸積酒造地の衰退ないし変貌であり、他は、新進気鋭の新興酒造地の台頭発展である。

しかし、このような動向は、何も酒造業にのみ限ったことではなく、幕藩体制が解体期を迎え、領主的商品経済の発展に対して農民的商品経済の発展がそれを圧倒してゆくようなところでは、廻船業においても、絞り油業においてもみられた。これを「都市」問屋仲間＝「古規」組と「在方」商人仲間＝「新規」組という表現で表わすこともできよう。いま、これを江戸積酒造仲間の場合にあてはめて考えてみるならば、前者は伊丹・池田・西宮などの酒造仲間の動きをさし、後者は新興灘酒造業の発展をさしている。

近世幕藩体制社会が、都市問屋仲間の支配のもとに「在方」商人仲間を掌握しておくことができる段階では、商品生産の発展が直ちに幕藩体制社会の動揺をもたらすというわけではない。しかし、後者の発展が、前者の存在そのものをおびやかす段階に至れば、それは一応「危機」の時期として自覚されはじめる。その時期が天明・寛政期であったといえよう。この「危機」への対応は、次の二つの仕方でなされた。一つは、都市＝古規組仲間の再編成を通して、在方＝新規仲間の発展を包摂しようとする動きであり、他は、幕府権力の発動によって上から直接統制を加えようとするものである。前者が、以下述べる摂泉十二郷酒造仲間の成立であり、後者が、次章でふれようとする天明八年の株改めと寛政改革によって発動される酒造統制の強化策である。

江戸積摂泉十二郷の成立とその構成

まず、酒造仲間の再編として現われる江戸積摂泉十二郷酒造仲間についてのべよう。摂泉十二郷とは、大坂三郷・伝法・北在・池田・伊丹・尼崎・西宮・兵庫・今津・上灘・下灘・堺の江戸積銘醸地の十二郷をさしている（第7図参照）。

ここで問題なのは、北在郷である。この北在郷は、他の諸郷のような特定の地域をさすのではなく、大体、西宮より北は一〇里、東は六里ばかりの地域をさす、と述べている（『灘酒沿革誌』二五六頁）。川辺郡を中心に、嶋下・豊嶋・武庫・有馬の四郡に散在する江戸積銘醸地の小地域を包括した名称であった。元禄期に名前のあがってくる江戸積銘

第７図　摂泉十二郷の地域図

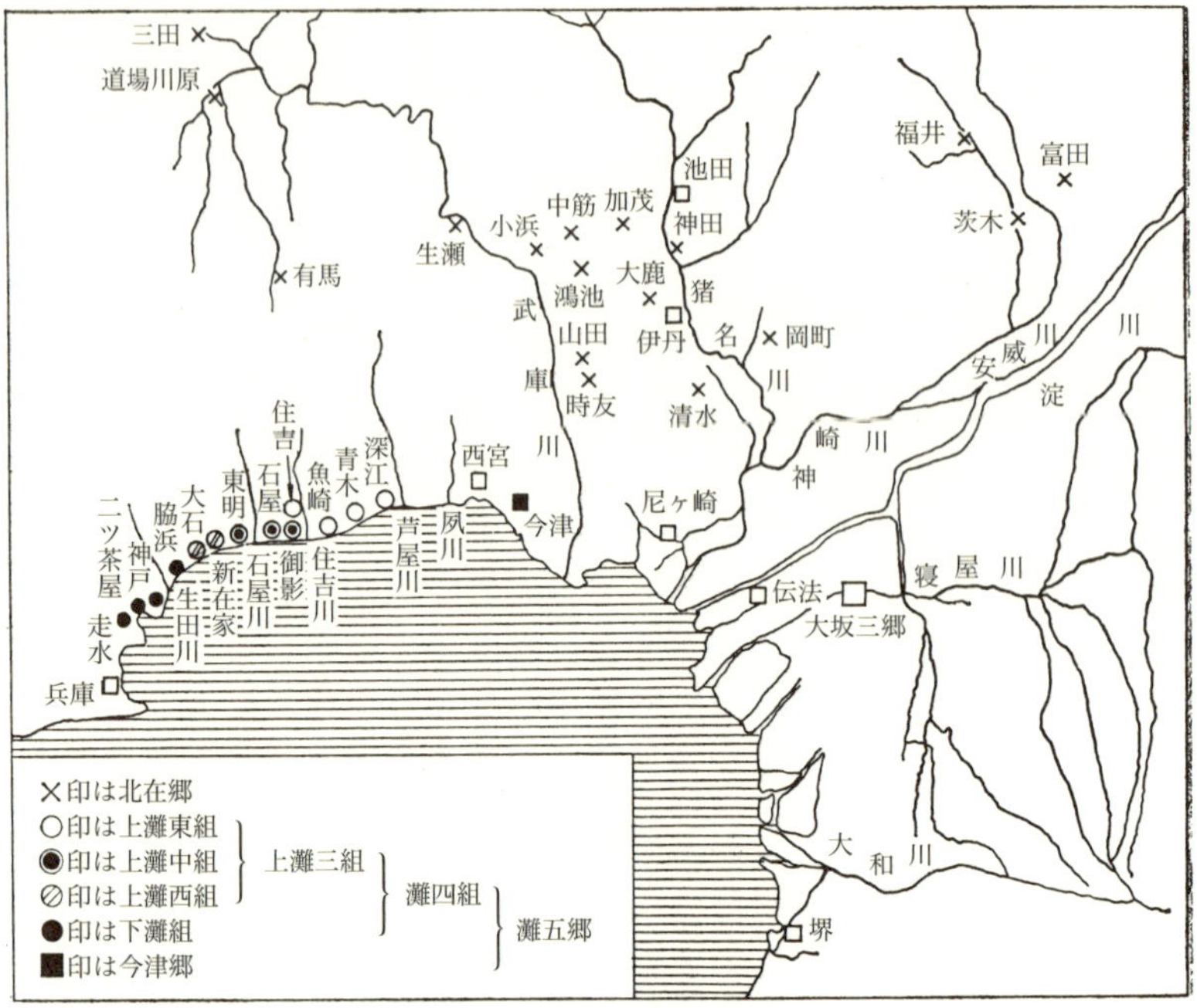

醸地のうち、大坂・伊丹・池田・尼崎・兵庫・西宮をのぞく鴻池・清水・大鹿・山田・小浜（以上川辺郡）、富田（島上郡）、三田（有馬郡）などが、それに含まれる。天保三年（一八三二）の「諸郷酒株仕訳ケ覚」（四井家文書、『灘酒経済史料集成』上巻、三三三頁以下）によれば、北在組二二カ村で酒造家三〇軒、株高二万三六二石余と記載されている。要するに、西国街道や有馬街道などの街道筋にあたり、江戸初頭の鴻池村などのように、銘醸地として早くより江戸積酒造の特権をもっていた。嶋下郡富田村の紅粉屋（清水）市郎右衛門、川辺郡加茂村の岩田五郎左衛門、山田村の市右衛門・忠右衛門、小浜村のぬり屋半左衛門などが、その有力な酒造家であった。享保期以降には今津村に移動してゆく酒造株は、主としてこうした地域の江戸積株であった。

さて、摂泉十二郷のうち、上灘・下灘・今津をのぞく九郷は、いずれも元禄一〇年の株改めのときに、江戸入津樽六四万樽の主産地として登場してくる地域である。ここに摂津一円にわたって叢生してきた江戸下り酒特産地を、株改めによって株仲間の体制に凍結したのが、「元禄調高」設定の事情であった。近世前期の江戸積酒造株体制の編成といわれるゆえんである。注意すべきは、この時期にまだ灘目・今津の江戸積酒造業の展開がみられず、この体制のなかにまだ灘酒造仲間はふくまれていなかったことである。ところが、それより三〇年のちの享保期には、前記の江戸下り酒九郷とともに、江戸積銘醸地として今津二九軒、御影をはじめとする灘目二六軒の計五五軒の酒造家が出現している。そして、勝手造り令のでる宝暦四年令に前後して、江戸積酒造地は、従来の九郷の古規＝酒造地に対して、新規＝酒造地として灘目・今津などに地域を拡大していった。かくして、これら摂津「在々」に展開した酒造業は、しだいに酒造石高を増大させ、江戸積の「古規」酒造地を圧倒しつづけていった。ここでは古規組＝仲間の停滞・変貌、新規組＝仲間の台頭となっていったのである。

もちろん・勝手造りによって一挙に江戸市場へ大量の酒荷が入津し、荷主間での送り荷競争が激しくなって、酒価の暴落をひき起こした。その結果誘発される経営不振を克服するために、荷主間における酒荷調整機関としての、自主的な酒造仲間の結成が要請された。すでに安永五年(一七七六)には大坂三郷をはじめとする一一郷(堺郷のみをのぞく)の酒造仲間が、酒造生産期日を申し合わせ、「我意の積方」を堅く禁止して、広い地域にわたる酒造仲間の結成がみられた(『灘酒経済史料集成』下巻、六―七頁)。

しかし、十二郷の成立に直接深い関連をもっていると考えられるのが、前掲の天明四年(一七八四)の大坂三郷惣年寄による「酒造株冥加金願上写」(本嘉納家文書)である。その願書によれば、三郷惣年寄一三人が次のように訴えている。すなわち、万治年間(一六五六―六〇)以来七〇〇軒あった大坂三郷酒造家が、水車稼による「摂津在々」酒造家繁昌のため、現在では四〇〇軒にまで減少している旨を述べ、その代償として大阪三郷四〇〇軒より五〇〇両、摂津在々二〇〇軒より五〇〇両、その他在々駄売屋と三郷看板受酒屋六〇〇軒より一五五両ずつ、合計一、一五五両(銀六九貫余)を冥加金として上納し、これを三郷惣年寄が徴収して大坂町奉行に納める、というのである。

これに対して「在々」酒造家二〇〇軒の論駁は、次のとおりである。三郷惣年寄のいうような無株による酒造業者は存在しないし、同じような問題はすでに宝暦一四年(一七六四)にも起こったが、「村々酒造の儀」は許されており、いま惣年寄の支配下にはいれば、「酒造家相続」はもとより、高持百姓・無高百姓ともに渡世のさしつかえになる、というのである。結局、幕府においてもこれを不裁許として実現されなかった。しかし、この惣年寄の主張は、享保期以来の「在々」酒造仲間の発展を、大坂三郷でうけとめて元禄体制のなかに包摂し、もって各郷が不均等に発展していった江戸積酒造仲間の利害対立を、大坂三郷で調整してゆこうとする点にあった。まさに、この三郷惣年寄による酒造冥加一件は、大坂三郷を触頭とする十二郷酒造仲間の成立の時機が熟していた時点での動きであったといえよう。

事実、のちに万延二年（一八六一）の「酒造年寄役差免願書」（森本家文書）のなかで、はっきりと、大坂三郷酒造大行司の十二郷触頭就任は、「天明年中」のことである、と述べている。その理由は、大坂三郷の販路は主力を江戸積においておらず、そのためにかえって大坂三郷が江戸積についてはは「依怙贔屓（えこひいき）無之」き中立の立場にあるから、触頭として適任である、というのである（第一二章4、三〇九頁以下参照）。つまり、各郷の江戸積酒造家の利害対立を調整してゆくための、公平な第三者としての中立性を、この触頭たる大坂三郷大行司に期待したのである。ここでは、その成立の時期が天明期であった点に、注目しよう。

このようにして、十二郷酒造仲間の結成以来、大坂三郷酒造大行司が十二郷触頭をつとめ、各郷から選ばれた酒造行司を統轄し、各郷酒造行司の参会の席上において、江戸積酒造全般に関する諸事項を協議決定し、また下り酒問屋との折衝にもあたり、さらに幕府の布達なども伝達する、などの任務をもっていた。以後、大坂三郷大行司を触頭とする摂泉十二郷体制のわくのなかで、灘三郷（上灘・下灘・今津）の発展をいかに抑えてゆくかが、問題となってくる。反対に灘三郷からいえば、この十二郷体制をいかに打破してゆくかが、天明期以降の新規＝在々酒造仲間に課せられた大きな課題となってゆくのである。

第六章　灘酒造業の発展過程

1　天明八年の株改めと寛政改革期の酒造統制

天明八年の株改めと「永々株」の設定

今津・灘目の「在々酒造業」の発展に対する古規＝都市酒造仲間の対応が、前章で述べた摂泉十二郷の成立であるとすれば、いま一つの対応は幕府のそれであり、幕府権力による株改めと寛政改革による酒造統制の諸政策である。

宝暦四年（一七五四）の勝手造り令発令のあと、幕府は天明六年（一七八六）にはじめて半石造りの減醸令を布達した。そのときの株高は、元禄一〇年の「元禄調高」であった。しかし翌天明七年には、田沼意次に代わって松平定信が老中職につくに及んで、前年までの手ぬるい酒造統制を責め、徹底した統制の実施を要請した。そこでまず、酒造改めの強化を命じ、不時の公儀役人による監督巡検の制度を実施すること、さらに酒造道具は極印を押し、増造り・密造の者があれば、公領・私領に関係なく、早速召し捕え差出すべきことを厳命した。まさに元禄体制への復帰を思わせるような厳しい統制であった。

ついで翌天明八年には、「元禄調高」以来九〇年を経過したこの時点の株高と実醸高の懸隔を是正し、その調整をはかるべく、天明六年減醸令発令以前の酒造石高、つまり天明五年の「造来米」高を申告させた。この間の事情について、その政策担当者たる松平定信は、その著『宇下の人言（うげのひとこと）』のなかで、次のように叙述している。

元禄のつくり高をいまにては株高とよぶ。そのまゝ三分一などには減けるが米下値なりければ、その株高の内は勝手につくるべしと仰出されしを、株は名目にて、ただいかほどもつくるべきことと思ひたがへしよりして、いまはつくり高と株とは二ッに分れて、十石之株より百石つくるもあり、万石つくるもあり。これによって酉年（寛政元年―筆者注）のころより諸国の酒造をただしたるに、元禄のつくり高よりも今の三分一のつくり高は一倍之余も多き也。（岩波文庫版、一一一ページ）

ここに「つくり高と株高」との乖離、「十石から百石あるいは万石もつくる」という不合理を是正するために、株改めが行なわれた。前掲の第17表（一一五ページ参照）は、この今津村（南組）の場合における株高（一、三六四石）と造来高（二三、三七六石）との懸隔を示したものである。

かくして、翌寛政元年（一七八九）八月には、請高株に対して三分の一造り令を発令するとともに、「以来は諸国一同株高と申名目を相止め、此度御勘定所へ相届候造り酒屋之分、永々之株に成候事にて」と触を出し、株高の不詳の分もかなり多くあるので、以来株高（古株高）の名目を廃してこのたび勘定所へ届出た申告高をもって「永々株（えいえいかぶ）」とし、酒造株の分株（たとえば、一〇〇石の株を三〇石と七〇石の二株に分けること）譲渡をも禁止したのである（第三章、5参照）。この株高と造来米高との修正によって、以後幕府の減醸規制の基準は、この株改めを軸として行なわれた。また前章でのべた摂泉十二郷の成立と、この「天明八未年改高」によって、元禄体制は崩れ去り、新たに今津・灘目の台頭発展を包摂した形で、江戸積酒造業は再編されるに至ったのである。

流通規制の強化―一紙送り状改印制と下り酒十一ヵ国制

以上の株改めによる「永々株」の設定に続いて、寛政二年（一七九〇）には、今度は江戸積酒造業に対する流通規制が強化された。すなわち、三分の一造りの減醸令の発令とともに、これまでの江戸積酒造地域に限って、下り酒の入津を許可し、それ以外の地域からの入津はいっさいこれを禁止した。さらに翌寛政三年には、浦賀番所に「下り酒荷改方」を設置して、下り酒入津改めと送り状の改印を命じた。ここに至り、これまでの生産規制＝減醸令の発令に加えて、流通面での船改め・荷改めが実施されることになったのである。

これらの諸方策は、いわば次の流通規制強化への準備段階であった。したがって、翌寛政四年（一七九二）には整備されて、二月には前述の下り酒入津船改め・送り状改印の両仕法を改正して、「一紙送り状」（または「総高送り状」ともいう）の制が採用された。これが採用されるに至ったのは、荷主より江戸酒問屋へ差出す送り状（「一人別送り状」

という）を浦賀番所で一つ一つ改印する煩雑をさけて、その手続の迅速化をはかるためである。それ故に、一紙送り状とは、各郷別に酒造行事をたて、この行事が一人別送り状をとりまとめて一船の積荷高を一紙に書きまとめたもので、これをさらに大坂三郷の酒造大行司が統轄する、という仕組みになっていた。

つづいて同じ年の一〇月に、いわゆる「下り酒十一ケ国制」を実施した。これは江戸積酒造地を、従来からの実績によって一一ヵ国に限定し、これ以外の地域からの入津を禁止するものであった。その一一ヵ国とは、山城・河内・和泉・摂津・伊勢・尾張・三河・美濃・紀伊・播磨・丹波の国々をさしていた。またこの下り酒の地域的限定制とともに、入津高も年間三〇万～四〇万樽に限定し、これを「御分量目当高」と称して、前記一一ヵ国に限り、統制以前の天明四・五・六年の三ヵ年の実績を基準にして割賦されたのである。いまその一紙送り状（総高送り状）の雛形を示せば、次のとおりである。

酒荷物惣高送り状之事

摂州灘荷主何人

一合酒何百何拾樽　江戸酒問屋何人

壱人別送り状何通

右之通一船に積込差下申候間、別紙壱人別送り状引合荷物御請取、夫々御振合可有之候、海上之儀者可為定之通候、以上

摂州灘酒之内魚崎村荷主惣代

大　行　事

江戸下り酒問屋惣代

大　行　司

この一紙送り状は、浦賀番所で荷改めの事務簡素化をはかったものとはいえ、要するに幕府が「御分量目当高」の入津樽統制の取締り強化とその徹底化をはかったものである。それと同時に、反面において、これを積出地で統轄する十二郷酒造大行司としての大坂三郷の地位が、十二郷仲間のなかで強化されることになった。このような意味において、一紙送り状の制は、大坂三郷酒造大行司を入津樽統制組織の末端機構に組入れたものであった。かくて、江戸積酒造業における生産と流通とが、この寛政改革の過程で、完全に幕府によって掌握され、灘五郷にとっても一時その反動的統制強化策のまえに停滞せざるをえなかったのである。

さて、以上のような一連の酒造統制によって、江戸積酒造体制のなかで、現実にどのような結果をもたらしたであろうか。

いま天明・寛政期における江戸入津樽数を表示したのが、第19表である。そこでまず天明四年（一七八四）の江戸入津樽数についてみると、入津総樽数は六七万五六六八樽におよび、灘目から三九・八パーセント、今津から五・四パーセント、それに対して伊丹が一二・六パーセント、西宮が一〇・一パーセントであった。すなわち灘三郷で総入津量の半分をこえ、このほか大坂・池田・尼崎・伝法の四郷から一四・五パーセント、それに摂泉二ヵ国を除く九ヵ国から一三パーセントが入津していた。ここでまず注目すべきは、元禄一〇年の江戸積酒造体制のなかにふくまれていなかった無名の今津・灘目が、宝暦四年の勝手造り令を経過したこの天明の段階で、有力な江戸積酒造地として登場してきた事実である。つまり、前章で考察したように、今津村南組でみられたような正徳期以降の酒造株の他郷・他村からの移動とその集中の結果、ここに十二郷のなかで入津量においても優位な地位を築いているのである。

天明四年から六年までの入津樽数が、統制以前の数字であるのに対し、天明八年より寛政二年までの数字は統制後の数字である。そこで両者を比較して注目されるのは、まず第一に、入津総数がほとんど統制の前と後とで変わっていないこと、すなわち当時三分の一造り令が発令されていたにもかかわらず、わずか一〇万樽が減少しているにすぎないことである。この事実は、酒造統制令の効果が全然あがっておらず、そのためにこそ、その徹底化をはからねばならず、寛政三年に江戸入津統制としての浦賀荷改めや一紙送り状による流通規制の必要があったといえよう。第二

第19表　天明・寛政期における江戸入津樽数の変遷

地域	天明4年(1784)		天明5年(1785)		天明6年(1786)	
	入津高(樽)	比率(%)	入津高(樽)	比率(%)	入津高(樽)	比率(%)
今　津	36,296	5.4	41,634	5.4	36,745	4.7
灘　目	269,182	39.8	318,903	41.2	321,126	41.1
西　宮	68,249	10.1	74,154	9.6	58,635	7.5
伊　丹	85,153	12.6	112,660	14.5	119,562	15.3
摂泉12郷	532,434	84.8	636,700	82.5	637,436	81.3
ほか9カ国	88,302	13.1	134,997	17.5	143,369	18.4
入津総計	675,668	100.0	774,697	100.0	780,805	100.0
地域	天明8年(1788)		寛政元年(1789)		寛政2年(1790)	
	入津高(樽)	比率(%)	入津高(樽)	比率(%)	入津高(樽)	比率(%)
今　津	25,396	4.2	26,254	4.2	34,024	4.7
灘　目	178,498	29.6	181,303	29.4	202,801	28.1
西　宮	79,988	13.3	85,466	13.9	78,738	10.9
伊　丹	63,082	10.5	68,554	11.1	77,551	10.8
摂泉12郷	426,163	70.8	442,079	71.7	485,764	67.4
ほか9カ国	176,697	29.2	175,026	28.4	234,965	32.6
入津総計	602,860	100.0	617,105	100.0	720,529	100.0

(史料)　天明4～6年までは「江戸積樽数書上之写」(白嘉納家文書)、天明8～寛政2年までは「酒造一件諸控」(四井家文書)

は、たとえば天明六年には入津総樽数の四五・八パーセントまで上昇していた灘目・今津からの入津樽数が、その二年あとの天明八年には三三・八パーセントにおち、絶対数においても一五万樽の減少となっている。これに反して、西宮はその比率を天明六年の七・五パーセントから八年には一三・三パーセントへ、池田は二・七パーセントから四パーセントに上昇させている。また一一ヵ国のうち摂泉二国をのぞくほか九ヵ国も、一八・四パーセントから二九・二パーセントの増加を示している。要するに、入津樽統制の当面のホコ先が、新興の灘目・今津に集中され、それによって古規組の西宮・池田など旧特権的酒造地域が一時的に有利に展開しているのである。

　つまり、江戸市場をめぐる古規組＝旧特権酒造仲間と新規組＝在方酒造仲間との間の競合が、天明期の七八万樽の入津量を限界点として進み、旧酒造仲間の特権が足元からくずれさりつつあるのが、この時点での状況であった。したがって、旧酒造地の回復は、幕府権力の発動＝統制をまたねばならないほどに、新旧企業間・荷主間の対立は深刻化していたといえる。これによって、一時的にしろ灘酒造業の挫折、それに応じて西宮・伊丹などの上昇現象がみられたのである。しかし幕府の新興酒造地＝灘酒造業への抑圧は、さらに酒造株に対する冥加銀の徴収にまで進展していった。

寛政四年の籾買入株の設定

寛政四年に入津樽統制を強化して、酒造統制の徹底をはかった幕府は、同じくこの年に、酒造冥加金に着目し、その徴収を意図した。酒造冥加金については、すでに田沼時代にしばしば問題となり、宝暦一四年（一七六四）・明和九年（一七七二）・天明三年（一七八三）・同四年（一七八四）と再三にわたって、江戸積酒造仲間を対象とした酒造冥加金政策や酒会所設立案が出された。しかしその都度、酒造仲間は従来より「酒造無冥加」であることを主張して反対してきた。この幕府の上からの冥加金徴収の問題を契機に、十二郷酒造仲間は、内部的には都市酒造仲間と在々酒造仲間の対立をはらみながら、仲間私法を確立し、幕府の冥加金課税に対して酒造家連合を組織してその実現化を阻止してきたのである。

松平定信は、このような田沼意次の酒造冥加金政策の失敗という過去の経験から、その課税地域を従来の摂泉十二郷から新興の在々＝灘目に集中していった。ここで同じ「在々」に属している今津を除外しているのは、今津郷ではすでに一株につき銀三六匁の冥加金が賦課せられていたためである。また灘目のなかでも、一部この時までに冥加株であったものも除外している。したがって、寛政四年に灘目の無冥加株に対していっせいに株高千石につき銀三枚（一二九匁）が課税された。これが籾買入株である。この冥加銀が幕府の御金蔵に収納されず、代官所内に御蔵を設け、その冥加金でもって年々籾を買入れて、備荒貯蓄用にあてたものである。したがって、この寛政四年の段階において、すでに冥加金を出していた株が古株（御免定株）であり、このときはじめて無冥加株に対して賦課されたのが、籾買入株ということになる（第三章2の（2）参照）。

この株高千石につき一二九匁というのは寛政六年までつづいた。寛政七年以降は酒造統制がゆるめられ、前年までの糀買入株の冥加銀は三分の一造り令下のもので、それが解除された現在では、株高千石につき銀四三匁に改めるべきことを申しいれ、それが聞き入れられて以後、近世を通じて株高千石につき四三匁に固定されたのである。これで、旧特権酒造仲間たる西宮・伊丹・兵庫・池田などが全部無冥加株であったのに対し、灘目・今津の新興酒造地の酒造株に対してのみ冥加金を徴収したことになる。かつて明和六年（一七六九）に、幕府が武庫・菟原・八部の三郡酒造地帯を天領に上知したのも、この「豊饒の」酒造業の繁栄に注目してのことであった。天領に上知せられた前記三郡のうち、兵庫・西宮を除いた灘目・今津に課税地域を限定していったところに、田沼とは異なった松平定信の酒造対策に対する姿勢が窺えるのである。

しかし、松平定信が寛政改革の過程で、かくも江戸積酒造業に対して強圧的な態度でのぞみ、とくに新興の「在々」酒造業にそのホコ先をむけていったのは、いったいいかなる政策意図に基づいてのことなのであろうか。この点について、先に引用した彼の『宇下の人言』を再び引きあいにだすこととしよう。

西国辺より江戸へ入り来る酒いかほどとも知れず。これが為に金銀東より西へうつるもいかほどといふ事をしらず、これによりて或は浦賀中川にて酒樽を改めなんといふ御制度は出したり。これ又東西之勢を位よくせん之術にして、ただ米の潰れなんとていとふのみにあらず侍る也。関東にて酒をつくり出すべき旨被仰出候も、是また関西之酒を改めたば酒価騰貴せんが為なりけり（岩波文庫版、一一一ページ）

すなわち、酒造政策が単に米の消費抑制という面からではなくて、上方より年々七、八〇万樽の下り酒の入津によって生ずる、江戸の上方に対する借越勘定を最小限度にとどめることにあった。そのために、上方よりの入津樽の流通規制を浦賀番所において行ない、またとくにその半ば近くを占める新興酒造地＝灘酒造業への統制強化を行なった。他方、下り酒に代って関八州領内での酒造業の奨励にも力をいれ、寛政二年にはすでに「御免関東上酒販売所」を江戸に設けている。要するに、これらの諸政策は結局のところ、金銀が江戸より上方へ移動するのをおさえ、江戸と上方との経済発展の不均等を是正することにあった。それが、寛政改革の理想とするところであった。

以上のような寛政改革の一環として、酒造政策については反動政策がとられた。宝暦四年の勝手造り令を契機として台頭した灘目・今津は、そのため一時挫折を余儀なくされ、江戸入津樽数の面で、また酒造株に対する冥加金の賦課という面で、他の諸郷と明らかに差別された。しかし、今津・灘目の在方酒造業が、再度勝手造りの競争期を迎えて、飛躍発展してゆくのが文化・文政期である。

2　文化・文政期の発展と摂泉十二郷内部の対立

勝手造り令下の酒造状況

寛政改革の過程で、一時的挫折をきたした灘酒造業も、寛政五年（一七九三）七月に松平定信が老中職を辞任するにおよんで、減醸令も遂次緩和されていった。また、下り酒十一ケ国制も撤廃された。しかし一紙送り状の制度だけは、その後も継続され、浦賀番所における請印制は引きつがれていった。やがて近世を通じて最高の江戸入津高を記録する文化・文政期の発展期を迎えるのである。

文化期にはいって諸国に豊作がつづき、米価下落の徴候をみせはじめた。再びかつての享保期以降と同じ米価下落の事態を再現したわけである。そこで幕府はただちに米価引上げ策として、文化元年に買上米・籾囲い・廻米限度を実施し、同三年には大坂で買米令を布達した。町人学者草間伊助は『三貨図彙』のなかで、「米価下落につき諸侯方金融の取入れ数なく、これによって借財融通算用など皆不勝手になり、拠なく国内底を払って米穀を売出す」と記している。

そこで幕府は文化三年（一八〇六）九月には、次のように酒造勝手造り令を発令したのである。

一近年米価下直にて、世上一同難儀之趣に相聞え候、右体米穀沢山之時節に付、諸国酒造人共は不及申、休株之者其外是迄渡世に不仕ものにても勝手次第酒造渡世可致候、勿論酒造高是迄之定高に拘はらず仕入相稼可申候、右之通御料・私領・寺社領共、不洩様可被触者也、

九月

右之趣可被相触候、

（『日本財政経済史料』第二巻、一三五六頁）

つまり、「近年米価下直にて、世上一同難儀」しており、かつ「米穀沢山の時節」であるという理由で、酒造勝手造り令が出され、休株・新規営業の者にまで酒造業を自由に認めるに至った。宝暦四年以来再度の造石奨励策であった。ここにおいて、せっかく天明八年に株改めされた酒造体制が動揺し、酒造仲間同士の競争が激化して、以来文化・文政期にかけて灘酒造業が飛躍的な発展を迎えるに至るのである。

ここで天明五年につづく今津村南組の酒造業展開の状況をみてみよう。いま文化二年の「酒造実石請書連印帳」（今津酒造組合文書）によって、酒造株所持状況を示すと、第20表のとおりである。

酒造株札は全部で二九枚、酒造家二〇人であり、天明五には酒造家二〇人、株札二五枚であった（一一五ページ第17表参照）のと比較して、酒造株札の増加がみられた。また天明八年の請株高に対しての株高の増減が許可され、天明八年の請株高合計二万三二二二石余に対して、二万七八八三石に株高が増石されている。つまり株札二九枚のうち一七枚が四六六〇石余の増石をうけている。これは、文化初年の米価下落を前にして、幕府が米価引上げ策としてとった処置であり、そのまま二年のちの文化三年の勝手造り令へうけつがれてゆく政策であった。

ここで注目すべきは、西宮郷との対比である。西宮においても文化元年に天明八年の株改めと現実の酒造石高との懸隔修正がなされたが、このとき酒造家三六人・株数四四軒で合計五万四二〇〇石の株高に修正され、天明八年の請株高より約一万石の減石となっていることである。今津村が約五千石近くの増石をしている情勢と対照的である。また米屋与右衛門と木綿屋吉左衛門の一六三四石余の株札にみられるように、一枚の株札に二名連記の特異な事例も存在していた。株の分株が認められなくなったこの段階での、共同経営のあり方を示しているものといえる。

所持株高の最高は小豆嶋屋才右衛門で、新たに一三〇九石余を増石して、酒造株札四枚で五五八〇石の請高となっている。以下米屋・木綿屋・銭屋・大坂屋などの酒造経営が集中し、このかぎりで天明期とはさしたる大きな変動はみられない。なお今津村南組では、この年（文化二年）大坂屋文次郎が庄屋役をつとめ、米屋宗次郎が年寄役となっ

第20表　今津郷（南組）における文化2年（1805）の酒造株高所持状況

酒造家名	天明8年改め高（石）	文化2年増減高（石）	新請高（石）
小豆嶋屋　才右衛門	1,466.6	+483.4	1,950
〃	1,438.1	+211.9	1,650
〃	304	+576	880
〃	1,062.1	+37.9	1,100
小豆嶋屋　源次郎	1,277.7	+22.3	1,300
〃	560	0	560
米屋　鉄蔵	1,303.6	0	1,303.6
〃	1,185.17	+314.8	1,500
米屋　吟次郎	934	0	934
米屋　杢太郎	858	-58	800
米屋　与右衛門	610	+390	1,000
米屋　宇之平	552.7	+247.3	800
〃	300	0	300
米屋　宗次郎	490.6	+609.4	1,100
〃	350	+200	550
米屋　善四郎	512.2	+687.8	1,200
米屋　与右衛門 木綿屋　吉左衛門	1,026.87	0	1,026.87
木綿屋　吉左衛門	1,634.65	0	1,634.65
清水屋　新四郎 〃　長右衛門	407	+293	700
銭屋　清右衛門	746.6	+53.4	800
〃	897	+203	1,100
木綿屋　伊左衛門	1,032.28	0	1,032.28
〃	678.6	0	678.6
大坂屋　文次郎	601.38	+98.6	700
大坂屋　長兵衛	1,230	0	1,230
大坂屋　三左衛門	817.2	0	817.2
米屋　吉郎兵衛	200	+200	400
倉屋　甚太夫	30	+90	120
〃　吉兵衛	716.24	0	716.24
合計	23,222.61	4,660.83	27,883.44

（史料）文化2年「酒造実石請書連印帳」（今津酒造組合文書）

ている。これら有力酒造家が村落支配においても、その力をましてきた証左といえよう。

さらに文政一二年（一八二九）の「古冥加銀酒造小前帳」（鷲尾家文書）によって、今津郷の酒造株高所持状況を示したのが、第21表である。この株高合計は二万四千石余で、さきの文化二年の状況とほとんど変わっていない。このことは、今津郷の酒造業発展が、むしろ宝暦四年令以後に他郷他村よりの酒造株の買入れを通して積極化し、その時期に激変期があって、天明八年の株改め以後は、さしたる変化もみられず、ただ内部の特定酒造家への酒造株の集中化が進行してゆくのにすぎなかった。すなわち米屋と小豆嶋屋の集中度がそれぞれ全体の四三・二パーセント、二二・八パーセントを占め、このとき大坂屋文次郎はこれら両家につぐものとして、株高一九三〇石（一二三〇石と七〇〇石の二株）のまま継続してきているのを知りうる。こうした意味では、実は文化・文政期の激動はむしろ灘目において顕著に展開していったといえる。

第21表　文政12年（1829）における今津郷（南組）の酒造株高所持状況

酒造人名	株　高(石)
米　屋　吉左衛門	4,953
〃　三九郎	3,450
〃　大助	1,000
〃　吉郎兵衛	400
〃　新兵衛	250
〃　与平治	500
小　計	10,553
小豆嶋屋　松三郎	3,600
〃　源左衛門	1,100
〃　瀬平	880
小　計	5,580
大坂屋　文次郎	1,930
小倉屋　善兵衛	1,826
中　屋　真三郎	800
鹿島屋　正造	934
加茂屋　安次郎	1,000
木綿屋　弥三兵衛	1,300
木　屋　与平治	500
合　計	24,423

（史料）文政12年「古冥加銀酒造株小前帳」（今津酒造組合文書）

そこで灘目のなかでも、その発展の中心である御影村における動向をみてみよう。前掲第18表は天明五年の株高と酒造石高を示したものであるが、その後四〇年を経過した文政八年（一八二五）の株高=酒造石高を表示したのが、第22表である。ここでまず注目されるのは、天明五年の一万八八四七石から三万七八九二石へと造石高が倍増している点である。灘酒造業が飛躍的発展をとげる文化・文政期の躍動ぶりを如実に示している。しかもそのなかで御影村の酒造家が圧倒的に嘉納治兵衛・治郎右衛門を中心とする嘉納家一族によって独占されていることである。その軒数は一九軒、酒造石高は全体の七三%を占めている。しかも材木屋孫七・孫一郎・利助の三軒も、ともに嘉納家の別家であって、これを合わせると御影村における酒造業は、圧倒的に嘉納家同族に集中していたことがわかる。

ここで灘目・今津・西宮・伊丹・摂泉十二郷と、これを除く他国九ヵ国からの江戸入津樽数の変遷を表示したのが、第23表である。さきの第16表（一一四ページ）の天明五年の入津総樽数七七万五千樽からみると、享和三年には九五万八千樽余となって約一・四倍の増加となっている。そのなかで今津は四万樽余から四万六千樽弱となって一・二倍となり、灘目は三〇万樽から四〇万樽となって約一・五倍、西宮は七万四千樽から一〇万五千樽と約一・五倍であるのに対し、伊丹では一一万樽から一八万二千樽にまで増加している。ここでとくに注目されるのは、わずか二〇年たらずの間で、伊丹が目覚ましい飛躍をなしとげ、また灘目も四二パーセントとその比率をましていることである。

ところが、文化三年の勝手造り令の発令後における入津総樽数をみると、まず文化末年にすでに総樽数が一〇〇万樽を超過していることに気づく。とくに文政四年（一八二一）の一二二万四千樽というのは、近世を通じての最高入津樽数であった。しかしこのような一般的な入津樽数の激増傾向にも、著しい変調がみられた。それは絶対数においても、この文化・文政期に西宮の入津樽数が急激に低下している事実であろう。また伊丹・今津も文化末年から文政初年にかけて一時低下をみせるが、文政末年には享和三年のラインにまで回復をみせている。今津の場合、前章の酒造株高の面においても、さしたる変動がみられなかったのと対応するものであろう。こうした江戸入津樽数のうえに現われた一般的な低下傾向ないし現状維持的な趨勢のなかで、比率においても絶対額においても上昇をみせているの

第22表　文政８年（1825）における御影村（西組）の酒造株高所持状況

酒造人名	株高(石)
嘉納屋 治兵衛	11,043
〃 治作	4,040
〃 彦右衛門	3,112
〃 治郎右衛門	3,100
〃 彦次郎	2,389
〃 治三郎	1,228
〃 彦四郎	954
〃 勝三郎	927
〃 久兵衛	900
〃 弥兵衛	700
〃 治郎太夫	422
小　計	28,815
伊勢屋 七右衛門	3,190
〃 嘉右衛門	1,405
材木屋 孫七	800
〃 孫一郎	700
〃 利助	682
薩摩屋 庄兵衛	700
沢田屋 重兵衛	800
七郎兵衛	800
小　計	9,077
合　計	37,892

（史料）文政８年「酒造石高名前帳」（神戸大学日本史研究室架蔵文書）

第 23 表　文化・文政期における江戸入津樽数の変化

地域	享和 3 年(1803)			文化 2 年(1805)		
	入津高(樽)	比率(%)	指数	入津高(樽)	比率(%)	指数
今津	45,734	4.8	126	51,345	5.3	142
灘目	403,287	42.1	150	417,541	43.4	155
西宮	104,371	10.9	153	102,243	10.6	150
伊丹	182,148	19.0	214	220,224	22.9	259
摂泉 12 郷	857,080	89.4	161	882,510	91.6	166
ほか 9 カ国	100,855	10.5	114	80,462	8.4	91
入津総計	957,935	99.9	142	962,972	100.0	143

地域	文化 14 年(1817)			文政 4 年(1821)		
	入津高(樽)	比率(%)	指数	入津高(樽)	比率(%)	指数
今津	23,507	2.3	65	38,984	3.3	107
灘目	517,149	51.0	192	681,103	57.2	253
西宮	69,026	6.8	101	80,601	6.8	118
伊丹	182,804	18.0	215	194,551	15.9	229
摂泉 12 郷	917,400	90.5	172	1,136,074	92.8	213
ほか 9 カ国	97,567	9.6	111	88,409	7.2	100
入津総計	1,014,967	100.1	150	1,224,483	100.0	181

地域	文政 11 年(1828)		
	入津高(樽)	比率(%)	指数
今津	48,349	4.4	133
灘目	613,466	54.1	228
西宮	86,380	7.8	127
伊丹	196,508	17.7	231
摂泉 12 郷	1,112,675	100.0	209
ほか 9 カ国			
入津総計			

(注) 指数は天明 4 年を 100 とした（第 19 表参照)。「入津総計」は下り酒 11 カ国分の総計である。

(史料) 享保 3 年・文化 2 年・文政 4 年は『灘酒沿革誌』180 〜 183 ページ、文化 14 年は「酒造並諸用書控」(白嘉納家文書)、文政 11 年は「4 ケ年郷別仕訳帳」(泉谷家文書) より作成が灘目である。文化一四年（一八一七）には、すでに入津総樽数の五割以上を占め、天明四年の二六万九千樽より文政四年には六八万一千樽へと、わずか四〇年たらずの間に二倍半という発展ぶりを示しているのである。このように、文化末年にかけての江戸積酒造業において、各郷別にみてその比重構成に大きな変化がみられたが、それはすべて灘目の進出、上昇発展にあった。灘目と一口にいっても上灘・下灘の両郷にわかれるが、その発展は実に上灘郷のそれにあったといえよう。

積留（つみどめ）・積控（つみびかえ）・減造の申合せ

文化・文政期に江戸入津総樽数が増大し、連年百万樽をこえる江戸入津総樽数は、それだけ江戸積酒造業の発展を物語るものではあるが、そこに入津樽数をめぐってさまざまの問題をひき起こした。それは、江戸市場が飽和状態となり、需要を上まわる供給過剰におちいって、必然的に酒価の暴落をもたらしたことである。

もちろん、文化三年の勝手造り令の発令は、江戸積酒造業者間で競争を激化させ、入津樽数の増大をもたらしてゆく。しかしそれが酒価を下落させてゆくとき、彼等は共倒れの危険から自らを守るために酒造仲間の結束を固め、彼等の自主規制の申合せがなされるようになる。それが各郷ごとで、またいくつかの酒造仲間のまとまりをみせ、ひいては十二郷にまで拡大されてゆく。しかも、江戸送り荷を調整する幕府側からの統制策の何等みられない勝手造り令のもとでは、生産地での荷主＝酒造家の自主規制の必要性が要求された。十二郷内部での競争が激しくなればなるほど、反面において仲間申合せが必要となってくる。この酒造仲間による自主規制が、積留・積控・減造とよばれるものであった。まず勝手造り令の発令に先だつ文化元年（一八〇四）九月に、西宮・今津・上灘・下灘の四郷酒造仲間が、次のような申合せをした。

仲間申合之事

一先達て一統及相談申合致置候処、其已来仲間中少々心得違致候事共も有之哉ニ及御聞被成候ニ付、此度堅取締之儀被仰聞承知仕、依之左ニ、

一酒造不引合ニ付、当九月上灘・下灘・今津并西宮四郷相談之上、当酒造高之内六歩目当ヲ以、造石拾石ニ付拾

三太宛送状御渡可被成、其余は送状御差出不被成候段被仰聞、御尤承知仕候、
一前文之通六歩積方堅相守候上は、此後買酒等一切仕間舗事
但シ懇意之方より縦造酒ハ勿論、買酒等江戸積被相頼候共、決て世話致間舗事
一無株之者江戸下酒仕候様之儀及見聞候ハヽ、早速御行司方へ相届可申候、右之趣此度一統申合取締仕候上、心得違仕相背候儀有之候ハヽ、酒荷物江戸積合御除キ被成候儀は勿論、其上如何様之御仕方御執斗被成候共、其時一言之申分無御座候事
右之条々仲間一統堅申合急度相守候ニ付、銘々共承知印形、依て如件、
文化元甲子年十二月

小西屋甚兵衛
幼少ニ付代判
厚五郎 ㊞

大行事御衆中

（以下略）
（『西宮市史』第五巻、三八一―三八三頁）

すなわち、この申合せの要点は、⑴当時酒造不景気のため、酒造石高は酒造株高の六〇パーセントとし、江戸送り状を酒造石高一〇石につき一三駄（二六樽）の割で交付する、⑵無株のものを仲間において取締り、無株酒造家で江戸積をはかるものがあれば、仲間規制によってこれを積合仲間から排除する、この二点である。勝手造り令に対して、江戸積酒造家仲間の営業特権を確認し、酒造株に江戸積株という限定を付加している点が注目される。

さらに、文化七年（一八一〇）には、池田・兵庫の両郷を加えた六郷酒造仲間が、自主的に積留・減造を申し合わせた。それは各郷の酒造行司立合いのうえ、一紙送り状に六角形の裏判を押すことにし、この裏判のない酒荷は積問屋（樽廻船問屋）で引受けてはならない旨を取極め、このことを大坂・西宮両樽廻船問屋へも申し渡したのであった。

申合覚

一江戸酒相庭之儀追々下落、此節ニ至リ案外成行相互心痛不少、日夜打寄相談之上取締リ左之通、

五月朔日ゟ積留り

六月十四日迄休

六月十五日ゟ積口明

七月十四日迄仕建

七月十五日ゟ積留り

八月十四日迄休

但し右積留中残太数相調ハ積切日限相定可申事

八月十五日ゟ積口明

当午年酒造寒三十日限定

但し勝手ニ付進退前後十五日宛之儀ハ及相談候間、惣参会之節可被申出候

一買酒積下シ之義、是迄郷々申合候而急度不相成候義ニ候処、又々此度相改申堅メ候、江戸表ハ勿論浦賀たリ共甑三十日造荷物之外、買酒積下シ之義ハ決而相成不申候、以後申合相破買酒積下シ候仁有之候得者、其積荷物不残積取勝手ニ売掛仲間入用ニ可致事

一申合積留中者、縦令手酒荷物ニ而茂秡（抜）積荷候へ者、買酒同様取斗可致事

一甑并室郷違ニ相改封印尚又再改可致事、右改合之節本人可致出勤、代人差出候義ハ相成不申候事

一荷物積方之義相互ニ我意不申立、多分之了簡ニ随ひ可相成丈融通可致事

一古酒積切治定之義ハ、江戸表酒相庭成行ニ随ひ、追而惣参会評義（議）之上相極メ可申事

一何連之郷ゟ参会相催候共、郷々村々ゟ一両人宛本人出席可致事

一家別送り状之義ハ郷々裏印押合、其雛形江戸表へ差下し、右裏印不足之送リ状ニ而積下リ候荷物、決而請払不

被致候様、問屋中江懸合置、自然心得違ニ而請払被致候問屋有之候得ハ、申合郷中ゟ右問屋へハ決而荷物送リ方致間敷事

一江戸積送リ状之義、不造蔵并地買・大坂売等之荷物ニハ決而相渡不申候事

右之通堅申合候上者、自然意変之方在之候得ハ、仲間評義（議）之上永代荷物積合相除可申事、依而一統承知印形如件、

文化七午年五月

上灘酒家中 ㊞
下灘酒家中 ㊞
兵庫酒家中 ㊞
今津酒家中 ㊞
西宮酒家中 ㊞

（『灘酒経済史料集成』下巻、一九八―一九九頁）

この申合せにつき御影酒家中で承認するに際し、「右＝近年酒造家不引合之所、当年別而酒相庭大下落仕候、此侭ニてハ相続難相成候ニ付、村々大行事衆中御苦労ニ預リ、書面之通取締被下、恭承知仕候、聊心得違無之様急度相守可申候」と確認し、酒価下落による酒造不振の深刻な現実を訴えている。

この積留の申合せは、前記史料では上灘・下灘・兵庫・今津・西宮の五郷であるが、のちに池田郷が加わって六郷申合せとなった。この申合せの取りまとめに活躍した西宮の酒造行司の四井久兵衛は、彼の「覚之事」（四井家文書）という表題のついた日誌の一一月のなかで、次のように述べている。

一当春夏、江戸酒相庭至て不位、西宮・灘目物四両ヨリ六七両ならて買不申、前代未聞之直段大難渋之年柄、誠ニ此侭ニ成行ハ酒造家退転すへき形勢ニ付、六ケ郷厳重堅ク申合、当年造日数三十日ニ限、再余聊モ造るましくと精々申合、郷々為取替之証文連印等いたし、猶酛入甑仕舞ハ勿論、添日限最初ヨリ申堅メ、郷々入違ニ成

改合、申堅メニ背タル輩誡ニ積合ヲ除キ、永ク仲間タルヘカラザル事、（以下略）
所謂六郷ハ△池田△今津△西宮△上灘△下灘△兵庫、此六ヶ所也、伊丹其外で近年破談ニテ未熟故、今度之申合ニ洩タリ、近年酒家不合打続難渋必至故ニや、自然ト申合熟して甚厳重之事共ニテ、是又珍らしき一つ也
（『西宮市史』第五巻、七四七—七四八頁）

すなわち西宮・灘目の酒が、ふつうで一〇駄につき一五両から二〇両位の相場のものが、この時期に四両から六、七両にまで暴落し、「前代未聞之直段」で、「酒造家退転すべき」状態であると、その窮状を訴えている。ところが、御影村の嘉納家同族六軒をはじめとする一三軒の酒造家が、前述の六郷仲間申合せに違反して、裏判のない一紙送り状で積荷しようとして発覚し、そのため六郷仲間では、規約にしたがって右一三軒を除名するとともに、積問屋に働きかけてその積出し酒荷を廻船へ積入れない旨を、申立てているのである。そのため、積問屋が右一三軒の酒造家の酒荷積入れを拒否したため、逆に右一三軒が積問屋を相手どって提訴に及んでいるのである。その中心人物たる嘉納家では、すでに同治兵衛は文化一〇年代には一〇蔵を稼働して一万駄以上を江戸積し、同治郎右衛門は文政末年に八蔵を稼働して酒造石高一万石を越える灘五郷きっての大経営に発展していた。その結末は、幕府が勝手造り令を発令しているときに、幕府の政策意図に相反して、酒造仲間で私法の積留・積控・減造を申し合わせることは許されぬこととして、六郷酒造仲間行司の却下となって結着している。

勝手造り令によって、競争契機が導入され、江戸積酒造業者のなかで、飛躍的発展をしようとする一三軒と、市場条件よりの制約で量的増大をはかるよりは、現時点での妥協をはかろうとする六郷仲間との分裂・対立が表面化してきているところに、深刻な問題をはらんでいた。それはこの期に飛躍的発展を示す灘目のなかでの有力な酒造家たる御影村の嘉納家同族と、江戸入津樽数のうえでも請株のうえでも減少傾向にあった西宮郷（その酒造行司たる四井屋久兵衛）との経営差のうちに、はっきりとあらわれていた。

文政九年の吹田屋一件と上灘郷の分裂

しかし、酒造仲間による自主規制の申合せも、ついに文政九年（一八二六）に至って頂点に達した。それがいわゆ

る「吹田屋一件」とよばれる未曾有の大事件である。

事件の発端は、文政七年に、大坂三郷酒造大行司としての地位を利用して、十二郷の触頭である吹田屋与三兵衛が、各郷酒造家の連合組織を動かして、積控・減造を申合せたことにあった。吹田屋酒価は、下落の原因が販路を江戸に限定したこと、荷主＝酒造家が小利にまどい大局的な見地から問屋に対する団結力に欠けていること、の二点にあると考え、したがってこの際、問屋に対する荷主側の団結を呼びかけたのである。そこで文政七年七月の十二郷参会において、次のような減造申合せがなされた。

一　酒相庭不引合年々打続、銘々相続無覚束、種々相談之上、取締左之通
一　当申年造・巳年造江戸入津高見詰を以七分五厘造り立候事　但し伊丹郷之儀は、千石に付、七百五十駄之割、
一　右郷別、割付駄数此送り状、追而雛形相極、仲間立会之上調印割渡可申事
一　右荷物郷々積方之義は、江戸表正明請払員数、問屋中へ申遣候外、譬一樽たりとも送状極高之外、一切積方不相成候、若心得違にて、割付当り前之外、積方致し候荷主有之候はゝ、其荷物請払不致為積登、仲間評議之上、諸雑費手当に売払可申事
一　当酒酛入日限組合一統、来十月二十五日より勝手に取掛り可申事　但し伊丹郷之儀は、十月十日より勝手酛入之事
一　組合内江戸積并地売取受、是迄酒造致来候分は江戸積同様十月二十五日酛入之事　但し江戸積不致地売計之分、組合之外に付、酛入頓着不及候事
一　当新酒番船出帆之儀、郷々一同酒揚出来揃之上、日限相極可申事
一　追而相極候仲間送状之外、若心得違之荷物積入候廻船有之候はゝ、其船は勿論、積問屋以来仲間一統積合不致事
一　当組合仲間より紀州・播州・丹州・河州・城州、是等へ出造致候族、并に国違之送状を以、積方致候仁有之義及聞候はゝ、其酒造人仲間一統評議におよひ、永代積合相除候事

一　江戸酒問屋之内、此度相極候仲間送り状之外、荷物引請候分有之候はゝ、其問屋は譬名前替並外方へ其株譲り候共、仲間荷物永代送方致間敷候事
右之通仲間一統申堅候上は、心得違無之様、正路に相守可申候、萬一相背候仁有之候はゝ、評議之上永代積合相除可申候、依而連判如件、

（『灘酒沿革誌』二三〇―二三一頁）

これを要約すると、（一）文政四年の江戸入津量を各郷送り荷駄数割賦の基準とし、江戸送り荷総駄数を文政四年の七五パーセントとすること、（二）これに応じて仕込期間を短縮し、一紙送り状に「十二郷積合」という極印と各郷酒造大行司の証印を押すこと、（三）紀伊・播磨・丹波・河内などの出造り酒造家の分および国違い送り状による分の江戸積を禁止する、（四）この仲間申合せの送り状以外の荷物を引受けた江戸酒問屋には、今後荷主が一致して送り荷を停止する、などが盟約された。

これが単なる六郷酒造仲間の申合せではなくて、十二郷申合せとして地域的な拡がりをもってきた点と、酒造株に対する減造申合せではなく、現実の江戸入津駄数の実績によって減醸規制を申し合わせている点で、さきの文化七年の四井久兵衛らの主導による六郷仲間申合せとは、根本的な違いを示していた。四井久兵衛らの酒造株＝過去の営業特権に依存するのではなく、あくまで現実の実績＝入津樽数を基準に積荷規制と減造申合せがなされている点で、発展しつづけてゆく灘目と他郷との協調がはかられていた。事実このような申合せ効果はてきめんで、米価がそんなに騰貴しないにもかかわらず、酒価は一五、六両より二二、三両にまで騰貴した。

こうした私法による不当な酒価の釣上げに対して、幕府は黙視し得ず、文政九年七月に至って調査にのりだした。その理由は、勝手造りの幕府の政策基調に相反し、〆売（しめうり）類似の仕法である、という点にあった。そこで西宮・兵庫・下灘・上灘・今津・池田・伊丹の七郷酒造行司と大坂三郷大行司吹田屋とが逮捕され、直接弾圧にのりだした。その結果、前記七郷酒造行司に対しては、酒造行司差留め、過料一〇貫文が申しつけられ、またその発頭人であるということで吹田屋与三兵衛は死罪という厳罰を申しつけられた。やがて吹田屋は牢死して事件は落着をみた

のである。

文政七年の吹田屋の主導のもとに、文政四年の江戸入津樽数の七五パーセントとする減造申合せに対して、文政九年には幕府は断固たる態度をもって十二郷仲間の私法的な規制に弾圧を加えた。しかし、その前年の文政八年には、すでに幕府は態勢的に膨脹した酒造業の掌握にのりだしている。すなわち、文化三年以来踏襲してきた酒造勝手造り令を撤回し、無株営業人の酒造を禁止した。そしてその翌年が吹田屋一件の処分につながってゆくのである。

一方、酒造仲間内部においても、灘目が独走体制をつづけてゆくなかで、競争と分裂が進行しつつあった。吹田屋一件の二年あとの文政一一年（一八二八）には、上灘・下灘の二郷に分かれていた灘目が、さらに上灘郷内部の利害の対立のなかで、東組（中心―魚崎村）・中組（中心―御影村）・西組（中心―大石・新在家両村）の三郷に分裂するに至った。いわゆる灘目四郷の成立である。これに今津郷を加えて、近世における灘五郷が構成されるに至った。

そのきっかけは、文政一一年の酒造に際し、上灘・下灘・西宮・今津の四郷の間で種々協議した結果、酛始めは一一月朔日、掛始めは十二月朔日とする、という申合せに対し、上灘郷のなかの御影・東明両村が反対し、ここに甑日限（酒造仕込日数）をめぐって対立した。それは、競争契機を仲間申合せによって規制しようとする諸村と、あくまでそれに反対する御影・東明両村との対立であった。

何分こと御影・東明弐ケ村ヲ只難儀ニ相成様之工風斗集会致し、二月五日大坂集合之上諸郷へ為聞、御影・東明之西波（制覇）ヲ潰し腹いせに、上灘郷も全ク大郷之事故三ツ別レ、青木・魚崎・呉田三ケ村東組ト唱へ、御影・石屋・東明・八幡ヲ中組ト唱へ、新在家・大石西組ト唱へ、何れ三ツ別レ此席ゟ江戸へ文通可致ト被申募…（略）…

（「甑日限申合一件」本嘉納家文書）

ここに上灘が東組・中組・西組の三組（郷）に分裂したのである。このように不均衡に発展した江戸積酒造仲間を十二郷の酒造体制のなかへ再編成してゆかなければならない必要性をはらみながら、やがて天保期を迎えるに至るのである。

3　天保三年の新規株交付と天保改革

天保三年「辰年御免株」の設定

文化三年の勝手造り令を契機に、江戸積酒造業は目ざましい発展をとげた。文化・文政期に毎年江戸入津樽数は一〇〇万樽をこえ、近世を通じての最高を記録した。摂泉十二郷のなかで灘目が五割以上の入津高を占め、それに今津を加えて六割を上まわっていた。当然そこに内部的に矛盾対立が激化し、新旧株仲間の対立、灘五郷とほか九郷との利害の激突、加うるに荷主＝酒造仲間と江戸下り酒問屋との抗争などがみられた。前述のように、上灘が東・中・西の三組に分裂してゆくのも、文政末年のことである。江戸積酒造業がここで再び体制的な建直しをしなければならないほど、事態は深刻化していた。その建直しが天保三年の新規株の交付であり、それは幕府の上からの政策として権力の発動をみたのである。

天保三年の新規株は、その年が辰年にあたるところより、「辰年御免株」とよばれた。すなわち文政末年以降に幕府の減醸令が発令されるに及んで、灘目・今津では株高と実醸高との間に再び約一五万石の懸隔を生じたため、文政一一年（一八二八）の酒造石高を調査し、その株高を超過した分に対して新規株の交付を願い出たのである。

乍恐口上　　　　　　　　　辻富次郎殿御代官所
　　　　　　　　　　　　　　摂州菟原郡八部郡村々
　　　　　　　　　　　　　　　酒造大行司共

一御支配御代官所江（ゟカ）私共村々酒造人共江酒造新株願立候始末御尋ニ付、乍恐左ニ奉申上候、此段私共村々之儀者酒造稼専之場所ニ御座候処、前々ゟ大造之酒造致来候処、文化之度酒造之儀無株たり共勝手造被仰出候、已来別而新蔵相増、其上無株之者共迄追々酒造致候故、近年造方相増申候、（中略）

今般御代官様酒造取締として御廻村之上、私共酒造実石高御取調被為成、酒造人共無株ニて酒造蔵所持之もの、并酒造蔵不相当之株石無数ニて造り方難渋仕候者共へハ、格別之御仁恵を以新規酒造株御免被為成候間、一同実意ヲ以実石高取調可願出候様、厚御利解被為仰渡候ニ付、一同御仁恵之趣意有難奉存、酒造行司・村役人共立会酒造人手元相調、銘々所持之酒造蔵相当之酒造贈石（増）奉願上候義ニ御座候、則別紙御取調被仰出候御趣意之趣奉御高覧入候、此上者何卒酒造贈（増）株御免被為成下、年々造り高不正之義無之様厳重ニ御取締被為成下候ハヽ、酒造渡世永続仕候義と御仁恵之段一同有難奉存候、右之趣御尋ニ（付）乍恐書付ヲ以、此段奉申上候、以上

天保三年

辰三月六日

菟原郡青木村

酒造大行司

市郎兵衛

代利右衛門

御奉行様

（以下略）

（『灘酒経済史料集成』上巻、三二一―三二二頁）

しかし、この灘目酒造人による新規株の交付願いに対し、摂泉十二郷のうちのほか九郷は強く反対し、その主唱者はとくに西宮郷の酒造家であった。

一此度菟原郡・八部郡村々酒造人共新規酒造株願立候ニ付、私共御召被為成、差障リ之有無御尋ニ付、乍恐左ニ奉申上候、

一灘目酒造人共義ハ、元来余分之酒造株所持仕候哉、近年村々酒造蔵立贈（増）、大造之酒造仕候ニ付、私共渡世自然と手狭ニ相成、尚又此度右新株相増候而者、私共渡世甚差構ニ相成申候、尤江戸積之分者外郷之差構ニ相成不申様、年々株高拾石ニ付六駄程之見詰ヲ以積方仕候趣、達御聞候段被仰聞奉承知候、併江戸積之分而已

右様之仕方ニ候而も、其余多分之造酒之儀者地売・他国売ニ相成、私共渡世必至と相狭雑混至極仕候、猶又灘郷之者共江戸積見詰之外者不仕酒造儀ニ候ハヽ、此度之願立候新株者年々不用ニ相成申候、左候へ者往年御減石被為仰出候節、手支仕ズ候様之手当テ哉、此儀乍恐御趣意にも相背候様ニ奉存候、何分旧来之御株頂戴仕罷在候者共、郷別一同雑混仕儀ニ御座候間、何卒格別之御仁恵ヲ以新規願立候儀不相成様被為成下、在来通り仰被付被下置候ハヽ、広太之御慈悲難有仕合ニ奉存候、以上

天保三年

辰三月十六日

三郷酒造家

大行事㊞

外七郷酒造家

大行事㊞

御奉行様

(『灘酒経済史料集成』上巻、三二三―三二四頁)

このほか九郷の反対点をまとめると、次のとおりである。

(一) 今度の新規株の交付は、灘目・今津が自発的に願い出たものではないか。

(二) 灘五郷酒造人は余分の酒造株を所持して、近年村々で酒蔵を建増し、「大造の酒造」を行なっているのではないか。

(三) 江戸積分については「年々株高十石に付六駄」の割合を基準とするということであるが、その余分の分については地売り、他国売りに進出するのではないか。

(四) 江戸積以外の酒造はしないとすれば、このたび願い出た新規株は年々不用になってゆくのではないか。

これに対し、今津・上灘・下灘の三郷は、次のように回答している。

乍恐口上

一三郷并外七郷酒造大行司共ゟ此度私共両郡酒造株御免之義ニ付差障り候趣意、右大行司奉差上候書付御下ケ被成下、有難乍恐始末左ニ奉申上候、

一新規酒造株願立候旨申立候、

此義酒造人共ゟ新規願上候訳ニて者無御座候、江戸表ゟ御下知由ニて、御支配御代官所ゟ御調上御免被為仰出候義ニ御座候、

一灘目酒造人共者元来余分之酒造株所持仕候哉、近年村々追々酒造蔵建増、大造酒造仕候旨申立候、

此儀者先年勝手造りニ被仰出候ニ付、酒造蔵建増候得共、株造被仰出候後者、株高相守り罷在候義ニ御座候、

一江戸積分者外郷差構ニ相成不申候様、年々株高拾石ニ付六駄程之見詰ヲ以積方仕候趣、併江戸積之分而已右様之仕法候共、其余多分之造酒者地売・他国売ニ相成抔と申立候、

此儀株高拾石ニ付六駄程ニ限候義ニてハ毛頭無御座候、年之豊凶且江戸表捌ニ応し造り立、則年々造酒之分重ニ江戸積仕、地売・他国売等誠ニ聊シ之義ニ付、三郷其外他郷之差支ニハ決而無之事ニ御座候、

一灘郷者共江戸積見詰之外、酒造不仕候義ニ候ハヽ、此度願立之新株者年々不用相成候旨申立候、

此義酒造株所持之外、勝手造り御免之節造り来候酒造分、此度御免酒株相用候義ニて、全不用相成候義ニてハ無御座候、勿論減石造り被仰出候節之手当ニ仕訳ニてハ無御座候、

右之通相違不奉申上候、右大行司共手狭相成候様申立候得共、元来酒造江戸積儀者増減石抱り不申、縦令入津駄数減少たり共、出来方あしく候得者、江戸表ニて売捌不申候、依而酒造人共励合精々上酒造り立候義肝要ニ御座候所、右大行司共差障申立及示談候得共、取敢《ママ》不申歎ケ敷奉存候、全私共郷村々ニて此度酒造株御免相成候共、外郷別差支相成候義ニ無御座候間、右始末御堅察被成下、彼是故障不申上、乍恐御利解被為仰付被成下候得者、広太御仁恵有難奉存候、以上

(天保三年三月)

今津組
上灘組
下灘組

(『灘酒経済史料集成』上巻、三二五—三二六頁)

つまりこれを要約すると、次の四点である。

(一) 新規株はわれわれから願い出たものではなく、江戸表からの命令で代官所より調査があり、その上で許可されたものである。

(二) 先年勝手造りの時に酒造蔵の建増しを行なったが、減醸令発令後は規定通りの酒造をしている。

(三)「株高十石に付六駄」に限定したわけではなく、米作の豊凶や市況に応じて酒造を行ない、地売り・他国売りの既得市場を妨げることはしない。

(四) 勝手造りのときの増加分がこのたびの新規株であるから、この株が不用になることはなく、またあらかじめ減醸令のときの用意に交付を受けたものでもない。

このような紛争のあと、結局幕府によって新規株が交付され、灘五郷の主張が認められた。しかしほか九郷はとくに灘五郷に対して、(一) 今後は決して皆造（株高一杯の造り）しないこと、(二) 大坂三郷を触頭とする十二郷の申合せに従うこと、(三)「株高一〇石につき六駄」という各郷の積高の原則を守ること、の三点を確認したのである。

新規株をめぐる灘五郷と他九郷の対立

さて天保三年の新規株の増株によって、十二郷仲間内部における酒造株高の調整は、いかなる結果をもたらしたであろうか。いま文化・文政期以前の享和三年（一八〇三）と天保三年の両時点において、十二郷内部の株高の変遷を表示したのが、第24表である。

まず古株高においては、文化・文政期の競争激動期を反映し、灘目四組が約六万石の増石となり、享保三年より一倍半の増加率を占めるなかで、今津二千石、西宮は一万石の減石となっている。そして灘五郷の新規株一五万石余の

第24表　摂泉十二郷の酒造株の変遷

郷　　名	享和3年(1803) 株　高(石)	享和3年(1803) 軒　数(軒)	天保3年(1832) 株　高(石)	天保3年(1832) 軒　数(軒)	天保3年(1832) 新　規 株高(石)
上　　灘					
東組			56,781	57	36,321
中組	183,561	155	102,088	58	58,037
西組			83,343	70	22,200
下　　灘	42,726	33	41,686	44	15,880
今　　津	25,327	27	23,873	28	21,910
小　　計	251,614	215	307,771	257	154,348
西　　宮	63,900	43	54,200	43	
伊　　丹	68,906	68	106,758	85	
池　　田	23,201	22	28,305	25	
北　　在	19,961	32	20,362	30	
兵　　庫	19,375	32	19,375	27	
尼　　崎	12,468	16	4,767	9	
伝　　法	8,496	6	12,904	12	
大坂三郷	172,795	不明	(142,948)	不明	
堺	35,228	68	41,992	79	
小　　計	424,330	(287)	431,611	(310)	
合　　計	675,944		739,382		

（史料）享和3年「摂州泉州拾弐郷酒造株石高控」、天保3年「諸郷酒株仕訳ケ覚」(以上いずれも四井家文書)より作成。ただし大坂・堺は他の史料により補足した。

増株分と古株分を合計すれば、十二郷平均では享和三年の一・二七倍の株高増大を示すなかで、灘五郷は一・八三倍となり、そのなかでも御影を含む上灘中組の二・五倍を筆頭に、魚崎を含む東組が二・一九倍という増加率となっている。それに対し、ほか九郷では灘五郷の増加率平均一・八三倍には及ばないとしても、伊丹の一・五四倍、伝法の一・五一倍は注目されよう。そして西宮は一時的にこの文化・文政期には隣接灘五郷発展のために敗退し、新規株交付に反対した西宮の立場が理解される。以後幕末にかけて、西宮の起死回生を期しての灘五郷との競争が激烈をきわめてゆくのである。

かくて、灘五郷とほか九郷の株高は、享和三年において二五万石対四二万石余であったのに対し、天保三年は新規株を含めると灘五郷四六万石対ほか九郷四二万石となる。これは文化・文政期の灘五郷の飛躍的発展を物語るものであると同時に、それによって生じた十二郷内部の株高を調整したのが、この天保三年の改正仕法実施の趣旨であった。

しかし、天保三年の株改めの意義は、単なる株高と酒造石高との調整ではなしに、株高による灘五郷とほか九郷との調整であり、それは入津高を規制するための株改めであったといえる。ここで前述の「株高十石につき六駄」という新規株交付に際しての十二郷申合せの意義について考えてみよう。

第25表は、株高一〇石に対する江戸積高の割合（株割）を表示したものである。これによると、享和三年における株割は、伊丹・池田が一一駄・九駄で、今津・灘目の九駄・八駄を上まわっている。ところが文政一〇年よりの四カ年平均高では、逆に今津・灘目が伊丹・池田を凌駕していた。この灘五郷とほか九郷との不均衡を調整して、灘五郷五・〇四駄、ほか九郷四・二四駄、平均四・六駄という天保三年の「各郷平等」の積方仕法にのっとって、株高と江戸積高との調節をはかったのが、辰年御免株交付の事情であった。

しかもほか九郷の平均四・二四駄のうち、伊丹六・九三駄、西宮六駄の株割となって、逆に灘五郷の五・〇四駄をはるかに上まわり、伊丹・西宮には有利な株割算定方式となっている。すなわちこれまでのように、その三分の一造りといった形で造石高が株高を基準に決定されるのではなしに、文政一〇年よりの四カ年平均入津高（四〇万駄）を基準としてまず江戸積高が決まり、それに応じて実際の酒造石高が決定され、株高と江戸積高の「株割」が問題となっている。従来の「株高百石につき酒造石高何石」というのではなしに、「株一〇石につき何駄」と江戸積高が問題になっている点に注目しよう。十二郷申合せによる株割によって入津高が規制され、酒造石高が決定されるという事情は、酒造株のもつ営業特権としての株高はその実効性を失ないつつあることを示しているのである。

新規株の請高状況

天保三年の灘五郷に限って交付された新規株のうち、今津郷の場合についてみてみよう。いまその新規株を請株した酒造家とその株高およびその後の移動状況を表示したのが第26表である。今津村北組では請株酒造家二人で株高一〇五〇石であるが、南組の場合は二万二一六〇石が一八人の酒造家に交付された。かつて灘目にかぎって交付された籾買入株が一蔵一株の原則にそって認められたのに反し、辰年御免株とよばれたこの新規株は、一人一株や一蔵一株の株札交付に拘束されていなかった点に特徴がみられた。すなわち、一蔵の酒造石高を一株でも二株あるいはそれ以上をもってでも表示することができたし、また古株に付加して元株高と実際の酒造石高との差額に対し一株として請

第 25 表　摂泉十二郷における酒造株高と江戸積高の割合比較

郷名	享和 3 年(1803)			文政 10 年(1805) より天保元年(1829) まで　4 カ年平均高		
	酒造株高 (石)	江戸積高 (駄)	株割(株 10 石に付) (駄)	酒造株高 (石)	江戸積高 (駄)	株割(株 10 石に付) (駄)
今津	25,327	22,867	9.02	23,875	26,759	11.20
灘目	226,288	189,506	8.37	273,943	267,245	9.75
計	251,615	212,373	8.44	297,818	294,004	9.87
西宮	63,900	52,185	8.16	54,200	42,114	7.77
伊丹	68,906	81,074	11.76	105,258	94,006	8.96
池田	23,201	21,591	9.30	28,305	18,542	6.55
北在	19,961	12,511	6.26	20,362	10,881	5.34
兵庫	19,375	11,737	6.05	19,375	5,099	2.60
伝法	8,496	3,048	3.58	12,904	265,549	20.57
尼崎	12,468	6,200	3.30	4,767	1,578	3.31
大坂	172,795	12,645	0.73	129,805	28,953	2.23
堺	35,228	4,776	1.35	41,992	891	0.19
計	424,330	205,767	4.84	416,968	467,613	5.48
合計	675,945	418,140	6.18	714,786	761,617	7.31

郷名	天保 3 年(1832)		
	酒造株高 (石)	江戸積高 (駄)	株割(株 10 石に付) (駄)
今津	45,785	20,684	4.51
灘目	405,759	206,916	5.09
計	451,544	227,600	5.04
西宮	54,200	32,562	6.00
伊丹	105,258	72,975	6.93
池田	28,305	14,333	5.06
北在	20,362	8,411	4.13
兵庫	19,375	3,942	2.00
伝法	12,904	20,522	15.90
尼崎	4,767	1,210	2.55
大坂	129,805	22,381	1.72
堺	41,992	688	0.16
計	416,968	177,024	4.24
合計	868,512	404,624	4.65

(史料) 享保 3 年「摂州泉州十二郷酒造株石高控」(四井家文書)、寛政 5 年「酒造並諸用書控」(白嘉納家文書)、天保 5 年「摂泉十二郷酒造株高控留」(御影酒造組合文書) より作成

株することもできた。ここではもはやこれまでのように、一蔵＝一株でもって貫ぬくことのできなくなってきている現実の酒造業の発展に注意する必要があろう。

具体的にいえば、第26表では、最高が一株一〇〇〇石で最低は二〇〇石、一般的には五〇〇石以下の株札が多く、最高の三五〇〇石の新規株を請株した米屋善四郎・同ことは、それぞれ五枚の株札をうけている。また二〇〇〇石を請株している小倉屋喜兵衛の場合、請株札は六枚となっている。大坂屋文次郎は四七〇石・三五〇石・二五〇石の三株で計一〇七〇石の新規株を請株し、それに従来までの免定株一二三〇石・七〇〇石の二枚を合わせて計三〇〇〇石の酒造株高となっている。それにともなう冥加銀は、今津郷では籾買入株の交付がなかったので、元株は御免定株で一枚につき銀三六匁であり、大坂屋の場合、一九三〇石二枚で七二匁となる。それに対し辰年御免定株は一〇〇石につき銀六〇匁の冥加銀が賦課されたので、三枚・一〇七〇石で六四二匁となる。しかも新規株の場合、請株に際して一〇〇石につき一三両二分の冥加金も徴収された。この点で西宮はじめ伊丹・池田・兵庫など古規組＝特権的酒造仲間の酒造株が全部無冥加株であったのと比較して、灘目・今津の灘五郷の酒造株が全部冥加株となっている。いかに辰年御免株の賦課率が高かったかがわかるであろうし、文化・文政期の発展をこの新規株によって全面的に吸収しようとした幕府の政策意図も、その点にあったといえよう。

灘目のなかでも飛躍的成長をとげた御影村での新規株交付願いの状況を「卯年両組酒造株帳」(白嘉納家文書)によってみてみよう。いま天保二年(一八三一)の酒造株高調査で、御免定株・籾買入株、それに清水株・町奉行所株・池田出造り株の借株分のほかに、「文政十一子年増造分御鑑札」として、株高を上まわる増造分に対して新規株鑑札を願いでているのである。この新規株は御影村の西・東両組で三万八〇八七石で、そのうち西組分は三万〇五六七石余で、御影村の酒造業は圧倒的にこの西組が中心であったことがわかる。この西組分につき、請株状況を表示したのが第27表である。全体として御免定株・籾買入株・借株(池田出造株五一〇〇石・町奉行所株四〇〇石・清水株三六〇石)の合計四万二〇七五石五斗二升に対し、三万〇五六七石三斗四升の新規株を請株しているので、いわば倍増の形で文化・文政期の御影村発展の現実を示している。そしてこの発展の頂点に嘉納家一族が圧倒的な強さを示していること

第 26 表　今津郷南組における天保 3 年新規株の請高状況

酒 造 人	新規株請高(石)	株札数	備　　考
米　　屋善四郎	3,500	5	(天保 4 年) 100 石を東明村柴屋又左衛門へ、(年代不明) 500 石を鹿島屋正造へ、500 石を御影村柴屋又左衛門へ譲渡し。
米　　屋こ　と	3,500	5	(天保 4 年) 100 石を御影村嘉納屋保兵衛へ、500 石を同長兵衛へ、2000 石(3 枚) を御影村材木屋三平へ譲渡し。
加茂屋安次郎	2,300	4	(天保 5 年) 500 石を小池屋利右衛門、800 石(2 枚) を御影村嘉納屋治三郎へ譲渡し。
小倉屋喜兵衛	2,000	6	(天保 4 年) 800 石(2 枚) を米屋善兵衛へ譲渡し。
米　　屋太　助	1,800	4	(天保 10 年) 400 石を米屋吉右衛門より入。
小池屋利右衛門	1,200	3	(天保 4 年) 250 石を米屋善兵衛より入、(天保 5 年) 500 石を加茂屋安次郎より入、(天保 8 年) 1000 石(2 枚) を伊丹丸屋清三郎へ質入れ、(天保 9 年) 500 石を米屋吉右衛門より入、(天保 11 年) 950 石(3 枚) を天王寺屋三四郎に質入れ。
米　　屋善兵衛	1,150	3	(天保 4 年) 350 石を御影村網屋仁兵衛、250 石を小池屋利右衛門へ譲渡し。
大坂屋文次郎	1,070	3	
米　　屋右衛門	900	2	(天保 9 年)500 石を小池屋利右衛門へ譲渡し、(天保 10 年) 400 石を米屋太助へ譲渡し、(天保 10 年) 770 石を伊丹屋清三郎へ質入れ、(年代不明) 500 石を米屋善四郎より入。
鹿島屋正　造	770	2	
中　　屋真三郎	700	1	(天保 10 年) 700 石を伊丹丸屋清三郎へ質入れ。
小豆嶋屋瀬　平	620	2	
小西屋治兵衛	500	2	(天保7年)500石(2枚)を米屋武右衛門へ譲渡し。
小豆嶋屋弥三郎	500	1	(天保 8 年) 500 石を伊丹丸屋清三郎へ質入れ。
米　　屋三九郎	400	1	
米　　屋利兵衛	350	1	
小豆嶋屋松三郎	300	1	
木綿屋弥三兵衛	300	1	(天保 8 年) 300 石を伊丹津国屋閑三郎へ質入れ。
計	21,860	47	譲渡し・質入れ株高合計　12,020 石
米　　屋彦兵衛			(天保 7 年) 300 石を御影村嘉納屋治三郎より入。
米　　屋武右衛門			(天保 7 年) 500 石を小西屋治兵衛より入、同年伊丹屋清三郎へ質入れ。
米　　屋善　蔵			(天保 4 年) 800 石(2 枚) を小倉屋善兵衛より入。(天保 5 年) 250 石を鳴尾村大黒屋半四郎より入。

(史料) 天保 3 年「酒造新株名寄帳」(今津酒造組合文書) より作成

は、前掲第22表と同様で、ここでは新規株によってほぼ二倍の拡大をなしとげている。個別的には3嘉納屋治郎右衛門の三六〇〇石、1嘉納家治兵衛・2同治作の三〇〇〇石をはじめ、嘉納屋一族で二万一七六七石(五六枚)の新規株を請株している。そして原則的には御免定株・籾買入株の古株所持者に対して交付されたが、借株で請株した14嘉納屋彦三郎は清水株四〇石で、25井筒屋佐兵衛は清水株一〇石でそれぞれ新規株五〇〇石の交付をうけているが、26油屋伊佐次については、「是迄兼而酒造仕度奉存候得共、株石無御座候故、無拠其儘罷過候間、何卒御仁恵ヲ以右之通株石御免被為成下候様奉願上候」と注記され、無株であるにもかかわらず三〇石の新規株を交付されているのが注目される。

こうして御影村西組では合計三万〇五六七石三斗四升の新規株が交付され、鑑札数は八四枚で、その鑑札高も三〇〇石二一枚、二〇〇石二一枚、五〇〇石一六枚、四〇〇石一一枚などで、量高は八〇〇石一枚であった。いわば冥加金を支払うことによって酒造家は文化・文政期の古株高を上まわる増造分に対して新たに酒造営業特権が認められ、株鑑札の交付をうけたのである。幕府側からみると、灘目の文化・文政期の生産力を掌握したということでもあった。

なお、天保三年の新規株を評価する場合に、灘目と今津を同列に論ずることは、やや危険がともなう。というのは、第26表の「備考」欄に記入してあるように、今津郷の場合、天保三年に請株した新規株が、その直後において他郷・他村へ譲渡され移動しているという事実である。たとえば請株最高の米屋善四郎・同ことはそれぞれ三五〇〇石・五枚の交付をうけているが、翌四年には善四郎は二〇〇〇石(二枚)・ことは三五〇〇石と全部を譲渡してしまっている。今津郷全体であると天保末年にかけて二三枚・一万一三〇〇石が他郷・他村へ移動し、そのうちの過半数六九〇〇石・一二枚のみが、交付をうけた翌四年に譲渡されており、その譲渡される地域も御影・伊丹などとなっている。

このことは、前の江戸入津樽数の変遷のところにおいても指摘しておいたように、今津郷における文化文政期の発展は、灘目ほどに飛躍的発展を示さなかった、ということである。したがって、今津郷の場合、谷町代官所所轄下の酒造地として灘目同様に新規株交付の特権が許されるや、実際の実力＝酒造石高以上に申告して、その請株の特権にあずかろうとした。しかし現実にはそれにともなう冥加金の負担に耐えかねて、その維持を不可能とし、すぐさま手

第27表　天保3年御影村（西組）新規株請株状況一覧

酒造人	御免定株（石）	（株数）	籾買入株（石）	（株数）	新規株（石）	（株数）	借　株（石）	（株数）	合　計（石）
1 嘉納屋治兵衛	500	1	5,882	3	3,000	12	40	1	9,422
2 〃 治作	4,040	4			3,000	7			7,040
3 〃 治郎右衛門	2,328	4			3,600	9	40	1	5,968
4 〃 彦右衛門	3,112	3			1,887	4			4,999
5 〃 保兵衛	1,600	1			1,000	3	820	2	3,420
6 〃 勝三郎	150	1	500	1	2,000	4	1,230	1	3,880
7 〃 治三郎	600	2			1,600	4	1,000	1	3,200
8 〃 彦四郎	954	1			1,400	4	320	2	2,674
9 〃 彦治郎			1,827	2	700	1	10	1	2,537
10 〃 治三兵衛	1,500	2			1,000	2	20	1	2,520
11 〃 長兵衛			1,200	1	1,000	2	200	1	2,400
12 〃 久兵衛	900	1			500	2			1,400
13 〃 治郎太夫			422	1	580	3			1,002
14 〃 彦三郎					500	2	40	1	540
小計	15,684	20	9,831	8	21,767	56	3,720	12	51,002
15 材木屋利助	680	2			920	2	600	2	2,200
16 〃 藤七			800	1	800	2	300	1	1,900
17 〃 孫市郎	700	1			500	2			1,200
18 沢田屋重兵衛	20	1	780	1	2,300	4	1,150	2	4,250
19 伊勢屋七右衛門	2,290	2	900	1	800	3	20	1	4,010
20 〃 嘉右衛門			1,738	2	500	2	20	1	2,258
21 薩摩屋弥兵衛			1,100	1	1,000	2	40	1	2,140
22 西田弥兵衛	600	1			600	3			1,200
23 大和屋嘉左衛門	350	2			850	2			1,200
24 伊勢屋七郎兵衛	800	1							800
25 井筒屋佐兵衛					500	2	10	1	510
26 油屋伊佐次					30	1			30
合計	21,124	30	15,149	14	30,567	84	5,860	21	72,700

（注）石以下切捨て
（史料）天保2年「卯年西組酒造株帳」（白嘉納家文書）より作成

放さざるをえなかったものと考えられる。そこに同じく古規組＝都市酒造仲間に対する「在々」＝新規酒造仲間の発展という場合、灘目と今津の両郷の発展度と発展期に、いくらかのズレのあったことを認めなければならない。

十二郷内部の対立と幕府の酒造統制の強化

さて、新規株交付に際しての灘五郷とほか九郷の対立は、以後ますます尖鋭化してきた。すなわち天保五年（一八三四）には、西宮酒造大行司が大坂三郷に働きかけ、同年五月に大坂・西宮積所極印元の連署で、大坂の山村為助・尼崎又左衛門らの有力商人を総取締役とする「小送り状押増判」を願い出た。これがいわゆる「小送り状押増判一件」である。この小送り状押増判というのは、従来から江戸酒問屋宛の小送り状の裏印として「拾弐郷惣判」を用いてきたが、今回さらにその上に「尼崎目印判」（尼崎又左衛門の認印か）を押増そうというのである。そしてその理由は「江戸表酒荷物入込平等ニ相成、自然と御府内行届小売先々迄時節相当之売買出来」ることをあげているが、その真意は、新規株で膨脹した灘目・今津の江戸積規制をすることにあった。

この願書のなかで大坂・西宮積所極印元は、灘目のうち、上灘東組・西組・下灘の酒造家はこの願書に調印してくれたが、中組の嘉納家一統がこれに強く反対している。その理由は、このたびの江戸積取締り規制が実現すれば、従来のように抜荷ができなくなるからである、と次のように述べている。

灘目之内上灘東組・同西組・下灘酒造人ニ者取締ニ相成候と申居、前書之通願書茂調印有之、同中組ニ者加納治（郎ヵ）右衛門・同治兵衛・同利助其外嘉納一統有之候ニ付、右加納一統ニ者是迄度々抜荷物酒造江戸表へ相廻し候ニ付、外酒造ニ者差支ニ相成候ニ付、此度取締ニ相成候而者、嘉納一統前書之儀難出来候ニ付、色々中立、調印無之候、

（『灘酒経済史料集成』下巻、四〇—四一頁）

この十二郷申合せによる積荷取締り規制の願書に対し、右嘉納家が中心となって摂州菟原・武庫・八部三郡村々酒造人は奉行所へ次のように訴えている。

（一）「株高十石につき六駄」という各郷平等の積高は、新規株交付に際して、ほか九郷との和熟のために一ヵ年

限りということで取極めたもので、それを当年も適用することは不当である。

（二）前述の山村・尼崎の取締りをうける必要はなく、谷町御役所支配下での取締だけで徹底している。したがって小送り状も御役所よりの印判だけで十分である。

（三）「各郷平等の積高」というが、灘五郷は新規株が増加したにもかかわらず、江戸積高は古株のときと同様で、新規株は江戸積が認められていないことになる。しかも「平等の積高」とはいえ、ほか九郷の株高には地売株も含まれているから、江戸積高のみの株割に換算すると、ほか九郷の方がずっと有利となり、灘五郷は不利な取扱いをうけていることになる。

（『灘酒沿革誌』二六七―二六九頁）

この（三）の点はとくに重要で第25表において表示したとおりである。

新規株は大金を出金しながら、江戸積が認められていないという灘五郷の不満は、さらに天保六年（一八三五）にもくり返される。すなわち灘五郷は、冥加銀を上納する代償として、新規株を古株と区別して、減醸令においては特別の配慮をしてほしい、というのである。しかしこれも奉行所の聞き入れるところとはならなかった。かくして、天保三年の新規株交付は、高価な犠牲を払いながら、それが灘五郷にとっては発展の契機とはならず、幕府によって完全に掌握され、しかもほか九郷の強い灘五郷抑制策にむしろ幕府は加担しているのである。

そして天保七年（一八三六）には、全国的な飢饉を理由に、再び酒造取締りを強化していった。奉行所より代官地頭への御達書によれば、次のとおりである。

酒造取締方取斗振演舌書

一酒造酛米并掛添米買入候度毎届出之儀者、買主ゟ通達いたし、売主并買主所之もの共連印ヲ以申合断出させ、他所之売主者連印而已ニ而買主并所之者ゟ断出御振合ニ在之候、

一右三分一造之積ヲ以米買入候もの者、四分一造之減石余米可在之候間、右石数早々取調為届出、猥ニ売捌又者内分ニ囲置申間敷旨、厳重申渡候、

一酒造仕込取掛仕舞とも届出候儀ニ在之、右ニ付而者政之者不時ニも差遣し、過造者勿論、如何之儀も在之候ハヽ、本人并ニ所之もの迄も急度吟味および候心得ニ在之候、

一右ニ付取締方厳敷触書をも差出候事ニ在之候、

一酒造人之内、勝手ニ付当申年相休候もの、并酒造人之内外ゟ清酒買請候もの売候もの在之候ハヽ、其員数双方ゟ届出候儀ニ在之、勿論酒造株譲り替之儀も同様ニ在之候、

一酒造道具売買貸借とも、其時々届出候儀ニ在之候、

一清水市郎右衛門・高橋孫兵衛株借受致酒造候もの共、是迄減石之年柄も皆造いたし来候得とも、当年之儀者三分一迄被仰渡候ニ付、其段申渡請証文取置候儀ニ在之候間、右両人株借請酒造いたし候もの在之候ハヽ、前同様取締改方之事

一都而酒造之儀、稼候地元之支配ニ而改候儀ニ在之候、

一先年奉行所へ欠所ニ取上置酒造株借請、酒造いたし候もの在之候ハヽ、是又改方前同様ニ候、

一都而酒造減石之年柄者、最初酒造大仕法書酒造取締懸リ惣年寄共ゟ差出、続而仕込帳と唱、全其年之酒造高認メ候帳面差出候ニ付、前書酒造又者揖添米売買之儀断出候度毎、右帳面と見合承置候儀ニ而、改方之儀ハ右懸り惣年寄とも差遣、四分一造ニ引当候桶諸道具江極印打、右減石丈ケ之桶道具者封印付、不用之帳札いたし、所之ものへ預ケ置せ、酒船・男柱・甑等是又封印為附致、酛取候趣断出候得者、度毎組懸り之差遣為改候上、猶又諸味為見分惣年寄共差遣仕込済候趣断出候得者、右明桶江者以前如く惣年寄ゟ前書振合之通封印為附候仕来ニ在之候、

一右酒造人共、地売・他国売・江戸積いたし候分、樽数分量取調可申渡ニ付、見合として四ケ年之以前辰年・翌巳年之樽数早々為取調、奉行所江為差出候、

一（略）

右之趣依御下知申渡条、猶取締方之儀追々可相達、尤酒造減石格別御取締ニ付、奉行所直支配之酒造人共ハ四分

一造為致候間、其趣相心得、外酒造人共へ此上減石可申渡、此旨夫々主人へ可申達候、

（『灘酒経済史料集成』上巻、八五―八六頁）

つまりこの酒造取締りとして、（一）酒造米の買入れ届出制、（二）酒造蔵検査による過造厳禁、（三）酒造道具の売買貸借の届出制、（四）清水株・高橋株の由緒株も三分の一造りの減醸規制をうけること、（五）酒造稼人は地元代官直支配たること、（六）天保四年以前からの地売・他国積・江戸積樽数の調査、などが規定され、さらに異例の入津樽統制も実施されて、まったく先の寛政改革の過程で施行されたと同様の厳格な酒造統制の反動強化策が打出されている。さらに一〇月には三分の一造り令が発令されるなかで、灘五郷では「株高千石につき一〇六石造り」という株高の一〇分の一に相当する減造比率となり、他郷と区別されている。

ここでも新規株が減造基準として公認されながら、実質的には天保四年以前の江戸積高に規制されて、株高にかかわりなく造石高が決定されている。さらに翌八年も千石につき一六五石となり、灘五郷にとって苛酷な減醸規制の強圧下におかれているのである。

天保改革と酒造政策

天保三年の新規株交付にはじまり、天保七、八年の大減醸令を断行した幕府は、翌九年から一〇年にかけては統制をゆるめ、灘目においても天保七、八両年にみられた厳しい抑制が取除かれ、一般なみに三分の一造りとなり、一一年からは二分の一造り、天保改革においては三分の二造りに緩和されていった。

天保改革は、天保一二年（一八四一）一二月にまず江戸十組問屋の特権を停止する旨が布達され、諸問屋・株仲間の解散とその冥加運上金徴収の打切りをもって断行された。しかし酒造業に関しては、翌一三年九月にとりあえず、次のように布達された。

水野越前守殿へ伺ノ上申渡ノ旨

諸国酒造人ノ儀、是迄酒造株ト唱来候所、株ト唱候義相止、酒造稼ト唱替、冥加ノ儀ハ是迄通居置、且酒造株引分貸渡譲渡等難相成旨、寛政度被仰出候所、出造・出稼等ノ名目ヲ以紛敷致取計候モノモ有之哉ニ相聞候間、以

後酒造高引分貸渡譲渡ハ勿論、出造・出稼トシテ難相成候間、其旨可被相心得候、

（『日本財政経済史料』第二巻、一三三五―一三三六頁）

すなわち⑴従来の酒造株の名称を廃止して酒造稼とする、⑵冥加銀は存続する、⑶出造り・出稼を禁止する、⑷分株譲渡を禁止するの四点で、⑴の名称変更以外はむしろ従来の仕法を踏襲する旨の異例の処置を打ちだしている。そしてさらに翌一〇月には大坂町奉行所より詳細に布達されたのである。

諸国酒造之儀、是迄酒造株と唱来候処、株と唱候儀相止、酒造稼と唱替、冥加之儀ハ是迄納来候分据置候、尤酒造人之内、仲間取極、冥加相納候分ハ、組合仲間等為差止、品ニ寄冥加をも差免候筈ニ候

一此度相改候去ル巳年以前迄造来米高を以、永々造高ニ相定、諸国一統御料・私領・寺社領共、以後為取締鑑札相渡置、酒造人身上衰、酒造相止候ハ鑑札取上、欠所等ニ相成候ものハ、猶更取上切ニ相成、追々酒造米高相減候積、尤右鑑札渡方之儀ハ、追而可申渡候、

一酒造株貸渡之儀、引分ケ譲渡候儀者難相成旨、寛政之度御触有之候得共、出造出稼之名目を以、紛敷取斗いたし候ものも有之哉ニ相聞候間、以後分ケ株貸株ハ勿論、出造出稼等之義も不相成候

一諸国酒造御貸株之儀、新規貸出し方相止、是迄貸渡置候分、稼相止メ候節者、追々減切申付候、右ハ諸国酒造之儀、此度書面之通取締相立候間、其旨可存候、

（『大阪市史』第四下、一六一八頁）

ここで前述九月の法令と異なるのは、「天保四年以前迄造来米高」を「永々造高」として確認している点が注目される。そしてさらに同四年一二月には先の酒造稼の名称を改めて、新たに酒造鑑札を交付して、酒造取締りの徹底をはかったのである。したがってこれ以後、酒造稼石も当然酒造鑑札高と改まるのである。

このようにして天保三年に灘目・今津の新規＝酒造業者に対しては新規株が交付され、すでに改正仕法が実施ずみのため、天保改革にあたっては何等新たな政策もみられず、むしろ天保三年の新法路線の延長のなかに、天保改革の課題があったといえよう。

以上のように天保期の幕府の一連の酒造政策は、文化・文政期の在方酒造業としての発展を、新規株の交付とその反対給付たる冥加銀の徴収によって幕府が全面的に掌握し、そのうえで摂泉十二郷酒造仲間の江戸積体制に包摂し、灘五郷とほか九郷との体制的不均衡を調整していったものといえよう。しかしそのことによって、灘五郷は文化・文政期にみられた株高を越える酒造石高の増大はみられず、ほか九郷の都市酒造仲間を圧倒してゆく発展はもはやみられなくなっていった。

第七章　酒造技術と酒造マニュファクチュア

生産の工程のうえから、酒造仕込工程は精米工程と仕込（醸造）工程とに大別され、仕込工程は、麹仕込工程・酛仕込工程・醪仕込工程に細分される。そして近世酒造マニュファクチュアは、本来的には酒屋＝醸造業が麹屋＝製麹業と碓（うす）屋＝精米業者と結合し、さらに灘目においては、碓屋（足踏精米）にかわって水車精米との結合を直接契機として成立したものである。このような灘酒造マニュファクチュアの成立を、酒造技術の進歩改善という技術的条件のなかから考察してみよう。

1　米舂水車の利用

精米工程は仕込工程にはいる準備工程である。その精米の仕方には、臼杵（うすきね）を道具とした人力によるものと、水車によるものとがある。前者が足踏（あしぶみ）精米で、酒造蔵に付随した碓屋で行なわれ、後者は米舂（こめつき）水車で、酒造蔵の外部に作業場が建てられ、そこで行なわれた。歴史的には江戸時代の前期から中期にかけては、西宮・今津の場合に足踏精米が支配的であり、水車精米に移るのは近世後期―幕末ころであった。それに反し、灘目においては、背後に六甲山系の山々が屹立し、そこから流れおちる流水は水車の絶好の立地条件をなしていた。それが米舂水車と結びつき、精米方法をこの水車に切替えていった時期が、明和・安永・天明期であった。

天明八年（一七八八）の調査では、菟原郡下一八ヵ村に七三輛の米舂水車が架設されていた。その水車の分布状況は第8図に示したように、芦屋川・住吉川・石屋川・都賀川・生田川の各川筋に架設されていた様子をうかがうことができる。また絞り油水車の中心である水車新田においては、天明二年（一七八二）に二輛、同六年に五輛が増設されて、同八年には七輛の米舂水車と絞り油水車は二五輛という状況であった。ここでも酒造業の展開に照応した米舂

第８図　天明８年米舂水車位置図

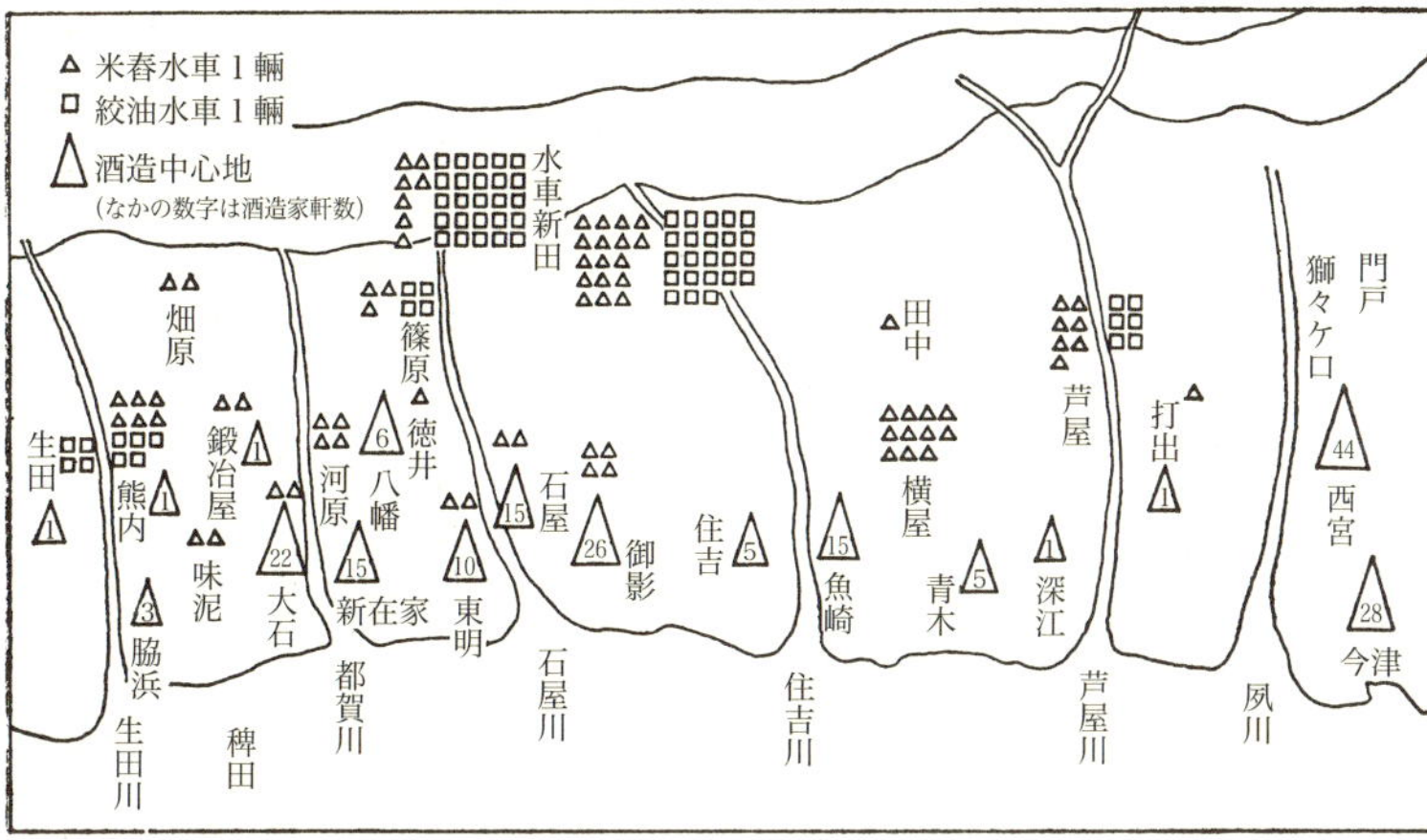

(史料)『西宮市史』第２巻　485ページ

水車の成立をみることができよう。

西宮・今津の場合は、六甲山系の渓谷を利用し、すでに油稼水車の成立をみていた灘目とはやや違った立地条件が介在していた。そのため酒造蔵のなかに仕込蔵と並んで碓屋を内蔵する形をとっていた。そして碓屋から水車への切替えは、灘目とは遅れて発達していった。西宮・今津の酒造家は獅々ケ口と芦屋谷の水車に依存していた。ただし文化・文政期の段階ではまだ水車・足踏両者を混在して用いていた。幕末慶応期に判明する今津酒造家と関係する水車仲間は、西宮の覚心平十郎・八馬屋勝蔵などの九軒であり、門戸村に五車が存在していた。門戸村にある八馬屋四郎兵衛の稼働車は同村久兵衛の所持水車での経営である。また今津村からは鳴尾屋卯兵衛が進出して水車稼をしていた。

水車精米は、足踏精米にくらべて、その精白しうる量と精白度において、数段のすぐれた技術改良であった。ことに諸白（もろはく）は白米と白麹によって仕込まれる清酒だけに、米の精選とその精白度ができあがる酒質を左右する決定要因であった。この点で、足踏精米では精白度がせいぜい八分搗（づ）きのところを、水車精米では二割五分から三割五分搗きが可能であった。また精白しうる生産力においても、臼舂による精米では、酛米の場合一人一日四臼（一臼は一斗五升五合ぐらい）、掛米で一日五臼で、上酒の場合に四臼（寛政一一年刊『日本山海名産図会』による）であるのに対し、水車による臼一本は一日四斗の精米を可能とし、一つの水車に四〇本の臼数が備えられていたので、水車場一カ所で一日に一六石の精米が可能であった。

この点はとくに重要で、灘目酒造業台頭以前の伊丹・池田・西宮の先進酒造地では、この酒造米の精白とそれに要する労働力の確保が、きわめて困難な状況にあったことが指摘できよう。たとえば享保八年（一七二三）の伊丹酒造仲間の取りきめや（八四―八五頁参照）、正徳元年（一七一一）の池田酒造仲間の申合せ定めにおいて（八九頁参照）、いずれも碓屋に関する規制をかかげていた。この取りきめの本旨は、賃銀仲間規制を定めると同時に、当時米舂働人たる碓屋が払底し、これによる酒造家間での碓屋の誘致と賃銀高騰を抑えるための労働規制であった。

すでに天明四年（一八七四）に大坂三郷酒造仲間が、「摂津在々」においては水車稼酒造により、二〇〇軒の酒造家が繁栄し、そのため大坂酒造家が営業不振におちいっていると訴えた一件については、先にふれたとおりである（一一三頁参照）。灘目酒造人が天明三年の前記大坂三郷の申立てに対して、水車への依存は働人払底の折から賃銀も高騰し、だから公儀のためにも水車に依存した精米によったと弁明している事態にもつながるものであろう。酒造業が精米工程において米舂水車と結びついたところに、灘目発展のまず第一の技術的基礎があったといえよう。

このように灘目酒造業は、精米工程の生産力をあげることにより、それにふさわしい寒造り集中化と量産化を可能にすることができたのである。

2　仕込技術の改善

灘酒造業の飛躍的発展を可能にしたもう一つの条件は、仕込技術の改良である。それはそのまま商品性と営業性をつらぬく寒造り集中化の実現でもあった。寒造りは、酒造仕込の稼働期間を冬期極寒期の百日に限定するものであるが、その限られた日数のなかで量産化を果たしてゆくためには、⑴酛の仕込期間を短縮して醪仕込期間を延長することであり、(2)それに応じて仕舞個数の増大と酒造蔵の整備拡充をはかること、この二点であった。

酛立期間の短縮

まず(1)については、既述のとおり、酒造仕込工程期間は、酛仕込期間と醪仕込期間とに分かれる。そのうち、酛仕込期間の短縮は、醪仕込期間の絶対的・相対的な延長をもたらしてゆく。それが、一〇〇日という一定の適応季節に醪仕込期間を最大限に延長してゆくための技術的前提である。そこでこの酛仕込期間をできるだけ縮減してゆくための努力がなされた。事実、今津をも含めて灘五郷では、一般に寛政期に三〇日前後も要した酛取期間（先述の嘉納治兵衛・北蔵の場合には三〇日となっている—一七一頁第9図参照）が、文化・文政期には二三日よりさらに一九日にまで短縮されている（第28表参照）。酒造仕込期間を一〇〇日とすれば、それだけ添仕込期間の稼働日数が延長化され、極上酒生産への量産化が果たされてゆくことになる。

いま寛政七年（一七九五）と天保一一年（一八四〇）造りについての「清酒書上帳」（白嘉納家文書）により、仕込日数と仕込期間を図示したのが第9図で、その主なデータを表示したのが第28表である。ここでとくに寛政七年と天保一一年を選んだのは、前者が前述してきた『日本山海名産図会』の寛政一一年に近く、後者は宮水の発見の年であり、かつほぼ石水が達成された年代だからである。その原史料はつぎのとおりである。

寛政七卯年

酒家甑木仕廻日限書上帳

御影村酒造人

第28表　嘉納治兵衛・北蔵における仕込方法

項目＼年代	寛政7年(1795)	天保11年(1840)
造石高(玄米)	2217.39石	
〃　(白米)	1980石	1980石
酛数	220	220
仕舞高	9石	9石
仕舞個数	2.5	3.0
添仕込日数	88日	74日
1日米仕込高	22石5斗	27石
汲水率(米1石に付)	5斗水	1石1斗水
清酒高	1782石	2969.683石
酛初め	10月13日	11月18日
掛初め	11月13日	12月14日
掛終り	辰2月11日	丑閏正月28日

（史料）「清酒書上帳」（白嘉納家文書）より作成

治兵衛
北蔵

造来米弐千七百三拾三石七斗八升
一酒造米弐千百五拾七石三斗九升
味淋米六拾石
右造米
〆弐千弐百拾七石三斗九升
此白米弐千四拾石
内訳
一千九百八拾石　酒造米　後
九石仕舞
此酛数弐百廿分
一六拾石　味淋方　前
右酛入
十月十三日　酛初
十一月十三日　掛初
辰二月十一日　掛終
此日数八十八日　毎日白米廿弐石五斗宛
外ニ
二月十二日ゟ十六日迄　味淋仕込仕候
此日数五日　毎日白米拾弐石宛

白米〆弐千四拾石
右之通相違無御座候、以上
　寛政八年辰二月
　　　　　　　　酒造人　治兵衛
　　　　　　　　大行事　平　六
　　　　　　　　年　寄　次左衛門
　　　　　　　　庄　屋　次郎太夫
岩佐郷蔵様
　御役所

卯年造清酒書上帳
　　　　　　御影村酒造人
　　　　　　　　治兵衛
　　　　　　　　　北蔵

造来米弐千七百三拾三石七斗八升
一酒造米弐千弐百拾七石三斗九升
　此白米弐千四拾石
　内訳
　六拾石　味淋仕込仕候
残酒造米千九百八拾石
此諸味弐千九百七拾石　五升水
此清酒千七百八拾弐石　諸味ゟ六歩垂ル
　内

一三百八石分　　辰二月廿九日ゟ五月廿日迄、江戸積下し仕候分
　　　　　　　　樽数八百八拾樽、但し三斗五升入
歹千四百七拾四石　　当時有清酒也

　　此訳

三元
一桶弐本　　内法　口差渡七尺四寸
　　　　　　　　　底差渡六尺五寸
　　　　　　　　　深サ　五尺七寸
　　　　　　　　　　但し上口ゟ三寸切
三拾壱石七斗八升入
此清酒六拾三石五斗六升

新五尺五寸
一同五本　　内法　口差渡六尺弐寸
　　　　　　　　　底差渡五尺三寸
　　　　　　　　　深サ　四尺七寸
　　　　　　　　　　但し上口ゟ三寸切
拾七石七斗三升入
此清酒八拾八石六斗五升

一清酒千三百廿壱石六斗　樽詰三千七百七拾六樽、但し三斗五升入
一同壱斗九升　　端樽壱樽
〆千四百七拾四石
右者去卯冬酒造仕込御改奉請候、清酒書面之通ニ相違無御座候、以上
　寛政八年辰五月　　　　　　　酒造人　治兵衛
岩佐郷蔵様

御役所

天保十一子年酒造御改ニ付書上帳

摂州菟原郡御影村西組
酒造人　嘉納屋治兵衛

覚

一籾買入株　弐千七百三拾三石七斗八升
一同　千百八拾弐石壱斗弐升
一同　千九百六拾六石弐斗弐升
一御免状株　五百石
一新規御免株　三百石
一同　三百石
一同　三百石
一新規御免株　三百石
一同　三百石
一同　三百石
一同　弐百石
一同　弐百石
一同　弐百石
一同　弐百石
一同　弐百石

一同　弐百石
一同　千石
一同　五百石
一同　五百石
〆壱万千三百八拾弐石壱斗弐升
此酒造米四千五百三石六斗七升七合
六歩減
此白米四千弐百三拾三石四斗五升六合
内
一弐百七拾三石四斗五升六合　追而味淋造奉願上度候分
残而白米三千九百六拾石
内訳
一千九百八拾石　字　北蔵ニ而酒造仕候
一千九百八拾石　字　東蔵ニ而酒造仕候
〆
一酒造白米千九百八拾石　字　北蔵ニ而酒造仕候
此酛数弐百弐拾酛
子十一月十八日　酛始
子十二月十四日　掛始
丑閏正月廿八日　掛終

〆日数七十四日
内　七十三日　毎日白米弐拾七石宛、但酛米とも
一日　白米九石端仕込仕候
〆
合千九百八拾石
此訳
一仕込桶三拾六本　内法
平均
口径七尺六寸
底　六尺六寸
深　五尺六寸
上口ゟ弐寸六歩切
内
拾九石造　三度遣　三拾四本
拾九石造　二度遣　壱本
四　石　端仕込　壱本
〆
此石数千九百八拾石
此諸味三千四百五石六斗
但白米壱石ニ付、水壱石壱斗
内訳
糀米　五百九拾四石
白米　千三百八拾六石
水　弐千百七拾八石

〆
此清酒弐千九百六拾九石六斗八升三合
但諸味壱石ニ付、八斗七升弐合垂

一甑木　弐本
一酒舟　六艘
一入口桶　五拾七本
一遣ひ桶　八拾本
一瓺卸桶　六拾壱本
一水桶　壱本
一漬桶　五本
一半切　四百九拾七枚
一夏酒囲桶拾弐本
〆
右之通相違無御座候、以上
天保十一子年十二月

酒造人　治兵衛
酒造行事　長兵衛
年寄　清兵衛
庄屋　治郎太夫

竹垣三右衛門様
御役所

第９図　寛政７年嘉納治兵衛北蔵における仕込期間図解

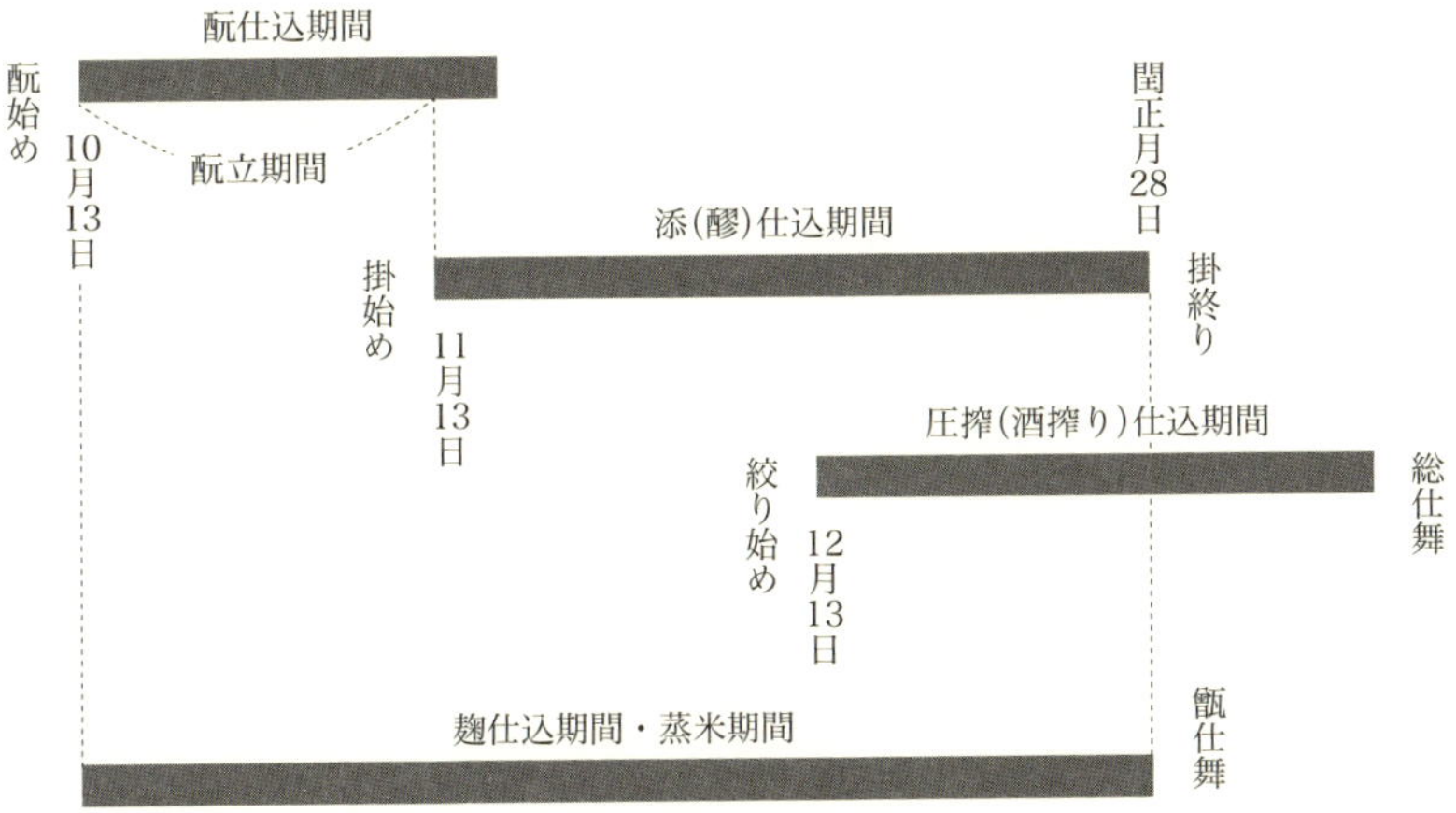

(史料) 第28表と同じ

（白嘉納家文書）

この「清酒書上帳」によって、酛仕込から新酒ができあるまでの仕込期間を図示すれば、第9図のとおりである。最初に仕込んだ酛が、添仕込に初めて使用されるまでの期間を「酛立（もとだて）期間」といい、ここでは一〇月一三日より一一月一三日までの二八日間をいう。またこの酛に添仕込をして初揚げされるのが掛始めより一ヵ月後で、このときはじめて新酒がしぼられることになる。そしてこの日から添仕込と並行して圧搾工程も行なわれる。また麹仕込と蒸米期間は、酛仕込の一〇月一三日からつづいて添仕込の完了する甑仕舞の二月一一日まで、甑仕込および添仕込と平行して行なわれる。なお造石高・仕舞高・酛数・仕舞個数・仕込日数について、簡単に次頁に説明をつけた。

仕舞個数の増大

先に述べたように、造石高から割りだされる酛数を仕込日数で割った数字が仕舞個数で、一日の仕込量を規定する基準となる。たとえば酒造マニュファクチュアの定型とされる千石蔵の場合、仕込作業が一日一〇石の原料米を使用するのを「一ッ仕舞」と称し、ふつうこれを一〇〇日間反覆して合計千石の原料米を消費してゆくことになる。いまこれを二ッ仕舞にすれば、一日の仕込量は二〇石となり千石の原料米を消費するのには、半分の五〇日でよいことになる。すなわち、たとえ仕込期間短縮の十二郷申合せがなされようとも、仕舞個数の増大、つまり一日の仕込量を増大することによって千石の原料米を仕込むことも可能になる、ということである。

文化・文政期に十二郷仲間の生産制限（積留・積控・減石）の申合せが強行されるなかで、ひとり灘酒造業が発展してゆく技術的基礎は、実はこの点にあった。事実前掲第28表の嘉納治兵衛・北蔵の寛政七年と天保一一年を比較してみても、造石高・酛数・仕舞高は同じであって、添仕込日数がかえって八八日から七四日に減少しているにもかかわらず、仕舞個数を二ッ半から三ッに、つまり一日の蒸米量を二二石五斗から二七石へ引上げることにより、そして汲水率を五斗水から一石一斗水に引上げることにより、清酒高は一七八二石から二九六九石へと、約七割の増加率を示しているのである。

また同じく御影村の嘉納治郎右衛門家の西蔵においては、第29表に表示したように、文化一〇年の造石高は一、八二二石（八歩搗白米高）で、酛数一三五、九石仕舞で仕舞個数は一ッ半である。この添仕込工程期間は九〇日間であるから、毎日一三石五斗ずつを酛に蒸米を添仕込してゆくことになる。それ故、仕舞個数と仕舞高とは一日の仕込量を意味し、この仕舞個数と仕舞高の増大が、酒造経営規模の拡大の指標となる。そしてこの酒造蔵の拡大に応じて、酒造雇用人数も規定されてゆくのである。

造石高	……仕込総石数	
仕舞高	……$\frac{\text{造石高}}{\text{酛数}}$	一酛から醪ができるまでに要した酛米・掛米・麹米の合計高。八石仕舞とか九石仕舞という。
酛数	……$\frac{\text{造石高}}{\text{仕舞高}}$	酛一〇〇とか酛一五〇という。
仕舞個数	……$\frac{\text{酛数}}{\text{仕込日数}}$	一ツ仕舞、二ッ半仕舞という。
一日の仕込量	……仕舞高×仕舞個数	
仕込日数	……$\frac{\text{造石高}}{\text{1日の仕込量}}=\frac{\text{造石高}}{\text{仕舞高}\times\text{仕舞個数}}=\frac{\text{酛数}}{\text{仕舞個数}}$	

この西蔵で文政二年には銀三二貫目を投入して酒造蔵の増築と洗場・釜場・船場・室の普請を行なうと同時に、従来の一ッ半仕舞から二ッ半仕舞への拡大にともなう酒造道具の購入に銀六貫目を支出している。かくてこの年の造石高一、九一七石・二ッ半仕舞で、毎日二二石五斗の蒸米を八五日間でこなしている。同様に、文政五年にも銀一〇貫

第29表　仕舞個数・仕入期間および雇用人数——御影・本嘉納家の西蔵

項目＼年代	造石高（石）	酛数	仕舞個数	酛立期間（日）	醪仕込期間（日）	仕込期間（日）	平均雇用人数（人）	製成樽数（樽）	酒造米100石につき（樽）
寛政12年(1800)	1,535	113.74	1.5	38	80	146	12.4	2,729	177.7
文化10年(1813)	1,822	135	1.5	22	90	140	14	2,885	158.3
文政５年(1822)	2,295	255	3	23	85	136	28.2	6,055	263.8
文政12年(1829)	1,701	189	3.25	21	58	107	30.1	4,666	274.3
天保２年(1831)	1,350	129.48	2	20	65	113	19.5	3,902	289
嘉永３年(1850)	855	90.93	1.75	17	46	91	19	2,423	283.4

（注）　1）寛政12年のみ、嘉納治兵衛の北蔵の場合である。
　　　2）仕込期間＝酛立期間＋醪仕込期間＋酒搾り期間（28日）として計算した。
　　　3）平均雇用人数は、酒造働人延人数を仕込期間で割った値である。
　　　4）嘉永３年のみが９石３斗仕舞、その他９石仕舞である。
（史料）「酒造勘定帳」「酒造書上帳」「酒造酛員数帳」（いずれも本嘉納家文書）により作成

目近くを出費してさらに酒造蔵を整備し、造石高二、二九五石の三ッ仕舞の酒造蔵にまで拡張している。仕舞高は九石であるから毎日二七石を八五日間で添仕込していることになる。そして文政一二年（一八二九）に三・二五仕舞がなされ、仕込期間一〇七日で一七〇〇石の仕込みをしている。九石仕舞であるので一日の仕込量は実に二九石二斗五升となり、それに対応して労働編成もまた一蔵三〇人の蔵人（くらびと）を必要としているのである。

このように仕舞個数の増大こそ、灘酒造業の展開を特色づける生産形態発展の指標となる。すなわち造石高の増大に応じて酒造蔵が整備されて、洗場（あらいば）・釜屋（かまや）・船場（ふなば）をもった作業蔵と仕込蔵へ分化していった。それと同時に仕込桶の容積の拡大、ひいては「遣（つか）い道具」の改良がなされ、他方蔵人の労働編成もまたそれにふさわしい形で、分業による協業という労働の結合組織をとっていったのである。

3　酒造蔵の拡充

酒造技術の改良進歩にとっていちばん重要な問題は、寒造りに集中した仕込法をとること、そしてそのためには極寒期の限定された期間にいかにして量産をはかるか、であったといえよう。さらにそれは作業場としての酒造蔵の拡充を意味し、酒造道具の整備をもたらすものであった。その結果、寒造りの仕込にふさわしい酒造蔵である「千石蔵」の出現をもたらすのである。

江戸時代前期に発展した伊丹酒造業において、酒造蔵の建坪数やその絵図面（平面図）を示した史料は乏しい。そうしたなかで売買譲渡証文のなかから時代順にいくつかの酒造蔵を選び、表示したのが第30表である。

まず古いところでは延享四年（一七四七）に一文字屋七郎兵衛が紙屋八左衛門に売却した泉町の酒造蔵がある。ここでは酒造蔵内部はすでに作業場と仕込蔵に分化している。作業場は釜屋・船場・麹室・会所部屋であり、仕込蔵は醪仕込を行なうところである。これと別に、貯蔵場としての役割をもつ澄（すまし）蔵があり、ここに囲桶の大きな桶がたち並んでいた。この譲渡売買に際して、土地と土蔵（二階建）だけで銀一五貫目、酒造蔵それに酒造道具一式と酒造株一〇九八石二斗三升一合の酒造営業権をもふくめた価格が銀一七貫目であり、合計三二貫目となっている。ちょうど同じ時期の延享元年に、上灘御影村嘉納治兵衛が、西宮の当舎五郎兵衛と千足利兵衛から酒造古蔵を購入し、それぞれ御影村に移している。この当舎五郎兵衛の古蔵は建坪七六坪で譲渡価格は二貫二五〇匁である。他方、千足利兵衛の古蔵は梁行五間・奥行五間半のもので、建坪二七・五坪のものとなっている。この古蔵がいつ建ったものかはわからないが、これらの酒造蔵に比較して、伊丹の酒造蔵は当時すでにかなりの規模をもち、またその譲渡価格も高価なものであったことがわかる。紙屋購入の三二貫目を当時の米に換算すると、五〇二石余に相当するのである。

天明八年（一七八八）の小西屋忠助所有の魚屋町酒造蔵は、御影村嘉納彦四郎に譲渡されている。彦四郎は当時二四歳で前述の治兵衛のおいにあたり、これは伊丹出店の名前をおいの名義としたものであろう。上昇してきた嘉納家が、この銘醸地伊丹に期待して出店をもち、伊丹へ進出してきたものと考えられる。この魚屋町酒造蔵は敷地が五一六坪余あり、代銀六二貫五〇〇目で買われている。酒造蔵は三蔵あり、碓屋・釜屋・澄蔵が付属している。これからみると小西家所有の酒造蔵だけあって、当時としては大規模なものであった。

つぎに文化二年（一八〇五）に和泉屋太兵衛より津国屋勘三郎へ譲渡された材木町酒造蔵は、酒造蔵敷地八八坪で、それに米蔵・碓屋・釜屋・室・澄蔵などがついていて、その図面は第10図のとおりである。寛政五年（一七九三）に建てられたものと思われ、この時点で一二年を経過している。その譲渡価格は家屋敷が五二貫目、酒株二株と酒造道具

第 30 表　酒造蔵譲渡売買一覧

年　代	延享 4 年(1747)	天明 8（1788)
譲渡酒造人	一文字屋七郎兵衛	小西屋忠助
譲請酒造人	紙屋八左衛門	嘉納屋彦四郎(灘・御影村)
譲 渡 価 格	土地・土蔵　　15 貫目 酒蔵・道具・酒株　17 貫目	62 貫 500 目
譲 渡 物 件	泉町土地(表口 14 間・裏行 18 間) 土　蔵(2 間半× 2 間半) 土　蔵(2 間半× 2 間半) 酒　蔵(5 間× 14 間・総 2 階) 澄　蔵(2 間半× 9 間半) 廊　下(1 間× 4 間・瓦葺) 碓部屋(3 間× 7 間) 薪　蔵(3 間× 7 間半) 酒造道具一式 酒　株(1,098 石 2 斗 3 升 1 合)	魚屋町土地(表口12間余×裏行43間余) 居　宅(7 間半× 8 間・瓦葺) 表座敷(2 間× 3 間) 軽物蔵(2 間× 4 間) 居宅続南の方(2 間余× 9 間) 同所・碓家(2 間 1 尺 7 寸× 9 間) 洗場ひさし(2 間× 4 間) 酒蔵 2 階付(2 間× 4 間) 〃　　(6 間× 8 間) 〃　　(5 間× 7 間) 廊　下(3 間× 6 間) 釜　屋(3 間× 6 間) 澄　蔵(3 間× 7 間) 納　屋(1 間半× 4 間) 酒　株(994 石 5 斗 8 升 4 合) 酒造道具 樽　印
年　代	文化 2 年(1805)	天保 4 年(1833)
譲渡酒造人	和泉屋太兵衛	紙屋重左衛門
譲請酒造人	津国屋勘三郎	紙屋与作
譲 渡 価 格	家屋敷　　52 貫目 酒株・酒道具　46 貫目	277 貫 954 匁 2 厘
譲 渡 物 件	材木町土地(1 反 1 畝 9 歩) 建屋居宅建物(8 間× 9 間　本瓦葺) 澄　蔵(2 間× 3 間半) 米　蔵(3 間× 5 間) 碓　家(4 間× 5 間) 井戸さや・釜屋(6 間× 7 間) 室さや(2 間半× 9 間) 酒　蔵(8 間半× 11 間) 上　蔵(2 間× 2 間) 下　屋(1 間半× 10 間) 会所場・すまし(4 間半× 8 間) 大割納屋 酒　株(891 石 8 斗、600 石の 2 株) 材木町土地(2 畝 19 歩) 建屋総瓦葺建物(表口 10 間余×裏行 3 間余)	材木町土地(1 反 7 畝 14 歩) 本　宅(12 間半× 7 間半　総瓦葺) 本宅付土蔵(3 間× 2 間) 洗　場(8 間× 4 間) 碓　家(9 間× 3 間半) 米　蔵(4 間× 4 間) 酒　蔵(26 間× 6 間半) 室　　(6 間× 3 間半) 澄納屋(2 間半× 4 間) 裏借家(3 間半× 4 間) 酒　株(2 株 1460 石) 酒造道具一式 樽　印

(注)（2 間半× 2 間半）は梁行 2 間半、桁行 2 間半を示す。
(史料)『伊丹市史』第 2 巻、346 ～ 347 ページ

第10図　伊丹・津国屋勘三郎所持材木町酒造蔵平面図

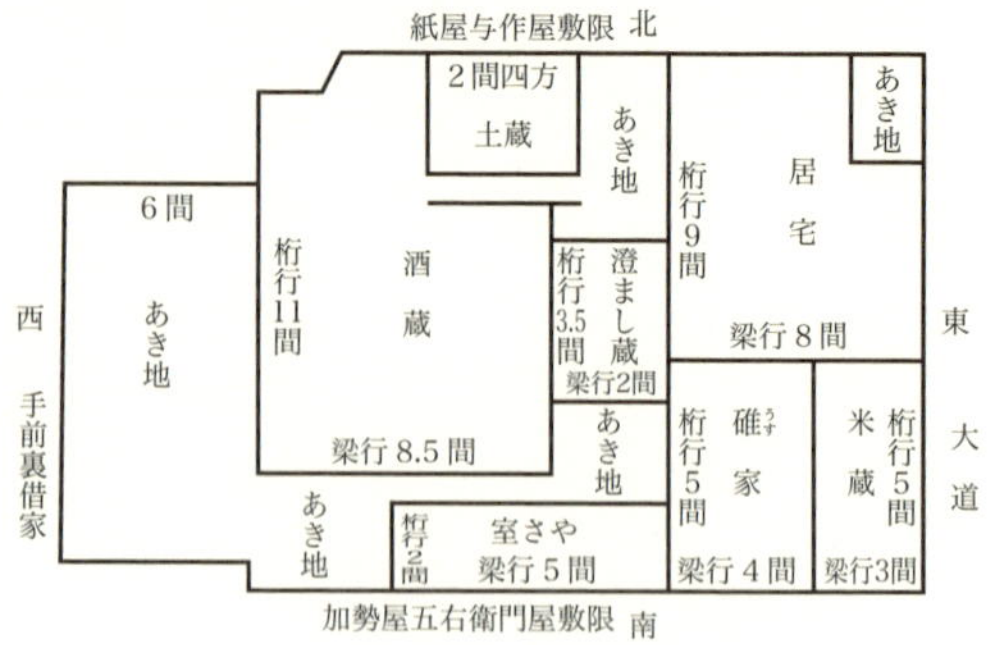

一式で四六貫目で、合計九八貫目となっている。

さらに天保四年（一八三三）に紙屋重左衛門より紙屋与作へ譲渡された材木町酒造蔵は、敷地五二四坪で譲渡価格は二七七貫余と高価なものである。その価格にふさわしく酒造蔵は一六九坪をはじめ、洗場・碓屋・米蔵・室・澄納屋があり、大きさは表のとおりである。銘酒菊印の醸造元紙屋一統の酒造場にふさわしく、伊丹有数の酒造蔵であったといえよう。

灘目酒造業の発展は、水車精米にあったことは、すでに指摘したとおりである。そのことから、伊丹などでみられたような酒造蔵敷地内から碓家が取りのぞかれ、灘目の酒造蔵はそれだけ作業蔵と仕込蔵への空間的拡大が可能であった。いまそうした酒造蔵の実態を、文化一五年（一八一八）に新在家村の柴屋善右衛門が嘉納治兵衛へ質入れした「酒造場家質証文之事」からみてみよう。

酒造場家質証文之事

浜酒造庭三百五番
一屋敷地拾三歩余　此分米四升四合
浜屋敷割合
一屋敷地六歩　此分米弐升
好兵衛屋敷割合
一屋敷地弐歩余　此分米八合
三筆
畝歩〆弐拾壱歩余

分米〆七升弐合
四至　東者道切　西者長兵衛屋敷限
　　南者道切　北者長兵衛・好兵衛屋敷限
右御水帳之通
　右地面ニ建物
一酒造場　梁行五間　桁行拾壱間　壱ケ所
　　　但惣二階
一同　蔵　梁行五間　桁行八間　壱ケ所
　　　但中二階
一船庭室さや蔵　梁行六間下小前　桁行九間　壱ケ所
一洗庭釜屋蔵　梁行三間　桁行五間半　壱ケ所
一居　宅　梁行七間　桁行八間　壱ケ所
　　　但南ニ間中之おろし付椽共
一小座敷　梁行壱間半　桁行弐間　壱ケ所
　　　但し地面南面ニ建有之
一木納屋蔵　梁行壱間半　桁行五間　壱ケ所
一味噌部家　梁行壱間半　桁行弐間　壱ケ所
一湯殿雪隠
〆
右地面之外ニ

一土蔵　梁行弐間　桁行三間　　　壱ケ所
　　但本戸前付、尤地面者長兵衛ゟ借地面也
　　右土蔵并ニ室さや迄、おろし付、一ケ年借賃銀八匁
一米蔵　梁行三間　桁行四間　　壱ケ所
　　但戸前付、尤地面者長兵衛ゟ永借地面也
　　　壱ケ年借賃銀拾匁
〆
右前書之建物不残瓦葺也、尤仕付物・釘付之品、其外戸障子共不残相揃、当時有姿之通、猶又建物之外北手ニ
火除ケ明地面有之、即別紙絵図面之通、
一酒造株巳年造来米千三百六拾石八斗
御冥加銀五拾六匁弐分
一同　巳年造来米　弐百四拾石
御冥加銀拾匁三分弐厘
〆千五百四拾六石八斗　但し江戸積株也
一酒造道具　一式
　別紙帳之通、不残尤右酒造道具者御勝手ニ目印極印御付可被成候、他之借請道具一切無之候
右之通我等所持之家屋舗・土蔵・酒造場・酒造株・酒造道具共一式、当寅三月ゟ来ル卯二月迄質物ニ差入、銀弐
拾貫目慥ニ請取申上所実正也、然ル上者御年貢并ニ酒造御冥加銀村役共、此方ゟ相勤候上、為利銀壱ケ月ニ銀百
六拾目宛毎月相渡可申候、尤限月迄ニ元利銀返済いたし候ハヽ、右質物御戻し可被成候、万一返済相滞儀御座候
者、前書之質物致帳切、無異変相渡可申候、其節一言之故障申間敷候、為後日酒造家質証文依而如件、
　文化十五戊寅年　　　　　　　　　　　　　新在家村

三月

質置主　柴屋善右衛門㊞

同村

請　人　柴屋善兵衛㊞

嘉納屋治兵衛殿

右之通相違無之候ニ付、致奥印候、以上

庄屋代役

年寄　新　七㊞

年寄　好兵衛㊞

酒造年行司

与平治

（文政三年「九番証文扣」白嘉納家文書）

柴屋蔵はその所持株高が一五四六石であるところからみても、灘目における典型的な千石造りの酒造蔵を示しており、いまその証文に付けられている絵図面を示すと、第11図のとおりである。これは居宅が併存されたもので、居宅（五六坪）を中心に、洗場・釜屋・船場・むろさやが作業場としてあり、仕込蔵は惣二階の酒造蔵（五五坪）で、この二階は酛造りの場所であった。それに澄蔵として貯蔵場の役割をもった中二階酒造蔵からなっていた。

さらにこのような千石蔵の例として、天保六年（一八三五）四月に江戸表勘定所よりの取調べに対し、御影村の嘉納治郎右衛門が谷町奉行所へ提出した「千石蔵設計案」をあげることができる。

天保六未年二月下向、添田一郎次様御代官所より被仰渡候、

此度江戸御勘定所より新建酒造場一ケ所、并ニ酒造道具・臼屋道具とも、夫々直段書訳可差出候旨被仰渡候ニ付積書

これは当時の灘地方における理想的な酒造蔵として設計されたもので、その文書から復元した酒造蔵の平面図は、

第11図　新在家村・柴屋酒造蔵平面図

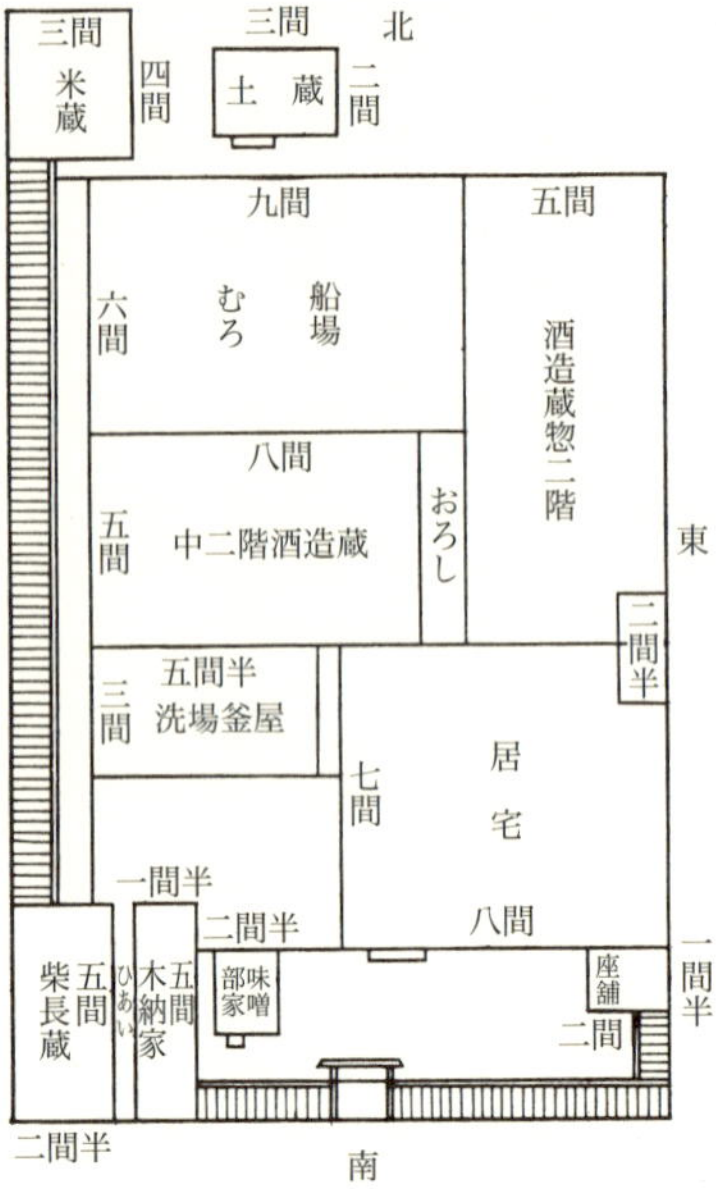

第12図のとおりである。ここでは仕込蔵は梁行六間・桁行一間で建坪九六坪（図面い）をはじめ、作業場として場所的分化が行なわれ、洗米工程は洗場一〇坪（図面り）、蒸米工程は釜屋一二坪（図面ぬ）、麹仕込工程は室一二坪（図面ち）、圧搾工程は船場二二・五坪（図面ろ）、勘定場四坪（図面ほ）となっている。このほかに白米蔵一八坪（図面は）、玄米蔵九坪（図面へ）、納屋二六坪（図面と）などが付随し、これらに道具干場（図面を）をふくめて三一二坪の敷地に建てられていた。このような仕込蔵と作業場への分化を骨子として、千石造りの規模での酒造蔵が灘目一般に成立したのが文化・文政期であり、この時点になると、既述の嘉納家にみられたような九石仕舞で三ッ仕舞とか三ッ半仕舞の規模の酒造蔵も出現しているのである。

4　酒造道具の整備

さきにのべたように酒造蔵の規模は、仕舞個数を基準として決定され、またその仕舞個数に応じて酒造道具の大きさ（容積）もきまり、蔵働人の数も規定されていく。『日本山海名産図会』の一つ仕舞の酒造蔵の場合には精米用具として、から臼一七、八本、仕込用具として麹ぶた四〇〇枚、甑一本、半切桶二〇〇枚、酛おろし桶二〇本、酒船一二石入り一艘、酒袋三八〇枚位となり、一酛の蒸米には薪一三〇貫目を必要とした。

これと同じ寛政一〇年に、大坂安治川町伏見屋嘉七の伊丹出造り蔵を津国屋勘三郎に売却した譲渡証文によれば、

第12図　天保期千石造り酒造蔵図

総坪数　三一二坪
東西　総間　一六間
南北　総間　一九間半

（天保六年幕府へさし出した見取り図（本嘉納文書）によって作成された正井達次郎氏原図による）

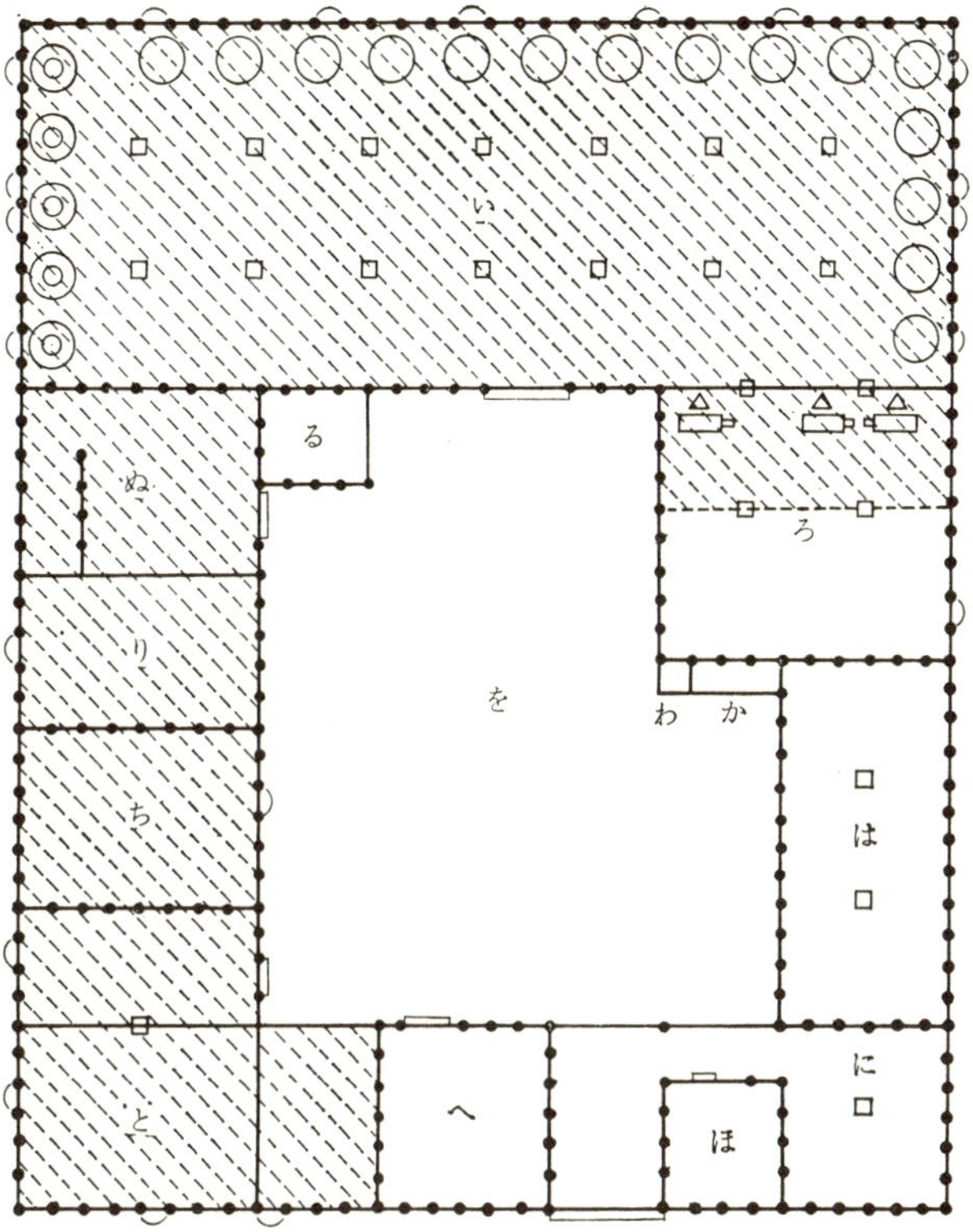

い	酒造場	96坪	ち	室	12坪
ろ	船場	22.5坪	り	洗場	10坪
は	白米蔵	18坪	ぬ	釜屋	12坪
に	薪置場	17坪	る	休息所	3坪
ほ	勘定場	4坪	を	道具干場	81.5坪
へ	玄米蔵	9坪	わ	風呂場	0.25坪
と	臼納屋	26坪	か	雪隠	0.75坪

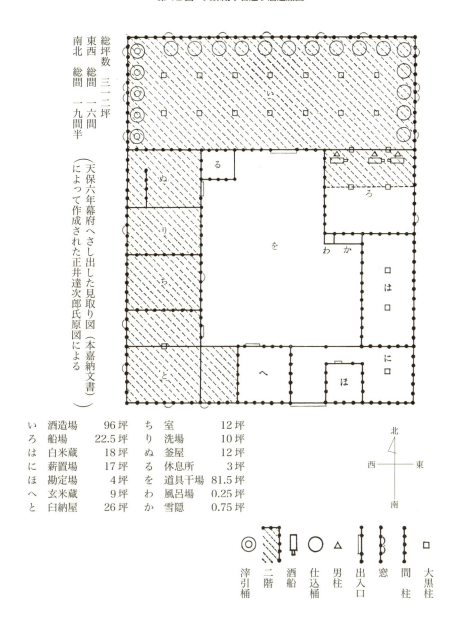

家屋敷一〇〇坪、その建家のうちに酒造蔵四五坪と二五坪の二蔵と三坪の土蔵と納屋があり、これを銀一五貫目で譲渡している。これとは別に酒造株七七六石五斗五升六合と酒造道具一式を五貫目で売却している。その譲渡証文にはつぎの酒造道具が書かれている（『伊丹市史』第二巻、三四九―三五〇頁）。

大桶　一三本　　四尺桶　九本　　三尺桶　一五本　　七寸桶　二〇本
漬桶　大小　六本　　甑　大小　三つ　　酛おろし桶　二三本　水桶　一本
酛半切　一五〇枚　　洗場道具　一式　　三尺五寸大釜　一　　一二石ふね（小道具とも）二つ
はねぎ（三間半）二本　　懸り石　八〇　　揚道具　一式　　むろ床　一つ
麹ふた　四五〇枚　　白米ふね（ふたとも）九石入　一　　黒米ふね（ふたとも）一
りうへいとうし（細とも）一　から臼（きねとも）一五　酒袋　一〇〇〇枚　二りおろし　四本

ここでは特に大桶一三本をはじめ、四尺桶九本・三尺桶一五本・七寸桶二〇本・酛おろし桶二三本など、いわゆる仕込桶の出現によって、用途別に桶が細分化されている点が注目される。

一般に、酒造技術が改良され量産化が可能になってくると酒造蔵が拡充され、それに応じて酒造道具も大型になってきた。その中でも使い道具に大きな改良がみられた。使い道具とは甑・仕込桶・酒船などの代表的道具のことであり、いずれも仕込蔵・洗場・船場において使用される主要な生産用具をさしている。

いまさきの御影村嘉納治郎右衛門提出の「千石蔵設計案」では、「酒造蔵建設見積書」と同時に、次のような「千石酒造場入用の諸道具控」を提出しているのである。そこでは酒造蔵の仕込蔵と作業場への分化に応じて、酒造仕込に用いられる酒造道具も、各作業工程に適合したそれぞれ専門の諸道具を生み出している。

大蔵遣道具

一、大桶　弐拾三本、但皮六尺五寸、底六尺五寸、蓋共　壱本に付三百七拾匁替、代八貫五百拾匁
一、大桶　六本（夏酒囲）但皮六尺五寸　底六尺五寸　蓋共　壱本に付三百七拾匁替、代弐貫弐百弐拾匁
一、入口桶　弐拾本、但皮五尺五寸、底五尺五寸、蓋共　壱本に付弐百匁替、代四貫目

一、同　　　　拾本　但皮四尺五寸　底四尺五寸　蓋共　壱本に付百七拾匁替、代壱貫七百目
一、酛卸桶　　弐拾五本　但皮三尺　底三尺　蓋共　壱本に付四拾匁替、代壱貫目
一、半切　　　三百枚　壱枚に付拾弐匁替　代三貫六百匁
一、水桶　　　壱本　蓋共　代百弐拾目
一、遣桶　　　三拾本　但皮三尺五寸　底三尺五寸　蓋共　壱本に付五拾匁替　代壱貫五百目
一、溜桶　　　拾弐本　壱本に付七匁替　代八拾四匁
一、半役　　　三つ　壱つに付六匁替　代拾八匁
一、大桶櫂八本　但竹に而柄壱丈壱尺モノ　代拾六匁
一、三尺櫂　拾弐本　壱本に付壱匁五分　代拾八匁
一、諸味杓　壱本　但六升入　代五匁
一、小汲杓　弐本　但三升入　代五匁
一、小詰杓　弐本　但壱升入　代五匁
一、壱升杓　拾本　代拾五匁
一、温樽　八本　壱本に付拾八匁替　代百四拾四匁
一、またけ　壱つ　代壱匁五分
一、桶かすり　五つ　弐匁替　代拾匁
一、薬罐　壱つ　代三拾匁
一、同ふのり鍋　壱つ　但七合入　代六匁
一、小燈　八丁　代三拾四匁
一、鎌　三丁　代六匁
一、木割よき　二丁　代拾八匁
一、棒櫂　拾弐本　壱本に付壱匁弐分　代拾四匁四分
一、同打杓　弐本　但五升入　代六匁
一、詰杓　弐本　但三升余入　代五匁
一、釜杓　弐本　但四升入　代四匁
一、水杓　壱本　代八匁
一、大桶はし子　三丁　壱丁に付八匁替　代弐拾四匁
一、おり取下駄　壱足　代壱匁五分
一、猫ふまえ　三つ　代拾五匁
一、銅かん鍋　壱つ　但壱升入　代拾匁
一、鉄火　壱つ　代弐匁五分
一、油差　壱つ　代四匁五分
一、口切鋸　壱丁　代八匁
一、木割鉄矢　五丁　代弐拾匁

一、鉄熊手　壱組　代六匁
一、歩行板　弐枚　代弐拾五匁
一、木呑箱　壱つ　代三匁
一、詰半切　三枚　代九拾匁
一、壱升桝　壱つ　代五匁八分
一、大蔵二階梯子　但幅五尺　長壱丈六尺五寸　代百五拾匁
一、阿弥陀車（二階に大桶巻上り道具）　壱つ　但苧綱共　代弐百五拾匁
一、滓引上戸（二階より清酒下げる道具）　壱つ　代五拾匁
一、千木　但拾壱貫掛り　壱丁　代拾三匁五分
一、十露盤　壱つ　代弐匁五分
一、樫手子　弐丁　代四匁
一、樫棒　拾五本　代弐拾弐匁五分
一、五右衛門風呂　壱　代六拾匁
一、弐間りん木（入口桶敷木二階ニ遣）　但幅六寸　高四寸五分　弐拾本　代八拾匁
一、壱間りん木（大桶敷木）　但幅六寸　高四寸五分　五拾本　代百匁
一、番匠槌　五本　代弐匁
一、莚　四百枚　代弐百匁
一、鍋蓋共　大小三枚　代四拾五匁
一、桶類　大小五つ　代拾五匁
一、井戸　壱つ　但し渡り四尺五寸　皮厚さ弐寸　赤身もの　代三百五拾匁　但し堀手間賃銀の義は其所により相分り不申候

一、油樽　壱つ　代三匁五分
一、木呑　但槙也　弐百本　代百匁
一、竹呑　但袋添　五拾本　代六匁
一、樽詰上戸　弐つ　代拾六匁
一、千木但廿五貫掛り　壱丁　代三拾八匁
一、硯箱　壱つ　代六匁
一、箕　壱枚　代壱匁五分
一、酒荷桶　五荷　代八拾匁
一、中取棒　拾本　代七匁
一、藁打槌　七本　代三匁
一、飯櫃　三つ　代拾五匁
一、膳碗　小皿共　拾五人分　代弐拾弐匁五分
一、遣藁　壱万六千把　代弐百匁
一、井戸場上戸　但足共　代三拾匁

一、同刎水　並立木共　壱組　代四拾匁
小計　弐拾五貫弐百三拾四匁七分
洗場諸道具並釜屋廻り
一、白米船　壱組　代三拾匁
一、米溜桶　弐つ　代六匁
一、ごんぶり　弐つ　代七匁
一、米明せいろう　弐つ　代九拾匁
一、飯溜桶　七つ　代弐拾四匁五分
一、樫ぶんじ　弐本　代弐拾五匁
一、米漬桶　大小三本　代弐百五拾匁
一、大釜　四尺　壱羽　代壱貫目
一、甑取梯子　壱つ　代八匁
一、敷布丹波布六布角　壱枚　代弐拾匁
一、釜上戸　壱つ　代三匁五分
一、鉄火まとふり　壱丁　代拾五匁
小計　弐貫弐百八拾弐匁
室道具
一、檜柱　長弐間　末口四寸五分　三拾本　代三拾六匁
一、室戸前　壱組　代弐拾目
一、飯通し　弐尺五寸角　銅綱付　壱　代拾六匁
一、飯盛桝　壱つ　代弐匁五分

一、井戸場行燈　壱　代三匁五分
一、萬石通し　壱組　代四拾匁
一、水桶　壱本　代三拾五匁
一、洗半切　台共　渡し五尺六寸　高壱尺弐寸　代五拾匁
一、洗場八方　皿共　壱つ　代拾弐匁
一、同かき桶　三つ　代拾五匁
一、甑　壱
底無甑　壱　代弐百五拾匁
一、洗場せいろう　壱つ　代拾匁
一、脇釜　壱羽　代三百目
一、甑さる　壱つ　代三匁
一、甑たすけ　壱組　代八匁
一、鉄火十能　布七寸五分　長さ一尺　壱　代弐拾匁
一、銅火桶　高さ壱尺弐寸　丸口九寸　壱　代六拾匁
一、檜柱　長弐間　末口五寸　八本　代三拾弐匁
一、室床　壱つ　代三拾目
一、糀蓋　四百五拾枚　代三百六拾目
一、こぎ板　七枚　代三匁五分

一、棚廻り　壱弐　代弐拾五匁　　一、湯気出し　弐つ　代六匁
一、斗桶　壱つ　代弐匁五分
小計　五百三拾三匁五分

船場廻り諸道具

一、酒船　中弐尺八寸　長さ七尺五寸　高さ三尺四寸　凡拾四石入　但揚船弐艘 売船壱艘　代壱貫八百目
一、男柱　長さ弐間　尺四寸角　但貫共　三本　代五百五拾目
一、檮刎棒　但仮棒弐本添　三本　代九百六拾目　　一、備前壺　弐石五斗入　弐つ　代六百目
一、垂口杓　弐本　代五匁　　一、揚たらい　壱枚　拾六匁
一、走り　壱つ　代三匁　　一、揚桶　壱対　代拾弐匁
一、口桶　壱対　代四匁　　一、垂口上戸　壱つ　代壱匁五分
一、水のう三つ　代三匁六分　　一、壺蓋　弐面　代八匁
一、藁組　百六拾本　代五拾三匁　　一、なんばん金　壱つ　代弐匁
一、酒船敷板　六枚　代三拾匁　　一、阿弥陀車　弐両　刎棒　巻上用　代七拾匁
一、酒袋　千五百枚　代弐貫五百目　　一、掛石　百弐拾個　代弐百拾六匁
小計　六貫八百三拾四匁壱分
惣合計　三拾四貫八百八拾四匁三分

以上のような仕込蔵で使用する⑴大蔵遣い道具、⑵洗場諸道具ならびに釜屋廻り、⑶室道具、⑷船場廻り諸道具など、それぞれの作業に適合した専門の諸道具を生み出していると同時に、その容積も増大されていった。なかでも蒸米に用いられる大釜と甑、醪仕込のための大桶（三〇石の仕込桶）、成熟した醪を圧搾する酒船の「遣い道具」の出現とその容積の増大は、千石蔵の出現によってはじめて可能となった。この千石蔵の建造費銀三〇貫七五八匁、諸道具類銀三四貫八八四匁、合計銀六五貫六四二匁という厖大な設備投資を必要とする。天保六年当時の堂島米価から換算

すると、米八七四石に相当する。これは固定資本への投資額で、実際にはこのほかにさらに流動資本部分の投資をも考慮にいれると、酒造業における投下資本額がいかに巨額であったかを知りえよう。

このような酒造諸道具の大半は諸種の桶類であるが、これら桶類その他の小道具にいたるまで、その用材は杉によっている。そしてその産地は紀伊・大和の吉野産を第一とし、土佐・日向・薩摩のものがこれにつぎ、灘地方ではほとんど吉野杉を用いていた。また用材に杉を用いることは、この杉の木香が酒味に影響するところが大きく、木の質の選択や伐採後の乾燥の度合いなどにも細心の注意が払われていた。以下『灘酒沿革誌』（三三七—三四一頁）にしたがって、酒造道具の名称および用法について説明しておこう。

釜 米を蒸し、湯をわかし、また酒の火入れに用いられるもので、大釜と脇釜の二種類がある。大釜は口径三尺二寸ないし四尺二寸、脇釜は口径二尺五寸ないし三尺五、六寸である。

甑（こしき） 米を蒸すのに用いるもので、桶のような形をし、その構造によって底甑と吹貫あるいは井楼・打貫と称せられるものとの二種があった。底甑は口径四尺ないし五尺五、六寸、底径三尺七寸ないし五尺三寸、深さ三尺ないし四尺である。

麹蓋 別名麹板とも称され、長さ一尺五寸、巾一尺五寸、深さ一寸五分で、製麹の際に用いるものである。

半切 種々の用途に供せられるものであるが、主として酛摺（もとすり）に使用される。その形は大きな盥（たらい）のごとく、口径三尺五寸、深さ一尺余である。

酛卸（もとおろし）**桶** 別名壺代（つぼだい）とも称され、酛を熟するのに用いられる。口径三尺五寸内外、底径三尺一寸内外、深さ二尺二寸ないし二尺九寸、またその容量は一石七、八斗である。

仕込桶 別名大桶とも称され、醪の仕込みに用いられる。またその深さによって六尺五寸、六尺、五尺五寸とも称される。口径六尺五寸ないし七尺五寸、底径六尺ないし六尺五寸である。

入口桶 別名澄（すまし）桶とも称され、搾揚げた清酒の滓引に用いられる。またその深さによって四尺五寸とも称せられる。口径五尺ないし六尺、底径四尺ないし五尺、深さ四尺ないし五尺である。

滞引（おりびき）**桶**　すでに滓引した清酒を入れる桶で、おおむね仕込桶・入口桶によって代用される。

夏囲桶　火入れを終った清酒を貯蔵するために用いるもので、やはり仕込桶や入口桶によって代用される。

遣（つかい）**桶**　醪の仕込に用いるもので、その深さにより三尺、三尺七寸とも称される。口径三尺五寸ないし四尺、底径三尺ないし三尺五寸、深さ三尺ないし四尺である。

水桶　仕込水の貯蔵に用いるもので、その容量は一定せず、大体口径四尺、底径三尺七寸、深さ三尺七寸位である。

漬桶　洗米を浸漬するのに用いるもので、その容量は一様ではないが、口径・底径は大体水桶に等しく、深さは三尺内外である。

暖気（だき）**樽**　熱湯を入れて酛に加温するために用いるもので、その形は普通の樽よりも長く、容量は一斗内外である。

酒槽（さかふね）　酒船ともかき、醪を圧搾するに用いるもので、大体長さ六尺ないし八尺、巾二尺ないし二尺五寸、深さ三尺ないし四尺である。

酒袋　醪を入れ、酒槽で圧搾する際に用いるもので、麻布でつくられ、渋（渋柿を圧搾してとった液）に浸漬して用いる。長さ二尺五寸、巾一尺五寸弱である。

男柱　醪を圧搾する際に用いる梁木（しめぎ）の支柱のことで、おおねむ欅でつくられている。高さ一丈、周囲五尺位である。

梁木（しめき）　別名刎（はね）棒とか箒木（はねき）とも称され、長さ四間、周囲四尺にして椋または榎にてつくられ、その一端を男柱に支持して槽の上に横たえ、他の一端に石を懸けて醪を圧搾するものである。

鎮石　梁木の一端に懸ける石のことで、一槽につき一個一五、六貫のもの約二〇個を要する。なお「端石（はないし）」と称し、梁木の最端に懸けるもの三個を必要とし、その目方はとくに重い。

層枠（かさ）　槽中の醪入袋を圧搾するのに用いるもので、高さ一尺余その他長さ、巾は槽の大きさに準ずる。

垂壺（たれつぼ）　槽前に埋め流出する酒を受けるもので、備前産のものがよいとされている。しかし往時はもっぱら桶を使用したといわれるが、桶・甕ともにいつごろより使用されたかの確証がない。

蕪櫂　別名酛櫂ともいい半切桶における酛に用いる。

酛卸櫂　酛卸桶における酛に用いる。

三尺櫂　三尺桶における醪に用いる。

二酛櫂　仕込桶における醪に用いる。

試（ため）**桶**　耳のあるものを「手様（なめ）」といい、ないものを「切様（ため）」という。その容量は一斗五升余にして、水を量るのに用いる。

飯為（めしため）**桶**　容量は一斗余で、蒸米を運搬するのに用いる。

口桶　酒槽の樋口に使用する小桶のこと。

狐口桶　醪を袋に入れる際に用いる小桶のこと。

担桶　水・渋・酒等をそれぞれ運搬する際に用いる。

小狙（さる）　別名「猫」とも称され、甑底の孔を蔽うものである。

揚桶　待桶または小出桶とも称され、醪を仕込桶より移す際に用いるもので、普通三尺桶で代用される。

掻桶　蒸米を甑より移すのに用いる。

突起（へら）　甑中に粘着せる蒸米を取るのに用いる箆（へら）のことである。

奔り（はしり）　酒槽の樋口に置き、醪をため桶へ流し込む樋の形をしたものである。

突揚　押木を揚げる鐘木のこと。

桶休　試桶を置く台のことで、休座（きゅうざ）ともいう。

掠摩（かすり）　桶底に残った酒、あるいは醪を汲み尽すのに用いる。

洗揚せいろう　洗米の際に用いる。

くるまき　梁木を上下するのに用いるもので、周囲はおおむね一尺五寸ないし二尺である。

第八章　酒造働人と酒造習俗

1　酒造蔵人と職名

千石蔵の出現は、生産手段たる精米における水車の利用と、酒造道具の細分化と容積の拡大化によって果され、それに応じて吸水率の増大を可能にし、仕込期間の一〇〇日間への短縮と量産化への技術的進歩が達成され、ここに酒造マニュファクチュアの定型を確立するに至った。次にこのような千石蔵の確立にともなう雇用労働の分業形態についてみてゆこう。

仕込工程に従事する蔵働人については、杜氏（とじ）・頭（かしら）・衛門（えもん）・酛廻（もとまわ）り・釜屋（かまや）・上人（じょうびと）・中人（ちゅうびと）・下人（したびと）・飯焚（めしたき）等の役職名がある。

「杜氏」は「頭司」とも書かれ、俗称「おやじ」（親司）といい、酒造家より仕込に関する全責任を負わされており、「頭」以下の一般労働者の監督の任にあたる者である。「頭」は「脇（わき）」とか「世話やき」・「年寄」とか称され、杜氏を補佐する副杜氏として仕込に従事する者である。「衛門」は別名「大師」（代師）とも称し、麹仕込工程の責任者である。「酛廻り」は酛仕込工程の責任者で、酛仕込中の一切の操業を指揮する。「釜屋」は蒸米の釜作業の責任者で、とくに「甑取（こしきとり）」という蒸しあがりの酒米を甑の中から取り出す大役を務めるもので、普通「上人」のなかよりとくに経験の豊富な者が選ばれる。その他にも仕舞個数が増大し、造石高が増加するにしたがって、蔵の内外の諸道具整備の責任者として「道具廻し」、圧搾工程の責任者として「船頭（せんどう）」がおかれる場合もある。

「上人」・「中人」・「下人」は前記の各工程の責任者のもとで実際に各作業に従事する者で、とくに「下人」は「追廻し」とも呼ばれ、「水汲」もこのなかにはいる。なお、「飯焚」は「飯屋」（ままや）とも称され、最年少者の新参が選ばれ、杜氏以下全労働者の食事一切の世話をする者で、いわば見習ともいうべきものであった。

しかし、こうした労働編成の名称的分化がそのまま作業の分業形態をとって、一労働者群にその原料を供給し、麹仕込工程↓酛仕込工程↓醪仕込工程へと各工程が、空間的並列によって同時に進行するものではない、という点に留意しなければならない。すなわち頭・衛門・酛廻り・釜屋は主体的分業者であり、上人以下は、そのもとで働く補助的単純協業者であるとはいえ、主体的分業者といえども、作業の進行に応じて担当工程以外の作業においては、補助的労働者たるにすぎないことである。前記の千石造りの定型―仕舞高一〇石の一ッ仕舞の場合、毎日一〇石の蒸米を蒸し、一部は麹仕込に他は初・中・留の添仕込（掛仕込）に用い、さらにまた圧搾工程の酒しぼりを行なう等、こうした工程を毎日繰り返してゆく。そこに働く労働者は、そうした作業順序にしたがって全員が協業の形をとって労働力を発揮してゆくことになる。それゆえ、酒造マニュファクチュアが各酒造作業工程に形の上では分業形態をとりつつも、各作業はいずれも単純協業で貫かれている。そこに酒造マニュファクチュアという場合、手放しで分業にもとづく協業として、有機的マニュファクチュア範疇を適用することはできない。むしろ段階的労働の下にある単純協業＝特定の分業形態として理解すべきであろう。

この千石蔵に雇用される蔵人数については、貞享年間（一六八四―八七）の著述たる『童蒙酒造記』には、「酒千石に働人十人、但麹師右之外也。但百石一人にて手廻し難成、少しも多き程手廻し能候」とあるが、酒千石に麹師を除いて一〇人とは、技術的に幼稚な段階での最小限の人数を規定したものと思われる。明和九年（一七七二）の池田の酒造年寄の「書上」によれば、「酒千駄ニ付人数凡四十人相掛」るとある。酒一駄は二樽（四斗樽）でその実量は普通三斗五升であるから、酒千駄で七〇〇石となる。当時の技術段階では、酒七〇〇石を造るのには大体酒造米千石を要するゆえに、酒造米千石につき約四〇人余ということになる。

しかし、この数字は、文化一三年（一八一六）の今津郷の小豆嶋屋（鷲尾家）中店の場合、造石高八〇〇石で蔵働人一一人・碓屋二八人となっている点から考えて、おそらく碓屋を含めた人数と思われる。その他の史料から、千石蔵で一ッ仕舞の場合、杜氏・頭・衛門・酛廻り・釜屋が各一人ずつ、上人・中人・下人が各二人ずつ、それに飯焚一人を加えた合計一二人が、一応雇用人数の基準と考えられよう。

なお、仕込工程の準備工程たる精米については、足踏精米の場合、碓屋はその作業がまったくの単純協業の形態をとってなされ、その責任者は「碓屋杜氏」と呼ばれた。しかし、全稼働日数を継続して働くものはこの碓屋杜氏だけで、他はたえず入れ替り就業するのが当時の一般的な形態で、この点については次節で触れよう。また水車精米による千石造りの場合、舂米屋(または米車働人・水車稼人ともいう)は「外廻り」と「内廻り」に分れ、「外廻り」は牛車(ごろた車ともいう)で米を運搬する「牛追い」とその「頭」の二人からなり、「内廻り」は、精米に従事する「老祖(ろうそ)」(水車小屋の長老、水車杜氏とでもいうべきか)一人に、「米踏」・「上人」・「中人」・「桝取」各二人・「飯焚」一人合計一〇人からなり、「内廻り」・「外廻り」あわせて一二人となる。足踏精米の二〇人前後という労働力の投入に比較すれば、水車精米の場合一二人となり、この点で蔵働人一二と均衡が保たれ、ここに改めて労働編成の上からも水車精米の果した役割が確認できよう。

2 賃銀および支払方法

次に、酒造蔵に雇用される労働者の賃銀について述べよう。いま文久三年(一八六三)の御影村嘉納治郎右衛門所持の本店蔵における労働者の賃銀を表示したのが、第31表である。稼働期間は一一月一七日より翌年二月一九日までの九一日で、造石高六九四石・雇用人数一四人である。そのうち甑仕舞(添仕込工程終了時)の二月二日には、下人の二人は先帰りし、したがって甑仕舞より総仕舞までの実働者は一二人となる。②の頭以下の賃銀は、役職によって日給制となり、この日給に稼働日数を掛けたものが、労賃である。この日割計算による賃銀算定方式の意義については後述する。頭司の賃銀は、こうした日割計算によらずに、請負制となっている点が注目される。それ故に、頭司の賃銀は文久三年には「一造七〇〇匁」であり、元治元年(一八六四)には九〇〇匁となって、稼働日数には関係がない。しかしこれを日割計算すると、銀七匁七分となり、頭の銀二匁三分とはかなり格差が認められ、さらに飯焚の銀一匁

第31表　文久3年嘉納治郎右衛門所持の本店蔵の蔵人給銀

蔵働人	稼働期間	労働日数(日)	日給(匁)	給銀(匁)	看板料	心附(匁)
①頭　　司馬之助	11月17日～2月19日	91	(7.7)	700.0	銭2貫文	25.46
②(　頭　)平右衛門	〃	〃	2.3	209.3	〃	〃
③(衛門)亀　吉	〃	〃	2.2	200.2	〃	〃
④(酛廻り)新　助	〃	〃	〃	〃	〃	〃
⑤(釜屋)菊　造	〃	〃	2.1	190.1	〃	〃
⑥(上人)万　助	〃	〃	1.9	172.9	〃	〃
⑦(　〃　)長　国	〃	〃	〃	〃	〃	〃
⑧(中人)礒次郎	〃	〃	1.7	154.7	〃	〃
⑨(上人)与三郎	〃	〃	1.9	172.9	〃	〃
⑩(　〃　)元　平	〃	〃	〃	〃	〃	〃
⑪(下人)直次郎	11月17日～2月2日	72	1.5	111.0	〃	24.94
⑫(　〃　)岩　吉	11月17日～2月19日	91	〃	136.5	〃	25.46
⑬(飯焚)和　吉	〃	〃	1.2	109.2	〃	〃
⑭(下人)佐　吉	11月17日～2月2日	72	1.5	111.0	〃	24.94

(注)(頭)以下の役職名は、便宜上記載したもので、本史料には頭司以外の記載はない。
(史料)文久3年「本店仕込帳」(本嘉納家文書)

二分と比較すればさらにその格差は著しい。

このように杜氏の賃銀が「一造り何匁」という請負形態をとり、頭以下の一般蔵人との間に賃銀格差が認められることは、杜氏が酒造仕込期間中にいっさいの責任を課せられていることに対する報酬であり、酒造仕込という集約的な作業労働に対応して、頭以下の蔵人全員を直接掌握してゆくための物質的基礎が与えられているものと思われる。そして頭以下飯焚きまでに至る賃銀格差は、技術伝習的、年功序列的な個人差を反映してのことと想定される。したがって、次に述べる技術と熟練を必要としない火入れ労働の場合には、この仕込労働から分離して算定しており、ここに賃銀算定において生産労働に対する価値評価がみられる。

以上のような労賃のほかに、看板代と心附がある。看板代は銭二貫文が支払われ、これは寝具代で、元来酒造家の方で貸与すべきところを蔵人が持参したことに対する代償である。心附は親司・頭の区別なく一律に支給されているが、稼働日数に応じて九一日の者には銀二五・四六匁、先帰りの二人に対しては銀二四・九四匁と、ここでも、実働日数に応じた報酬額となっている。

仕込労働と火入れ労働に対する賃銀の性格をみるために、

第32表　嘉永3年における仕込労働と火入れ労働の労働日数と賃銀

鳴尾村辰屋与左衛門新場

項目 / 名前	仕込労働				火入れ労働			
	稼働期間	労働日数(日)	日給(匁)	賃金(匁)	稼働期間	労働日数(日)	日給(匁)	賃金(匁)
① 頭司 作二郎	12月1日〜2月19日	89	(3.88)	350.0	3月5日〜4月5日	30.0	1.2	36
② 頭 卯之助	〃	〃	1.4	124.6				
③ 衛門 儀八	〃	〃	1.4	124.6				
④ 樽詰 金兵衛	〃	〃	1.2	106.8	3月18日〜3月27日	10.0	1	10
⑤ 上人 清吉	12月1日〜2月12日	72	1.1	79.2				
⑥ 〃 幸兵衛	12月1日〜2月29日	89	1.1	97.9				
⑦ 釜屋 儀左衛門	〃	〃	1.05	93.5				
⑧ 中人 伊作	〃	〃	1.0	89.0				
⑨ 下人 文蔵	12月1日〜2月12日	72	0.95	68.4				
⑩ 〃 竜蔵	11月29日〜2月29日	89.5	0.95	85.3				
⑪ 飯焚 宗平	12月1日〜2月29日	89	0.8	71.5				
⑫ 常二郎					3月15日〜3月27日	13.0	1	13
⑬ 弥助					3月15日〜3月27日	13.5	1	13.5
⑭ 利兵衛					3月16日〜3月26日	10.5	1	10.5
⑮ 小兵衛					3月20日〜3月27日	8.0	1	8

(注)　⑩および⑪は労働を始めた日が「ひるから」であるので、その日は0.5日として計算されている。

⑬は13日と、「内半人間違加ル」として、13.5日となっている。

(史料)　嘉永3年11月「新場万覚帳」(辰馬宇一家文書)

嘉永三年（一八五〇）における鳴尾村辰屋与左衛門家の新場（蔵）の「万覚帳」によって作成したのが、第32表である。仕込労働とは既述のとおり、麹仕込工程・酛仕込工程・醪仕込工程・圧搾工程の進行する中心的な労働期間で、酛始めから総仕舞までの仕込工程期間である。この仕込完了後には、大部分の者は帰郷するが、一部の者は絞った酒を火入れするために、火入れ労働（酒焚〈さけたき〉ともいう）に従事する。これは清酒の発酵を防止するために行うもので、大体総仕舞後一五日間位までの期間である。この表では、仕込労働は一二月一日の酛始めから二月三〇日の総仕舞までの八九日間で、途中甑仕舞の二月一二日以後は⑤上人清吉と⑨下人文蔵が先帰りしている。総仕舞以後は親司と樽詰がひきつづいて火入れ労働に残り、他の七名は帰郷している。代わって火入れ期間に新たに四人の者が雇用されている。したがって火入れ期間の労働者数は六人となる。

仕込・火入れ両労働とも、厳密に実働日数によってその賃銀が計算されており、例えば⑩下人竜蔵のごときは一一月二九日の昼から労働を開始したために、二月二九日までの労働期間が八九・五日として計算され、同じく火入れ労働の⑭利兵衛も同様である。このように賃銀が実働日数に対してのみ支払われていることも、第31表の場合と同様である。とくに注目すべきは、仕込労働の親司（杜氏）をはじめとする賃銀格差は著しいが、火入れ労働における親司の賃銀は仕込労働にみられたような請負制ではなくて、銀一・二匁という日給制になっており、しかも他の五人の一日一匁と比較して、仕込労働にみられた賃銀格差は認められない点である。要するに火入れ労働が労働の質において仕込労働と比較した場合、中人程度にしか評価されていないことを示している。このことは、仕込労働が火入れ労働より、より複雑な労働であり、より強度の労働として評価され、したがって賃銀算定基準がかかる生産的労働の質的差異によって価値評価されていることを意味している。

なお、賃銀の支払形態と関連して、雇用方法について付言しておこう。たとえば、伏見の場合、酒造労働者は主として丹後に供給を求めたが、そのような労働者を周旋する丹後宿仲間が存在していた。仲間結成は安永七年（一七七八）のことで六軒からなり、彼らは伏見酒造仲間と労働者との間に寄生し、労働者の斡旋はもちろん、労働者の身元引受人となり、酒屋との賃銀交渉も行ない、また労働者より部屋代と称する仲介手数料を受取る労働請負業者でもあった。

天明六年（一七八六）に仲間外の宿営業者を排除する目的で伏見奉行所が出した触書には、次のように述べている。

先年丹後宿仲間相立冥加銀相納、丹後・越前其外国々他所より当地米屋・酒屋・百姓抔に米踏働に入込候者共の宿並に働先へ口入等致渡世仕来り候処、当地端々にて心得違の者も有之候、右仲間六軒の外同様紛敷宿いたし、近来他所他国より参り付候もの働先馴染出来候得ば其手次を以、当宿抜働先へ直送入等いたし、且又京都にても丹後宿へ参居候者を当地米屋・酒屋へ相雇等候故、当地六軒の者共差支相成及困窮、（中略）右之通仲間之冥加銀上納致渡世候事に候得ば、仲間外にて宿並京都雇ひ入直這入等の者雇入候義堅く致間敷候、

（『伏見酒造組合誌』一四八頁）

また江州滋賀郡坂本村の酒造米高一五〇石前後の一地主酒造家の場合にも、仕込労働は当家と小作関係にある奉公人を雇用したが、碓屋は大津の請屋を通じて北国筋の出稼農民に求めた。この請屋は、碓屋働人の周旋料やふとん代

を酒造家から受取る一方、碓屋働人からも請宿代を受け取るという仕組みになっており、しかも働人の賃銀が酒造家から直接手渡されずに、一度請屋の手元にはいり、請屋が請宿代を差引いた残額を働人に手渡すというケースもあったという。こうした場合、碓屋働人はまったく請屋に隷属しなければならなかった。

さらに大坂においても、元禄年中より大坂口入屋仲間があって、それは北国筋の達者なる郷民どもを募集し斡旋する労働請負業者の仲間で、享保一五年（一七三〇）には三〇軒を数えたという。この口入屋仲間の文化九年（一八一二）二月の「式目」に、

> 銘々家業之儀者、元禄年中三郷酒造屋蔵男并米踏働人等寒中之働ニ付、当地之奉公人抔ニ而難相勤、依而右様荒働相勤候人柄之者口入請負仕、是ニ付北国筋都而雪国之農業難出来冬分諸方江稼ニ罷出候達者成郷民共、当地ゟ雇ニ罷越、尤困究之者ハ登坂之路用等貸付致置、依而追々当着之人々口入致、右之通年々仕来渡世罷在候、
>
> （森本家文書）

とあり、酒屋蔵人・碓屋働人がいずれも他国者であるため、北国筋よりの登坂の費用までも前借しているのである。

これらの口入屋の前貸形態は、高利の貸借関係を通じて労働者を拘束してゆく近代的賃労働以前の雇用形態であり、そこに口入屋の仲介は、かかる拘束を通して労働者を中間搾取してゆく前期的労働関係を温存せしめる。しかし灘酒造業の場合、とくに蔵人に関するかぎりは、このような口入屋の介在は認められない。しかしだからといって、単に口入屋が介在しない事実をもって、直ちに近代的雇用形態であると断定することはできない。ここに灘酒造業における杜氏の重要性が改めて考慮されねばならない。

頭以下の賃銀が日割計算によって算定され、前貸されていても、それはあくまで杜氏を介しての蔵人への前貸である。かかる前貸は、杜氏の責任においてなされる。杜氏の賃銀のみが、日割計算によらずに造石高に応じた請負的性格をもち、しかも頭以下との賃銀格差の拡大は、こうした杜氏による蔵人の掌握支配を容易にし、杜氏を通じて労働規制を強化し、杜氏の責任において同郷同村出身者の一蔵の労働編成が可能となるのである。ここに口入屋の介在を必要としない灘酒造業の蔵人雇用方法の特質があったのである。

3　杜氏のきた道

一般に播州杜氏とか丹波杜氏とかいう場合、いわば杜氏を頂点とする酒造働人＝蔵人の出稼集団をいう。そういった杜氏集団が、酒造業の発展と対応して、いつころからどういう形で形成されてきたのであろうか。

愛宕祭は酒どころ伊丹町の祭りである。その日は旧暦七月二四日にあたり、ちょうどそのころに丹波・丹後方面から蔵働き人として〝百日稼〟が伊丹の酒屋へやってくる習慣になっていた。この出稼労働と結びついた愛宕祭について、『日本山海名産図会』は次のように描写している。

愛宕祭、七月廿四日、愛宕火とて伊丹本通りに燈を照らし、好事の作り物など営みて、天満天神の川祓にもおさ〳〵おとることなし、此日酒家の蔵立等の大なるを見んとて、四方より群集す、是を題して、宗因

天も燈に酔へり　いたみの大燈籠

酒家の雇人、此日より百日の期を定めて抱へさだむるの日にして、丹波丹後の困人多く幅奏すなり、

この愛宕祭の当日は、伊丹本通りは人出でにぎわい、その本通りに面して軒を並べた各酒屋の玄関前には、酒をいれた桶に杓をつけておいてあったという。そして各自が思い思いにこの杓で酒を飲み歩いた。現代流の〝梯子酒〟というべきか。つまり年に一度の酒屋の振舞酒であった。この人びとでごった返すなかを、丹波、丹後からやってきた百日稼の蔵人たちが、酒屋の門をくぐったのである。そしてこの日より、伊丹の新酒の仕込みが始まったのである。

伊丹の文人梶曲阜の著わした『有岡古続語』にも、「愛宕火」の一節に、次のように書いている。

七月廿四日愛宕火といひていつのころよりか盛なりし事、国華万葉記にもしるさることく、今猶其習はせにて、作り物なと出せる事あまねく人は知る処也、われも其古きこととともおもハれず、酒造始りてよりの事ならん歟、酒造家ハ薪を多く費し火を焚く事他に異なれハ、愛宕権現を祭りて火難を遁るゝやうに祈願せるゆへならんかし、七八十年以前はけしからず賑やかにて、往来の人まことにおし分かたく軒下に余れるゆへ行馬（ヤライ）なと構

へしと、今其やらひを立るは何のためぞやもとを忘れぬ、志やさしともいはん、西山宗因の句に

天も酔りけにや　伊丹の大灯籠

ケ様の詠もありしと聞ゆ、

（『伊丹市史』第四巻、六九八頁）

このようにして近世前期には、丹波・丹後から蔵人たちが、伊丹・池田の酒どころへ百日稼として出稼ぎしてきたのである。

そもそもこうした出稼ぎが始まったについては、次のような労働給源地たる篠山藩での事情があった。それは近世初期には本役百姓の有力農民のもとに隷属していた家来＝下人百姓が、領主側での農業生産上の改良、なかんずく溜池造営による農業生産力の上昇によって、元禄から享保期の一七世紀前後に、下人の身分から解放され自立化への道が開かれた。この過程で隷属農民が独立してゆく状態は、次の史料によって知ることができる。

奉願上候口上之覚

私抱義八儀抱離呉候様相頼申ニ付、届之通改出申度奉存候間、御慈悲之上、右之趣御聞届ニ為成下、右願之通為仰付被下候ハバ、難有可奉存候、以上

享保七年亥四月

矢代村　市太夫

右市太夫願上候通、相違無御座候ニ付、奥印仕差上申候、御聞届ニ為成下候ハヽ、宗門帳五人組へ書かへ差上可申候、以上

肝煎

庄屋

御代官様

（小林米蔵編『丹波杜氏』一〇二頁）

こうして独立した隷属農民は、一部は地主の年期奉公人となったが、他は伊丹・池田をはじめとする摂津への他所稼ぎをするようになり、かれらが百日稼ぎよばれる酒造出稼集団を形成してきたのである。しかしこのような農村外部からの農民の雇用誘致の手がさしのびてくると、これまでの安価な労働力に依存していた手作り地主経営は、当然のことながら危機に直面するにいたる。手作地主の危機は、つまり藩財政の危機でもあり、領主側は地主擁護の立場から、極力出稼農民の村外への出稼ぎを阻止せざるをえなくなった。ここに宝暦四年（一七五四）に、篠山藩では百日稼をふくむ他所出稼ぎを制限する「奉公人定」を設けたのである。

奉願候口上之覚

当組村々ゟ五年来摂州池田・伊丹辺に百日奉公として罷越候者共、当春御吟味之上、向後十月十五日よりハ勝手次第御願申上罷越候様ニと被仰付奉畏候、然処ニ当年ハ旱損御座候ニ付、此節暫之中被遣被為下候様ニ奉願候処、御慈悲を以被為聞召届、当月廿九日迄之中御赦免被遊候段難有奉存候、右日限無相違被帰、田畑農業仕廻揚、猶又罷越度者ハ十月ゟ可罷越、尤明年ゟハ御定之通急度相守御願儀候茂申上間敷、為念依而如件、

右之通御上様へ御願被下、当月廿九日迄之義ハ御赦免被遊被下難有奉存候、右日限無相違被帰農業可仕候、仕廻揚候ハ十月十五日より後御願申上、其上罷越可申候、猶又明年よりハ御願ヒ間敷義一切申上間敷、万一相背候者御座候ハ、如何様之御咎に而も可被仰付候、為後日印形仕差上申候、以上

宝暦四戌年八月七日

矢代奥村　五兵衛倅善七、同親五兵衛

（以下略）

（嵐瑞澂著『義民伝 市原清兵衛』六七―六八頁）

しかし出稼農民に対するこのような処置も、出稼によってえた賃銀で年貢その他の再生産を可能にしていた農民にとっては、何の効果もなく、藩側の弾圧が強まればそれだけ非合法化してゆくのみであった。こうした藩側の弾圧に対する反動が、寛政一二年（一八〇〇）のいわゆる義民市原清兵衛・佐七父子の江戸における禁令解除の越訴にまで

展開した（嵐瑞澂著『義民伝 市原清兵衛』）。そしてこれを契機に享和二年（一八〇二）には、藩側で「大坂・池田・伊丹百日奉公御差留之処、勝手次第被仰渡事」として、秋彼岸より春三月までの百日間の出稼を許可し、さらに杜氏と脇杜氏にかぎって、酒焚（火入れ）・土用洗い・渋染の「夏居三十日」が認められたのである。やがて灘酒造業の飛躍的発展を示す文化一〇年（一八一三）には、改めて「御条目」なるものを公布し、摂津の酒造家へ百日稼以外に出稼ぎすることを禁止し、かつ百日稼および夏居の者の名前の届出制を実施した。もしこの届出をしない者に対しては、抜け奉公として罰せられ、届出者には冥加銀が賦課されたのである。いまその届出の一例を示すと、次のとおりである。

乍恐書付ヲ以奉願上候

当御領内丹州多紀郡
福井村中村百姓
長兵衛倅　馬之助　当辰　十九才
十兵衛倅　柳　助　〃　廿一才
直治郎倅　安左衛門　〃　卅　才
仲左衛門倅　幸　助　〃　廿一才

右之者は今度竹垣元右衛門様御支配所摂州菟原郡大石村松屋甚右衛門方ニ、当辰十月ゟ来年巳三月迄酒造稼ニ罷出度旨申出候ニ付、篤と相調候処相違無御座候、何卒御聞済被為成下様奉願上候、以上

天保十五年辰年十月

中村肝煎　利右衛門㊞
同断　勝右衛門㊞
庄屋　矢野両左衛門㊞

篠山御代官所

前書之趣承而置候、以上

青山下野守家来

清水真砂右衛門

（小林米蔵編『丹波杜氏』一三〇頁）

こうして近世前期には丹波・丹後から蔵人たちが、伊丹・池田の酒どころへ百日稼として出稼ぎしてきたが、やがて中期以降に灘酒造業が発展してくると、出稼の舞台は西摂の灘目・今津に移っていった。前者の有馬街道の道から、後者は六甲越えの山越えの道であった。そして明治の晩年まで、丹波をでて灘の酒屋へむかう蔵人たちは、蒲団と行李（看板という）を担って、途中一泊、六甲山越しに歩いてやってきた。飯焚、追廻しに採用されて、はじめて灘へ出てゆく一四、五歳の少年たちは、六甲山頂から見おろす大阪湾が、生まれてはじめてみる海の色であった。正井達次郎氏が描く『丹波杜氏』裏表紙の挿絵には、この六甲山頂からみる海を「やア爺さん、おっきよい池なやア」とさけぶ少年の驚きを、ユーモラスに表現している。明治二七年、いまの国鉄福知山線の前身阪鶴鉄道が開通するまでは、山越えのけわしい旅であった。朝早く出れば、阪神間の酒屋には夕方に着く一日行程だが、少年をまじえた集団では、しばしば途中で泊まることもあった。紺のじゅばんに紺のももひき、手甲きゃはんにわらじばき。ふとん・着替えに身の廻りのものいっさいを背に振りわけ、また天びん棒にかついで峠をこえる旅姿は、江戸中期から毎年くり返されてきた丹波杜氏の出稼風景であった。

丹波でるときは涙ででたが
　藍の日出坂うたで越す

丹波の村はずれで見送りの妻子と一〇〇日間の別れをしたあと、互いに振りつづける手と手。しかし、やがて摂津との国境の日出坂峠にさしかかると、これからはじまる仕事への勇気となって歌もはずんでくる。

やるぞ伊丹の今朝とる酛で、
　お酒造りて江戸へ出す
江戸へ出す酒何がよいお酒
　酒は剣菱・男山

剣菱・男山はともに伊丹の元禄期に栄えた酒屋の銘柄で、剣菱は稲寺屋二郎三郎よりのち津国屋勘三郎へひきつがれ、男山は木綿屋庄兵衛吟醸の銘酒であった。

さて老杜氏の思い出話にきく昔の蔵入りの旅は、次のようなコースをとった。まず丹波から阪神間に出るコースは、三田から道場へ出、ここで二つに分れて、一つは六甲越え、他の一つは有馬越えとなる。六甲越えは表六甲に出てから打出・芦屋・石屋川とそれぞれ目的に近い方の道をたどり灘へでるのである。有馬越えは船坂峠から生瀬―小林―西宮へと出る。池田・伊丹にはこの生瀬コースのほか、能勢寄りの母子（もうし）峠、福住の七廻り峠から池田街道へのコースもあった。

天王大坂七廻り　みすぎなりゃこそ一度おき　越すは丹波のお倉米　九厘に九ッ峠を越して　行くか池田の大和屋へ

大和屋は満願寺屋とならんで、池田の有名な酒造家であった。この俗謡にうたいこまれているように、大坂へ運ばれる丹波米と、池田に向かう丹波杜氏が仲よく七廻り峠を越えていったのである。

これらのコースのうち、最大の難所は名塩の船坂峠であった。当時の船坂峠は、両側から山が迫っている一本の細道を歩いてゆかねばならなかった。しかも昼なお暗い無気味な峠道であった。丹波では、いつのころからか、悪戯をした子どもをおどすのに、「船坂へ連れていくよ」といえば、泣く子も黙る殺し文句になっていた。この「こわい峠」につけこんで、出稼でふところにした給金を遊興費に使いこんだあと、「船坂で追いはぎにあった」と嘘をつく若い衆もあったという。船坂は昔、狂言強盗の舞台にもってこいの場所であった。そして、それを越さなければ、百日稼へゆくことができなかった。それは出稼農民たちにとって、きびしい〝生活の道〟であったのである。

4　労働給源地の変遷と丹波杜氏

灘酒造業における雇用労働力の給源地は、『灘酒沿革誌』によれば、生瀬杜氏→播州杜氏→丹波杜氏へと移ってい

第33表　嘉納治兵衛稼働蔵における出身地別三役人数

年　代	文化14年(1817) 9蔵			文政元年(1818) 10蔵			文政2年(1819) 10蔵			文政3年(1820) 10蔵			合計(人)
職名／出身地	杜氏	頭	衛門	杜氏	頭	衛門	杜氏	頭	衛門	杜氏	頭	衛門	
灘	3	3	3	3	3	2	4	4	4	3	3	3	38
播　磨	3	4	3	3	4	4	3	4	3	5	6	5	47
丹　波	3	3	3	4	4	4	3	3	3	2	2	2	36
但　馬												1	1
計	9	10	9	10	11	10	10	11	10	10	11	11	122

（史料）寛政12年「諸事日要改」（白嘉納家文書）

たことが指摘されている。そこで今日残された史料から、この杜氏集団たる蔵人の変遷をみてみよう。

まず御影村の嘉納治兵衛家に雇用された酒造働人のうち、杜氏・頭・衛門の三役のみに関して、文化一四年（一八一七）より文政三年（一八二〇）までの稼働蔵一〇蔵について、その三役の出身地を表示したのが第33表である。それによると、播磨が四七人で、灘三八人、丹波三六人となり、播磨四〇％、灘・丹波各三〇％という比率を示している。また杜氏のみについても、大体この三者は同率である。さらに、杜氏を中心とする頭・衛門はただ一例を除いて全部同郷出身者で編成されており、したがってそれ以下の一般蔵人も、同様に同郷出身者に集中していたであろうと推測される。

また嘉納治兵衛家とともに、化政期に飛躍的発展をみせる嘉納治郎右衛門家の稼働蔵のうち、杜氏出身地が判明するもののみを摘出してみると（第34表）、寛政期には播州と灘（打出村）の杜氏であり、化政期には丹波と播州との杜氏が混在してみられ、やがて天保期以降に丹波杜氏へ集中してゆく傾向にあることがわかる。とくに既述の西蔵の場合、灘→播州→丹波への杜氏の変遷を示している。なかんずく、二ッ仕舞半から三ッ半仕舞への増大をみせる文政期には丹波杜氏であり、嘉納家で最初に丹波杜氏を雇用した蔵であったことも、注目されよう。

また今津村の天保一四年（一八四三）・弘化二、三年（一八四五、六）の小豆嶋屋の中店・丸八店でも、さらに嘉永年間（一八四八—五三）の鳴尾村の辰屋の稼働蔵のうち、杜氏出身者の判明する五蔵も、全部丹波杜氏であった。

第34表　嘉納治郎右衛門稼働蔵・杜氏出身地

年代	蔵名	出身地
寛政８～11	前　　蔵	播州
12	西　　店	灘(打出村)
文化５～９	西　　店	灘(打出村)
10・11	西　　店	灘(打出村)
12	西　　店	播州
13・14	西　　店	丹波
５～14	西　　店	播州
文政１～12	北石屋蔵	播州
１～12	中　　蔵	播州
１～12	西　　店	丹波
３～12	大 石 蔵	播州
9	大石出店	丹波
10	新石屋蔵	播州
10	浜 中 蔵	生瀬
天保４～７	前　　蔵	播州
11	前　　蔵	灘(青木村)
１～６	北石屋蔵	播州
１～３	大 石 蔵	播州
弘化３・４	中　　蔵	灘(青木村)
3	新石屋蔵	丹波
嘉永２～６	北　　蔵	丹波

（史料）各「酒造勘定帳」（本嘉納家文書）その他より作成

こうして天保期以降には、漸次丹波杜氏が灘酒造業に重要な地位を占めはじめるが、ここで時代は下るが、明治一九年の灘・東郷（魚崎・深江・青木）における蔵人の出身地を表示したのが、第35表である。これによれば、丹波が四八〇人で全体の七〇パーセントを占め、とくに多紀郡が圧倒的に多く、摂津一二七人（一八・六パーセント）で、有馬郡がその半ば近くを占めている。播磨は三七人（五パーセント）で、かつての播州杜氏の地位が完全に丹波杜氏と入れ替っている。さらに杜氏四二人のうち、丹波多紀郡からは二九人で過半数を占め、他は摂津有馬郡五人・菟原郡三人となって、蔵人の多い地域から杜氏が輩出されており、同郷出身者による杜氏集団の編成がみられる。

以上によって、灘酒造業における雇用労働の給源地は、生瀬→播磨→丹波への変遷が想定されるが、灘周辺の出身杜氏も考慮されねばならず、化政期とはまさに労働給源地が灘あるいは播磨から丹波へ移ってゆく過渡期であったことが推測される。

また前述の文化一四年より文政三年までの嘉納治兵衛家の稼働蔵の杜氏・頭・衛門の三役一二二人（四ヵ年の総数）のうち、灘出身の三役三八人の内訳は、青木村二二人・深江村九人・石屋村四人・熊内村二人・小路村一人である。また嘉納治郎右衛門家においても、寛政期には灘出身の杜氏がみられるが、それは打出・田辺・青木の各村からでている。これらの村々は、西摂沿岸でも魚崎・御影・大石・新在家にくらべて商品生産の遅れた地域か、山添いの地方である。ここでは灘地方一般の「村高不相応ニ人高多ク百姓一通リニ而ハ渡世難成」き特徴を示し、下層農民は酒

第 35 表　明治 19 年灘・東郷（魚崎郡）における出身地別蔵人数

国　名	郡　名	頭司	頭	衛門	酛廻り	道具廻し	釜屋	下級働人	合計(人)	東郷に占める割合(%)
丹　波	多　紀	29	29	32	42	34	17	249	432	63.0
	氷　上		1	1	1		2	18	23	3.3
	天　田						1	20	21	3.1
	船　井							4	4	0.6
	計	29	30	33	43	34	20	291	480	70.0
摂　津	有　馬	5	4	6	6	4		32	57	8.3
	川　辺				1	1	2	29	33	4.8
	武　庫	2	4	1		2		13	22	3.2
	菟　原	3	1				1	7	12	1.8
	能　勢						1	2	3	0.5
	計	10	9	7	7	7	4	83	127	18.6
播　磨	揖　東	2	2	1	2	2	1	16	26	3.8
	揖　西		2	1				5	8	1.2
	印　南							1	1	0.1
	赤　穂							1	1	0.1
	加　古							1	1	0.1
	計	2	4	2	2	2	1	24	37	5.3
但　馬	出　石	1	1		2	1	3	27	35	5.1
	朝　来						1	1	2	0.3
	七　美							1	1	0.1
	計	1	1	0	2	1	4	29	38	5.5
丹　後	加　佐							1	1	0.1
不　明					1			2	3	0.5
合　計		42	44	42	55	44	29	430	686	100.0

(注) 下級働人とは上人・中人・下人・飯焚を指す。
　　蔵数は魚崎村 35 蔵、青木村 4 蔵、深江村 2 蔵、計 41 蔵である。
　　杜氏数は、親子で杜氏を務めている一例があるので、1 人多くなっている。
(史料) 明治 19 年「稼人証票台帳」(魚崎酒造組合文書)

造稼か絞油稼によって生計をたてていた。すでに天明八年（一七八八）には「末末百姓」は作間稼として、酒造働人をはじめ米踏人・米踏水車・酒米仲買・酒樽屋・酒樽積入廻船業・糖粕薪の仲買等に従事しており、いわば酒造業を中核とする再生産圏を形成していた。灘酒造業の台頭期の労働力もまた、こうした灘目村々の農閑余業に依存していたのである。

しかるに、寛政期以降には次のような顕著な事実に注目しなければならない。それは灘周辺の蔵杜氏が、他国稼をしている事実である。たとえば打出村では寛政一二年（一八〇〇）一六人をはじめとして毎年一〇人から二〇人の者が、山城・近江・河内・和泉・紀伊をはじめ、遠くは若狭・武蔵・下総・常陸にまで酒造杜氏として出稼している。

また小路村においても、西宮の酒家に雇用されていた杜氏が、その出店先の総州にまで出稼し、その隣村の中尾村では、寛政四年（一七九二）には九人の者が主として紀伊方面へ酒造出稼している。

これらの事実は、それ以前までは灘酒造業の杜氏または蔵人として十分な経験と年功を積んだ者であり、早くより灘への出稼がみられた播州杜氏から直接技術の伝授を受けたものと思われる。かかる技術が他国の酒屋に認められ、また灘酒が名声を博してゆくにつれて高く評価され、他国の酒屋から優遇されて迎えられたのであろうと考えられる。

しからば、灘酒造家はこれら周辺の労働力を何故排除していったのであろうか。まず考えられるのは、賃銀の高騰である。畿内農村では棉作・菜種作の商業的農業の展開によって商品生産が著しく発達し、雇用労働力の不足が賃銀の高騰となって日雇層には有利に展開していった。灘周辺の酒造働人が他国酒造出稼に赴く一因は、「遠方え罷越候得共、給銀も宜御座候」という一面があげられる。

しかし、賃銀の高騰以上に重要な要因は、酒造技術との関連である。化政期という時期は、先にも指摘したように、勝手造りの時期で、灘酒造業にとっては造石高の増大による飛躍的発展をみせる時期であると同時に、無制限な積荷競争の結果、江戸市場で酒荷の充溢を来す時期でもあった。そこに「積留」や「積控」という酒造仲間の自主的生産規制が申し合わされていった。そうしたなかで、特定の酒造家に、仲間の申合せを破る増石がなされてゆく。その顕著な動きを、御影村の嘉納家の発展に見出すのである。そこでは既述のとおり、生産制限を仕舞個数の増大によって克服し、それを可能ならしめたものは酒造蔵の整備拡大であり、それに相応した雇用労働の編成であった。一石当りの原料米から一石以上の清酒をつくり出すためには、蒸米と水との割合＝汲水率が問題になろうし、短期間でより多くの酒を製成するためには、酛立期間の短縮を可能にする丹波流のぎり酛による醸造技術が導入されねばならない。そこに技術改良の要因があり、それに対応して労働の強化がはかられる。かかる労働の強化に対しては、共同体的規制の弛緩した灘周辺の労働力では不適確であり、それにふさわしい季節労働者の輩出が必要であった。こうした条件に適合した新しい労働供給源―それは山間部の共同体的規制の強まりゆく出稼農民によってのみ可能であった。こうした事情を、給源地丹波篠山藩における在地の動向と関連させて考察してみよう。

5　幕末における賃銀統制と労働規制の強化

一般に、酒造業においてその雇用労働力の賃銀の低廉さは、家計補充的な山間地帯の冬季出稼労働を吸引した点にあり、生産費のなかに占める賃銀支出は、寛政八年（一七九六）には冬分働人二一・三パーセント、それに踏賃・夏居日雇賃と飯米菜代を合計しても七・八パーセントという低さであった。それゆえに、酒造家の立場からみれば、酒造経営上における賃銀支出はほとんど問題にならず、天保一四年（一八四三）の「酒値段元附書上帳」でも、極上酒の原価を計算するに際し、「働人給銀之儀者糠小米生粕代ニテ相済申候」と述べて、蔵人賃銀が糠・小米・酒粕といった副産物の販売代金と相殺され、賃銀を原価計算から無視してしまっているほどである。ここにも賃銀の低廉さが現われている。

しかしながら、酒造経営が不振となり、苦境に立たされるや、酒造家の関心は労働者の規制に志向してゆく。生産費中に一番大きい比重を占めるものは、寛政八年の場合でも、原料としての酒米で六五パーセントを占め、ついで酒樽代一三パーセント・運賃五パーセントとなっている。しかし酒米に対しては、酒造家は受身の立場にあって、みずから価格を引き下げることはできない。その結果、酒造家の支配しうる範囲は、蔵人をはじめ樽屋・碓屋・樽廻船等に限定せざるを得ないのである。

灘酒造業において、酒造労働者に対する規制が強化されるのは、酒造経営内部の矛盾が表面化してくる天保期以降である。文化一三年（一八一六）の御影組酒造仲間の「酒造働人取締定書」を示すと、次のとおりである。

定

一年々酒家仕癖悪敷相成、看板と唱張籃類を持込、其外不行義之事共及見候、因茲去亥年造ゟ相改之条、左之通

一御公儀様ゟ被仰出候御法度之儀者、堅相守可申事

附火元用心第一之事

一働人看板之儀者、去酒造入込ゟ相止メ、心附として壱人前銭壱貫文・酒三升・生粕三貫目遣し可申事

但し右土産樽之儀者、仲間之内蔵数応し取拵へ、松尾講焼印を以相改、生粕之儀者苞ニ致遣し可申候、又夜具類者風呂敷包ミ持参り可申事

一夜分出入之節、頭司ゟ主人へ相断可申事

一酒蔵働人惣仕舞之節、壱人別風呂敷包相改可申事

但し酒家三軒宛組合立合之上相改可申候、尤別紙組合取拵へ在之候間、相背申間敷

一年々八月朔日ゟ酒造取懸り迄、昼寝休相止メ可申事

一近年働人不正之増長相聞申候ニ付、追々取締可申候、若以後心得違之者在之相顕候ハヽ、当人ハ格別傍背（輩）ニ至迄、其分ニ差置申間敷

但し不正於穿仲間之力難叶、村方へ願出候上、差図を以致可申事

右之条々当仲間一統村方へ願出候上、堅守候条、一統印形取置、若心得違之者於在之ハ、急度仲間及評儀可申候、已上

文化十三年子十月

御影組

仲間㊞

（『灘酒経済史料集成』上巻、六七―六八頁）

文化期のこの蔵人取締り申合せでは、これまでの夜具蒲団類を入れた看板の持込みを禁止して、以後看板代として一人につき銭一貫文、酒三升、生粕三貫目の現金・現物支給をしている点が注目され、その他酒造労働者の素行や風紀を中心として労働強化への圧力をかけるのが主眼で、賃銀統制の仲間申合せはみられない。経営内部において、いまだ酒造働人の賃銀が経営を圧迫する事態には至っていないのである。

第 36 表　蔵人（杜司・頭・飯焚）の日給比較

役職／年代	杜司		頭		飯焚	
	日給(匁)	指数	日給(匁)	指数	日給(匁)	指数
天保 9 年(1838)	3.74	249	1.5	100	0.8	53
弘化 2 年(1845)	4.9	272	1.8	100	0.75	42
3 年	3.98	249	1.6	100	0.8	50
嘉永 1 年(1848)	4.43	289	1.53	100	0.85	56
2 年	4.29	282	1.52	100	0.83	54
3 年	4.43	316	1.4	100	0.77	55
4 年	4.68	305	1.53	100	0.84	54
5 年	4.18	233	1.79	100	0.83	46
6 年	5.17	344	1.5	100	0.8	53
安政 1 年(1854)	4.3	286	1.5	100	0.8	53
3 年	4.92	328	1.5	100	0.7	46
4 年	5.6	373	1.5	100	0.75	50
5 年	6.26	417	1.5	100	0.75	50
6 年	6.01	400	1.5	100	0.8	53
文久 3 年(1863)	7.69	334	2.3	100	1.2	52
元治 1 年(1864)	10.85	310	3.5	100	2.1	60
慶応 1 年(1865)	12.05	207	5.8	100	3.5	60
2 年	20.27	349	5.8	100	3.4	58
3 年	22.95	382	6	100	4.3	71
明治 1 年(1868)	39.5	395	10	100	4	40

（史料）天保・弘化・嘉永・安政・慶応 3 年は鳴尾・辰屋与左衛門家の辰東店、文久・元治・慶応・明治は御影・嘉納治郎右衛門家の「酒造勘定帳」による。

いま、実際の経営史料のなかから、杜司と頭と飯焚の一日の賃銀を表示したのが、第36表である。この表では、請負制である杜司の賃銀（これを日給に算定）と、一般働人のうちの最高である頭と、最低の飯焚との三者の賃銀を比較するために、頭の日給を一〇〇として、各年度における指数を算出したものである。これにより、杜司の賃銀が天保期以降高騰しつづけるのに対し、頭および飯焚の賃銀は少なくとも安政期までは不変であること、また杜司と頭との格差が幕末に至ればますます激しくなるのに対し、頭と飯焚との格差はほとんど変わらないこと、が指摘されよう。ここにも、酒造家は杜司を介して頭以下の一般働人の労働強化をはかるとともに、杜司の賃銀の引上げによって、一般働人の賃銀を規制していった傾向がうかがえるのである。

さらに、この賃銀の変遷を実質賃銀との関連において検討してみよう。第37表は、名目賃銀と実質賃銀との関係を示すために、堂島の平均米相場をもって実質賃銀算定の基準として、実質賃銀を名目賃銀によって購買しうる米の量(升)で表わした。名目賃銀は杜司を除く頭以下の蔵人の賃銀の平均値である。これによって、米価下落期である宝暦・明和・安永・化政期には、実質賃銀一升五合前後で、なかには安永九年のように二升を越える年もあり、賃銀はかなりの有利性を示している。しかし、米価高騰期の天明・寛政期もわずかの実質賃銀の下落を示してはいるが、とくに天保以降より嘉永期にかけて、実質賃銀は一升二合前後となり、文久期以降は名目賃銀の上昇にもかかわらず、実質賃銀は下落し、慶応二、三年は極端に五合を割る状態となっている。先の第36表の名目賃銀の動向を、このような実

第37表　名目賃金と実質賃金

年代＼項目	名目賃金(匁)	米価1升当り(匁)	実質賃金(升)
宝暦10年	0.75	0.481	1.56
明和2年(1765)	0.87	0.578	1.5
7年	0.79	0.654	1.21
安永4年(1775)	0.86	0.504	1.71
9年	0.86	0.398	2.16
天明5年(1785)	0.76	0.621	1.22
寛政2年(1790)	0.86	0.497	1.73
8年	0.86	0.718	1.2
12年	0.86	0.715	1.2
文化3年(1805)	0.86	0.586	1.47
天保9年(1838)	1.13	1.138	0.99
嘉永1年(1848)	1.17	0.874	1.34
2年	1.16	0.91	1.27
3年	1.08	1.184	0.91
4年	1.21	1.162	1.04
5年	1.21	0.858	1.41
6年	1.18	0.975	1.21
安政1年(1854)	1.18	0.969	1.22
3年	1.15	0.815	1.41
4年	1.17	0.938	1.25
5年	1.17	1.226	1.04
6年	1.17	1.214	0.96
文久3年(1863)	1.84	1.639	1.12
元治1年(1864)	2.72	2.019	1.35
慶応1年(1865)	4.77	3.504	1.36
2年	4.70	9.437	0.5
3年	4.75	9.958	0.48

(注) 1. 名目賃金は杜氏を除く蔵人の日給の平均額
2. 実質賃金＝$\frac{\text{名目賃銀}}{\text{米　価}}$

(史料) 名目賃銀は宝暦より文化までは『灘酒経済史料集成』下巻、330ページ、他は第35表と同じ。米価は須々木庄平氏著『堂島米市場史』の附録米価表による。

質賃銀との関連から考え合わせるとき、頭以下飯焚に至る酒造労働者の賃銀は、幕末にかけて多少の名目賃銀の上昇を示してはいるが、実質的には貨幣価値の下落によって極度の低賃銀の強行となって現われている。このような雇用条件の悪化から、必然的に幕末期には酒造労働者の増賃銀の経済的要求が活発化してくるのである。

しかし、すでに灘酒造業は化政期の発展に終止符をうち、天保三年の新規株交付の酒造仕法改正によって、摂泉十二郷酒造仲間に包摂せられ、その政策路線に沿って天保改革の株仲間の解散が断行されてゆく過程で、灘五郷は十二郷酒造仲間と対等な地位を公認されると同時に、最早株改めごとに増大してきた株高による特権は喪失されていった。その結果、都市酒造仲間と対等の地位を与えられることによって、かえってアウトサイダーとしての発展契機が排除され、酒造収益も改革後の弘化以降にかけては不振を続け、連年酒造経営の赤字を計上しているのである。

こうした幕末にかけての酒造経営の停滞のなかで、資本対労働の関係が、経営内部の矛盾として深刻化し、増賃銀を要求する労働者側と、それを抑制しようとする酒造仲間との対立が尖鋭化していった。そして万延元年（一八六〇）には、摂泉十二郷酒造仲間申合せとして、次のような申合せ規定がなされたのである。

申合規定

一従御公儀様被仰渡候之趣、堅相守可申叓

一近年米価高直打続、渡世向キ一同心配不少、依之仲間一同相談之上、手堅取究リ候上者、万端売買向諸取引共、

一己之了簡ヲ以法外取斗イ向致間敷候叓

一働人給銀之義、当年柄相減し候共、余分ニ差遣シ相雇申間敷叓

附りかんばん料右同断

一会所場江立入、酒を乞呑候もの、急度相断可申叓

一近年働人風儀不宜候ニ付、当年ゟ相改、拾弐郷一同働人壱人別名札相渡、国所・実名并ニ年何才ト相記し相渡し置、其名札本人働中者あるじ江預り置、其名札本人惣仕舞迄無怠相勤候ハヽ、其名札相戻し遣し、明年働き先江の証拠に可致様申附候叓、猶又明年居村罷出候節、当村之人別に相違無之様之書附、村役衆江相頼張札い

たし貰持来り候様申附候㕝、将亦当年罷不来もの共之義者、村役衆之書附而已持参可致候ハヽ、其節名札相渡遣し候㕝、但し不働ニて名札拾弐郷江取上ケ候も難斗、譬へ其もの村役之書附持参いたし候共、郷別ニ重立候頭司之内年番申附候間、其頭司中ゟ篤ト聞糺候上に而、明年ゟ相雇可申㕝、万一当年ゟ不法之働キ方致候者有之候ハヽ、其もの之名札行司江差出し、其次第あるじゟ申届、其上所に而相為済候歟、次第に寄拾弐郷一同江差出し候歟、評儀之上可致沙汰㕝

右之通十弐郷一同申合之上、猶亦当組中入念申合候上者、一ケ条に而も相背申間敷㕝、依之規定一札仍如件、

万延元年申十一月

萑部市郎右衛門 ㊞

（以下略）

（『灘酒経済史料集成』上巻、一七一－一七二頁）

万延元年（一八六〇）には、摂泉十二郷酒造仲間申合せとして、「働人給銀之義当年柄相減シ候共、余分ニ差遣シ相雇申間敷事」を決定し、増賃銀を禁止している。それと同時に、近来蔵人の取締りが不徹底のために、酒造働人に対し十二郷一統で一人別に「印札」（名札）を交付し、これに国郡村名と名前・年齢を記して各自に渡し、出稼の際にはこれを持参し、帰郷の時まで主人に預けておくこと、また心得違いのある蔵人があれば、取調べの上、印札を没収し、十二郷一統でその者を決して雇い入れないことを規定している。これは給源地篠山藩における出稼人届出趣法と対応するもので、出稼農民としての酒造労働者は、農民―蔵働人―農民という労働を繰り返しながら、居村においては地主の、出稼地においては酒造家の、二重の規制に服さねばならなかった。

しかも、蔵働人の実質賃銀の引下げの徴候が顕著となる元治元年（一八六四）には、蔵人よりの頭・衛門五・五匁、甑廻り五匁、船頭四・八匁、上人四・五匁、中人三・五匁、下人三・二匁、飯焚三匁、それに杜司は金五両増という賃銀値上げの要求に対し、十二郷酒造家仲間は、「給銀格別の増方申出候風聞御時節柄、在来之振合ニモ有之、余り不都合ニ相成候而ハ不宜」として、頭・衛門は三匁以下、上人三匁位、平人（中人・下人）二・二匁位にと、要求額

をはるかに下廻る低い賃銀を決定して厳重にその実施を申し合わせている。ここに既述してきたとおり、酒造家は杜司の賃銀を引き上げることによって一般蔵人の賃銀を抑制し、労働規制を強化していったことがうかがわれる。さらに文久三年（一八六三）には、諸品高値のゆえをもってむだな雑談に薪を浪費してはならないとか、燈油も大高値につき燈芯は三筋だけにせよとか、呑酒はなるべくつつしみ、日々飯米には麦を半分混ぜよ、といった指示が、酒造仲間で協定されてくるのである。

諸品高直ニ附頭司心得之叓

一常夏秋已来之見込と者米相場存外大高直、右ニ引連諸品とも大高直ニ相成、殊油・塩・噌（味欠カ）抔者不及申、薪者古来稀なる大高直、目方拾貫目ニ付四匁七八分ニも相付、左候ハ、薪壱本ニ而も壱匁余ニも相当り候ニ付、第一釜屋入念可致、就而者極メたばこの外、会所場江あつまり長ばなしニ無益之薪費ざるよふ相心得可申、尚また菜・大こんニ至迄、存外高直当年柄之義ニ付、一同冥加之ため万叓ニ心ヲ附、日々無怠なるだけ倹約諸叓無益之取斗ひ無之様深相心得可申候、

（文久二年―註）
戌年十一月

東組酒家仲（原）㊞

右者銘々冥加と思ひ、働人并ニ飯焚ニ至迄、此書附頭司ゟ毎日よみきかせ、一同へ篤ト心得させ可申候、

（『灘酒経済史料集成』上巻、一九二頁）

申合規定

一従御公儀様被為仰渡候趣、堅相守可申事
一近年米価高直之上、当年矢張大高直ニ附、頭司者勿論、脇右衛門下働人ニ至る迄、日々無怠相勤可申叓
一例年之通、拾弐郷一同働人壱人前ニ名札相渡置候事

一諸商人会所場に立入候儀、堅相断可申叓
一燈油等も大高直ニ附、燈心三すじに限り可申事
一働人国所ゟ親類又ハしるべの者来り候共、隈ニ立入間敷叓
自然過急之用叓申来候節者、店江相断、其人ニ出会候上、其店限り為引取可申、且出店蔵抔者、頭司一己之了簡を以留置候儀相聞江候ハヽ、仲間一同可及沙汰事
一働人猥ニ他行致間敷、尚店方江不断して自儘に門前たりとも出候義、決而不相成事
一昼夜無怠番人見廻り厳重ニ申付候間、内証ニ而白米・酒・生粕等持出し候者見付候ハヽ、早速御地頭江訴出可申事
一酛始・初揚祝質素倹約、頭司ゟ喇酒差出ス事堅無用
一かんばん料・土産酒之義ハ、是迄之通相渡可申間、外もの少しニ而も持帰り候儀、決而不相成、万一荷改之節見当り候ハヾ、かんばん料・土産酒・名札等取戻シ、拾弐郷一同其者召遣ひ間敷叓
一当年柄三度喰叓之外、夜喰等ハかゆに可致候事
右之通申合候上者、働人末々ニ至る迄急度相守可申事

（文久二年—注）
戌年十一月

灘組酒家仲

（『灘酒経済史料集成』上巻、一九二—一九三頁）

このように幕末に至り酒造経営内部の矛盾が深刻化し、経営が停滞をつづけてゆく過程で、酒造家は、結局、実質賃銀の引下げと印札届出方式による労働規制を強化する方向へ転化していった。かくて酒造労働者は、給源地においても地主小作関係が創生されるにつれて地主的規制が強化され、かつての百日稼の有利性は失われて、給源地と出稼地との二重の抑圧をうけ、ここに低賃銀の社会的基盤が成立していったのである。

第九章　酒造経営と経営収支

1　酒造業における設備投資

酒造業を創業するに際しては、固定資本への投資と流動資本への投資を行なわなければならない。前者は、いわば設備投資で、土地建物（酒造蔵）の購入費または建造費と労働手段たる酒造諸道具の購入費をふくめた固定設備への投資分であり、後者は労働対象たる酒造米・酒樽などの買入れ・蔵人に支払われる賃銀および江戸積の運送費などの流動資本への投資分にあたる。これらの資本を投資することによって、どれほどの利潤を得たのであろうか。またその酒造経営の特質は、どのような点に見出されるのであろうか。

前述のとおり、固定資本部分への投資は、酒造蔵と酒造諸道具の購入にあてる部分である。いま二、三の事例をあげて説明しよう。

御影村の嘉納治兵衛は、文政元年（一八一八）には一〇蔵の稼働蔵を所持する灘五郷きっての有力酒造家であるが、その一つたる中店（蔵）は、文化八年（一八一一）一一月に、同村の灘屋徳右衛門所持蔵を質流れによって、銀三八貫六四〇匁で入手している。この金額は、地面（分米一石三斗三升六合）に酒造蔵（中二階）・室屋（惣二階）・澄蔵（惣二階）・酛場（惣二階）・米釜屋・洗場・薪蔵・湯殿各一ヵ所があり、それに酒造株（天明五年造来高八〇〇石）・酒造道具一式と洗蔵（ただし地面は村持）一ヵ所を加えた価格である。この蔵はかなり大きな蔵で、仕込蔵・室屋・澄蔵・酛場・釜屋・洗場等の作業別に分化した仕込場と作業場からなる典型的な千石蔵であった。購入に際し、嘉納家ではさらに銀一貫六八五匁を投下して酒造蔵を普請し、より完備した酒造蔵としている。これで購入費・普請費合わせて銀四〇貫三二五匁となる。この年の堂島米価平均相場六〇匁三分（一石）で換算すると、米にして六五三石となる。

しかもこの場合、質流れによってかなり安く購入している点を考慮しなければならない。また同じ御影村の嘉納治郎右衛門は、文化一四年（一八一七）に北石屋蔵を五七貫一五五匁で、また文政七年（一八二四）に大石蔵を一〇〇貫目で購入し、文政一二年には先の北石屋蔵を二八貫八一八匁で改築し、酒造道具の購入にあてている。また前章で引用した同家の天保六年（一八三五）の「千石蔵設計案」では、三一二坪の酒造蔵の価格は、建造費三〇貫七五八匁、酒造道具一式購入費三四貫八八四匁で、合計六五貫六四二匁と評価している。この場合、酒造蔵・酒造道具とも新築・新規購入しているが、土地価格と酒造株を除外したものである。それでも当時の米価換算率からして米八七四石に相当する。

以上の事例から、酒造蔵・酒造道具・酒造株一式を譲りうけ、これを増築・改築して酒造道具を補充する費用をふくめると、文化・文政期より天保期にかけて、最低五〇貫目以上の設備投資を必要とし、新築の場合には、さらにそれ以上の設備資金が必要であった。

これは同じ時期の廻船や水車場を購入する費用と比較すれば、寛政六年（一七九四）九月に嘉納治兵衛が杢右衛門より購入した一四五〇石積廻船一艘が四六貫目、天保一五年（一八四四）一〇月に嘉納弥兵衛が同次八郎より購入した一四五〇石積廻船一艘代金は六〇〇両（約三八貫目）である。また文化一〇年（一八一三）一二月に住吉村庄屋横田屋幸左衛門が御影村鯖屋（いさばや）治郎太夫から米踏水車・建物・地面・米踏道具一式を三〇貫五〇〇目で譲りうけている。これらによってみても、酒造業における設備資本は、廻船・米踏水車経営よりも、はるかに多額の設備投資を必要とした。酒造経営にあたっては、これに次で述べる流動資本部分をも考え合わせるならば、莫大な資本蓄積を前提としなければならなかった。この点で、一般農民による酒造業の形成は考えられず、酒造は分限者として当時の社会的経済的な実力者であり、寄生地主ないし在方商人層にその出自が認められるゆえんである。

第38表　酒造仕込における生産費項目

年代 項目	寛政8年(1796)		文化11年(1814)		安政5年(1858)	
酒造米高	414石(41酛)		1282石(125.5酛)		743石(62.5酛)	
項目	価格	比率(%)	価格	比率(%)	価格	比率(%)
酒造米	31貫600匁	65.3	79貫378匁	66.3	94貫660匁	62.5
薪	1貫231匁	2.6	1貫888匁	1.6	3貫282匁	2.2
酒樽	5貫950匁	12.3	15貫783匁	13.2	17貫138匁	11.3
縄筵	468匁	1.0	1貫192匁	1.0	2貫221匁	1.5
宮水					1貫892匁	1.2
小計	39貫249匁	81.2	98貫241匁	82.1	119貫193匁	78.7
踏賃	745匁	1.5	2貫265匁	1.9	5貫213匁	3.4
冬分働人	1貫112匁	2.3	2貫328匁	1.9	2貫221匁	1.5
夏分日雇	509匁	1.1	490匁	0.4	447匁	0.3
飯米	938匁	1.9	2貫481匁	2.1	3貫450匁	2.3
菜物	489匁	1.0	496匁	0.4	553匁	0.4
小計	3貫793匁	7.8	8貫60匁	6.7	11貫884匁	7.9
運賃	2貫415匁	5.1	8貫343匁	7.0	9貫183匁	6.1
蔵敷賃	1貫500匁	3.1	3貫	2.5	2貫500匁	1.6
諸入用	1貫425匁	2.9	2貫32匁	1.7	8貫51匁	5.3
小計	5貫340匁	11.0	13貫375匁	11.2	19貫734匁	13.0
貢租					141匁	0.1
酒造株冥加割					452匁	0.3
小計					593匁	0.3
合計	48貫382匁	100.0	119貫676匁	100.0	151貫404匁	100.0

(史料)「前蔵勘定帳」および「新石屋蔵勘定帳」(いずれも本嘉納家文書) より作成

2　生産費と流動資本の投入状況

つぎに流動資本の投入額をみてゆこう。酒造経営における生産費の内容を、前記嘉納治郎右衛門の前蔵（寛政八年・文化一一年）と新石屋蔵（安政五年）の「酒造勘定帳」（本嘉納家文書）によって整理したのが、第38表である。この生産費のなかで、もっとも大きな比重を占めるのは酒造米購入費で、各時期を通じて大体六〇～六五パーセント前後で、一定した比率を示している。それについで酒樽代が一〇パーセント前後で、酒造米・酒樽・薪・縄莚などを加えた合計が、全体の八〇パーセント前後になる。それに対し、踏賃（精米費）・冬分働人・夏分日雇などの賃銀はきわめて少額で、かれらの飯米・菜物代（副食代）を含めても、生産費中の七パーセント前後にしかすぎない。

このようにして、毎年生産資本として充用される流動資本は、酒造石高や米価変動によって一定しないが、文化一一年は一二八二石の酒造石高で一一九貫余であり、安政五年（一八五八）は七四三石で一五一貫余となっている。それゆえに文化一一年の固定資本部分への投資額が六〇貫目と想定すれば、流動資本は千石造りでその二倍近くの投資額が必要であり、米価変動の事情によってはさらに多くの流動資本を充用せねばならなかった。なお、安政五年には宮水が全体の一・二パーセントを占めている。宮水の発見は天保一一年（一八四〇）であり、それ以後宮水が一般に広く需要されるようになって、水屋と称する新しい業者が生まれた。宮水を樽詰にして（これを水樽という）運搬するもので、水賃は井戸場賃（水代）と水船賃とを合わせたものである（註）。また蔵敷賃とは、酒造蔵の減価償却費で、宿賃などともよばれた。

（註）　水屋は水屋仲間を組織し、宮水の酒造家への供給を業務としていた。水の輸送に用いる樽を水樽といい、その容量は明治初年において二斗樽であったので、当時もこれが一般的であったと思われるが、これを水船によって西宮の浜から灘各郷へ海上輸送した。また大樽と称して容量四斗の細長い形をした樽も使用され、とくにこの大樽はふつう馬の背付、あるいは牛馬等による陸上輸送に主として利用された。いま元治元年（一八六四）に水船仲間によって次のような水樽賃値上げの願書が酒造

仲間にだされている。

乍憚口上

一私共年来水船渡世御蔭を以不絶積来り候処、近年諸色格外之高直ニ相成、一統難渋仕居候へ共、可成丈ケ相働積来り候処、当年最早水積之時節ニ向ひ候ニ付、牛車并ニ働人共是迄之通御差支ニ不相成候様心懸取調候処、当今諸品高直打続一統困窮仕候間、厚勘弁を以賃銭相増呉候様申出候次第、実以困窮之趣、就而者私共迚も同様難渋之事ニ候間、甚申上兼候得共、右之通増賃銭被成下度奉願候、

一水樽壱挺ニ付　船賃　拾文増
　　　　　　　　岡出し賃四文増

右之通奉願候間、宜御勘弁之上御一統様方何卒御承知被為成下候様奉願候、以上

元治元子年十一月　　水船仲印

酒造家御行事衆中様

（「諸用留」魚崎酒造組合文書）

なお前年の文久三年（一八六三）の船賃は、次のとおりである。ただし、一挺についての船賃である。

行き先	内容	金額(文)
今津行	車賃	17
	井戸場	8
深江行	船賃	12
青木行	〃	12
魚崎行	〃	14
呉田行	〃	20
御影行	〃	20
石屋行	〃	20
東明行	〃	23
新在家行	〃	26
大石行	〃	30
岩屋行	〃	32
小野行	〃	34
神戸行	〃	46
兵庫新田行	〃	50

さて、以上のような流動資本が時期的にどのように投入されていったか。いま各月別の投入状況の判明する弘化三年（一八四六）の鳴尾村（今津郷に所属）の辰屋与左衛門の「酒造勘定帳」（辰馬宇一家文書）によって、月別に生産費目を整理したのが、第39表である。これは造石高四五四石余の中小規模の酒造経営の事例であるが、まず生産費目別

第39表　流動資本の投入状況（弘化3〜4年）

項目／年月	米購入費	薪・樽購入費	労　賃	運　賃	雑　費	合　計	比率(%)
弘化3年11月	429匁	630匁	157匁		74匁	1貫290匁	1.9
12月	40貫120匁	1貫45匁	1貫752匁	159匁	655匁	43貫731匁	54.5
弘化4年1月		317匁	843匁		72匁	1貫232匁	1.8
2月		1貫73匁	470匁		168匁	1貫711匁	2.5
3月	295匁	3貫4匁	188匁	552匁	136匁	4貫175匁	6.2
4月		464匁	52匁		64匁	580匁	0.9
5月	142匁	2貫158匁	93匁	119匁	347匁	2貫859匁	4.2
6月	152匁	658匁			71匁	881匁	1.3
7月	186匁	1貫135匁	212匁	33匁	437匁	2貫3匁	2.9
8月	636匁		7匁	833匁		1貫476匁	2.2
9月		924匁	307匁		372匁	1貫603匁	2.3
10月		2貫122匁	88匁		17匁	2貫227匁	3.2
11月			80匁	96匁	3匁	179匁	0.3
12月		69匁	78匁	2貫968匁	612匁	3貫727匁	5.6
合　計	41貫960匁	13貫599匁	4貫327匁	4貫760匁	3貫028匁	67貫674匁	100.0
比率(%)	62.0	20.1	6.4	7.0	4.4	100.0	

（史料）弘化3年「勘定帳」（辰馬宇一家文書）により作成

に、米購入費が全体の六二パーセントを占め、これと薪・樽購入費を合計すると、八二・一パーセントとなる。以下運賃七パーセント、労賃六・四パーセントで、前記の嘉納家の大経営の場合とほぼ同じ比率となっている。

さらに、これを月別投入状況についてみると、酒造仕込のはじまる一一・一二月で全支出額の六六・四パーセントが投下され、一月から三月までの一〇・五パーセントと合わせて、全体の七六・九パーセントが酒造仕込期間の最初の五ヵ月間に集中的に投入されてゆくことになる。そうして、全生産費中の六二パーセントを占める米は、一一・一二月に四〇貫五四九匁が投入され、これが五九・七パーセントになっている。仕込期間の完了する四月以降は、江戸積のための樽購入費が主なるもので、四月から十二月までの九ヵ月間にわずか二三・一パーセントにすぎない。ここに改めて、酒造経営における原料米の占める重要性が確認されよう。したがって、流動資本の投入は一一・一二月に集中し、そのために一時に多額の資本を準備しなければならない。しかもこの資本の還流には、後述するように、最低一ヵ

第40表　天明6年今津村北組における酒造米の購入状況

酒造米の種類	明石屋彦三郎		木屋六右衛門		合計	比率(%)
	購入米高(石)	比率(%)	購入米高(石)	比率(%)		
摂津米	352.64	27.2	109.6	24.6	462.24	26.6
播磨米	471.66	36.4	46.2	10.4	517.86	29.7
伊予米			29.95	6.7	29.95	1.7
備前米	136.78	10.6	126.81	28.5	263.59	15.1
加賀米	41.79	3.2			41.79	2.4
越後米	41.15	3.5			41.15	2.4
秋田米	252.22	19.4	32.85	29.8	285.07	22.1
合計	1296.24	100.0	445.41	100.0	1641.65	100.0

(史料) 天明6年「酒造高書上帳」(今津酒造組合文書)

年を要するとすれば、酒造経営における資本の回転が改めて問題となってくるのである。

3　原料米の購入と選択

元来、米は幕藩体制下における特殊な商品であり、領主経済をささえる物質的基礎であっただけに、幕府の酒造政策も米の流通事情によって決定されていた。しかも既述のように酒造生産費のなかに占める原料米の比重は大きく、したがって米の購入は酒造家にとって重要な意味をもっていた。この点で、地酒（じざけ）が主として作徳米（小作米）の加工業としての性格を強くもっていたのに対し、灘酒造業は購入米に依存しなければならず、米の購入という点でも、大坂および兵庫津の米穀市場に近接していた立地条件は、江戸積酒造地としての灘酒造業興隆の一因をなしていた。

具体的に、天明六年（一七八六）の今津村北組の明石屋彦三郎・木屋六右衛門の酒造家が購入した酒造米を産国別に表示したのが、第40表である。まず明石屋彦三郎は酒造株二枚をもち、八九一石余と四二五石余の二蔵の経営となっている。合計一二九六石のうち摂津米・播磨米で六三・六パーセントを占め、これにつぐのが秋田米の一九・四パーセント、備前米一〇・六パーセントとなっている。明石屋が摂播二ヵ国への依存度が高いのに対し、木屋六右衛門の場合は、秋田米が二九・八パーセン

第41表　天明6年、御影村（西組）酒造米購入状況

酒造米	御影村	
	購入米高(石)	比率(%)
播磨米	4,978.4	52.9
備前米	1,493.6	15.9
北国米	992.9	10.5
摂津米	855.8	9.1
広島米	437.1	4.6
淡路米	254.9	2.7
讃岐米	185.8	2.0
備後米	169.5	1.8
和泉米	47.8	0.5
合計	9,415.8	100.0

（史料）「酒造米高書上帳」（御影酒造組合文書）より作成

ト、備前米が二八・五パーセント、摂津米二四・六パーセントとなり、計八三パーセントとなっている。また合計の比率においても、播磨米二九・七パーセント、摂津米二六・六パーセントで五〇パーセントにもみたず、秋田米・備前米の比率も無視できない。

　また同じ年の御影村（西組）における酒造家八人の酒造米購入状況を表示したのが、第41表である。ここでは播磨米が五二・九パーセントと半ばを占め、ついで一〇パーセント台に備前米・北国米とつづいている点が注目される。

　播磨米に大きく依存している点は、今津村と異なっている。そして御影村（西組）のうちの嘉納治兵衛の酒造米購入高と購入地を表示したのが、第42表である。とくに購入地が大坂・兵庫に集中していて全国的米の集散市場としての大坂・兵庫に近い灘目の立地条件の有利さを証明しているのである。

　このように、当時においては、今津村などは摂播二ヵ国への集中度は、いまだそれほどおおきな比率を占めておらず、むしろ全国的な規模での産米に依存していた。この点は、御影村が播磨米に大きく依存しているとはいえ、一般的傾向としては、全国的な産米への依存度がなお強かったということができよう。

　ついで寛政期に判明する今津郷南組の大坂屋（文次郎と三蔵）の事例によって、寛政八年（一七九六）における購入米を吟味してみよう。第43表がそれで、ここで特徴的なことは、大坂屋三蔵の場合は全部が摂播二ヵ国の産米であり、また文次郎の六〇二石余のうち、秋田米一五〇石の二四・九パーセントを除いて、その四分の三が摂播米となっている。寛政改革後の酒造統制のゆるめられた時期であるが、天明期と比較して、摂播米の依存度が急速に高まりつつあることがうかがわれる。

第42表　天明6年、御影村嘉納治兵衛の酒造米購入経路

酒造米の種類			酒造米買入地		
酒造米	数量(石)	比率(%)	買入地	数量(石)	比率(%)
摂津米	145.9	7.8	大坂買入	975.2	52.4
播磨米	1,148.0	60.6	兵庫〃	620.9	33.2
備前米	486.0	26.0	明石〃	95.7	5.1
淡路米	55.4	2.9	尼崎〃	104.0	5.5
北国米	46.7	2.6	西宮〃	16.4	0.8
			御影〃	69.8	3.6
計	1,882.0	100.0	計	1882.0	100.0

(史料)「酒造米高書上帳」(御影村酒造組合文書) より作成

さらに米価低落によって勝手造り令が出された文化・文政期の状況を、文化一三年（一八一六）の今津郷南組の小豆嶋屋才右衛門の購入酒造米を表示したのが、第44表である。ここでは摂播を除く地域からの購入量は、淡路米・備前米の四〇石・八石（五・六パーセント）となり、圧倒的に摂播米への集中化が目立っている。しかしこの表では酒造米の購入価格に注目しよう。まず酒造米と飯米とで、前者が石あたり七二匁五分に対し後者は五七匁五分となり、その価格には大きなへだたりがある。しかし酒造米についても、平均七二匁五分をこえる産米は、一橋米・鳥井米・金谷米・和

第43表　寛政8年今津村大坂屋酒造米購入状況

	購入酒造米(石)		購入先
大坂屋文次郎	摂津米	120	池田屋忠兵衛
	秋田米	150	柴屋伊左衛門
	餅米	47.5	吉田屋吉兵衛
	姫路米	160	北風彦六
	金谷米	75	和泉屋卯兵衛
	金谷米	50	河内屋伝四郎
	計	602.5	
大坂屋三蔵	摂津米	120	池田屋忠兵衛
	姫路米	200	柴屋伊左衛門
	摂州米	160	綿屋吉三郎
	明石米	250	吉田屋吉兵衛
	金谷米	300	中嶋屋佐助
	播州米	200	泉屋宇兵衛
	計	1230	

(史料) 寛政9年「清酒書上帳」(今津酒造組合文書)

泉様米であり、越木岩など周辺農村からの地廻り米は、いずれも平均米価以下の価格となっている。そして最高の和泉様米の七九匁四分、最低価格は地廻り米の上新田米で、両者の間で銀一七匁六分という大きな値開きとなっている。このような価格差を生ぜしめているのは、酒造米に酛米・掛米があり、とくに酒母を醸成する酛米は掛米に比較して高い値段で買い求められてゆく結果であった。

　このように酒造米が摂播米へ依存度を強めてゆく一方、その購入方法も、大坂・兵庫の米穀問屋を通して購入しており、領主米の加工業としての性格を示している。それと同時に、それだけ大坂・兵庫の領主米市場との相互依存関

第44表　文化13年の小豆嶋屋本店の酒造米購入状況

	銘　柄	購入米量(石)	比率(%)	購入銀額	石当たり米価(匁)
酒造米	姫路米	231.94	27.3	16貫106匁	69.4
	一橋米	200.50	23.6	15貫113匁	75.3
	岸　米	91.08	10.7	6貫344匁	69.6
	家原米	67.83	8.0	4貫641匁	68.4
	鳥井米	60.00	7.0	4貫650匁	77.5
	金谷米	50.00	5.9	3貫690匁	73.8
	淡路米	40.00	4.7	2貫862匁	71.5
	和泉様米	12.00	1.4	952匁	79.4
	備前米	8.00	0.9	538匁	67.3
	越木岩米	60.00	7.0	3貫949匁	65.8
	上新田米	12.00	1.4	742匁	61.8
	夙　米	10.00	1.2	628匁	62.8
	津門米	3.60	0.4	244匁	67.8
	小林米	1.00	0.1	64匁	64.0
	内作米	1.47	0.2	95匁	64.6
	年貢米	1.68	0.2	105匁	62.5
	計	851.10	100.0	60貫723匁	72.5
飯米	肥前米	17.88	27.0	960匁	53.7
	柴田米	17.79	26.9	1貫200匁	67.5
	小島谷米	30.54	46.1	1貫652匁	54.1
	計	66.21	100.0	3貫812匁	57.5

（史料）文化13年「本店中店酒造勘定帳」（鷺尾家文書）より作成

係が濃厚で、幕藩的分業の一環として発展してきたことを表わしている。しかし文化期の発展期には、大坂・兵庫の問屋商人への依存から脱却して、文化三年の勝手造り令を契機に、灘目在地の米仲買商人による原料米の出買・直買が幕府によって認められ、酒造米購入への灘酒造家の積極的な進出がみられた。

(註) 文化一〇年（一八一三）一〇月、「他所他国米買入高書上一件」より

御奉行様ゟ他国米之儀ハ三ヶ年平均石高相調、余分石高相調候儀不相成候段被仰渡、左之通御請書印形仕候、尤大坂・兵庫・西宮其外村々左之通場所ハ勝手ニ買入可致段被仰付候、

尼ケ崎町内　大坂町内　兵庫町内
西之宮町内　脇浜村　大石村
魚崎村　東明村　御影村
新在家村　走水村　稗田村
伝法村　住吉村　深江村
青木村　神戸村　ニッ茶屋村
河原村

〆拾九ヶ所　但し分量石高之外米買場所也

尤兵庫・灘目村々・西宮・尼ケ崎・大坂之義ハ、其方共勝手ニ何程ニ而も買入可致候、右之外他所米之儀者右三ケ年平均之石高之外買入不相成候間、心得違無之候様ニ相心得、右米買入候ハヽ、届ケ可申段被仰渡候事

（『灘酒経済史料集成』上巻、三五―三六頁）

その後、天保期になって米価がふたたび高騰してゆくとき、幕府は大坂・兵庫津への商品の廻着、わけても商品流通の基軸となる米価の変動を重視し、幕藩的な商品流通体系の動揺を防ごうとした。天保七年の酒造統制には再び酒造米購入は制約をうけ、出買・直買の自由を拘束し、そのため大坂・兵庫津以外からの購入分については役所へ届出を命じた。しかしこのときすでに、買入米における大坂・兵庫の比重は相対的に低下し、灘酒造業はその自主的展開のなかで、大坂・兵庫への依存からの脱却を試みた。そして幕末になると、さらに播磨米・摂津米など地元米への集

中度を一層強めてゆくのである。

（註） 天保七年（一八三六）一〇月、武庫・菟原・八部三郡村々酒造人より上申した「近国地廻ら酒造米買入来場所書」（御影酒造組合文書）によれば、近国・近在よりの直買いの酒造米産地は次のとおりである。

一酒造人共年来酒造手当米ニ直買仕来リ候地廻リ米左之通、

高槻米　淀米　麻田米　永井米　一橋米　水無瀬米　鴈丸米　閑院米　安部米　土井米　弾正米　阿部米

有馬田安米　三田米　近在百姓作徳米

〆

一播州高砂ニ而買入候米之分

金谷米　八木米　家原米　高木米　三草米　尼播州米　姫路米　柳米　柏原米　鳥居米　田安米　淡河米

丹州亀山米　丹州笹山米　明石三木米　一ツ橋米　清水米　鈴木米

〆

一播州明石ニ而買入米之分

明石米

〆

一同州網干ニ而買入米之分

林田米　龍野米　新宮米　仲野米　一橋米　田安米　安路米　山崎米　佐用米　三日月米

〆

一同州赤穂ニ而買入米之分

若狭野米　平福米

〆

一泉州ニ而買入米之分

岸和田米　淀米　博多米　高木米　清水米　田安米　一橋米

〆

右之通地廻り近国ゟ酒造人共是迄年来彼地問屋共ゟ仕来、私共村々小船を以積取来罷在候、右之外遠国ゟ廻着直買仕来御座候ニ付、乍恐此段奉書上候、以上

しかし、いずれにしろ領主米には変わりはなく、灘酒造業の性格自体は依然として領主米加工業であり、むしろ灘酒の醸造法に適した良質米の選択と、集中をますます強めていったのである。

4　経営収支と帳簿組織

酒造家が、酒造資本の運動そのもののなかより酒造経営への収益性を問題にし、販売に関連して原価構成への関心を示すとき、そこに帳簿組織による合理的な経営の数的把握を試みようとする。そして、文化・文政期に飛躍的な発展期を迎え、酒造経営が急テンポで拡大してゆくとき、そこに企業者としての企業経営への強い関心の高まりをみせてくる。それが、やがて合理的な計算に基づいた複式簿記へ体系づけられてゆくのである。

一般に、近世の帳簿組織の未完備な状況のなかで、御影村の嘉納治郎右衛門家に伝わる一連の勘定帳は、すぐれて複式簿記の原則にのっとった帳簿といえる。現存するのは、寛政八年（一七九六）から幕末にいたる一連の各酒造蔵別の「酒造勘定帳」と、嘉納家全体の経営状況を明らかにした文化一三年（一八一六）から天保八年（一八三七）の二二ヵ年にわたる「勘定帳」および「店卸帳（たなおろしちょう）」とである。

まず「酒造勘定帳」の文化一二年（一八一五）の分について示せば、次のとおりである。

文化十二亥年

一、七拾八貫七拾七匁六分三厘　酒米
　千三百拾石九斗二升八合
　五拾九匁五分五厘八毛

一、弐貫百九拾四匁五分　薪

一、八貫七百拾九匁八分六厘　酒運賃
一、弐貫三百六拾三匁　米踏賃
一、拾七貫七拾七匁　樽代
一、壱貫六百四拾四匁九分　莚縄類
一、壱貫七百五拾九匁壱分五厘　諸入用
一、弐貫九拾七匁七分五厘　冬賃銀
一、四百八拾八匁五分　夏賃銀
一、壱貫九百八拾弐匁一厘　飯米帳割
一、四百七拾五匁五分　菜物
一、三貫目　敷銀
〆百拾九貫八百七拾九匁八分
百三拾酛半
壱酛ニ付九百拾八匁六一九
内
七貫三百八拾八匁三分五厘　生粕代
壱貫六百三拾匁九厘　糠代
三百三拾七匁九分　小米代
〆九貫三百五拾六匁三分六厘
差引百拾貫五百弐拾三匁四分壱厘四毛
壱酛ニ付　八百四拾六匁九二二九
一、七拾四匁二厘　弐駄片馬壱石六斗四升五合　板屋半兵衛

四拾五匁かへ

（略）

〆弐貫三百六拾六匁九分九厘　地売

一、七拾太　小西利右衛門

平均拾三両三歩ト拾弐匁弐分壱厘

代九拾七両弐歩

内

一、七拾匁　下り銀

一、三百五拾壱匁　口銭

一、拾四匁弐分三厘　上金打手形打

〆四百参拾五匁弐分三厘

金七両壱歩ト弐分三厘

差引九拾両ト拾四匁七分七厘

平均　拾弐両三歩と八匁五分四厘

銀五貫九百九匁七分七厘

（略）

惣銀高〆百弐拾参貫弐百参拾八匁四分四厘

差引拾弐貫七百拾五匁　徳用

百三拾酛半

壱酛ニ付　九拾七匁四分参厘

（文化十四年―筆者注）

丑三月

これを整理して損益計算書として表示したのが、第45表である。ここでは酒米・薪代・運賃・樽代などの酒造仕込総入用銀が生産費別に計上され、それから製品の売却高および生粕・糠代が差引かれて収益銀（徳用銀）を算出している。そしてこの元帳にあたる酒造勘定帳が成立するまでには、おそらく第13図で示したような補助帳簿が存在し、それから仕訳帳としての仕入帳・売附帳から、勘定計算書としての酒造勘定帳へと帳簿系列が整備されていったものと考えられる。

第45表　文化12年前蔵「酒造勘定帳」の損益計算書

損　失	金　額	利　益	金　額
酒　米	78貫77匁63分	生　粕　代	7貫388匁35分
薪　代	2貫194匁50分	糠　　　代	1貫630匁9分
運　賃	8貫719匁86分	小　米　代	337匁92分
踏　賃	2貫363匁	計	9貫356匁36分
樽　代	17貫77匁	地　売　代	
筵　縄	1貫644匁90分	板屋半兵衛	166匁62分
諸入用	1貫759匁15分	山路孫兵衛	2貫200匁37分
冬賃銀	2貫97匁75分	計	2貫366匁99分
夏賃銀	488匁50分	江　戸　積　分	
飯　米	1貫982匁1分	小西利右衛門	5貫909匁77分
菜　物	475匁50分	小西甚兵衛	52貫894匁57分
敷　銀	3貫	伊坂市右衛門	6貫704匁57分
計	119貫879匁80分	加勢屋利兵衛	39貫628匁26分
		丸屋六兵衛	15貫734匁28分
		計	120貫871匁45分
徳用銀	12貫715匁		
	132貫594匁80分		132貫594匁80分

第13図　酒造勘定帳の作成過程

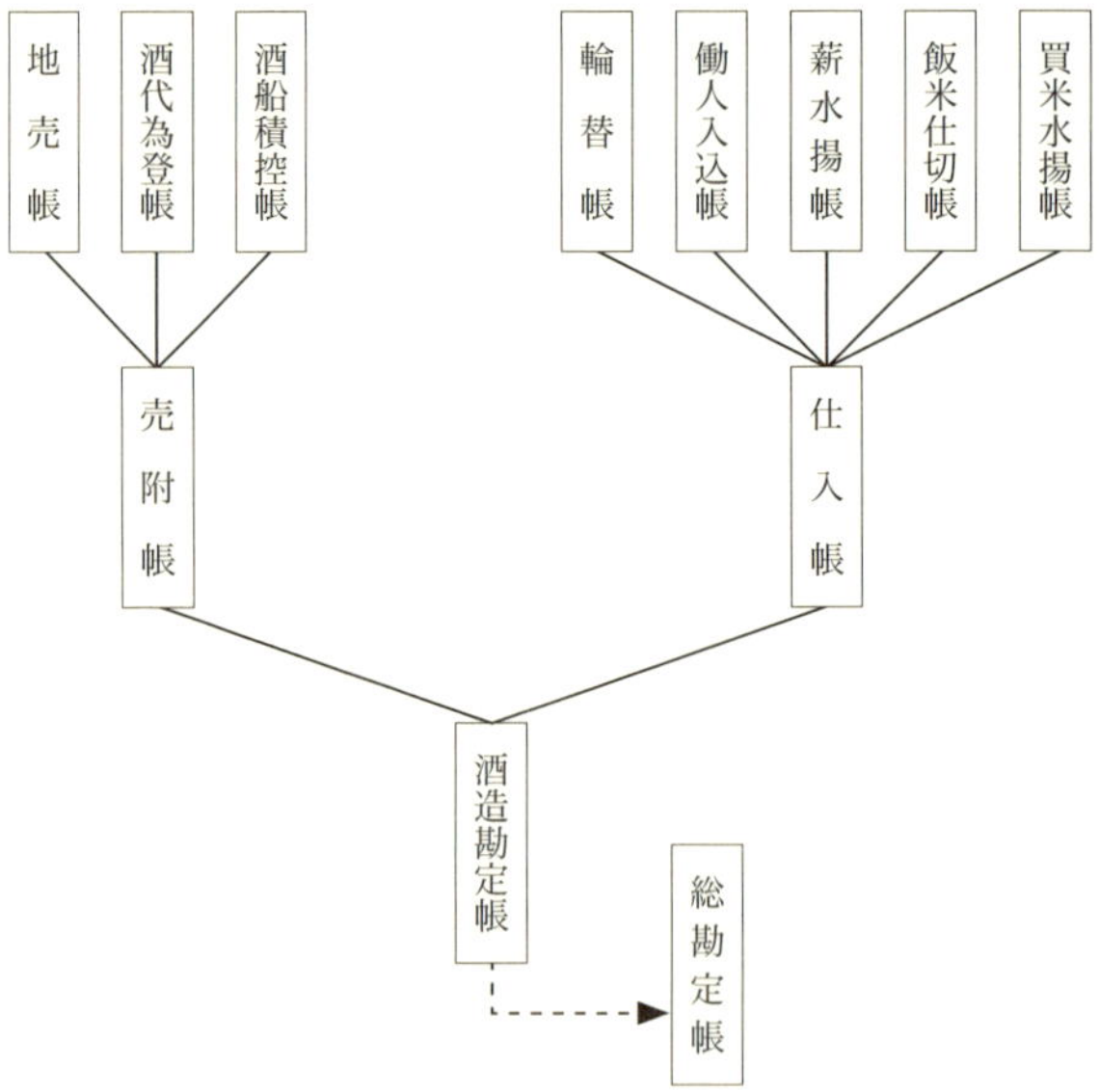

そこで第45表からとくに次の三点が注目される。⑴文化一二年に仕込まれた酒が翌年に販売され、その代金仕切決済は翌々年の文化一四年三月で、生産から販売を経て売上金の回収までには足掛け三年、正味一ヵ年半を要している。そして次にのべる「勘定帳」への転記に際しては、「前蔵酒造勘定帳」の一二年の徳用銀（ゴチ部分）が一三年の「勘定帳」に「前蔵徳用」（ゴチ部分）として計上されている。⑵酒造仕込の副産物としての生粕・糠・小米は、生産費のうちの控除分として考え、実質的には総生産費からこれを差引いたものを、生産費として考えている。したがって原価構成を考える場合、「一酛に付何匁」というのは副産物売却分を控除した生産費に対しての割合となる。⑶蔵敷銀は宿賃とも書かれ、酒造蔵の減価償却費である。徳用銀を算出し、一酛当りの原価計算を主要目的とするこの勘定帳では、それゆえに、仕入銀としての生産費の一部に計上されている（この点については、後述）。以上の三点からみて、この「酒造勘定帳」は各蔵の収益銀または損失銀の勘定計算を目的として記帳され、生産資本に対する収益率と原価計算を行ない、御用銀（または損銀）・生産費それぞれについて、「一酛に付何匁」、「十酛に付何匁」という割合を算出している。酒造経営の担当者は、このような経営分析を、合理的な酒造経営の指針としており、経営にたずさわる企業家としての酒造家の営利性の一面をあらわしているといえよう。

　このような各蔵別の「酒造勘定帳」を前提として、つぎにのべる嘉納家全体の経営にかかわる「総勘定帳」と「店卸帳」が作成されてゆくのである。そこで両帳簿の文化一三年分について、記載例を示せば、つぎのとおりである。

『店卸帳』

初

文化十三年丙子大晦日改

前蔵仕入

一、七拾五貫五百六拾八匁五分二厘　米代

一、弐貫五百九拾六匁弐分七厘　薪代

一、弐百目　樽代

『勘定帳』

初

文化十三年丙子十二月晦日

一、拾弐貫七百拾五匁　前蔵徳用

一、弐拾壱貫六百九拾四匁五分　西蔵徳用

一、弐拾九貫七百八拾八匁五厘　中蔵徳用

一、五貫六百六拾四匁四分壱厘　廻し銀利足

一、三百六匁八分三厘　田地徳用
一、三百拾匁九分　貸家賃
一、五百目　渡宗年賦
一、金拾八両　丸六年賦
六拾五匁四分
代壱貫百七拾七匁弐分
一、壱貫弐拾八匁五分四厘　長府米江戸積徳用
一、四百六拾匁四分五厘　廻船加入船徳用
一、壱貫四百弐拾六匁四分五厘　大嶋車徳用
一、拾貫目　三蔵敷賃
〆八拾五貫七拾弐匁三分三厘
内
子正月ゟ十二月晦日迄
一、拾壱貫八百三拾九匁五分七厘　世躰入用〆
子八月
一、五拾七貫百五拾五匁七分　北石屋蔵買取代銀
〆六拾八貫九百九拾五匁弐分七厘
差引拾六貫七拾七匁六厘
子五月七日
又九百五拾目　清五郎分　但し利足
延銀也

一、五百八拾四匁九分八厘　踏賃
一、五百拾三匁弐分　縄莚
一、壱貫八百五拾匁三分六厘　働人賃銀
一、九百八拾弐匁壱分三厘　諸入用付込
小計　〆八拾弐貫弐百九拾五匁四分六厘
西店仕入
（中略）
中蔵仕入
（中略）
北石屋蔵仕入
（中略）
米車内渡
一、弐貫百五拾七匁　嘉納治郎太夫
（中略）
〆五〆八百目三分
一、六貫三百五拾六匁三分六厘　飯米帳各分〆
〆四百弐拾七貫七百三拾三匁八分八厘
内
一、拾弐貫壱匁六分　生粕代取
（中略）
〆拾三〆三百七匁二分七厘

子大晦日

差引四百拾四貫四百弐拾七匁六分壱厘
　酒代残金分
一、拾八両と七匁五分　伊坂市右衛門
（中略）
一、拾四両三分と拾四匁二分四厘　加勢屋利兵衛過上
差引百四拾四両と拾三匁五分八厘
　取替銀分
一、銀四貫目　西嶋安兵衛
（中略）
小計　〆百拾六貫弐拾九匁三分五厘
　両替取引
一、金弐分弐朱　米屋喜兵衛かし
（中略）
〆拾四貫七拾目四分七厘
　買置物分
（中略）
〆壱貫弐百三匁九分
　有物分
一、金百七拾六両弐分弐朱
一、銀弐貫六百五拾九匁九分七厘
一、銀札弐拾六匁五分

一、銀弐拾九貫七拾四匁
（中略）
合　五百七拾壱貫弐拾七匁七分壱厘
内
一、五百五拾弐貫八百六拾七匁六分二厘
差引拾八貫百六拾目九厘
延銀也

第46表　文化13年「勘定帳」の損益計算書

損失	金額	利益	金額
世帯入用銀	11貫839匁57分	酒造徳用銀	64貫197匁55分
酒造蔵購入費	57貫115匁70分	貸付銀利足	5貫664匁41分
	68貫955匁27分	田地徳用	306匁83分
		貸家賃	310匁90分
		年賦償還銀	1貫677匁20分
		米売買徳用	1貫28匁54分
		廻船加入徳用	460匁45分
		水車徳用	1貫426匁45分
		敷賃	10貫
延銀	16貫77匁6分		
計	85貫72匁33分		85貫72匁33分

つまり各蔵別の「酒造勘定帳」が各酒造蔵別の収益銀あるいは損失銀の勘定計算を目的とし、生産資本に対する収益率をも算出しうる元帳として整備されている。これに対して「総勘定帳」は、このあと分析にはいる「店卸帳」の記載内容に対応し、嘉納家の年間の利潤・利子・地代などによる得失を貨幣量において集計し、同時に貨幣支出を合わせて、その年間の損益増減を計算している。いわば「貸借対照表」に対する「損益計算書」の機能を果たしている。このために敷賃は、「酒造勘定帳」では収益銀に対立して支出費目に計上されているが、「総勘定帳」では収入銀として表出されることになる。

いま「総勘定帳」と「店卸帳」を貸借対照表として表示したのが第46・47表である。そして多数の補助帳簿・仕訳帳のうえに成立してくる「総勘定帳」の延銀（あるいは損銀）と、「正味」の棚卸し評価の比較から算出される「店卸帳」の延銀（あるいは損銀）との一致は原則的には考えられても、現実的には不可能な事態であったといえよう（第14図参照）。事実、文化一三年についても「総

第47表　文化13年「店卸帳」の貸借対照表

借　方	金　額	貸　方	金　額
酒造仕入銀	414貫427匁61分	前年店卸高	552貫867匁62分
売　掛　金	9貫443匁58分		
貸　付　銀	116貫29匁35分		
両替屋預け銀	15貫405匁3分		
買　置　分	1貫203匁90分		
手持金銀	14貫518匁24分	当年延銀	18貫160匁9分
計	571貫27匁71分		571貫27匁71分

第14図　本嘉納家における総勘定帳と店卸帳

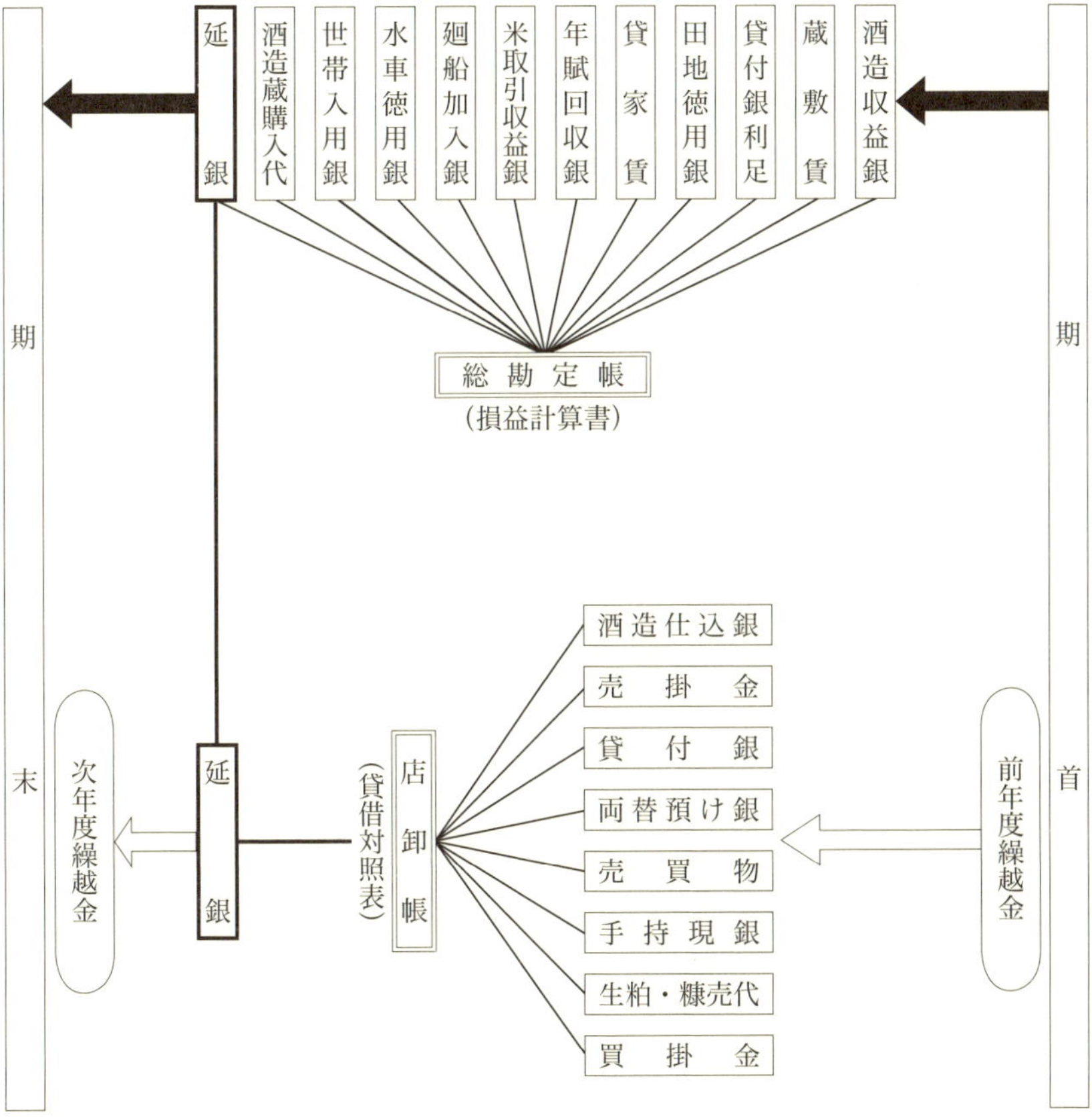

第48表　本嘉納家における営業部門別徳用銀一覧

年代	酒造徳用	稼働蔵数(蔵)	水車徳用	樽店徳用	廻し銀徳用	その他	総徳用銀
文化13年	74貫197匁	3	1貫426匁		5貫664匁	3貫781匁	85貫68匁
文政3年	120貫919匁	5	1貫555匁		20貫155匁	2貫583匁	145貫212匁
9年	76貫733匁	5	1貫749匁		18貫214匁	2貫438匁	99貫134匁
天保1年	264貫112匁	8	1貫823匁	3貫864匁	26貫156匁	−884匁	295貫71匁
2年	−51貫924匁	8	5貫612匁	769匁	18貫649匁	−1貫196匁	−28貫90匁
3年	53貫630匁	8	2貫461匁	1貫408匁	55貫354匁	3貫207匁	116貫60匁
4年	486貫494匁	8	1貫677匁	1貫092匁	28貫198匁	7貫893匁	525貫354匁
5年	97貫407匁	7	1貫700匁	3貫563匁	22貫722匁	−3貫816匁	121貫576匁
6年	20貫642匁	7	1貫380匁	−707匁	24貫411匁	38貫816匁	84貫542匁
7年	639貫798匁	7	1貫924匁	7貫944匁	21貫439匁	18貫969匁	690貫74匁
8年	130貫762匁	3	1貫46匁		18貫215匁	5貫308匁	155貫331匁

（史料）文化13年「勘定帳」（本嘉納家文書）より作成

勘定帳」の一六貫〇七七匁に対し、「店卸帳」では一八貫一六〇匁となっているのである。

いまこれらの勘定帳を整理して、営業部門別の徳用銀（収益銀）を表示したのが、第48表である。文化一三年をみてみると、酒造徳用銀が七四貫余で、これについで廻し銀利息（貸付利銀）五貫余、さらに酒造関連部門として水車徳用一貫余があり、その他に一括したものとして、廻船加入徳用・年賦償還銀・貸家家賃・買米徳用・田地徳用など三貫余となっている。この嘉納家の経営収益銀一覧から、次の諸点が指摘できる。（一）嘉納家全経営のなかで、酒造経営による徳用銀が圧倒的な比重（約八〇パーセント）を占めていること、（二）しかし、その徳用銀が年によって増減がはげしく、天保二年は赤字経営であるのに対し、天保七年は六三九貫という、厖大な利潤をあげていること、（三）その他の経営収益銀では、廻し銀利息が毎年一定した徳用銀（二〇貫前後）を着実にあげて、酒造収益銀の投資的なのと対照的であること、などである。なお、ここで（二）と関連してとくに注目すべきは、一般に酒造統制の年には徳用銀が多く、株改めの天保三年、株高千石につき一〇六石という大減石の行なわれた天保七年が最高の徳用銀となっている。すなわち、酒造統制の強化による酒造石高の縮小と、経営収益率の上昇は逆比例の関係を示している。もし幕府権力による上からの酒造統制がなければ、仲間私法としての積留・積控・減造などの手段によって収益率の上昇をはからなければならない必然性が、そこにあったといえよう。

つぎに同時期を取り扱った「店卸帳」を表示すれば、第49表のとおりである。前の「勘定帳」では一定期間（一ヵ年）における企業の経営状況とその収益銀を算定するのを目的としているのに対し、この「店卸帳」は一時的（大晦日）において保有する資産状況を明らかにし、かつその店卸高を前年店卸高から差引いた額が、延銀＝収益銀となって、ここに「勘定帳」の徳用銀と「店御帳」の延銀とは帳簿上では一致することになっていた。

第49表　本嘉納家における店卸勘定一覧表

項目	文化3年(1820)	文政9年(1826)	天保1年(1830)	天保3年(1832)	天保5年(1834)	天保7年(1836)	天保8年(1837)
酒造経営分	427貫367匁	517貫486匁	756貫142匁	554貫702匁	714貫70匁	487貫992匁	283貫849匁
米買入分	32貫409匁	69貫846匁	55貫778匁		81貫226匁		
水車内渡し	10貫904匁	13貫89匁	14貫170匁	11貫160匁	8貫234匁	1貫699匁	6貫218匁
江戸酒問屋残金	27貫869匁	232貫984匁	361貫20匁	300貫467匁	386貫635匁	208貫291匁	401貫790匁
廻し銀	188貫690匁	251貫201匁	375貫168匁	516貫693匁	325貫557匁	238貫774匁	595貫35匁
両替取引	14貫873匁	49貫792匁	36貫168匁	76貫369匁	53貫580匁	280貫957匁	174貫34匁
買置分	7貫595匁	52貫56匁	65貫555匁	70貫882匁	71貫648匁	72貫556匁	58貫935匁
有分(現金)	15貫778匁	86貫823匁	45貫731匁	3貫51匁	174貫906匁	420貫903匁	877貫407匁
店有分(現金)	1貫331匁	1貫805匁	7貫728匁	3貫59匁	4貫875匁	81貫935匁	1貫881匁
その他	4貫571匁		7貫700匁	12貫490匁		589貫925匁	
店卸〆高	731貫387匁	1275貫082匁	1725貫160匁	1548貫873匁	1820貫731匁	2383貫32匁	2399貫149匁
指数（文化14年＝100）	125	204	276	248	292	382	385

（史料）文化14年「店卸勘定帳」（本嘉納家文書）より作成

そこでまず第49表の店卸〆高を各年度毎に比較してみよう。

文化一四年を一〇〇とした指数をとってみると、年をおってその資産状況が拡大してゆく過程が明らかである。文政末年には二〇四となり、天保八年には三八五という数字になる。次に、この「店卸帳」によって嘉納家の資本の運用状況をみてみると、（一）酒造経営の発展期における同家の流動資本は、文政三年の七八一貫から天保元年には一七二五貫、さらに天保八年には二三九九貫に増大していること、（二）この大晦日現在における流動資本の大体五〇〜六〇パーセント前後が酒造経営に投入されていること、（三）その他は短期の利貸（廻し銀）・買米などに投入されているが、とくに次にのべる資本の回転とも関連して、酒造経営による利潤と貸付資本による利子との有機的な結合が堅実な経営を存続させてゆく条件であること、（四）したがって天保期に蓄積された資本は必ずしも酒造経営の拡大にむかわず、貸付資本ないしは現金として保有していること、（五）そのなかで、大晦日現在における江戸問屋に対する問屋残金（売掛金）が漸次増大傾向を示していることは、やがて生産資本の投入から貨幣資本としての環流までの回転期間を延長し、ひいては酒造経営を圧迫してゆくこと、などである。そこで、さらに資本の回転期間の問題と、酒造経営における貸付資本との結合について述べてゆくこととしよう。

5　酒造資本の回転期間と貸付資本との結合

一般に、資本の回転期間は、生産期間と流通期間からなる。生産期間は生産資本の投入期間であり、ふつう労働期間に相当する。流通期間は、生産資本が市場において商品資本から貨幣資本に再転形して環流してくる期間である。ところで酒造業の場合、労働期間（仕込期間）を一三〇日、運送期間を二〇日とすれば、生産期間は一五〇日前後となり、流通期間を送金・受取りまでの期間をふくめて七〇日とすれば、合わせて二二〇日前後が資本の環流までの回転期間となる。しかも荷主側の送り荷は年間を通じて行なわれ、仕込期間の最後の火入れ工程のあと、一定期間「囲い酒」として貯蔵される。したがって酒造資本の生産期間は、労働期間にさらに貯蔵期間をも考慮に入れなくてはならない。しかも現実には、下り酒問屋との取引条件によって売掛金の回収が延長され、荷主の手元に「問屋残金」が堆積すると、流通期間はさらに長びくことになる。その間の米価や酒価の変動をも考えると、酒造経営における利潤形成は、かなり投機性と不安定性を有していたことがわかる。

このような酒造経営における不安定性と投機性の故に、その資本の一部は確実な利殖手段としての貸付資本に運用されてゆく。酒造資本が貸付機能と結合し、酒造経営のための生産資本部分と貸付資本部分とに分散投資されることが、酒造収益の投資性を克服するための必須条件でもあった。

しかし、酒造資本が貸付資本と結びつく、もう一つの契機がある。それは、最初の送り荷に対して、漸次問屋から荷主へ内金されてくる。この内金された貨幣は、次年度の生産資本として投入されるまで、そこに時間的ズレができ

第 50 表　本嘉納家における酒造徳用銀と廻し銀利息の比較

期間		酒造徳用銀	蔵数(蔵)	廻し銀利息	その他徳用銀	総徳用銀
自文化13年 至文政12年	14ヵ年総計	1313貫561匁	71	251貫119匁	52貫300匁	1616貫980匁
比率(%)		81.2		15.5	3.3	100.0
自天保1年 至同 8 年	8ヵ年総計	1640貫921匁	56	215貫143匁	105貫621匁	1961貫685匁
比率(%)		83.6		11.0	5.4	100.0
自文化13年 至天保8年	22ヵ年総計	2954貫482匁	127	466貫262匁	157貫921匁	3578貫665匁
比率(%)		82.6		13.0	4.4	100.0

（史料）第 48 表と同じ

る。この生産から一時遊離された貨幣資本が、次年度の生産資本へ投入されるまでの間、短期的な貸付資本として機能する。それが「廻し銀」であり、「廻し銀利息」である。

そこで、最後に改めて、さきの「勘定帳」を文化一三年から文政一二年までの一四ヵ年と天保元年より同八年までの八ヵ年の、酒造収益・廻し銀利息を整理して表示したのが、第50表である。酒造収益は各年により投資的な面がつよくて収益に変動があるが、長期的にみれば、貸付資本よりかなり有利な投資部門であったといえる。要はその変動にたえることであり、そこに貸付資本との結合がみられた。また競争期（勝手造り期）の一四ヵ年と統制強化期の八ヵ年とで、前者の一蔵あたり平均酒造収益銀が一八貫五〇〇匁に対し、後者は二九貫三〇〇匁となり大きな違いをみせている。ここでも統制による酒造石高の縮小と収益率の上昇が逆比例関係を示すという先述の指摘が確証される。なお、これまでの史料は、文化一三年から天保八年までの嘉納家全経営内容に関する勘定であるが、その後の動向については不明である。それで、嘉納家稼働蔵の一つの蔵の「酒造勘定帳」の徳用銀のみを摘出して表示したのが、第51表である。一蔵の収益銀のみで全体を類推することは危険であるが、しかし、文化五年より天保八年までの収益銀は一般的傾向としては第48表の全体の収益銀と一致している。その後の動向をみると、実はそれまでが好景気で、高い収益銀を計上していたのであるが、それ以後は連年赤字経営をつづけていることが判明する。幕末期にかけて灘酒造業が停滞してゆく状況が、この一酒造家の酒造経営を通しても明らかである。これらの問題については、さらに後にふれることとし、ここではその事実のみを指摘しておくにとどめておく。

第51表　本嘉納家における1蔵あたり酒造収益銀

年　代	酒造収益銀
文化5年	−5貫122匁
6年	15貫300匁
9年	38貫702匁
10年	21貫347匁
11年	21貫413匁
12年	29貫788匁
13年	12貫162匁
14年	2貫494匁
1カ年平均	17貫011匁
文政1年	−8貫595匁
2年	27貫401匁
3年	20貫216匁
4年	20貫423匁
5年	8貫696匁
6年	6貫824匁
7年	44貫167匁
8年	3貫052匁
9年	10貫862匁
10年	28貫015匁
11年	15貫339匁
12年	27貫474匁
1カ年平均	16貫990匁
天保1年	−6貫724匁
2年	3貫616匁
3年	50貫299匁
4年	8貫730匁
5年	9貫344匁
6年	68貫194匁
7年	36貫789匁
8年	156貫720匁
9年	42貫584匁
10年	− 906匁
11年	34貫983匁
12年	17貫455匁
13年	10貫841匁
1カ年平均	33貫225匁
弘化1年	−20貫405匁
2年	−17貫128匁
3年	−20貫931匁
4年	−12貫214匁
1カ年平均	−17貫669匁
嘉永1年	−12貫308匁
2年	6貫504匁
3年	−7貫409匁
4年	9貫473匁
5年	−23貫319匁
6年	9貫417匁
1カ年平均	−2貫940匁
安政1年	16貫499匁
2年	20貫365匁
3年	2貫300匁
4年	−7貫263匁
5年	24貫413匁
1カ年平均	11貫265匁

(注) 文化5年より嘉永4年までは中蔵、嘉永5年より安政5年までは新石屋蔵

(史料)「中蔵勘定帳」・「新石屋蔵勘定帳」(いずれも本嘉納家文書) より作成

第一〇章　海上輸送と樽廻船

1　上方・江戸間の海運と樽廻船の出現

上方より江戸積される酒荷は、上方・江戸間を航行する廻船に積み込まれた。この廻船が、菱垣廻船であり、のちに菱垣廻船より分離して、酒樽専用船としての樽廻船が生まれた。ここでは、灘酒の江戸積されてゆく海上輸送の問題について考察してみよう。

菱垣廻船は元和五年（一六一九）に泉州堺の商人が、紀州富田浦の廻船を借りうけ、大坂より木綿・油・綿・酒・酢・醤油などの日用品を積んで江戸に廻漕したのが、はじまりである。その後大坂が繁栄してゆくにつれて、その勢力は大坂に奪われるにいたり、寛永元年（一六二四）には、大坂北浜の泉屋平右衛門なるものが江戸積船問屋を開業し、ついで同四年（一六二七）には毛馬屋・富田屋・大津屋・荒（顕）屋・塩屋の五軒が同じく船問屋を開店するようになって、ここに大坂の菱垣廻船問屋が成立するのである。もっとも、このうち塩屋は荷主中より取りたてた船問屋であって、その持船も少ないため、摂州脇浜浦より雇い船し、手船不足のときには、この脇浜船に菱垣廻船と同様の目印をつけたといわれている。

このように廻船問屋というのは、手船（自家用船）の場合もあるが、多くは前述の堺の商人や塩屋の事例のように、紀州（富田浦・日高浦・比井浦など）や摂州（神戸浦・脇浜浦・二ッ茶屋浦）などの船持の廻船を雇い入れ、積み込み荷物の集荷・差配をして、廻船仕建を行なう海上運送業者であった。

その後、前記廻船問屋のうち、大津屋と富田屋はともに二軒に分かれ、また江戸荷主の中から小堀屋という問屋が取りたてられて船問屋をはじめた。さらに、桑名屋・小松屋の二軒も開店するようになって、廻船問屋の数も次第に増加してきたのである。しかし当時はまだ特権的な株仲間の組織もないままに、荷主たちは積荷・廻船仕建業務の一切を廻船問屋にまかせ、廻船問屋はなんらの規制もうけずに、自由に営業ができ、幕府の貢租米（御城米）積に任じながら、一般商人・問屋の荷物の輸送にあたっていたのである。

上方でつくられる酒が江戸に廻送されたのは、既述のとおり元和五年のことであるが、このときには他の商品との積合せであった。ところが酒荷だけの積切りの形で廻送されたのが正保期（一六四四―四七）で、大坂廻船問屋により伝法船で積み下されたのである。のち樽廻船問屋は大坂安治川・伝法と西宮に成立してくるが、これは伝法における樽廻船のはじまりといえよう。そして伝法自体で廻船問屋ができるのは万治元年（一六五八）で、このとき北伝法上島町の佃屋与治兵衛が問屋を開店し、これを最初として、南伝法にも廻船問屋が現われるのである。

しかしせっかく伝法に廻船問屋ができても、その廻船問屋は当時大坂の船問屋に圧倒されがちであった。やがて河村瑞賢によって西廻り航路、東廻り航路が開発された寛文年間（一六六一―七二）には、伝法廻船問屋は駿河国の廻船を傭船し、伊丹酒造家の後援によって、伊丹酒を主とし、酢・醤油・塗物・紙・木綿・繰綿・金物・畳表などの荒荷（雑貨品）を積み合わせて江戸に積み下した。このために用いられた廻船は、二〇〇石から四〇〇石積のもので、船足が早いため当時の人は「小早」と称した。これがのちに樽廻船となるものである。これに対応して、江戸でこの種の船荷物を引き受けた廻船問屋は、伝法屋久左衛門・三間久兵衛・井上重次郎の三軒であった。この江戸樽廻船問屋に対し、江戸の菱垣廻船問屋は銭屋久左衛門・井上重左衛門・利倉屋彦三郎の三軒であった。

以上のように上方において廻船問屋の成立するのは、一七世紀後半である。この時期は江戸積酒造業が台頭していったときでもあった。そこでまず下り酒の江戸積状況を、鴻池家を例にとってみてみよう。

鴻池家の発祥は摂津国川辺郡の伊丹近在の鴻池村で、当初ここで酒造業を開業し、やがて大坂出店を設けて、江戸積酒造業に進出していった。当時大坂で醸造する銘酒「清水」と鴻池村の「相生」は、相当量が江戸へ積み送られていたという。そのため同家ではまもなく海運業へも進出していった。しかし寛文・延宝期（一六六一―一六八〇）には廻船問屋仕建の廻船に託して江戸積みされるようになり、鴻池家の手船での自己仕建は原則として許されなかった。

この頃の廻船問屋は第52表に表示したように富田屋・大津屋・荒屋・塩屋などの菱垣廻船問屋と毛馬屋・海部屋などの樽廻船問屋の二系列の廻船問屋仲間が成立していた。菱垣廻船は大坂西横堀に、樽廻船は大坂下博労（ばくろう）町・立売堀（いたちぼり）に店をかまえていた。

いま鴻池家文書の延宝元年（一六七三）の「丑年酒仕切目録」のなかの「樽請取覚」には、次のように鴻池酒の積荷状況を記載している。

樽請取覚

二月四日出シ
三月十六日入
〆八拾樽　下り八拾匁　塩屋 三郎右衛門船
四郎右衛門様分

同日
〆八拾樽　下り銀八拾匁　同人船
治右衛門様分

三月廿三日出し
四月十五日ニ入
〆百弐拾樽　下り銀弐拾匁　福嶋屋 与吉郎船
四郎右衛門様分

同日
〆百弐拾樽　下り銀百弐拾匁　同人船
治右衛門様分

……

（中略）

……

惣樽合千八百七拾壱樽也
此下り銀壱貫八百七拾壱匁也
即此銀金銀上せニ付ル
右之通船々ち度々ニ請取申所、仍而如件、
延宝元年
極月晦日

江戸かうのいけや
六兵衛 ㊞
同
与兵衛 ㊞

鴻池四郎右衛門様
治右衛門様

（鴻池家文書、大阪大学日本経済史研究室架蔵）

この肩書されている「二月四日出し、三月十六日入」、というのが、大坂出帆月日、江戸着月日であり、福嶋屋が廻船問屋で、鴻池四郎右衛門・同治右衛門が荷主たる大坂鴻池家であり、江戸かうのいけや六兵衛・与兵衛は江戸店手代である。いま記載事項を整理して表示したのが、第52表である。これによって江戸積出し時期をみると、一一月より翌年二月までの冬季（酒造仕込期）には少なく、三月より七月までの間に大部分を輸送している。その所要日数は、一番早くて一〇日、平均三〇日前後で、最大は一二四日というのがある。もちろん一二四日というのは海難事故があってのことであるが、いずれにしろこの時期の所要日数はだいたい一ヵ月を要したことになる。幕末期の江戸着を競う新酒番船では、早いもので三日、ふつうの仕建で平均一〇日から二週間で到着しているところをみると、その速度の面で当時はまだかなりの日数を要していたことがわかるのである。

ついで大坂が江戸への物資供給地としての地位を確立し、江戸・上方間の海運活動が一段と活発化していった元禄期の状況を一瞥してみよう。第53表は元禄一三年（一七〇〇）より同一五年までの三ヵ年間の江戸入津総廻船数を、積荷別に表示したものである。年間延一三〇〇艘前後の廻船が入津しており、一艘で五往復すると仮定すれば、実質的に当時の稼働廻船は二六〇艘ということになる。またその積荷も、米をはじめ塩・油・酒・材木・醤油などの荒荷の

第 52 表　仕建廻船問屋別鴻池酒の江戸積樽数と所要日数一覧

年　代		延宝1年(1673)	延宝2年(1674)	延宝3年(1675)	延宝4年(1676)	延宝5年(1677)	延宝6年(1678)	延宝7年(1679)
仕建廻船問屋名	福嶋屋	577樽						
	塩　屋	480樽	120樽	111樽	40樽	120樽		275樽
	海部屋	414樽	408樽	682樽	1,227樽	1,211樽	793樽	366樽
	鴻池屋	40樽		120樽			314樽	40樽
	手　船	360樽	1,286樽	160樽			229樽	80樽
	大津屋		80樽	120樽	100樽	80樽	414樽	320樽
	嶋　屋		120樽	80樽		80樽		200樽
	富田屋		40樽	56樽	160樽	120樽		58樽
	その他			60樽	100樽	60樽	40樽	318樽
出荷樽数 合計		1,871樽	2,054樽	1,389樽	1,627樽	1,671樽	1,790樽	1,657樽
仕建廻船数		15艘	18艘	25艘	28艘	28艘	23艘	37艘
初発出帆日		2月4日	2月10日	2月6日	1月21日	2月1日	1月6日	2月17日
〃　到着日		3月16日	3月22日	3月8日	2月17日	2月18日	2月3日	3月14日
最終出帆日		11月15日	9月25日	8月22日	8月26日	12月16日	10月29日	12月12日
〃　到着日		12月11日	10月27日	11月18日	9月25日	閏12月15日	1月5日	12月29日
所要日数	最　小	13日	14日	16日	15日	10日	13日	14日
	平　均	26.7日	37.0日	37.5日	33.8日	26.8日	29.6日	34.1日
	最　大	55日	124日	85日	62日	83日	666日	87日

（史料）各年代の「樽請取帳」（大阪大学日本経済史研究室架蔵）より作成

積合いが総廻船数の八割前後を占めていた。「米積切」とは、米のみを積んで、他の荷物を積み込んでいないことを意味する。

酒樽は重量があるので下積荷物であり、したがって上積荷物としては軽くて嵩のひくい荒物が選ばれた。当時五〇〇石積の廻船で乗組み人は一二、三人であり、積荷の三分の一が酒荷で、その積樽数はおよそ二〇〇樽から三〇〇樽程度であったという。元禄一三年の酒積合廻船が年間一、一〇三艘であり、廻船一艘の酒樽積高を二〇〇〜三〇〇樽とすれば、二二万樽から三三万樽前後という数字が出てくる。元禄一二年の減醸令発令下の江戸入津樽数は二二万樽となり、だいたいそれに近い価となっている。幕末期の樽廻船が、一八〇〇石積で三〇〇〇樽を積載することができたのと比較すれば、海上輸送力の格段の相違が感ぜられる。

酒荷物積出しについて、天和二年（一六八二）伝法船問屋と伊丹酒屋中との間で中合せ一札が取りかわされた。その規定によると、第一条に酒樽積切船は一〇人乗り以上の廻船であることが定められ、それ以下の廻船に酒荷を積み込まないことが規定され

第53表　江戸荷受問屋別江戸入津延廻船数

単位：艘

年代	積荷／江戸荷受問屋	米積切	塩積切	荒物積切	小間物積切	材木積切	酒・醤油・塩・材木・荒物・米	米・小間物	米櫃醤油	御屋敷御荷物	合計
元禄一三年	伝法屋庄左衛門	9					428				437
	大坂屋久兵衛	9		30		7	139	44	32		261
	井上重左衛門出店	13			28		91				132
	銭屋久右衛門	21	50				281				352
	井上重左衛門本店	8	3				164				175
	計	60	53	30	28	7	1,103	44	32	0	1,357
元禄一四年	伝法屋庄左衛門	11					410				421
	大坂屋久兵衛	16					155		45		216
	井上重左衛門出店	7			26		96				129
	利倉屋三郎兵衛	48	30				172				250
	銭屋久右衛門	19	7				236				262
	井上重左衛門本店	12	5				163				180
	計	113	42	0	26	0	1,232	0	45	0	1,458
元禄一五年	伝法屋庄左衛門	34	2			1	335				372
	大坂屋久兵衛			6		13	131				150
	井上重左衛門出店	12			24		76	23	26		161
	利倉屋三郎兵衛	17					150				167
	銭屋久右衛門	10	7				213				230
	井上重左衛門本店	5					135			1	141
	計	78	9	6	24	14	1,040	23	26	1	1,221

（史料）「尼崎大部屋日記之覚」（白嘉納家文書）より作成

ている。積切船とは酒樽のみを積み込んだ酒荷専用船のことである。また一〇人乗り以上の廻船とは、積石数が五〇〇石積以上の大きさの廻船をさしている。酒樽積込みの廻船は、このように当時としては比較的大型の廻船が使用されていたことがわかるのである。

当時伝法仕建の廻船には伝法船と田舎船（いなかぶね）があり、酒樽は原則として伝法船のみに積み込むことになっていたが、「定」の第二条には伝法船が不足のときには田舎船でも問屋が立ち合って見分したうえ、十分に航海に耐えるものであれば、積み込んでもよいと定められていた。ここで田舎船というのは、紀州や讃州など摂州以外の他国廻船をさすのであろうと考えられる。

第三条には廻船の耐用年数について定められている。六年造りより古い船へは積み込んではならない、七、八年までの船でも問屋見分の上で安全だと判断したなら積み込んでもよい、と規定されている。そして第四条において、釘貫新造（くぎぬきしんぞう）は五年まで積み込んでもよいとしているのである。一般に、江戸時代の廻船の一応の使用限度については、以下のように定められていた。⑴新造から七年目ごろにノミ打ちで釘をしめるが、これまでを「新造」といった。船の耐用年限を七、八年までとしているのは、新造の期間であれば大丈夫だということである。⑵新造後一二年目ごろに腐った木材部分や釘・かすがいのきかなくなったのを取り替えるなどの大修理を行なうが、これまでを「中年船」といった。さきにのべた「釘貫新造は五年まで」というのはこの、大修理を行なってから、さらに五年までの廻船であればよいということである。⑶それ以後二〇年ぐらいで使用限界に達し、この時代を「古船」または「婆丸（うばまる）」と称した。これらはあくまで一応の基準であって、使い方や材料・工作のよしあしによってかなり相違があった。

第五条には、船道具は伝法船・田舎船ともによく吟味し、船相応のものより悪いものは取り替えるように定めている。このように廻船および船道具の吟味・見分がかなり厳重に行なわれていたのである。

以上のように、伝法の廻船問屋の中島屋小右衛門・綿屋治兵衛・小山屋源左衛門・堂屋藤兵衛が伊丹酒屋中と申し合わせているのである。このように伝法船は、荷主である伊丹酒造家の支援のもとに成立し、廻船問屋の差配によって酒荷の江戸廻送が行なわれ、盛んになっていった。いわば伊丹は「山辺の土地」ではあったが、酒造家＝荷主の積極的な働きによって、伝法を基地として近世樽廻船の運営がなされていたのである。近世前期の伊丹酒造業の発展の一因は、まさにこの点に求められるのである。

2　江戸十組問屋と菱垣廻船・樽廻船

このように上方・江戸間の海上輸送が、商品流通の増大にともなって、頻繁化してきたにもかかわらず、荷主と廻船問屋・船頭との間で責任を規制する契約もなく、また荷主側における仲間の結成もみられなかった。積荷・輸送に関するすべての権限は、廻船問屋・船頭に任せられていたのである。それが元禄期の状況であった。そのために、船頭・水主（かこ）が輸送途上で積荷を盗みとったり、故意に船を沈没させて荷物を抜き取ったり、また難船の際に廻船問屋が残存荷物の入札をごまかしたりするなどの不正が横行した。その結果、荷主側のこうむる損害は莫大なものであったという。

そこで、船頭・水主・廻船問屋の不正や弊風を一新するために、江戸商人大坂屋伊兵衛が中心となって、元禄七年（一六九四）に江戸十組問屋を結成した。十組問屋とは、塗物店組・内店組・通町組・薬種店組・釘店組・綿店組・表店組・川岸組・紙店組・酒店組の十組をさし、各組に行司をおき、この行司が交代で大行司についた。この大行司は、難破船の際にはその調査監督の任にあたり、ここにその難船荷物の処分にあたって、共同海損の原則が確立されたのである。また十組仲間内に四つの極印元を設け、新造菱垣廻船の船名改め、船足・船具に極印をうつこと、入津の際に船足を検査すること、および海難の場合における分散勘定の処理などにあたった。

かくして、江戸十組問屋の結成に呼応して、大坂においても江戸買次問屋（のちの廿四組問屋）が結成され、江戸・上方の海運は全くこの両者の掌握するところとなった。ここに従来の弊風は改まり、難船の損害は減少し、廻船も増え、享保八年（一七二三）には一六〇艘にも達したのである。

ところが、享保一五年（一七三〇）に酒問屋が十組問屋より脱退し、以後酒樽荷物は樽廻船一方積が宣言された。以来、酒荷専用船としての樽廻船が登場するに至ったのである。ここで江戸十組問屋は菱垣廻船と樽廻船との積荷種類を定めた。菱垣廻船は酒荷以外の諸荷物を積み、下積荷物は砂糖・油樽とし、酒樽は樽廻船の一方積ということになった。その主な原因として、二つの理由をあげることができる。

第一の理由は、元来酒荷は腐敗しやすい商品であり、また輸送期間の短いことが要望されていたが、菱垣廻船は諸種の商品を胴の間に高く積みあげ、苫囲いを厳重にするので、集荷から積荷・出帆までかなりの長い日数（ふつうで三、四〇日ぐらい）を要したのである。それにひきかえ、酒荷のみを下積荷物として積み込む樽廻船は荷嵩が低く、艤装にもあまり手間どらなかったため、菱垣廻船にくらべると船足が速かったのである。この点については、寛政一〇年（一七九八）の史料に、

大坂菱垣船はかさ高の荷物積候故、日和不見定候ては出船不仕、御当地着岸遅成勝に御座候処、灘目酒樽船は荷かさ無之、御当地至て早く御座候

（『西灘村史』四三六頁）

とか、

菱垣船は荷嵩に相成候故、荷打破損等も多く、樽廻船は荷物嵩不申候故、進退宜鋪、格別入津も早く、辨理宜敷旨世上にて申唱候

（『海事史料叢書』第二巻、三二二頁）

とのべているところより明らかである。

第二に、菱垣廻船で他荷物と同時に積み込む場合、酒は水油・砂糖・砥石・蠟・糠・瀬戸物・鉄類などとともに下積荷物であり、海難にあたって荷を軽くするため、まず刎荷（はねに）となるのは、上積荷物である繰綿・昆布・染草・煙草・薬種・絵馬・小間物・櫃物・紙類・糸・木綿類など、比較的に嵩高であってかつ運賃諸掛りや値段の高価なものであった。

海難と一口にいっても、具体的にはさまざまな状態があった。高波にもまれて沈没しそうになったときに、船足を軽くするためになされるのが刎荷である。甲板より上部に積まれている荷物を海中にはね捨てることで、船の安定をはかるためになされた処理であった。刎荷にまでいたらなくても、高波をかぶって、荷物が濡れ、価値を損する場合もあった。同一の船舶の海難によって生ずるこのような不平等な損失を、積み合わせた荷主が積荷価値に応じて保障しあったところに、十組問屋結成の意があったといえよう。

そして菱垣廻船の場合、海難に際しては比較的高価な上積荷物が刎荷されたため、酒荷の方は損害をうけずに残ったにもかかわらず、共同海損に応じなければならなかったのである。つまり十組問屋の結成は、下積荷物の荷主が上積荷物の荷主の損失を負担することで、海上の損害保障が行なわれる制度であった。そこに酒樽荷主としての酒造家の不満があったわけである。天明八年（一七八八）の「荷物積方申入書」のなかでも、この点を次のように指摘している。

酒荷物之儀ハ往古菱垣荷物積合有之候処、酒荷物積合候而者水物之儀、御酒造元ハ不及申、双方共不勝手之筋不少之儀ニ付、菱垣船積合断相立取退、樽船取立別積ニ相成、其節ゟ酒荷物積合七品之外酒樽船へ積合無之段及承候、然ルニ近年積乱ニ相成リ、別而昨年ゟ酒荷物無之候ニ付、菱垣荷物積合段々増長致、右成行ニ而ハ往古ゟ之通菱垣船積合同様相成、濡痛荷物多分ニ候得ハ、海上自然と及延引可申、別而難船等有之候節ハ、元直段高直成品多積合候而ハ振合勘定之節酒荷物大振負ニ相成、御酒造元御損金多御不勝手之筋不少之儀ニ御座候、既ニ去年中ゟ船廻り悪敷度々海上等有之、右合力船・荷打船振合勘定諸事見分致候処、菱垣船荷物積合有之、惣元直段高直ニ相成候処、右高直ニ成品多分之捨残リ上荷物多分元直段下直ニ付、酒荷物至而振負御酒造元御損失不少、甚気之毒千万ニ奉存候、

（『灘酒経済史料集成』下巻、一〇頁）

つまり菱垣積荷物との混載では、難破船の際の振合勘定に「酒荷物大振負」になり、酒造家の損金が多くかかるとのべている。このような酒荷主の負担に大きく依存した十組問屋の海損保障は、積荷の損失のほかに、海損の実情検査にともなう調査・出訴費用の負担をもふくめて、これら出費の割賦については酒荷主の側に大きく依存していた。

したがって常に酒荷主からの異議申立てがあり、とくに享保一五年の大海難を契機として酒店組は十組問屋を脱退し、かわって専用の樽廻船の独立組織化がなされたのである。

3　西宮積所支配と樽廻船

樽廻船が菱垣廻船より独立するにいたった一つの要因として、西宮での樽廻船問屋の成立があげられる。これまで主として大坂（安治川）と伝法を拠点としていた樽廻船が、やがて西宮においても、江戸下り酒の積荷と廻船仕建を業務とする酒積廻船問屋ができ、樽荷仕建されるようになった。それは宝永四年（一七〇七）のことで、大坂・伝法・兵庫の積問屋成立より一世紀のちのことである。

第54表　西宮・灘目・兵庫諸浦廻船調べ

単位：艘

年代／浦名	享保19年(1734)		明和6年(1769)		
	廻船	渡海船	廻船	渡海船	小船
今　津	4	5	13	20	
西　宮	44	36	17	40	50
深　江		6		30	
青木			2		8
魚　崎		16	1	15	
呉　田			12		
御　影	37	8	60	55	10
東　明					10
新在家				40	
大　石	2	2	6	60	
岩　屋			2		10
脇　浜			9		10
神　戸	44	29	40	30	
二ッ茶屋	94	6	67	30	
兵　庫	9	241	26	372	
計	234	349	255	692	98

（史料）享保19年は『神戸市史』資料2　53ページ以下、明和6年は「廻船小船差配書写」（神戸大学日本史研究室架蔵文書）より作成

元来、西宮には鴻池三右衛門と平内太郎右衛門の二軒の運送問屋があって、これを岡荷物引請馬借付出並諸船引受問屋とよんでいた。具体的には在郷村々より馬借によって送り届けられた荷物を、指定された送り先（大坂伝法酒樽積問屋）へ積み送るために船積し、あるいは馬借継立てを業務としていた。いわば大坂・伝法の大型廻船（樽廻船）に積み込むまでの「中次の宿」＝中継運送を営んでいた。しかし元禄期の伊丹・池田・西宮の酒造業の最盛期と、享保末年以降の新興酒造地灘目・今津の台頭してくるなかで、やがて自浦で江戸積荷物の積込みと廻船仕建を業務とする酒積問屋の

成立をみるのである。その端緒は、西宮の酒造家たちが、魚屋源左衛門へ依頼して、江戸積廻船一艘の借船を兵庫の船問屋伝法屋弥左衛門に申しでたところ、紀州切目浦の松兵衛船を貸してくれたので、これに西宮の酒樽を積んで江戸送りしたという。時に宝永元年（一七〇四）のことである。これを契機にして宝永四年（一七〇七）には西宮に江戸酒積問屋ができたが、その当初は西宮だけでは一艘を満載することができず、西宮の酒造家の辰野与左衛門や座古屋太右衛門の世話で、兵庫で五〇駄、一〇〇駄と積み足して、やっと一艘分に酒樽を満載できたという。

西宮浦が、このように中継運送から直積体制をかちえた背後に、西宮浦はもとより、今津から兵庫津にかけての灘目一円に、多数の廻船持や廻船業者が存在したことがあげられる。いまこの時期の廻船・渡海船を一覧したのが、第54表であるが、とくに御影・神戸・二ッ茶屋の三ヵ浦には、有力な船持層が成長していた。これらの他浦廻船を包摂する形で、西宮が積所としての特権を獲得していったのである。そして元文元年（一七三六）には、西宮積問屋一〇軒が、西宮酒家仲間に対し、次の規定を定めているのである。

定

一、御法度之荷物引請積引仕間敷候、
一、他国仮リ船仕間敷候、惣而脇船貸請西宮以名代ヲ堅積引致間敷候、
一、西宮積船ニ限リ、外船江一切差荷仕間敷候、
一、諸事運賃銀我儘ニ上ケ下ケ仕間敷候、
右之通此度被仰付急度相守可申候、万一相背申者共有之者、船積商売御差留メ被成候、其時一言之子細申間敷候、為其連判仍而如件、

元文元年辰十一月

平内太良右衛門出店
吉兵衛 ㊞
雑喉屋茂左衛門出店
三良兵衛 ㊞

村田屋利兵衛出店
吉兵衛㊞
上念長兵衛出店
九良兵衛㊞
綛屋甚兵衛出店
弥兵衛㊞
魚屋長兵衛出店
善右衛門㊞
鴻池三右衛門出店
三良兵衛㊞
千足九良右衛門出店
喜兵衛㊞
雑喉屋弥次兵衛出店
惣兵衛㊞
真多市兵衛出店
重良兵衛㊞

西宮酒家中御当番
御行司様

（『続海事史料叢書』第一巻、四八四・四八五頁）

つまり、(1)御法度の荷物を引受け、積引きしてはならない。(2)他国の船を借船してはならない。また脇船の貸請は西宮名代で積引きしてはならない。(3)西宮積船に限り差荷し、他の廻船にはいっさい差荷をしない。(4)諸事運賃銀は勝手に上げ下げしてはならない。以上四点である。

このように西宮が今津・灘目一円のなかで船積支配の積所としての特権を得、ここを拠点に、以後酒造家のバックアップのもとに積問屋として樽廻船を掌握してゆく態勢をととのえていった。

4　七品両積規定と菱垣・樽両廻船問屋の公認

ところで菱垣廻船の積荷は江戸十組問屋の仕入（注文）荷物であり、樽廻船は酒造家荷主の送り（委託）荷物というふうに、両廻船の積荷ははっきりと分離していた。仕入荷物とは、産地で買い入れた荷物を江戸に運んで仲買等に分売する仕入取引であり、送り荷物とは荷主より委託された荷物を仲買に売り捌いて、口銭を取得する仲介商業のことである。この商業取引の二つの形式の差異が、実は下り酒問屋の十組問屋脱退のひとつの理由でもあったわけである。なぜなら、海難に際しての海損負担者が、送り荷物のときは酒造家＝荷主にあったのに対し、仕入荷物のときは、十組問屋仲間にあったからである。

事実、海上での海損に対する共同保障の組織として成立した十組問屋にとって、仕入荷物と送り荷物の混在は、積荷元値段を基準にして損害額を割賦する共同海損の割掛けと徴収を困難なものにしたであろうことは、想像に難くないところである。その意味で、仕入荷物と送り荷物との廻船を別仕建とする菱垣・樽両廻船の並立は、実状にマッチした合理的な運送形態であったということができる。

このようにして、最初は酒荷以外の荷物は菱垣廻船一方積とする規約も守られていたが、漸次菱垣廻船積荷物よりの洩積が年とともに増加するようになった。同時に、むしろ樽廻船の方で、その上積荷物を菱垣廻船と互いに奪いあう展開が見られるようになったのである。この傾向は樽廻船が十組より分離独立してから三〇年余、すなわち宝暦末年（一七六〇—六三）に激しくなっていった。そこで両廻船は荷物争奪を一時的にでも休止しようとして、明和七年（一七七〇）に酒問屋と十組中の他の九組（いわゆる「古方」グループ）との間で、次の七品にかぎって樽廻船への積合せを認める協定が結ばれるにいたった。七品とは米・糠・阿波藍玉・灘目素麺・酢・溜り（醤油）・阿波蠟燭で、これを菱垣・樽の両積荷物とし、酒は樽廻船の一方積、七品以外の商品は菱垣廻船一方積の積荷協定がなされたのである。

しかし現実にはこの明和七年の両積規定もなかなか守られず、二年後の安永元年（一七七二）に、田沼政権の仲間公認政策の一環として、大坂・伝法樽廻船問屋八軒と、西宮樽廻船問屋六軒の江戸積酒荷物廻船問屋株が認められ、翌年よりは銀一〇枚の冥加金の永々上納が定められた。そのときの樽廻船問屋名は第55表のとおりである。

第55表　安永2年菱垣・樽両廻船問屋

菱垣廻船問屋名		樽廻船問屋名	
顕屋庄右衛門	大坂権右衛門町	吉田喜平次	大坂南安治川1丁目
柏屋勘兵衛	〃　本町1丁目	小西新右衛門	〃　北安治川1丁目
小堀屋庄左衛門	〃　折屋町	津国屋勘三郎	〃　〃
桑名屋七之介	〃　天満11丁目	鹿嶋屋喜右衛門	〃　〃
日野屋九兵衛	〃　今橋西詰	毛馬屋彦左衛門	〃　下博労町
富田屋吉兵衛	〃　心斎橋過書町	毛馬屋兵五郎	〃　北伝法村
富田屋吉左衛門	〃　長浜町	山本屋九右衛門	〃　南伝法村
大津屋大次郎	〃　瀬戸物町	大和屋大三郎	〃　〃
大津屋吉五郎	〃　伏見堀1丁目	平之内太郎右衛門	西宮
		綛屋甚左衛門	〃
		塩屋九兵衛	〃
		村田屋利右衛門	〃
		上念長兵衛	〃
		藤田伊兵衛	〃

江戸積酒諸荷物廻舟問屋株前書

定

一私共儀数年来江戸積酒并諸荷物廻船問屋渡世致来り候得共、内分之組合ニ而不取〆ニ御座候間、是迄仕来り候通りニ而、酒ならびニ諸荷物引請、定之通り運ン賃取之、荷主相対を以積方可仕間、西之宮同様ニ株御赦免被成下候ハヽ、永々冥加銀上納可仕旨御願申上候処、御聞届之上、私共八人江株御赦免被成下候ニ付、若此後新規之儀相企候歟、其外障ニ相成候不埒之仕方御座候得者、株御取放之上、品ニ寄、御咎ヲも可被仰付候間、来巳年ゟ銀拾枚ツヽ、毎年十一月上旬無相違可相納候、然上者私共株譲り替・変名・変宅・印形改等仕候節者、其度々御断申上、株帳張替可申旨被仰渡、一統難有奉畏候、為後証連判差上申所如件、

明和九年辰七月

（『大阪市史』第五、七二七―七二八頁）

つづいて翌安永二年に菱垣廻船問屋も株立てされ、同じく当年に銀二〇枚、翌年より銀一五枚の冥加金の永々上納が定められたのである。

菱垣廻船問屋株前書

定

一私共儀数年菱垣廻舟諸荷物積問屋致来候得共、内分組合ニ而御座候間、銘々株ニ被仰付被下候様御願申上、尤諸事是迄仕来候通りニ而、諸荷物積方之内、酒荷物者先達而株御免御座候儀ニ付、私共廻舟江者積合不申、其外前積もの（米脱カ）・糠・藍玉・灘目素麺・酢・醤油・阿波蠟燭、右七品荷物者菱垣廻舟・酒樽廻り舟両積ニいたし、右之外諸荷物并都而江戸積諸荷物之分積入、定之運賃取候迄ニ而、外々新規之儀不仕候間、願之通り御免被成下候ハヽ、為冥加当巳九月ニ銀弐拾枚相納、来午年ゟ毎年九月ニ銀拾五枚ツヽ、永々上納可仕旨御願申上候処、御聞届被成下難有奉畏候、然ル上者新規之儀相企候歟、不埒之仕方有之、障之筋仕候ハヽ、株御取放可被成旨被仰渡奉畏候、私共儀株譲り替并変名・変宅・印形等相改候儀御座候得者、度々御断申上、株帳張替可仕候、乍恐為後証連判差上申処如件、

安永二年巳四月

（『大阪市史』第五、七二六―七二七頁）

このとき株立てされた菱垣廻船問屋株は七軒で、第55表のとおりである。これを契機にして両廻船は協定し、米・糠・藍玉・灘目素麺・酢・醤油・阿波蠟燭の七品は両積とし、酒は樽廻船一方積、その他は菱垣廻船一方積とし、さきの明和七年の積荷協定が再確認されたのである。当時樽廻船は一〇六艘、菱垣廻船は一六〇艘であった。

樽廻船は安全性と迅速性が尊重され、そのうえ余積のある場合には、樽荷以外の上積荷物＝菱垣積荷物を安い運賃で引き受けるようになって、先の酒荷は樽廻船一方積とする規定がくずれ、菱垣積荷物が一方的に樽廻船に洩積されるにしたがい、菱垣廻船数も前述の享保期の一六〇艘から文化五年（一八〇八）の三八艘にまで減少し衰微していった。

ところが、文化五年に杉本茂十郎が菱垣廻船積仲間を結成して従来の江戸十組問屋を再編し、幕府の保護のもとに菱垣廻船の結束強化をはかった。まず第一に、各問屋が共同出資して菱垣廻船の修復を積極的におしすすめ、古船の修理と新造船の建造によって合わせて一〇〇艘の菱垣廻船を保持すること、第二に十組問屋仲間は一致協力して仲間定法の規約を守ることを申し合わせ、その実行に着手したのである。さらに文化六年（一八〇九）には海事金融機関として三橋会所を設立して、みずからその組頭となったが、その翌年杉本の失脚とともに、菱垣廻船はますます衰退の一路をたどり、文政八年（一八二五）にはわずか二七艘にまで激減し、ここに樽廻船によってまったく圧倒されてしまったのである。

5　紀州廻船と樽廻船

このようにして、文化・文政期に樽廻船との競争で菱垣廻船が衰微していった一方、樽廻船は有力船持層を確保して、酒造仲間の援助のもとに、強化されていった。その有力船団として、台頭期の樽廻船は、ひとつは伝法船と西宮・灘目の船持層からなっていた。なかでも前掲第54表に示したように、明和六年（一七六九）には二ッ茶屋浦六七艘を筆頭に、御影六〇艘・神戸四〇艘と、完全に西宮を圧倒していた。しかも御影・大石・魚崎浦廻船中を西宮廻船問屋支配のもとに、船積仕法を確定していったのが、宝暦年間の動きであったといえよう。そのうえに明和九年の西宮樽廻船六軒の問屋株の公認があり、それを支配して全体の江戸積酒輸送体制を掌握していたのが大坂三郷を触頭とする江戸積摂泉十二郷酒造仲間であった。樽廻船が上昇発展してゆく背後に、このような酒造家＝荷主の経済的援助があったのである。

しかし樽廻船のもうひとつの主力は、紀州廻船である。紀州といっても、なかでも比井・日高両浦の船持の廻船であった。灘酒造業の発展期たる文化・文政期には、船持どもの樽廻船仲間が結成されるが、大坂樽廻船中・灘樽廻船中と、日高樽廻船中・比井樽廻船中からなっており、それらの廻船が大坂および西宮の樽廻船問屋の差配のもとに運営されていた。そしてすでに寛政五年（一七九三）には「四ケ浦申合為取替一札」として、伝法・御影・日高・比井の四ヵ浦の樽廻船の船持たちとその船頭衆の間で、次のような申合せがなされていた。

定

一近年樽廻船不合ニ而次第ニ困窮いたし、相続難出来候ニ付、此度四ヶ浦一統参会之上、申堅メ左之通
一従御公儀様被為仰渡候御法度之趣、急度相守可申候事
一津々浦々出入之節、相互漕迎可仕候事
一近年江戸通船道中遣ひ・臨時入用相増候間、船頭中諸事取締相互ニ申合、可相成丈ハ倹約可仕候事
一御城米・御廻米諸御荷物積入候後、其御荷物着船仕候迄は、何国ニ而も船頭陸上りいたし、宿問屋ニとまり、出帆之砌、乗船いたし候船頭有之候付、一統ニ船中猥りニ相成、不埒之事共有之候間、此後は御大切之御荷物積受候上は、於津々浦々万一用向有之候ハヽ、昼之間ニ相勤、一夜たり共船頭分陸上りいたし、問屋小宿ニ泊候儀、急度可為無用事、此段浦々之問屋宿屋へ以書付申渡候間、万一相背心得違之船頭有之候ハヽ、船持・船頭は不及申、其所之問屋小宿共廻船一統及沙汰可申事
　但仲間立不時用事之節は、昼夜ニかきらす相互ニ談合可申事
一此以後伊勢両浦、伊豆浦賀ニ而も、売女等船へ乗候儀、船頭ニ而も急度差留可申候、万一猥成儀有之候ハヽ、相互ニ吟味いたし、廻船行司へ可申遣候事
一買積船頭之儀は、格別の儀ニ而可有之候事
右之趣四ヶ浦一同相談之上、申合候条、急度相用可申候、万一相背候船頭有之候ハヽ、惣廻船之及評儀可申事
比井樽廻船中
日高樽廻船中
御影樽廻船中
伝法樽廻船中

四ヶ浦樽廻船
船頭衆中

前書之通仲間一統取締承知仕候、此段沖船頭江急度申渡相用可申候、万一申合相背候廻船有之候ハヽ、樽廻船仲間御除可被成候、依之為取替一札差入申候、

一福市丸庄太夫　　船主　庄太夫

（以下略）

寛政五丑年十月　　日高廻船行司　印

御影組
比井組　廻船衆中
御行司中様

（和歌山県御坊市　薗喜太夫家文書）

この取為替一札に署名した日高組樽廻船は三三艘、比井組樽廻船は三六艘、計六九艘である。これに御影をふくめた灘樽廻船中や伝法樽廻船中を合わせると、一五〇艘ぐらいの稼働廻船数が想定されるのである。

この比井・日高廻船を樽廻船として灘酒造仲間でとくに保護し、資金援助を与えてきたことについては、文化一二年（一八一五）の「砂糖水油類積方一件」のなかで、次のように述べている。

私共所持廻船（紀州比井・日高・富田廻船中―註）之義、大坂幷伝法・西宮諸荷物積問屋仲間十四軒、幷酒造家より入用七八分通加入を請、興行仕相稼罷在候、元来酒荷物は水物ニ而積船待合候而ハ変味仕候故、積出シより着岸迄之日数を究メ、一日を争ひ船積仕候儀ニ付、右之通御国船々之内へ過分之出銀仕、銘々手船同様ニ而造り替度毎ニ夫々出銀致呉、全私共義ハ聊之歩合ニ而廻船名代元ニ相成、諸取引談合等之義ハ十四軒之問屋共と申合渡世向互ニ助ケ合、往古より代々親妻子眷族共育ミ来候、

（『伊丹市史』第四巻、五六三頁）

6 天保四年の両積規定と幕末期の樽廻船

文政八年に菱垣廻船は最大のピンチに遭遇し、樽廻船とのあいだに積荷競争をつづけたが、勢力を挽回することができず、起死回生策として十組大行司・惣行事それに極印元は町奉行所に対し、次の案を申し出るにいたった。第一に紀州藩の廻船三〇艘を借りうけ、第二にその他の傭船および新造船とさきの二七艘を合わせて七八艘を調達し、第三に、さらに必要なる時は、尾張・伊勢の廻船を借りうける、というものであった。

同じ提案は天保三年（一八三二）にも再度幕府に要請したため、幕府では審議の結果、翌天保四年一二月に、町奉行榊原主計頭の名でもって、次の条件をつけて許可したのであった。

第一、安永二年の規約による米・糠・藍玉・灘目素麺・酢・醤油・阿波蠟燭の七品は、従来どおり菱垣・樽の両積とする。

第二、鰹節・塩干肴・乾物も両積とするが、主として菱垣廻船に積み入れる。幕府御用砂糖は一〇万斤にかぎり両積とする。

第三、その他はすべて、菱垣船一方積とする。

第四、以上両積荷物は、以後大坂より送り状を樽廻船問屋ならびに菱垣廻船問屋の両方に送付し、着船の際は菱垣廻船問屋において一応取り調べ、その後これを樽廻船問屋に引き渡す。

以上のように安永七品の両積荷物のワクをさらにひろげることにより、菱垣一方積を幕府の公的強制力で厳守し、その徹底化をはかったのである。そして紀州藩の援助ともあいまって、菱垣廻船は一時勢力を取戻したものの、現実はむしろ両積荷物がふえたことにより、かえって菱垣一方積の強制力も弱くなり、たとえば両積を許された砂糖のごときは、ますます樽廻船積となり、ふたたび菱垣廻船は衰退の一途をたどるようになっていったのである。

幕府の物価体系の破綻に端を発してなされた天保一二年（一八四一）の株仲間の解散は、当然江戸・大坂間の商品流通を独占していた江戸十組問屋および大坂二十四組問屋にその矛先が向けられた。したがって、菱垣・樽両廻船問屋も解散の運命にあい、従来の積荷仕法の諸制限も撤廃されて、荷主・船主ともに「相対次第弁利之方へ積込」こととなった。それと同時に、これまでの廻船仲間や荷主仲間の申合せ・規約も無効になり、ここに海運上の仕法・法規が根本から廃棄されてしまった。そのため幕府は天保一三年（一八四二）七月に、海難の際における海損仕法を規定したが、大坂の二十四組江戸積問屋なる荷主仲間機関がないため、その効力と適用に関して十分な成果をあげることができなかったのである。

そこで弘化三年（一八四六）にいたり、九店（くたな）仲間が結成された。この九店とは、旧二十四組江戸積仲間のなかの綿店・油店・紙店・木綿店・薬種店・砂糖店・鉄店・蠟店・鰹節店の九品の重積商品を取り扱う商人が連合したもので、九店とは荒荷に対する語である。そして九店以外の表組・瀬戸物店・塗物店・堀留組・明神講・乾物店・通町組・安永二番組・同三番組・同五番組・同六番組・同七番組・同九番組よりなる積荷（荒積）を取り扱う商人は十三店と称して、九店に付属することとなった。そして大坂の九店仲間が、江戸の九店（糸問屋・油紙問屋・木綿問屋・薬種問屋・砂糖問屋、鉄問屋、蠟問屋、鰹節問屋、乾物問屋）と連絡して、いわゆる九店支配廻船をその専用輸送船と定めたのである。

もっとも、九店廻船問屋は大坂菱垣廻船問屋九軒（小堀屋新兵衛、日野屋利右衛門、大津屋源之助、大津屋権右衛門、富田屋儀助、富田屋吉五郎、桑名屋松治郎、顕屋大治郎、柏屋勘太郎）に大坂樽廻船問屋八軒（西田正十郎、吉田亀之助、毛馬屋五郎、小西新右衛門、柴田正治郎、木屋市蔵、木屋市三郎、伊丹屋半兵衛）、西宮樽廻船問屋六軒（塩屋孫助、藤田なか、辰屋権蔵、万屋幸太郎、枡屋たき、上念常太郎）があたったのである。九店差配の場合は、たとえ樽廻船であっても酒樽の積入れは禁止され、また難破船の海損処分、すなわち荷打・浦証文・浦仕舞などの処置は、九店積合（荷主）仲間の世話番が担当することとなった。いわば従来の十組仲間の機能を引きついだものであり、嘉永四年（一八五一）の株仲間再興後も、仮菱垣と荒菱垣建として、樽廻船が菱垣荷物の運送を請負っていたのであった。

菱垣廻船数については、既述のとおり、享保期には一六〇艘、安永元年（一七七二）には六〇艘、文化五年（一八〇

第56表　船主地域別樽廻船数

単位：艘

	嘉永4年(1851)	文久1年(1861)	文久2年(1862)	元治1年(1864)	慶応3年(1867)
鳴尾	5	4	4	5	4
今津	5	4	3	3	3
西宮	5	11	16	18	7
灘目	47	37	33	35	27
内訳　魚崎		3	2	4	2
御影	24	19	18	20	18
石屋	2	2	1	1	1
東明	6				
大石	9	5	4	6	4
神戸	4	5	5	2	1
その他	2	3	3	2	1
兵庫	2	5	8	4	4
尼崎	2				
大坂	9	13	12	9	4
伝法	1	7	7	7	3
池田		2	2	1	
伊丹		1	1		
紀州比井	1	2			
豆州下田	2				
遠州掛塚	1				
江戸			1		
不明					1
計	80	86	87	82	53

（史料）各年代の「樽廻船名前帳」（魚崎酒造組合文書）

八）には三八艘、文政八年（一八二五）には二七艘という数字が確認できる。しかし樽廻船については安永元年の一〇六艘以外には、ほとんど不明である。菱垣廻船が文政期以降完全に衰退してゆくのと反対に、樽廻船はこの時点より積極的に上方・江戸間の海運を牛耳っていった。それは灘酒造業の飛躍的発展を反映して、この時期に江戸積酒造家が廻船を所有して船持となり、これを樽廻船に付船して、荷主＝酒造家が樽廻船を掌握してゆくようになっていったからである。

いま幕末期の樽廻船の所持状況を「樽廻船名前帳」によって表示したのが、第56表である。これは大坂・伝法と西宮の樽廻船問屋別に、その付船状況を表示したもので、廻船数は嘉永四年（一八五一）八〇艘、文久元年（一八六一）八六艘、同二年八七艘、元治元年（一八六四）八二艘、慶応三年（一八六七）五三艘ということがわかる。これらの数字は、先述の最盛期の菱垣廻船には及ばないにしても、天保期以降に菱垣廻船が衰退してゆくのと比較すれば、それをはるかに上回っていたといえるであろう。この時点での樽廻船はすでに一五〇〇石積前後で、最大は一八〇〇石積の大型廻船もあり、これに積載する酒樽は三〇〇〇樽前後にも達していた。かりに一艘で酒樽を積み入れ（実際には他の荒荷なども一緒に積み合いするが）一年に五往復（仕建）するとすれば、一艘で延一万樽を輸送することができ、これが八〇艘あれば約八〇万樽の輸送力を有することになる。現実に江戸入津樽数は、安政三年（一八五六）で九四万六〇〇〇樽、同四年は七九万樽であったので、ほぼ廻船数に対応した入津樽数であったことがわかる。

やがて慶応三年（一八六七）には、灘目二七艘（うち御影村一八艘）で、それに鳴尾四艘・今津三艘・西宮七艘を加えると、灘地方で計四四艘となり、全体（五三艘）の八割強を占めていたことになる。主な酒家船持として、鳴尾の辰半右衛門・同与左衛門、西宮の辰吉左衛門・四井信助・八馬喜兵衛、御影の嘉納治作・同治郎作・同弥兵衛、魚崎の赤穂屋要助・大石の松尾甚右衛門、それに伝法の岸田屋仁兵衛などがあげられる。

7　運賃積としての樽廻船経営

海運経営形態のうえからみた場合、海運業においても、他の諸産業におけると同じように、自己生産＝自己運送（private carrier）＝買積船から商品生産＝他人運送（public or common-carrier）＝賃積船への発展形態をとる。前者の代表的な例が北前船であり、後者は菱垣廻船・樽廻船ということになる。

近世において運賃積を主とした海運業が成立してゆくためには、商品輸送業務・商品保管業務と商品取引業務が機能的に分化し、商業取引は荷主と積問屋・荷受問屋の間で決済され、海上輸送はこの商業取引に付随的な機能を果たすにすぎない。事実、前述の元禄七年（一六九四）の十組問屋の成立も、江戸・大坂間の商人荷物を運搬する廻船業者の横暴に対して、荷主仲間たる問屋商人が積極的に海上輸送の掌握に乗り出していったもので、それ自体元禄期の問屋商人の成長を物語るものであった。

それというのも、菱垣廻船積荷物は江戸十組問屋の仕入れ荷物（注文荷物）であるため、運送中に起こる海難などの損金は、全部十組問屋で負担しなければならなかったからである。そのため十組問屋仲間で廻船をもち、菱垣廻船支配を強化していった。菱垣廻船が主として十組問屋の「荷主共手船定雇」とか「十組問屋共有船」として、十組問屋仲間の共同出資の形で廻船を建造したり、十組問屋の責任において他の廻船を借船してくるのも、廻船問屋・船頭・水主を、荷主＝問屋仲間の方で十分に掌握しておく必要があったためである。

同じことは運賃積たる樽廻船についてもいえる。ただ酒荷の場合は、それが送り荷物＝委託販売であるため、運送中の責任は荷主＝酒造家の側で負わなければならず、そのため廻船の調達については、荷主である酒造家がこれにあたらなければならなかった。のちに酒造家が樽廻船をもって樽廻船仲間を掌握してゆくのも、酒が送り荷物であったという点に由来していたのである。

ところが、買積船としての北前船の場合は、商業機能と運送機能とが未分化の状態にあり、遠隔地間の価格差に基づいて商業利潤が獲得されるメカニズムとなっていた。すなわち船主みずからが船に乗るか、さもなければ沖船頭に託して、若干の積荷購入資金をもち、船頭の才覚のもとに適時寄港地での売買を行ないつつ船旅をつづけた。したがって買積船の特徴は、自己運送形態にあったといえよう。この場合の船頭は、安く買って高く売るという一般商品取引が中心であって、運送業務はそれに付随したものにすぎなかった。その意味で北前船の船頭は、菱垣廻船や樽廻船の船頭とはその性格をまったく異にしていたのである。

江戸時代において、一般に船乗りのことを水主（かこ）と総称していた。この水主をさらに分類すると、船頭・知工（ちく）・表（おもて）・片表（かたおもて）・親司（おやじ）・若衆（わかしゅう）・炊（かしき）などに分かれる。しかし実際には、菱垣廻船や樽廻船のような運賃積の場合には、船頭・楫取（かじとり）・水主・炊またはそれに賄（まかない）が加わって・船頭・楫取・賄・水主・炊というのが一般的であった。たとえば嘉永五年（一八五二）の摂州御影村の嘉納治作所有の樽廻船（一六人乗り）の場合を示すと、第57表のとおりである。沖船頭・楫取・賄以外は、いずれも二十代の若者が乗り込んでいたことがわかる。

楫取とは公用語で、ふつうには表仕（おもてし）

第57表　摂州御影・嘉納治作船乗員一覧

役名	氏名	年齢
沖船頭	安　蔵	46
楫　取	直兵衛	43
賄	岩　松	
水　主	林　蔵	
〃	竹次郎	28
〃	伊兵衛	28
〃	音　蔵	26
〃	定　吉	26
〃	音　作	30
〃	喜代蔵	22
〃	亀　蔵	23
〃	安兵衛	30
〃	伊勢吉	26
〃	次兵衛	30
〃	由　蔵	24
〃	松　蔵	14

（史料）横須賀史学会『臼井家文書』上巻、275ページ～286ページ

とよばれ、水路および航海に関する任務担当者のことである。知工は船内の会計事務を担当する者で、岡回りとか賄ともいわれていた。親司は親仁・親父とも書き、船内取締りと船務一切の監督を担当するものをさしている。この楫取・知工・親司を船方三役といい、船頭を補佐して船の主部をなしていた。いわば船を動かしてゆく〝執行部〟ともいうべきであろうか。運賃積である菱垣廻船や樽廻船では、むしろ沖船頭・楫取・賄が「三役」であった。三役以下の水主を若い衆といい、なかでも炊は見習水主で、炊事・拭掃除などの雑役いっさいを担当し、十一、二歳から二〇歳前後までの者があたった。

ところで、船頭といっても二種類あり、船主であり、かつ実際に船に乗り込むものを直乗（じきのり）船頭・直船頭またはお手船（てせん）といった。それに対し、船主が乗り込まずに、別に船頭を雇う場合の船頭を沖船頭とか雇船頭といった。おそらく一杯船主としてみずから船に乗り込むような直乗船頭から、漸次廻船を多く持ち、それを経営するまでに海運資本の拡張がみられると、沖船頭を雇い、みずからは実際の航海には出ずに、陸にいて廻船差配をするようになったと思われる。そのような船に乗り込まない船頭（船主）のことを居船頭（いせんどう）とよんでいた。

そして一口に直船頭または沖船頭といっても、運賃積か買積かによって、船頭の性格はかなり異なっていた。十組問屋による菱垣廻船や十二郷酒造仲間による樽廻船の場合には、船頭はまったくの雇われ船頭で、廻船問屋の差配のもとに、荷主より江戸各問屋宛に差し出される送り状にしたがって積荷し、かつそれを運送する単なる運送実務担当者たるにすぎず、勝手に船頭の裁量による商品の売買や積荷は「帆待ち」といって、荷主側から固く禁じられていた。したがって定められたコースを、迅速かつ確実に上方から江戸へ往復するのが船頭の最大の任務であったといえる。たとえば、文化五年（一八〇八）の帆待積禁止申合せは、次のとおりである。

差入申一札之事

一此度帆待積之儀ニ付御荷主様へ御取締被下度段、先達而以書付御願申上候処、御一統御相談之上御取締被下辱奉存候、依之御荷主様へ立入、内々積致貰候事相知候ハヽ、其荷物早々取払可申候、若船主共問屋も不存出帆仕、万々一海難等之事帆待積有之候ハヽ、極印元御見分受、酒荷物者三郷御行事様井西宮御行事様へ其問屋より御届ケ申上御差図受可申候、（中略）且又問屋帆待積不相成事ヲ乍存、心得違ニ而積入仕候ハヽ、問屋中合之通中間相除可申候、御荷主様方江船頭水主之者立入、内々帆待積致候儀相知レ候ハヽ、其船者廻船中申合通、外船ニ為致可申候、然ル上者此書付之趣自然相背候ハヽ、如何様共御勝手可被成候、其時一言之申分無御座候、為後日証文連印仍而如件、

文化五辰年

壬六月

廻船中行事 連印
西宮問屋中 連印
大坂伝法問屋中 連印
廻船中 惣代
日高廻船中 惣代
灘廻船中 惣代

八郷酒造家惣代
大坂三郷酒家中
大行事衆中
西宮酒家中
大行事衆中

（『灘酒経済史料集成』下巻、二〇頁）

ところが北前船に典型的にみられる買積船は、前述のように商業機能と運送機能とが未分化で、遠地間の価格差に

よって商業利潤を獲得していた。そこに自己運送形態としての買積船の特徴があった。したがってこの場合の船頭とは、購買と販売を通して商業利潤を取得してゆく荷主＝船頭であるが、主軸はあくまで商品取引業務にあり、運賃は販売価格のうちにふくまれていた。そこで船頭は必然的に安く買って高く売るという一般商品取引についての知識と才覚を必要とし、この点で前述の単なる運送業務のみに専従する運賃積船の船頭とは大いに異なっていたのである。

これに対し、樽廻船経営を考える場合、廻船を所有する船主、その廻船を付船（つけぶね）して積荷を集め仕建業務をする積問屋（大坂および西宮樽廻船問屋）、江戸へ入津したあと瀬取りし水揚げして江戸下り問屋の倉庫におさめるまでの業務を担当する荷受問屋（江戸樽廻船問屋）と、それに廻船問屋に酒樽の運賃積を依頼する荷主（酒造家）の四者から成り立っていた。このように船主・廻船問屋・荷主がそれぞれ機能的に分化していた点に、買積船とは異なる運賃積の廻船経営の特徴がみられた。

したがって樽廻船の経営主体は船主にあるが、廻船の運営についてはいっさいの業務を積問屋にまかせ、廻船問屋は荷主から徴収した運賃（下り銀引き）のなかから、問屋口銭・小廻し賃などの費用を差引きした残額を、船主に渡すことになっていた。その収支明細書が「仕切状」であり、一年間の決済をしたのが「仕切目録」である。問屋口銭は廻船問屋の手数料で、安永四年（一七七五）には酒荷一〇駄（四斗樽で二〇樽）につき銀二匁と規定されていたが、のち銀三匁八分となっている。樽廻船一艘の積荷高一〇〇〇駄とすれば、問屋口銭は三八〇匁となり、これが樽廻船問屋の収入となるものである。

また海上輸送途上に要する費用は「道中諸遣帳」として、沖船頭が記帳し、それに水主賃銀などを加えたものが、「道中諸遣賃銀諸入用帳」として船主によって支払われた。道中諸遣いの主なるものは、船頭・水主・賄の食費と寄港地での宿賃・付船の祝儀、それに神社への初穂料などである。

「船荷物積手板」は、積問屋が酒造の銘柄・荷主名・送り先（江戸酒問屋）・駄数・下り銀（一〇駄につき銀一〇匁）を明記した積手板（一種の船積証券）で、沖船頭に託して江戸樽廻船問屋（荷受問屋）に手渡され、荷受問屋はそれを点検したうえで、現物を酒問屋へ蔵納めする。と同時に廻船問屋は酒問屋より下り銀を受け取り、蔵前改めなどの費用

第15図　樽廻船経営の実態と帳簿組織

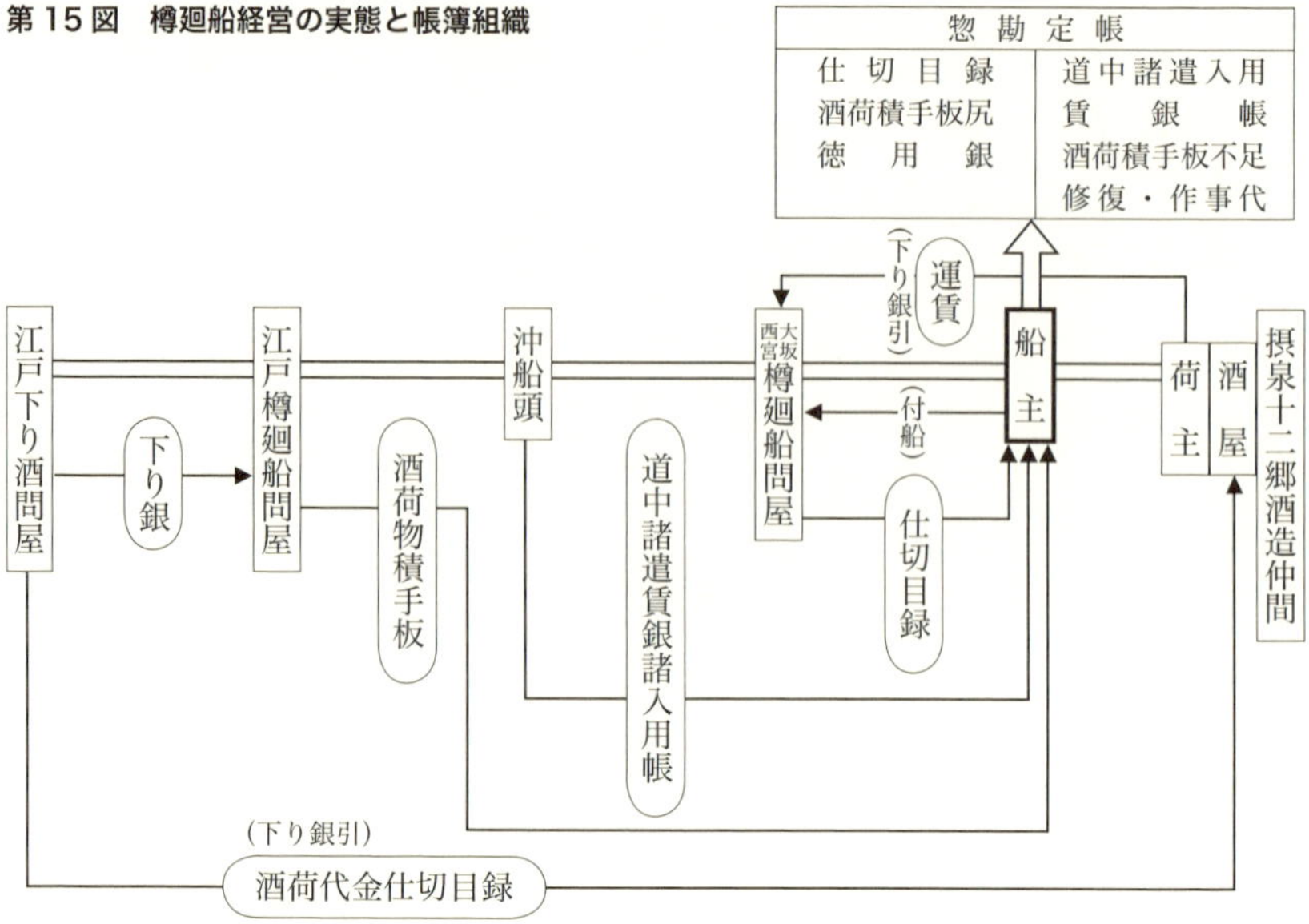

にあてた。その費用の主なるものは、樽代（樽を取りかえる）・樽痛み・問屋口銭（荷受問屋の口銭、一〇駄につき一匁）・取次料（一〇駄につき銀一分）である。これらの諸費用が下り銀高より多い場合もあり、そのときには沖船頭が立てかえて、帰国後に船主より受け取った。このように差引額が船頭支払超過のときには、船主の勘定帳に「江戸手板尻不足」として支出項目に、船頭の手元に残金があれば「江戸手板尻受取」として収入項目に記載された。

以上、船主は積問屋より出された「仕切目録」と沖船頭よりの「道中諸遣賃銀諸入用帳」、それに江戸樽廻船問屋が沖船頭に託して渡される「船荷物積手板」とによって、一仕建ごとの勘定帳を作成し、徳用（利益）銀を算出する仕組みになっていた。そして一ヵ年分の徳用銀を集計し、それから廻船小道具諸入費や修繕費・諸雑用を差し引いた残りが、正味徳用銀である。もしそこに廻船加入証文が差入れられてある場合には、正味徳用銀が歩方に応じて配分された。いまこれら樽廻船経営の実態と帳簿組織を図示すれば、第15図のとおりである。

幕末期における樽廻船経営の一端を表示したのが第58表である。辰栄丸の船主は摂津国武庫郡鳴尾村（西宮の東隣り）の江戸積酒造家辰屋与左衛門である。天保九年（一八三

第58表　辰栄丸徳用銀一覧

仕建年月	仕建種別	徳用銀
天保10年11月	姫路塩仕建	4貫539匁
天保11年2月	樽仕建	3貫396匁
4月	菱垣仕建	3貫026匁
5月	塩間積	2貫464匁
8月	〃	2貫748匁
10月	樽仕建	2貫761匁
6仕建徳用銀合計		18貫934匁
小道具買入れ諸入用〆高		-7貫802匁
正味徳用銀		11貫132匁
1仕建当たり正味徳用銀		1貫855匁
弘化4年12月	川口積城米建	4貫065匁
嘉永1年2月	樽仕建	3貫484匁
3月	〃	3貫325匁
5月	〃	2貫437匁
7月	〃	3貫224匁
8月	〃	2貫976匁
9月	〃	3貫395匁
11月	〃	3貫849匁
12月	高砂城米建	4貫181匁
嘉永2年2月	樽仕建	3貫038匁
4月	酒田城米建	3貫640匁
6月	樽仕建	3貫522匁
8月	〃	3貫527匁
9月	〃	3貫804匁
10月	〃	2貫400匁

仕建年月	仕建種別	徳用銀
嘉永3年1月	備後福山城米建	4貫481匁
3月	讃岐丸亀城米建	3貫347匁
5月	樽仕建	3貫172匁
8月	〃	1貫877匁
9月	〃	3貫940匁
10月	〃	3貫767匁
12月	〃	1貫918匁
嘉永4年2月	〃	1貫724匁
4月	〃	3貫931匁
6月	〃	4貫791匁
7月	〃	4貫680匁
9月	〃	4貫013匁
10月	〃	4貫150匁
11月	備中玉嶋城米建	5貫231匁
嘉永5年1月	樽仕建	4貫508匁
2月	〃	4貫973匁
3月	〃	3貫933匁
5月	〃	2貫925匁
7月	〃	1貫600匁
9月	〃	3貫681匁
10月	〃	4貫005匁
36仕建徳用銀合計		128貫514匁
小道具買入れ・諸入用〆高		-46貫272匁
正味徳用銀		82貫242匁
1仕建当たり正味徳用銀		2貫285匁

（史料）天保9年「辰栄丸勘定帳」、嘉永5年「辰栄丸惣勘定帳」（辰馬宇一家文書）より作成

八）に銀八六貫八〇〇匁余を出費して新造した一六〇〇石積廻船で、新造に際しては浦賀問屋万屋清左衛門（五厘＝五％加入）・江戸酒問屋米屋房太郎（三厘＝三％加入）・鹿島正助（二厘五毛＝二・五％加入）の三人からの廻船加入により、新造費の一〇・五％の八貫六八三匁の出資をえて新造したものである。そして天保九年より一一年までは大坂樽廻船問屋小西新六へ付船し、弘化四年より嘉永五年までは西宮樽廻船問屋藤田屋伊兵衛へ付船している。

辰栄丸の積荷は酒樽八〇〇駄（一駄＝二樽）のほか米・木綿その他の荒荷を積み込み、酒運賃は一〇駄あたり銀九〇匁で、だいたい相場としては米一石の価格に準じていた。この運賃は荷主たる酒造家から廻船問屋へ支払われ、廻船問屋はそのなかから一定の問屋口銭（手数料）と航海中の道中諸遣いや船頭・水主などの乗組員の給銀、それに積荷に際しての諸雑費などを差し引いた残額を、船主へ仕切決済された。それが廻船徳用銀である。この一仕建ごとの徳用銀を集計した額より、小道具買入れ・諸入用などを差し引いた残額が正味徳用銀である。天保一一年の一ヵ年六仕建の徳用銀合計は一八貫目余であり、正味徳用銀は一一貫目余となっている。この正味徳用銀のうち、前述の三人の廻船加入者に加入歩方に応じて徳用配分し、船主辰屋与左衛門の手元には約一〇貫目が残ることになる。

また幕末期の樽廻船は樽仕建が中心であるが、そのあいまの一二月から翌年の一、二月にかけては御城米建・廻米建や塩仕建もしており、時には菱垣仕建もしていることが注目される。御城米建・廻米建の運賃はその約五割から七割が前渡しされ、さらに一仕建あたりの収益銀が樽仕建のそれを上廻わって、廻船業者にとってかなり有利であったことがわかる。運賃収入を主とした樽廻船は一ヵ年江戸と大坂を五往復から多い時で八往復もしており、そのなかには御城米建・廻米建もあって頻繁に往来し、むしろ仕建（往復）回数を増やすことでかなりの収益をあげることができたと考えられるのである。

8　廻船支配と廻船加入

樽廻船の場合、酒樽（四斗樽で、正味三斗五升入）の運送では、荷主＝酒造家と樽廻船問屋との間において運賃契約がなされ、その運賃の決定は、先述の摂泉十二郷酒造仲間の参会の席上において、その年の米相場を基準として、一般物価を斟酌して決定された。その意味で運賃の決定には船主・沖船頭が直接関与することなく、十二郷酒造仲間＝荷主側で一方的に定められた。そして一度決定した運賃は、仲間申合せとして自由に変更することが許されず、それを厳守するために、各郷酒造行事が監督にあたった。

したがって荷主側で荷ぜりのためにどうしてもできるだけ沢山の手酒を積み込みたいときには、契約運賃を上廻る増運賃を出して廻船問屋に頼み込むといったこともあり、これについては、十二郷仲間の申合せで固く禁じられていた。

拾弐郷規定一札

一江戸積酒荷物運賃銀之儀近年猥ニ相成、定運賃之外己向ニ而、内証増運賃等儘有之風義甚不宜歎ケ敷次第ニ付、此度拾弐郷一同手堅申合取締左之通

一向後一己之了簡を以縦令聊たり共内証増運賃等致候儀相顕候ハヽ、早速一同集会之上評談ニおよひ取斗可申候、其節諸雑用其当人江相懸可申事

一酒造家銘々右之通取究候上者、荷請屋者勿論、廻船方一同へも手堅掛合有之候間、万一以後右様不取締之儀有之候得ハ、其船ハ積合取除、其荷請屋ハ急度相談之上取斗可致事

附り沖合ニ而不正之儀相聞候ハヽ、厳重取斗可致事

右之通此度相改種々相談之上取究規定為取替候上者、銘々急度相心得一己之取斗等決而致間敷候、縦令聊之儀ニ而纔一度有之候迚、既拾弐郷一躰之妨ニ相成候儀ニ付、必心得違無之様可致候、為其銘々承知印形為取替一札、仍而如件、

弘化三午年四月

伊丹酒家中 ㊞

（以下略）

（『灘酒経済史料集成』下巻、九九頁）

また沖船頭などが低運賃のため運賃値上げを要求するときには、樽廻船問屋を通して十二郷酒造仲間へ申し入れる

第35表　酒樽運賃銀一覧

年　代	運賃銀(匁)
宝暦10年(1760)	60
安永７年(1778)	69
天明８年(1788)	72
寛政10年(1798)	76
文化５年(1808)	80
文政１年(1818)	75.5
〃11年(1828)	81
天保９年(1838)	85.2
〃14年(1843)	82.7
弘化３年(1846)	87.7

(注) 灘はこれより７匁引きとなる。
(史料)「万覚帳」(西宮酒造組合文書)

形をとっていた。さらに運賃積のため一般乗組員たる水主の賃銀も固定給で、北前船のように帆待ちや切出しといった臨時の給与（ボーナス）や船頭見はからいの積荷などはいっさい禁じられていたのである。

酒樽運賃は一〇駄（二〇樽）単位に、だいたい米一石の価格＝銀六〇匁を基準にして決定されていた。いま酒樽運賃の変動を示せば、第59表のとおりである。

運賃積を主体とする樽廻船の場合、船主は積荷の収集から船付け・仕建業務にいたるまで、すべて廻船問屋に委託し、これらいっさいの廻船運営の業務を廻船問屋が取りしきっていた。しかも海上輸送中に起こる積荷の海損負担は荷主にかかってくるため、いきおい荷主側では摂泉十二郷の酒造仲間を結成して樽廻船を掌握し、江戸酒問屋との折衝にもあたったのである。

この荷主側で樽廻船を掌握してゆく方法＝形態には次の二つの形式があった。第一は、荷主＝酒造家自身が手船をもって船主となり、これを廻船問屋に付船して樽廻船を掌握してゆく形態で、いわば直接的支配形態とよぶべきものである。他は、廻船の建造費や廻船仕建の資金の一部を荷主が共同出資して負担する廻船加入の方法で、それによって荷主がそろって樽廻船をバックアップし、酒荷輸送のために確実な船腹を確保してゆこうとする形態で、これを加入形態ないし間接的支配形態とよぶことができる。このような荷主＝問屋商人による廻船支配の形態は、なにも樽廻船に限ったものではなく、菱垣廻船を主体とする江戸十組問屋仲間の「荷主共手船定雇」とか「十組問屋共有船」というのと同じ形態で、海損を荷主側で一方的に負担してゆく運賃積の場合には、当然とられるべき措置であったといえよう。

この廻船加入形態には、さらに次の二つの形態があった。(a)加入歩方銀（出資銀）に応じて一年ごとに収益金を配当する利益配分型と、(b)加入者＝出資者が出資した加入銀を船主が年賦償還の形（五年から一〇年ぐらい）で返済してゆく一方、加入者には積荷のさいに必ず「定積」と称して、一〇駄なり二〇駄など、一定の駄数を優先的に積み入れる特典を与えた年賦償還型とである。いまその各々の形態の廻船加入証文は、次の通りである。

(a)　利益配分型

廻船加入証文之事

一、千四百石積廻船大徳丸徳三郎船
　但シ諸道具一式乗出シの儘
　代銀四拾五貫匁定

右廻船へ貴殿ヨリ弐厘方御加入被成下、此度右加入歩方代銀九百目也、慥ニ受取申処実正也、則徳三郎船加入帳面ニ相記申候、就而者毎年立合致勘定、徳用銀加入ニ応シ無相違割符配分可仕候、相互ニ買積等ニ遣候へ者、定運賃銀ヲ以勘定可致候、尤作事諸道具仕入等之儀者、其節相断候上、是又加入歩方応シ御出銀可被成下候、自然勝手ニ付、右歩方御引取被成度候節、貴殿立合之上、右廻船其時之直立仕、加入歩方通、正銀ヲ以相渡シ可申候、右廻船ニ付、外より故障申者無之候、猶前書契約之通違背仕候ハヽ、何時ニ而も船乗出し御差留メ被成候、早速差留メ急度訳立可仕候、万一彼是申者有之候節ハ、我等印形之者罷出急度埒明可申候、為後日廻船加入証文、仍而如件、

文化八年
　未十二月
　　　　　　船預り主
　　　　　　　多田屋徳右衛門 ㊞
　　　　　　沖船頭
　　　　　　　徳　三　郎 ㊞

嘉納屋治兵衛殿

（白嘉納家文書）

(b)　年賦償還型

廻船加入証文之事

一、千七百石積　嘉悦丸一六郎乗
　　　　　　　　但し惣乗出し儘
　　代銀百六拾五貫目也

右者手船嘉悦丸へ銀壱貫目御加入被成下、慥ニ請取申候所実正也、然ル上者、年五朱之利足相立、拾ケ年分弐百七拾五匁、元利合壱貫弐百七拾五匁也、此銀亥年ゟ申年迄拾ケ年賦返済ニ相立、壱ケ年ニ銀百弐拾七匁五分宛毎年積限運賃銀ニ而御差引被成下候、御手酒積方之儀者、何程荷艜ニ而も弐拾太ツ、無相違積入可申候、尤為登作事年者、引方御見送り可被成下候、為後日之廻船加入証文、仍而如件、

文久弐年
　戌十月
船主　四井屋信助　印
問屋　藤田屋伊兵衛　印

守屋新兵衛殿

（守舎家文書　西宮市役所架蔵）

廻船加入証文のもっとも古いものは、享保一九年（一七三四）に西宮の座古屋万三郎船（九五〇石積・相生丸）の新造代銀二五貫目に対し、伊丹酒造家の紙屋八左衛門が一歩（一〇％）加入したものである。これは、さきの形態でいえば利益配分型であるが、以後だいたいこの形態がとられていた。

その点について、安政五年（一八五八）正月の「新酒番船積申合書」で、一艘の積荷高一一〇〇駄とし、そのうち八〇〇駄は諸郷の積荷高を平等に配分して積付け、残り三〇〇駄はとくに手酒をもった船主や廻船加入している荷主に、優先的に割り付けることを申し合わせている（『灘酒経済史料集成』下巻、史料二〇七号参照）。菱垣・樽の両廻船の積荷区分がなくなり、積荷自由となった幕末期の海運事情と、菱垣廻船の没落による廻船総数の減少によって生ずる荷ぜり現象がはげしくなってゆくなかで、廻船加入も従来の単なる共同出資型のものより、むしろ一建ごとの「定積」を保障する年賦償還型に変わっていったものと考えられるのである。

9　新酒番船と樽廻船

番船制度は、その年にはじめてできた綿なり新酒なりを積んだ廻船が、同時に出発して江戸到着を競争したものである。いわば当時の海上レースであって、「初物（はつもの）」を好む江戸ッ子の気性によくマッチした慣行であった。とくに新酒番船は、前年度仕込みの寒中酒が江戸へ送り込まれる前に、早造りされた新酒が酒価の高騰を見越して市場に送り込まれることをさしていた。その慣行は、すでに元禄期（一六八八―一七〇三）にまでさかのぼることができる。

「尼ケ崎大部屋日記之写し」（白嘉納家文書）の元禄一五年（一七〇二）の「十二月朔日ニ酒店より名主中へ口上書ニて申入候覚」のなかで、

一出船之儀式五百石積入候船ニ三百石程積、水主拾弐三人も乗候船ニ拾六七人も乗、新綿番船之様ニ仕候て参候様ニ是又申越候、

とのべ、「新綿番船之様ニ仕」るとあって、すでにこの慣行のあったことを伝えているのである。

そして元文三年（一七三八）には一五艘、寛保三年（一七四三）には一〇艘の廻船が九月五日に仕建られた。この番船仕建日も、だんだんとおそくなり、天明三年（一七八三）には一〇月一一日、文政六年（一八二三）には一二月五日、幕末にはたいてい翌年の二、三月ごろになっている。実はこのことのなかに、新酒番船の「新」酒の意義も、もはや往時の早造りの酒のことではなく、その年の寒中に仕込まれた寒酒が囲い持ちされ、秋または翌年になって初めて江戸へ積み送られる慣行をさすように変わっていったのである。

また番船には一番船（先走り）と二番船（後走り）とがあり、一番船に積み残った酒荷を二番船の船で廻送した。また仕建場所は、大坂船問屋の場合は安治川、西宮問屋の場合は西宮より、同時両所を出帆したが、概して西宮仕建の方が有利であったため、文化元年（一八〇四）以後は出帆条件の公平を期するため、大坂の分も西宮から同時出帆さ

れるようになった。

たとえば寛政元年(一七八九)の場合、新酒番船出帆は一一月六日で西宮三艘・大坂四艘となっている。このときすでに大坂船も西宮から同時出帆されていた。江戸着は一〇日巳刻で、一番船が大和屋三十郎船、二番が綛屋十次郎船、三番が吉田弥三郎船・藤田甚蔵船の二艘、四番が木屋常蔵船、五番が上念仁右衛門船、六番が鹿島増次郎船となっている。大和屋・綛屋・吉田・藤田・木屋・上念・鹿島はいずれも樽廻船問屋名で、各問屋で一艘ずつ仕建てて江戸着を競うわけである。一着が一一月一〇日で、五着の上念の船は翌一一日に入津しているところからみて、やはりかなりの接戦であったことがしのばれるのである。

江戸到着日数についても、普通の場合は、早くて一週間、通常二週間前後であったが、新酒番船にかぎってはそれが競争であるため、早いもので三、四日で江戸に到着している。前述の寛政二年の例でも、やはり五日かかっていることになる。

大坂・西宮の出帆に際しては、はやし太鼓で見送られ、江戸へ着いた一番船などは、江戸酒問屋の盛んな出迎えのうちに、船頭は赤襦袢一枚で踊りながら乗り込み、祝酒を飲んで金一封にあずかるという、まことに江戸時代にふさわしい年中行事であった。江戸の年中行事の模様を書き記した随筆集『ひともと草』(寛政一一年刊)のなかに、次のように新酒番船の模様が描写されている。

「時雨もはれやかに、小春の天あたたかなれば、この夜さりや暁などとまつ比(ころ)、かの舟どものはやきは品川の沖にこそつくめれ、いかりもまだおろしあへざるに、てんまといへる舟して、とく大川端なるこの問屋に案内したるこそ、一番船とは定りて、舟のりもめいぼく(面目)あれば、くる年中も此舟のさちにぞなる」

いまかいまかと待つ江戸ッ子の気持が読み込まれ、一番船の船乗り衆がもてはやされる情景が浮かんでくるようである。古きよき時代の年中行事の一つにふさわしい新酒番船の風景であったといえよう。

第一一章　販売機構と下り酒問屋

1　江戸酒問屋の成立

江戸の酒問屋は、のちには下り酒問屋と地廻り問屋とに分かれるが、後者は関東諸国（いわゆる関八州）の酒を取り扱った。前者が取り扱ったのは上方および東海地方より江戸積みされる酒で、その範囲は例の「下り酒十一ヶ国」に及ぶわけであるが、主として摂泉二国の酒を売りさばいた。

この下り酒問屋は、慶長四年（一五九九）に伊丹近在の山中勝庵によって「駄送り」されたという鴻池家の家伝にもあるように、荷主＝酒造家自身の直売から出発したものである。それが、やがて江戸入津樽の増大とともに、上方酒造家が江戸店を設けて「手酒」の一手販売をするに至る。酒造株の設定をみた明暦三年（一六五七）九月には、すでに米問屋・材木問屋・油問屋・塩問屋などとともに、酒醤油問屋があり、酒荷は必ずこの酒醤油問屋の手を経て販売するといった、問屋一味の申合せもなされていた。

一　呉服屋　糸屋　綿屋　絹屋　物ノ本屋　紙屋　扇子屋　両替屋　鮫屋　薬屋　材木屋　竹屋　針屋　槙屋米屋　酒屋　肴屋　革屋　石屋　塗物屋

此外諸商人、中ケ間一同之申合を仕置候に付、新規之商売人中ケ間へ入候ものは、或大分之礼金或は過分振舞為致候故、商売新規に企候もの迷惑仕候、其上商物時としてしめうりにいたし候由内々相聞候、并町中明棚有」之所、家主才覚を以棚借付候得ば、棚中ケ間之もの一味仕、其棚に障を申、棚中ケ間と相対無」之ものには小棚からせ不」申候故、家主迷惑仕由其聞候、自今以後一同之申合停止之事

一　材木問屋　米問屋　薪問屋　炭問屋　竹問屋　油問屋　塩問屋　茶問屋　酒醤油問屋

此外諸問屋是又一同仕、他国より参候船商人問屋へ不レ着、すぐに荷物売払候得ば、其船之商人重て問屋へ不レ着候故、旅人迷惑之由其聞候、且旅人之勝手且は諸人之甘旁に候間、向後は船商人心次第に商売可レ為レ致候、

一味之申合堅停止之事

右惣別一味同心之寄合何事によらず御法度旨最前も相触候、若自今以後一同之申合仕候もの有レ之ば可レ為ニ曲事一者也

（『日本財政経済史料』第三巻、四六四—四六五頁）

延宝三年（一六七五）になると、同業者間での規律を定め、同八年には「酒問屋寄合」と称する仲間の結成がみられた。やがて天和三年（一六八三）に至ると、瀬戸物町・中橋町・呉服町・青物町を基本とした同業集居の形で、江戸新川の界隈の四町に酒問屋が軒を並べて店をかまえていた。そこでは、各町に当番をおいてこれを「四町当番」とよんでいた。この四町当番は、公私の一般庶務はもとよりのこと、荷主・仲買との往復や問屋間の酒荷の調整にあたり、蔵敷料として五歩（のちには六歩）の口銭をとっていた。これによって、のちの下り酒問屋仲間仕法の取りきめがほぼできあがっていたといえよう。

元禄七年（一六九四）には、既述のとおり、江戸十組問屋が結成され、酒問屋も酒店組として十組のうちに加入していた。当時の文豪西鶴が「軒をならべて今の繁昌」と描写した元禄期には、江戸入津樽は六四万樽にも達していた。その当時、下り酒問屋は瀬戸物町組三〇軒・茅場町組五〇軒・呉服町組三六軒・中橋町組一五軒の計一二六軒（元禄一六年の調査による）で、さらにこの酒問屋と小売酒屋との間に介在する酒仲買も、三組に分れ、伊勢町（舟町・霞町）一八軒、茅場町（白銀町・鉄砲町・霊岸島・南新堀）一三軒、中橋・呉服町（三拾間堀・八丁堀）一一軒の四二軒を数えた。ここに荷主＝酒造家↓江戸酒問屋↓酒仲買↓小売酒屋という下り酒の販売ルートが確立されていた。同時にまた荷受機関としての酒問屋も、それまで「古来よりの問屋」と「出店問屋」の二つの系統があったのが、幕府の酒造統制による酒造業再編成に対応して、流通機構も整備され、また幕府によって掌握されていったのである。

ここで元禄期の酒問屋の構成について注目すべきは、第一にその問屋のなかに上方酒造地よりの出店問屋が多かっ

たという点である。とくにそのなかでも元禄期に最盛期を迎えていた伊丹・池田・大坂の酒造家の出店が多く、その屋号も、伊丹の豊島屋・上島屋・丸屋・大鹿屋・稲寺屋・津国屋・小西屋・紙屋・綛（かせ）屋、池田の大和屋・万願寺屋をはじめ、大坂の鴻池屋・鹿島屋と伝法の岸田屋などがみられた。なかんずく下り酒の元祖と自称する鴻池屋は当時九軒が名前をつらねていた。

第二に、古来よりの問屋と出店問屋の区別は、前者ももともと酒造家の出店として本店の酒（手酒）の販売を主眼として出発したものではあるが、延宝期にはすでに酒屋寄合を組織し、経営的にも本店から自立して酒問屋を営んだことである。それと同時に他の荷主の酒荷をも売捌くようになった。それに対し出店問屋は「手前酒一色」の一手販売を引受ける荷主の直売機関であり、上方の酒造家を本店（本家）とし、それに対する江戸店としての機能を果たしていたものである。しかしこの出店問屋も、元禄七年の十組問屋結成を契機に、元禄期の減醸令のなかで「酒造高減少仕り、手前酒計りにては渡世難成」い事態に直面して、ここに出店問屋としての自立性を失い、下り酒問屋のなかに包摂されていったものと考えられる。

このように、江戸酒問屋は、上方荷主＝酒造家にその出自が認められ、荷主の荷受機関として発展したもので、それだけ酒問屋に対する荷主側の自主性はきわめて強かったということができる。

2　下り酒問屋と住吉講―直受けと支配受け

もともと下り酒は仕入れ荷物（注文荷物）ではなしに、送り荷物（委託販売）によっていた。菱垣廻船積の荷物が多く仕入れ荷物であり、菱垣廻船積仲間たる十組問屋が大坂の江戸買次問屋に対して注文するものである。難船の場合の損害負担が江戸十組問屋に課せられたのも、このためであった。それに反し、酒荷は上方荷主＝酒造家が江戸酒問屋に対して送り込むもので、難船の際の損害は荷主側で負担しなければならなかった。したがって、販売に際して江戸に出店をかまえ、問屋に対して荷主の自主性が強く要求せられていた理由も、この点にあった。寛政五年（一七九三）八月の酒問屋に対する摂泉十二郷酒造大行事の上書は、次のように述べている。

上方より江戸表へ積下し申候売買諸荷物、数多御坐候得共、送り方之筋合二筋に御坐候、一筋は送荷物、一筋は注文荷物、此二筋に御坐候、然る処、酒荷物之義は、古来より注文を請け積下し候義は一切無御坐候送り荷物に御坐候、訳は往古柳酒造仕候節は、歩行（カチ）にて江戸表へ持込、其後追々酒造相増候節、船積いたし候ても荷主自身罷下り、荷物取捌仕候事に御坐候、其後続而諸郷数軒に相成、銘々共罷下候事相止、諸郷申合、江戸表に假店仕、支配人差置候、則当時酒支配人と申は、右支配人共之儀にて御坐候、其支配人共より夫々問屋へ荷物差送り為売捌申候御事にて、荷物取続（トリツギ）万端荷主之存寄次第に仕候送荷物にて御坐候、既に海難変酒等は申迄も無御坐、江戸表にて蔵詰有之候荷物、火災等之損金迄も荷主へ相掛り候程之弱み多き仕法に御坐候、右申上候通、送荷物に御坐候ゆゑ之御事に御坐候、

（『灘酒沿革誌』二四二頁）

ところで、すでに元禄期から寛政期にわたって、下り酒の販売ルートには次の二つの径路があった。一つは、上方荷主→江戸酒問屋の径路であり、他は上方荷主→上方酒造家支配人（または目代）→江戸酒問屋の径路である。前者は直受け（荷主側からみれば直送り）といい、後者を支配受け（荷主側からみれば支配送り）といった。この支配受けの場合に、荷主と問屋との間に介在するのが支配人（または差配人）で、彼等は荷主側より派遣されて江戸に常駐していた。

そしてこの江戸支配人の仲間寄合を「住吉講」とか、「住吉講支配人」とかよんでいた。

江戸酒問屋のほかに、荷主が江戸に支配人をおいていた理由は、かつて出店問屋をもたなかった荷主が、自己の手酒を有利に販売するためにおいたもので、荷主の問屋牽制の現われでもあった。その役目は、江戸市場の市況調査や問屋の信用度を調べ、問屋の選択・吟味から代金の集金と荷主への送金にいたるまで、江戸における荷主側の販売業務をいっさい代行していた。いわば荷主の江戸出先機関であったわけである。そこでこのような住吉講を通しての受荷高が、江戸酒問屋の全受荷高のうちで、どれほどの比重を占めていたかをみるために、明和六年（一七六九）の場合をみてみよう。この年の酒問屋は元禄期の一二六軒から七六軒に減少しているが、その入津樽数は九〇万樽で、そ

の問屋受荷状況は、次のようになっていた。

(1) 荷主より直接に問屋へ送り荷される〝直送り〟荷物＝二〇万駄

(2) 荷主より直接に荷主の出店問屋へ送り荷される〝出店送り〟荷物＝六万駄

(3) 荷主より荷主自身の江戸差配人（住吉講）を通して送り荷される〝差配人送り〟荷物＝一二万駄

(4) 荷主より他の荷主の江戸差配人を通して送り荷される〝差配人送り〟荷物＝七万駄

となっている（『灘酒沿革誌』一八九頁）。これを図示したのが第16図である。

第16図　江戸酒問屋受荷状況（明和6年）

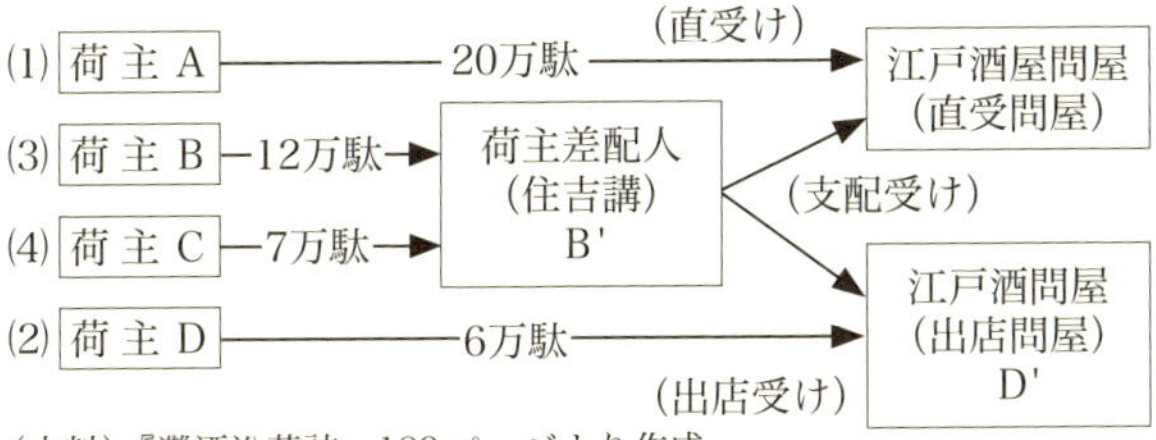

(史料)『灘酒沿革誌』189ページより作成

第17図　江戸差配人送り荷状況（天明8年）

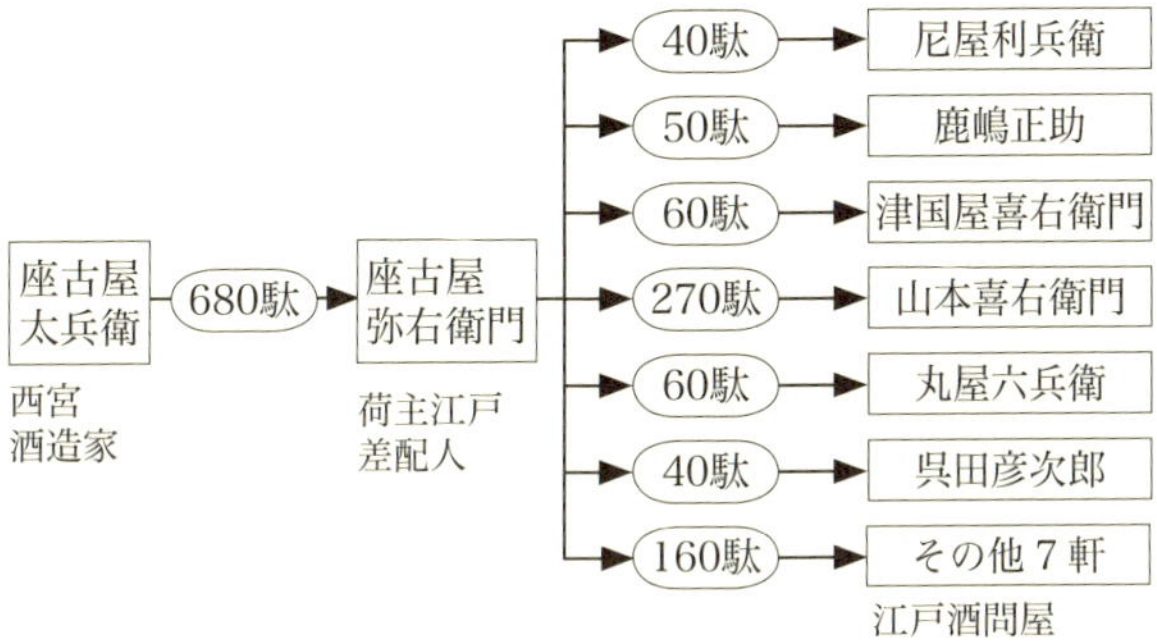

いま、実際の史料によって、この荷主↓江戸差配人↓酒問屋の流通径路を図示すれば、第17図のごとくである。この西宮酒造家・座古屋太兵衛の天明八年（一七八八）における送り荷状況は、荷主江戸差配人（住吉講）座古屋弥右衛門を通して売りさばかれている。この座古屋弥右衛門は、明和六年（一七六九）の住吉講二六人中の一人で、荷主の親類の者であり、新川組の酒問屋山本喜右衛門方に同居している。しかも差配人へ送られてきた酒荷六八〇駄が、全部山本屋に売りさばかれるのではなく、その四〇パーセントにあたる二七〇駄が山本屋送りで、残り六〇パーセントは一二軒の問屋へ分散して売りさばかれている。この事実は、この時点における荷主対問屋の関係を理解する上で重要で、江戸差配人が決して江戸酒問屋

入　船　覚

一　十月二十七日入
　　酒五太　　　升屋富蔵

一　十月二十七日入
　　酒五太　　　槌屋利三郎

一　十月二十八日入
　　酒五太　　　村田徳蔵

一　十月二十九日入
　　酒五太（離船）　　上田市兵衛

右之通海上無事入津仕候　以上
　丑十一月一日　　鴻池五兵衛㊞
山城屋治郎兵衛様
甲子屋小市郎様

売　附　覚

丑八月廿日入
一　酒五駄合　　村田辰三郎
　変り拾壱両かへ

と直結したものではなしに、あくまで荷主側の出先機関であったことがわかる。

この段階では、下り酒が委託販売によって、まったく問屋まかせの商法であるとはいえ、荷主が自由に問屋を選択できたということは、荷主の問屋に対する強さの現われであった。なぜなら、もし仕切値段が安かったり、金払いの悪い問屋があれば、荷主は次回からの送り荷を差しひかえることもできたからである。またそのことは、問屋同士を互いに競争させ、荷主に対して有利な取引条件を取り結ばせることもできた。そのかぎり、問屋に対する荷主の自主性が確保されていたといえるのである。

3　下り酒の送り荷仕法と仕切仕法

さて、ここで灘酒が船積みされて問屋の蔵におさめられるまでの手続きをみておこう。

入船覚　酒荷は大坂伝法八軒・西宮六軒の樽廻船問屋によって積荷され、江戸へ廻漕される。廻船によって入津した酒荷は、江戸の樽廻船問屋（井上重次郎）の差配によって茶船（はしけ）で瀬取りされ、そこで下り酒問屋は送り状と照合して蔵前改めがなされ、員数と重量を精査したあと、問屋へ引渡される仕組みになっていた。問屋は、この手続きが終わると、ただちに荷

丑九月九日入
火　酒五駄合　　村田徳三郎
拾五両かへ
丑十月廿六日入
火　酒五駄合　　大和屋　嘉平次
同月廿日入
火　**酒五駄合**　　**升屋富蔵**
同入
火　**酒五駄合**　　**槌屋利三郎**
同
火　**酒五駄合**　　**村田徳蔵**
〆合酒弐拾駄
拾五両弐歩かへ
丑十月廿九日入
火　**酒五駄合**　　**上田市兵衛**
離船海中捨り
内片馬拾三両かへ
内四太片馬拾四両弐歩かへ
右之通売附申候　以上
寅二月
鴻池五兵衛㊞
山城屋治郎兵衛様
甲字屋小市郎様

主に対して「入船覚」を送付する。いま文化一四年（一八一七）の江戸酒問屋鴻池五兵衛より池田酒造家（荷主）山城屋・甲子屋宛に送られた「入船覚」を示せば、上のとおりである。

この「入船覚」では、銘柄と駄数とその入津月日および廻船問屋と船頭名（たとえば升屋が積問屋で富蔵が沖船頭）が明記され、海上無事江戸へ入津して問屋の手元に届いたことを、荷主へ報告する入津報告書である（難船の場合も、その旨が報告される）。

売附覚　送り荷をうけた江戸酒問屋は、そこで酒仲買へ売渡し、酒の出来柄や風味によってその時々の相場で仲買人へ売りさばかれる。このとき、仲買人へ売りつけられた売立値段を、問屋が荷主に通達する。この通知書は「売附覚」と呼ばれる。前掲の「入船覚」についで、同じく酒問屋鴻池から荷主山城屋・甲字屋宛に出された文化一五年二月の「売附覚」は、上のとおりである（ゴチック部分は、前掲「入船覚」で報告された送り荷の記載事項であることを示している）。

この「売附覚」は、原則として入津日より五〇日目に荷主のもとへ送附されることになっていた。そして、この「売附覚」に表示された酒価が「売附値段」であり、この売附値段が次に述べる「仕切状」では自動的に「仕切値段」として記帳されるのである。荷主はこの「売附覚」に表示された売附値段によって、はじめて自己の送り荷の販売価格を知ることができた。また入津日より「売附覚」までの五〇日という期限は、酒荷が江戸酒問屋へ受荷される五〇日までが荷主＝酒造家の責任で、もしその間に変酒・腐敗酒があれば、それは荷主の負担となり、それ以後の場合は問屋の責任と定められていた往時よりの慣例によるものであった。しかも、問屋からさらに酒仲買へ引渡されたあと三〇日までに変酒・腐敗酒がでれば、問屋は荷主の責任に帰することができた。この慣行は「足請の制」とか「足持の受合」と呼ばれた。したがって、酒荷物は痛物・差透樽や風味違い等ができて、とかく問屋の損金も多い商品であるので、委託販売方式によるとはいえ、酒問屋としては入津日より仲買のつけた相場で順々に、しかもできるだけ早く（少なくとも五〇日以内に）売りさばかねばならず、相場をみるために問屋側で貯蔵するということは許されなかったのである。

売附が終わってのち、酒問屋は酒荷代金を送金しなければならないが、代金の支払いには内金と仕切とがあり、送金方法としては為登と為替があった。この代金支払いが、遠隔地江戸市場を志向する下り酒の場合、荷主対問屋の対立抗争を惹き起し、酒荷代金の回収が酒造資本の回転と酒造経営の動向を左右する重要な要因となってくるのである。

この代金支払期限については、元禄期にはすでに売附後三〇日目に送金することが、一応の原則となっていた。しかし、実際には問屋側は五〇日を主張し、享保期には「代金之儀は売附相対日限より五十日限り為差登可申事」と問屋覚書に明記され、以後この五〇日が問屋・荷主間の協定となっている。この五〇日とは、売附より五〇日目に代金を送金し、これを内金として以下入津順に送金（内金）することを意味する。当時の新酒番船は九、一〇月ごろであったから、新酒代金は大体その翌年正月六日に江戸より送金し、上方着は正月十四日から十六日ごろということになる。

しかし、荷主がそれ以上に問屋に対して送金を急がせるなら、問屋の資金繰りが難しくなり、いきおい安値で売り急ぐ懸念もあって、荷主としても一応問屋の主張する五〇日目という線で妥協せざるをえなかった。委託販売による送り荷仕法では、この代金授受の点に関しては、まったく問屋側の主張に従わざるを得ない荷主の立場を、そこに見いだすことができる。

仕切状と仕切目録　新酒番船（寛政期で九、一〇月ごろ）にはじまって翌年の古酒積切（九、一〇月ごろ）まで、酒荷は順次問屋へ送り込まれ、そのつど「入船覚」・「売附覚」が荷主へ報告され、それに応じて順次代金が送金され、内金されてゆく。そこで最後にこれらを一括して問屋が荷主にだすのが、「仕切状」（「仕切覚」とか「仕切書」ともよばれる）と「仕切目録」とである。

前掲の「売附覚」につづいて、この「仕切覚」と「仕切目録」を例示すれば、次のとおりである。

𠆢大印仕切

正月八日
一　酒拾太　　毛馬屋市蔵
一　同五太　　小西伊兵衛
　〃九日
一　同拾太　　升屋彦四郎
一　同五太　　升屋十蔵
一　同五太　　升屋　久兵衛門
　〃十六日
一　同拾太　　小西藤三郎
〆四拾五太
　拾三両
　代金五拾八両弐分也
　二月十八日
一　同五太　　木屋平五郎
　〃廿九日
一　同五太　　吉田伊兵衛
〆拾太
　代金拾弐両弐分也

目録

一金弐百八拾壱両壱分
拾弐匁三分七厘　　**𠆢大酒弐百拾五太**
仕切金
一金弐百五拾五両弐分
九分四厘　　⇈百八拾五太
仕切金
一金七拾六両ト
七匁七分五厘　　画鯉五十太
仕切金
一金百三拾壱両ト
拾壱匁壱分弐厘　　𠆢大味淋七十一太
仕切金
〆金七百四拾四両壱分
壱匁壱分八厘

内
一金百両也　戌十一月十一日　　前金
井筒屋喜助殿
為替相渡ス
一金五拾両也　正月十九日　　右同人江
為替相渡ス
一金百両也　二月十六日　　同断
一金百両也　三月十六日　　飛脚為登

三月十三日
一　同五太　津国屋文之助
拾三両也
（中略）
太数〆弐百拾五太
代金〆金三百三両三分
七匁五分
内
一弐百五拾両　下り銀相渡ス
一三拾六匁壱分八厘　升屋十蔵船素合力相渡
一　金拾両ト
拾三匁九分五厘　くら敷口せん
差引
残金弐百八拾壱両壱分
拾弐匁四分七厘
右之代金不残目録差引入相渡、此表出入相済申所、仍而如件
文化十二年
子二月　尼屋甚四郎㊞
山城屋治郎兵衛様

一金百五拾両也　五月十日　井筒や喜助殿へ手形ニて相渡ス
一金五拾両也　七月十九日　右同断
一金百両也　九月十一日　飛脚為登
一金五拾両也　十月十日　井筒屋喜助殿相渡ス
一金三拾両也　十一月十八日　右同断
一金五拾両也　十二月十一日　飛脚為登
一弐拾匁四分二厘　弐百五十両為登ちん
一四拾四匁七分　上金撰打
一金壱両弐分　前金利足
〆金七百四拾七両弐分
五匁壱分弐厘
引
〆金三両壱分
三匁九分四厘
右之残金銀過上御取替ニ相成、当子ノ帳面江附出し、重而差引ニ入請取可申所、仍而如件
文化十三年
子ノ二月　尼屋甚四郎㊞
山城屋治郎兵衛殿

「仕切状」では、銘柄毎に「売附覚」に記載された売附値段がそのまま仕切値段となり、一年間に送り荷された二一五駄の酒荷代金三〇三両三分余から、下り銀と蔵敷口銭が控除される。下り銀は、江戸での荷揚げのさいの流通費決済のために、江戸樽廻船問屋へ酒問屋が荷主に代わって一〇駄につき銀一〇匁の割で支払うものである。この立替分を、問屋は荷主との仕切のときに受け取ることになる。蔵敷口銭は、酒問屋の蔵敷料（保管料）と問屋口銭（手数料）のことで、売上代金の六歩と決められていた。以上、下り銀と蔵敷口銭のほかに、難船の際の素合力として銀三六匁余が差し引かれる。結局、これらを控除した残金二八一両一分余が正味仕切代金と呼ばれ、酒問屋が荷主へ送金しなければならない支払額ということになる。そこでこの正味仕切代金が、次の「仕切目録」へ計上される（前掲「仕切状」の正味仕切代金は、この「仕切目録」ではゴチックの部分にあたる）。

　前掲の「仕切状」は一銘柄の受荷に対する一年間の仕切代金を明示した計算書であったのに対し、この「仕切目録」は、前掲「仕切状」の尖印二一五駄の仕切代金のほかに、⇈印・画鯉印の酒と尖印の味淋の仕切状の正味仕切代金が計上され、その合計額七四四両一分余から、内金分（飛脚為登と為替手形）およびその手数料（為登賃と上金撰打）が差し引かれ決済されている。そのほかに、もし前年仕切目録の過上金（酒問屋の支払超過金）があれば、これも差し引かれるのはもちろんである。そして、残金三両一分余は過上金として、来年の仕切目録へ繰越される。またこの「目録」では、酒問屋より前金一五〇両を受け取っており、その前借金利息一両二歩が計上されている点が注目される。生産地の荷主間で競争が激化し、酒価の下落するこの文化期末年の時点における池田酒造業の経営不振の一端を現わしているものといえよう。

4　荷主と下り酒問屋との対立―融通受仕法と調売附仕法

　元禄期の酒問屋が一二六軒であったことは、既述のとおりであるが、その後どのように変動していったであろうか。下り酒問屋の軒数を表示したのが、第60表である。元禄期の一二六軒が元文期にはその半数近くにまで激減し、さら

第60表　下り酒問屋軒数一覧

年　代	軒数(軒)
元禄15年(1702)	126
正徳５年(1715)	110
元文２年(1737)	72
宝暦６年(1756)	84
天明８年(1788)	52
寛政５年(1793)	45
文化６年(1809)	38
天保４年(1833)	36
嘉永４年(1851)	33
慶応元年(1865)	26

(史料)『灘酒沿革誌』『東京酒問屋沿革史』その他より作成

第61表　下り酒問屋軒数の変遷

単位：軒

年代	軒数	継続して営業せる者	新規に営業せる者	廃業者	寛政６年より継続せる者
寛政６年(1794)	45				
文化８年(1811)	38	34	4	11	34
天保４年(1833)	36	33	3	5	31
嘉永４年(1851)	33	25	8	11	22
慶応元年(1865)	26	26	0	7	18

(史料)「酒造並諸用書控」(白嘉納家文書) その他より作成

に宝暦・寛政・文化期にかけて減少をつづけ、それだけ問屋内での優勝劣敗の競争の激しさを物語っている。文化六年（一八〇九）には幕府によって問屋株が公認され、三八株が固定された。しかし第61表に示したように、かぎられた問屋株三八株をめぐって、やはり内部構成の変動がつづいている。とくに、寛政―文化期と天保改革前後の時期に、新規営業者と廃業者の交替が著しい。寛政六年の四五軒のうち、慶応元年まで継続したものが一八軒で、その三分の一にすぎないことは、文化六年に株の設定をみたとはいえ、内部的には新旧交替の激しさを示している。そこでまず寛政期の動きに注目してみよう。

宝暦四年（一七五四）の勝手造り令以来はじめて減醸令の発令されたのが、天明六年（一七八六）であり、つづいて翌七年には三分の一造り令が布告された。灘目・今津酒造業が台頭してはじめての減醸令である。減醸令は造石制限であり、それは酒荷の減少となって、それを受荷する酒問屋にとっても致命的な打撃をうけることになる。したがって、天明七年九月には、酒問屋四八軒と小売屋一同が連署して、昨年は半石造りで酒が払底しているうえに、いままた三分の一造りとなっては、酒問屋はじめ酒小売人は「渡世難渋」する旨を、江戸町奉行に愁訴している。

十組諸問屋之内下り酒醤油問屋行司八人外ニ四拾壱人、并ニ酒小売家共一同ニ奉願上候、私共商売躰下り酒荷物之儀、摂洲大坂・伊丹・池田・尼ケ崎・伝法・今津・上灘・下灘・北在・泉州堺・尾州・三州・淡州ゟ積送り候酒荷物、私共中間へ引請、御当地酒小売方并ニ近国在々辺も売

渡世仕来り難有仕合ニ奉存候、然ル所当七月中被為遊御触候諸国酒造之儀、近年米穀下直之年無之、米直段高直ニ而下々之者共難儀之趣相聞候間、是迄造来酒造高之内半分之酒造相止メ、休来り酒造株之分酒造之義可為無用旨、去年中相触候処、当年之義ハ別而米穀払底ニ付、追而沙汰ニ及候迄者酒造高之内三分二相止メ、三分一酒造可致段御触流有之難有奉承知候、（中略）去年中半石造りニ被為仰付、今年中荷物無数御当地酒商売之もの共一同ニ難義仕候、別而酒小売仕候もの共渡世取続出来兼、商売相休候者もあまた有之候、私共ゟ売渡候酒代金相滞候程之義仕候共、米穀高直ニ付勢しよう御救之儀難有奉存候所、今年三分一之酒造被為仰付、猶以来年者商売躰薄ク相成難義可仕兼而奉存候、右奉申上候通り、上方酒造皆無同前ニ相成候而者渡世取続キ難義、私共者不申上候、及御当地并ニ在々酒小売方迄之者とも外酒商売掛り渡世仕来り、大勢いの者共難義ニ及かつめいニも候義も御座候、何卒去々巳とし迄造り来候酒造石高之内三分一酒造被為仰付被下置候ハヽ、酒商売仕候大勢い之者かなりニも渡世取続キ可仕と難有仕合ニ奉存候、（以下略）

（『灘酒経済史料集成』下巻、一七九―一八〇頁）

このとき江戸入津樽数は、統制前の天明五年の七七万樽から天明八年には六〇万樽にまで減少しているのである。入津樽数の減少は、問屋の受荷競争を激化させる。その結果、お互いが相争い、同士打ちの共倒れといった事態をも引き起こしかねない。そこで問屋仲間が互いに歩みより、話し合って解決しようというのが、「融通受仕法」であり「調売附仕法」である。まず寛政元年（一七八九）六月の下り酒問屋参会において、従来の家別売附仕法のもとでは、「問転相休み候儀、目前に相見え申し候」として、問屋一統で次のような新酒番船後の調売附仕法の申合せがなされた。

一入船荷物水揚之節、諸事得と相改、酒風味順シ位違之商内決而致申間敷候、
一直請荷物時々売口売平均直段参会之席江持寄、銘々売直段相調、中済直段出情ヲ以為登直段相究、売附指為登可申候、
一御支配請荷物時々売口売平均直段御支配ニて廻り差出シ、右売平均直段参会之席へ持寄相調候上、中済直段ヲ以出情可致相対候、

一惣躰荷物売口調中済直段差為登候上者、御支配方御職分ニ相抱り申候儀、御支配送荷物拾太ニ付銀六匁五分、其請方ゟ相勤可申候、

（「酒造方廻状之扣」白嘉納文書）

その主なる内容は、（一）入船荷物水揚げの際の点検を厳重にし、酒風味に応じて酒価の格付け（極上酒・上酒・中酒・下酒）をする、（二）直受け問屋の荷物は、各自の売附値段を問屋参会で調整し、その中済値段（平均値段）をとって荷主への売附値段とする、（三）差配受け問屋の受荷も、同様に売附平均値段を各差配人に提出させ、問屋参会において、その中済値段をもって売附値段とする、（四）そのために、売附値段が一方的に問屋側で決定されるため、従来荷主が負担していた一〇駄につき銀六匁五分の差配料は、以後問屋側で負担する、という四点である。すなわち、従来の荷主と問屋の個別的な家別売附仕法をやめて、問屋申合せの調売附値段＝協定価格によって酒価を一定とする調売附仕法を提案しているのである。

さらに三分の一造りの減醸令と合わせて、新たに入津樽統制（下り酒十一ヵ国の地域的限定性と入津樽四〇万樽の御分量目当高の数量的限定性を中心とする）の施行された寛政四年の翌五年（一七九三）に、下り酒問屋は、先述の調売附仕法と合わせて、各問屋の受荷高を一定とする融通受仕法を摂泉十二郷酒造仲間に要求した。それに対して十二郷は次の点をあげて反対を表明したのである。

乍恐口上

摂泉十二郷酒家

大行事共

一先月廿一日私共被為御召出、江戸下酒問屋共融通請之儀、先達而於江戸表ニ御糺御座候処、（中略）右問屋共融通請方之儀、郷々一統差障り申立候ニ付、乍恐左ニ奉申上候、

一（省略）

一上方ゟ江戸表江積下し申候売買諸荷物数多御座候へ共、送り方之筋合ニ筋ニ御座候、（以下二八〇頁の史料参照）

其後仕法之内には種々様々と巨細成事共、其時々之模様に随ひ候仕法に御坐候へ共、落る処は送荷物と申振を以相立候仕法に御座候、然る処、融通請方に相成、荷主存懸け無之問屋江勝手送替仕候儀は、送荷物と申趣意に相違仕得者、此段御賢察被為成下、在来之通被為仰付度奉願上候、

一同ケ条之内拾壱ケ国ゟ御当地江積送下酒荷物、当丑年ゟ御定高四拾万樽入津樽数被為仰付、右樽数問屋四拾五人ニ割合融通致候得者、無滞家業躰永久相続之基御利解被為仰聞、仲間一統ニ冥加至極難有御請奉申上候、

此儀問屋共御請奉申上候由、別而御利解被為仰聞候儀ニ御座候へハ奉恐入候得共、御糺ニ付奉申上候、酒問屋共者元禄之頃ハ家数百軒余も有之候、其節之下酒樽数者九拾万樽と粗承り及申候、既ニ宝暦十辰年問屋家数八拾四軒有之候節、酒樽数七拾万樽余之儀者銘々共覚罷在候、当時四拾五軒四拾万樽迄御定高引競べ候得者、左而已相違仕、問屋相続出来間舗儀共乍恐不奉存候、前段奉申上候通、実意専一之取斗仕候ハヽ、四拾五人平等ニ荷物送付候様ニも自然と相成可申哉ニ奉存候、（以下略）

寛政五丑八月十日

摂泉十二郷酒家大行事
（以下名前略）

御奉行様

（「酒造并諸用書控」白嘉納家文書）

すなわち（一）酒荷は注文荷物でなく送り荷物であるので、荷主とこれまで取引のない問屋へ、問屋仲間の一方的な決定で勝手に送り荷されたのでは、送り荷＝（委託販売）仕法の趣旨に違反する、（二）入津高四〇万樽に統制されているため、四五軒の問屋へ割り当て融通するというが、すでに元禄期には一〇〇軒の問屋が九〇万樽を受荷し、また宝暦一〇年（一七六〇）には八四軒の問屋で七〇万樽を受荷してきた過去の事実からみて、それに比較すれば今回四〇万樽を四五軒で受荷できないはずはなく、「実意専一の取斗（とりはから）」いでやれば、自然に平等に送り荷できるようになる、というのである。

結局、調売附仕法とは、問屋間で酒価を一定する協定価格をいい、融通受仕法は、問屋の受荷高を調整しようとするものである。一方は酒価を、他方は数量（受荷樽）を問屋側の主導権のもとで取りきめ、荷主に対して問屋支配を強化しようとするものであった。

5　下り酒問屋株の公認と荷主対問屋の対立

以上のような酒問屋の動きに対して、荷主たる摂泉十二郷では、あくまで下り酒の流通機構のうえで「荷主の自主性」を固守しつづけたのである。このような問屋対荷主の対立が激化してゆくなかで、下り酒屋は文化六年（一八〇九）に、下り酒入津高の増大を前にして、幕府へ冥加金を上納して問屋株三八株の許可を願い出た。それは、江戸十組問屋が菱垣廻船の弱体化に対処して、江戸問屋仲間の独占強化をはかるべく、杉本茂十郎の指導のもとに結束しようというものであった。そのため十組問屋は幕府に対し年々八一五〇両という巨額の冥加金を上納したが、下り酒問屋はそのなかで最高の一五〇〇両の上納を申しでた。

そこで十組問屋では酒問屋に対し、次の諸点を申し渡している。

江戸問屋中冥加一件仕法書之写

一此度十組中間従古来商売手広渡世連綿いたし候、御国恩為冥加組々ゟ永久差上金致し候ニ付、酒問屋仲間之義別而廉立候事故金高過分差上候様、御内意有之候所漸々減少相願、年々金千五百両宛永世上納可仕旨一同相談之上御受申上候、右ニ付取締仕法左之通

一御冥加金千五百両取集之儀者、銘々荷物引請高ニ応し、拾太ニ付弐匁五分宛差出可申候、右金子取集之義者、問屋壱軒別月々樽数扣帳面相渡置、毎月銘々引受高何印何太誰船と口々相記、朔日ゟ晦日入迄〆高を以出銀可致候、

一月々太数調方之義者、銘々家別付出候帳面を以船之手板ニ突合、相違有之候ハヽ、下札致置、其問屋篤と相調

可申候、〆高引合相違無之分ハ、括り高之所ヘ仲間致印形可申事
一問屋永続手当之義ハ、壱ケ年弐千五百太已下引請候問屋ヘ年々金四十両宛配当割返致遣可申候、尤家数五軒迄ハ右金高割返、其余軒数相増候ハヽ、其時ニ至相談致、割返金高相極可申事
一（省略）
一壱ケ年入込太数ニ応し、御冥加金奉差上永続金割渡及不足候ハヽ、面割取集可申候、且入込多分ニて両様相勤、其余残金有之候時者、仲間一同評儀之上割返致し候共、翌年之上納ヘ相加ヘ候共、其時之振合を以相談いたし、決而積金等ニ者致間敷事
一（省略）
一右御冥加上金仕候ニ付被仰付候ニハ、酒造元并小売方ヘ相抱不申様被入御念、被仰渡有之候間、別段ケ条左之通り（以下略）

（文化六年）巳六月廿四日　　惣問屋　連印
町々大行事御衆中
同　行事御衆中

（「酒造并諸用書控」白嘉納家文書）

すなわち（一）古来手広く商売している「御国恩」として、一五〇〇両の冥加金を毎年永世上納する、（二）この一五〇〇両は、各自の荷物引受け高に応じて一〇駄につき銀二匁五分の割合で徴収する、（三）一年に受荷高が二五〇〇駄以下の問屋には、年に金四〇両ずつ配当金割戻しをする、（四）冥加徴収金が一五〇〇両にみたないときは、面割にして追加徴収する、（五）右の冥加金は酒造元や小売屋へ転嫁してはならない、などである。ここに冥加金を上納し、幕府権力によって営業特権が保証せられ、新規営業者の出現を阻止して、荷主に対する問屋の流通独占をはかったのである。

はたせるかなその翌々年の文化八年（一八一一）には、問屋側は問屋間の受荷の「片寄り」を是正することを理由に、ふたたび融通受・調売附の両仕法を要求してきた。それによれば、受荷高一万駄につき三〇駄の割合で、受荷高の少ない問屋へ融通し、売附値段を荷主一軒ごとに一定とするものである。かかる事態において、「荷主の自由ニ不相成」とする流通過程に対する荷主対問屋の矛盾対立が表面化するに至ったのである。前述の酒造仲間の申合せによる積留・積控・減造は、実は既成秩序を是認したうえでの、問屋に対する荷主の調整策であった。

しかしより積極的な問屋に対する荷主の対応は、浦賀積の展開のなかにみられる。すなわち文政二年（一八一九）に酒問屋が摂泉十二郷行司に、四、五年前から「船々直合」いの不当なる商法が上州・相州神奈川・品川などで行なわれているが、浦賀は江戸酒問屋の既得市場であるので、取り締ってほしい旨を奉行所へ訴えている。これに対し十二郷は、例年浦賀積ならびに道売の分は、江戸積一紙送り状以外の分であり、とうてい十二郷の方で取り締ることはできない、と答えている。これは「大イニ問屋ヲ制スル便ナリ」とし、江戸問屋の横暴に対する問屋牽制を、この浦賀積に期待しているのである。この浦賀積一件の済口証文は「次のとおりである。

差上申済口証文之事

一下り酒問屋三拾八人之もの惣代、大行事霊岸嶋四日市町権六店房太郎、当行事三人仲間一同奉申上候、私共仲間問屋株之儀御威光ヲ以手広ニ商仕難有仕合奉存候、（中略）然ル所四五年以前迄者、相州浦賀ニおゐて船々直引合ヲ以酒荷物少々宛其土地江着致罷在候処、近年専ら下り酒引受御分量御見詰無御座相見得、不取締之段奉恐入候、且又寛政四子年中荷主者勿論、船々迄も御分量御見詰ニ茂相拘り候間、道売酒荷物決而積下り候儀不相成候段被為仰付、其段荷主共江も通達致置候処、浦賀ニ而手広ニ売捌候而者、入津高取締御見詰等不定ニ御座候間、乍恐浦賀土地之外商不致候様被為仰付被下置候様、文政二卯年六月中岩瀬伊豫守様御勤役之節奉願上候得ハ、訴状上置候様被仰渡、同十月中町御会所江被召出酒造御懸りニ而御取調之上、当巳七月十九日当御番所様江被召出、御吟味之上東浦賀商人惣代利兵衛、西浦賀惣代権右衛門村役人一同被召出、酒問屋行事共願上候趣、浦賀惣代之者江御尋之上、右惣代之者ゟ御返答書差上、浦賀表之儀者従来之仕来ニ有之、尤非常之節

焚出其外之御用相勤候ニ付、酒荷物者勿論、其外諸品共売買いたし、右余成（勢）ヲ以御用相勤来候儀ニ有之候間、下り酒之儀浦賀土地限ニ而商いたし候様ニ而者手狭ニ相成、往々御用向御差支ニ相成候儀と、東西浦賀一同歎ケ敷奉存候間、是迄之通リ売買渡世仕度段申上候ニ付、双方御利害之趣一同奉恐入、此度双方対談を以是迄下り酒荷物浦賀揚之分、別紙送り状ニ而積下り候処、以来ハ荷元大行事一紙送り状江一所ニ書加候、尤御当地酒問屋大行事名宛ニ而、右送り状江浦賀揚之分目印相付ケ、浦賀ニ而荷揚いたし候而茂、右荷元御当地双方大行事名前一紙ニ書加江候送り状御当地江差越候得者、酒荷物御当地江引取不申候而茂、右送り状ニ而浦賀揚之員数相分リ候得者、御当地入津高御書上相洩不申、御分量御見詰之御取締ニ相成、右之通対談相調、浦賀之分御当地引請高ニ籠り候上者、浦賀表売買之儀者是迄之通ニ而江戸問屋其方ニ而故障無之、御当地并浦賀表共差支之儀無御座、以来右対談ニ振候取扱不仕候様規定仕、以来双方無申分熟談仕候間、御吟味御下ケ被成下置候様双方一同奉願上候得共（者カ）、願之通被為仰付偏御威光を以出入内済仕候、難有仕合ニ奉存候、為後日済口証文奉差上候所、依而如件、

文政四巳年

十二月廿一日

下り酒問屋

行事四人

家主

五人組

名主

浦賀商人惣代

両　人

差添人

年寄両人

御番所様

（『灘酒経済史料集成』下巻、二〇五―二〇六頁）

しかし一般傾向として、文化・文政期には、漸次問屋に対する荷主の自主性が弱体化していった。それは委託販売という取引慣行において、この問屋選択の自主性が制約されてくるとき、当然生産者に対する問屋支配が強化されよう。かかる事態が、この発展しきった文化・文政期において胚胎しつつあったことに注目しなければならないのである。

6 灘酒の販路と銘柄

さて、最後に灘酒の取引慣行と関連して販路の問題を取りあげ、合わせて長部家の銘柄にもふれてみよう。

これまでの考察の対象は、江戸積酒造業として、江戸積のみに限定して述べてきたが、ここで改めて灘酒の販路の問題について考えてみたい。普通、灘酒の販路は大別して江戸積・他国積・地売の三つに分けて考えることができる。いま天保七年（一八三六）における摂泉十二郷の各郷の販路を江戸積と他国積とに分けて表示すると、第62表のようになる。この天保七年という年は幕府のきびしい酒造統制が行なわれ、そのため江戸入津樽数が二七万六二〇〇樽と例年にない低い比率となっているので、むしろ異常な時期のひとつの傾向を示してはいるが、一応その比率を比較検討してみよう。

これによると、十二郷の平均は江戸積七五パーセントで他国積二五パーセントとなっている。しかしその内訳を各郷についてみると、一定せず、かなりの偏差を示している。江戸積の比率が平均値より低い地域は大坂（二一・八パーセント）・西宮（六六・五パーセント）・尼崎（六三・三パーセント）で、もっとも高いのは伝法（九九パーセント）で、以下池田・伊丹・北在・今津・灘目の順となっている。これをみても、はっきりと江戸積のみに販売を求める諸郷と、江戸積と同様に他国積にもウエイトをおく諸郷とがあったことを知りうる。そして、大坂は江戸積の依存度が低いとい

第62表　摂泉十二郷における清酒の販路（天保7年）

郷　名	江戸積高(樽)	比率(%)	他国積高(樽)	比率(%)	積高合計(樽)	比率(%)
今　津	14,170	92.4	1,160	7.6	15,330	100
灘　目	143,700	86.2	23,069	13.8	166,769	100
西　宮	18,370	66.5	9,250	33.5	27,620	100
伊　丹	53,400	95.0	2,810	5.0	56,210	100
池　田	8,470	97.1	250	2.9	8,720	100
大　坂	15,150	21.8	54,210	78.2	69,360	100
伝　法	15,900	99.0	160	1.0	16,060	100
尼　崎	1,120	63.3	650	36.7	1,770	100
北　在	5,920	92.4	490	7.6	6,410	100
合　計	276,200	75.0	92,049	25.0	368,249	100

(史料) 天保7年「入津目当高承知請証文」(御影酒造組合文書) より作成

うことで、実はその公正な調整者としての地位が重要視され、十二郷触頭をつとめていた理由も、この点にあった。また大坂をはじめ、西宮にしろ尼崎にしろ、商業都市ないしは城下町としてかなりの地元の需要層や他の諸地域を既得市場としてもっているところでは、江戸積の依存度も、それほど大きくはなかったことがわかる。

さて今津郷は、第62表でみるかぎり、全面的に江戸積に依存している地域である。しかしこのなかの一酒造家大坂屋（長部）文次郎の寛政八年（一七九六）の販売状況をみると、清酒二〇四石を八年十二月から「追々田舎積」し、二三八石を「追々大坂積送候分」としている。そして残り二八一石を囲い酒して江戸積に備えている。すなわち寛政期の大坂屋はむしろ地売・他国売と大坂送りが重要な比重を占めていたことがわかる。大坂屋の屋号がでてくるゆえんであろうか。事実、寛政一〇年（一七九八）には大坂三城南詰に大坂屋大次郎の営む出店があり、これを大坂および和泉佐野方面への足掛りとしていたことがわかる。この年には大坂屋文次郎・同三蔵の二軒において一五五〇石の清酒をつくっており、うち一八三七樽を大坂屋大次郎のもとへ送っている。清酒一五五〇石を三斗五升を一樽として換算すると、四四〇〇樽となり、大坂送り分は約四〇パーセントにあたる。

しかし、これはむしろ大坂屋の酒造経営の台頭期の状況を示すものであろう。その後、酒造株をまし、酒造石高を増大させて、幕末には株高四四〇〇石にまで成長する。いま、今津郷の江戸積の送り状を酒造行司の手元でまとめた「一紙帳」（今津酒造組合文書）を整理して、長部文次郎のみをとりだし、送り先（酒問屋）の銘柄を表示したのが、第63表である。この「一紙帳」では、慶応二年の三月に今津郷の積出し高三二一〇樽（廻船九艘）、四月九二四〇樽（二三艘）、五月五四一五樽（一一艘）、六月六〇八四樽（一二艘）合計二万三九四九樽（五五艘）となっている。そのうち長部文次郎分は二一九九樽である（ただし、うち三三五樽分は長部文平名義となっている）。

この表をみると、一般に特定酒問屋との結びつきが濃厚な幕末期の状況のなかで、長部家は比較的分散した形で問屋への送り荷をつづけていることがわかる。またそれに応じて銘柄も幾種類もあり、溜屋の場合には六種類となっている。しかし、溜屋には江戸市、山田には万両、中井にはほどよし、近江屋には山谷掘、といったように、問屋によって銘柄が使いわけられている。また銘柄そのものとしては、山田送りの万両が四一五樽で一番多く、これが長部家の主力であったことがわかる。

第63表　慶応2年の長部文次郎家の販売先と銘柄

送り先酒問屋	銘柄	樽数
溜屋平次郎	江戸市	286
	種まき	199
	万両升	170
	万両	79
	鱗	78
	計	812
山田五郎助	万両	415
	鱗	170
	海老	50
	万両箱	49
	計	684
中井新右衛門	ほどよし	273
	日本橋	50
	万両	20
	計	343
近江屋吉右衛門	山谷掘	310
鹿島屋利右衛門	日本橋	50
	合計	2,199

（史料）慶応2年「一紙帳」（今津酒造組合文書）より作成

明治以降には、この委託販売による送り荷慣行が問題となるが、この時代においても、問屋を介して荷主＝酒造家が市場開拓をしてゆく場合には、この銘柄が重要視され、問屋別にみられるような多様性にもかかわらず、銘柄を尊重していたことの証左ともいえよう。

第一二章　幕藩体制の動揺と灘酒造業の停滞

1　幕末期における集中化と没落

七章より一一章までは、生産・労働・経営・輸送・販売について、総括的にとりあげてきた。そこで指摘できることは、灘酒造業の文化・文政期の発展要因が、第一に酒造技術の革新による生産力の発展と、樽廻船支配による海上輸送力の確保という点にあったとすれば、天保期以降幕末にかけての灘酒造業の停滞要因は、幕藩体制そのものが大きく揺れ動いてゆくなかで、経営の行詰り、すなわち下り酒の販売機構そのものが大きな障碍となったことであろう。ここでは、そうした幕末期の動揺と灘五郷内部の変化、および十二郷内部の問題についてふれてみることとする。天保改革後幕末期にかけての江戸積酒造業全般の動きを、まず江戸入津樽数の変遷から概括してゆこう。そこでかつて文政七年に、酒造仲間の申合せとして文政四年の入津樽数を基準としたが、ここでもそれを始点として、天保一四年(一八四三)・嘉永六年(一八五三)・安政三年(一八五六)・慶応二年(一八六六)の入津樽数を表示すれば、第64表のようになる。

この表によって、次のような顕著な動向を指摘することができよう。(一)摂泉十二郷の比率のうえでは、灘目が文政四年の五九・六パーセントから漸次減少傾向にあり、慶応二年には五三パーセントとなっている。伊丹はそれよりもっと激しい減少を示し、文政四年の一六・九パーセントから慶応二年には五・五パーセントにまで激減している。(二)それにひきかえ、今津が三・五パーセントから一五・八パーセントへ、西宮は七・六パーセントから一六・六パーセントにその比率を増大させている。(三)同じことは文政四年を一〇〇とした指数をとってみても、灘目が慶応二年には五九となり、伊丹が二一となっているのと対照的に、西宮は一四四、今津は二九五と急激な増大傾向を示している。

すなわち相対的にも絶対的にも前二者の減少、後二者の激増を記録している。以上によって、ここに文化・文政期の動向とは対照的な特徴がみられる。すなわち、文化・文政期に江戸市場に躍進していった灘目・伊丹が幕末期には後退しつつある。それに反し、文化・文政期にはそれ以前（宝暦・明和・安永期）より後退ないし停滞をつづけていた今津・西宮の両郷が、幕末期においては十二郷内部で特異な発展傾向をみせていることである。

では今津と西宮両郷の進出、灘目と伊丹両郷の後退という、江戸積中心地におけるこの対照的な傾向は、なにに原因しているのであろうか。これはきわめて重要な問題であるが、ここでは灘目の発展が勝手造り令のもとで存在したこと、しかもその発展を新規株の交付によって幕府に掌握されたこと、この二点を指摘しておくにとどめておこう。

また伊丹の後退も、文化・文政期から天保期にかけて酒造技術が大きく進歩し、またそれを需要する江戸市場の変化にともなって、古酒積切と新酒番船の端境期（はざかいき）に新酒造り（秋彼岸ごろより仕込みはじめられる）によって莫大な利潤を独占してゆくことができなくなってきたことがあげられる。宮水の発見が天保一一年であり、天保期には「酒薄造りの方を好み候」という江戸における需要層の変化にも注目しなければならない。そこに西宮の立地条件がこの過程で発揮され、今津郷もまたそれと結びついて、灘五郷のなかで灘目にかわって進出してゆく条件がととのってきたといえよう。そこに、明治期になって新たに西宮郷と今津郷を中心に、灘五郷が形成されてゆく契機があった。

第64表によって、灘目が入津樽数のうえで幕末期に逓減傾向を示したことを指摘した。全般的にみて灘目は没落傾向にあったのであろうか。そこで、灘目四組（上灘東組、中組、西組と下灘）のあいだに、どのような変化が現われているか、この点をさらに詳細に検討してゆくこととしよう。いま灘目四組の各組についての入津樽数を表示したのが、第65表である。

灘目四組の幕末にかけての入津樽数の変遷は、必ずしも一様ではない。そこに次のような特徴がみられる。四組のうちで文政四年の上位は中組・西組であるが、これが幕末にかけて減少し、とくに下灘と西組の没落が著しい。西組は文久三年の指数は四七で中組は七五となっている。しかし、他の三組が減少しているなかで東組だけが文久三年の

第64表　幕末期における摂泉十二郷の江戸入津樽数の変遷

酒造地	文政4年(1821)			天保14年(1843)			嘉永6年(1853)		
	樽数(樽)	比率(%)	指数	樽数(樽)	比率(%)	指数	樽数(樽)	比率(%)	指数
今津	36,396	3.5	100	66,633	7.6	182	79,299	11.8	218
灘目	616,352	59.6	100	467,980	53.5	76	364,360	54.3	59
西宮	78,590	7.6	100	70,857	8.1	90	87,325	13.0	111
伊丹	174,140	16.9	100	148,135	16.9	85	60,695	9.1	35
摂泉12郷	1,033,746	100.0	100	878,774	100.0	85	670,963	100.0	65

酒造地	安政3年(1856)			慶応2年(1866)		
	樽数(樽)	比率(%)	指数	樽数(樽)	比率(%)	指数
今津	118,785	12.6	326	107,284	15.8	295
灘目	523,329	55.3	85	360,850	53.0	59
西宮	102,875	10.9	131	113,112	16.6	114
伊丹	80,507	8.5	46	37,533	5.5	22
摂泉12郷	945,963	100.0	92	681,327	100.0	66

(史料) 文政4年は『灘酒沿革誌』、天保14年は「酒造取締諸用書帳」(森本家文書)、嘉永6年・安政3年は「酒造仲間諸書物控」(森本家文書)、慶応2年は「諸郷入用勘定帳」(森本家文書)より作成

指数が一二五となり文政四年を上まわっているのである。

さらに上灘三組のうちでも集中してゆく魚崎・御影・大石についてみると、とくに大石村は文久三年の指数四四、御影村は七〇、魚崎は一二三となって、結局先述の灘目四組の動向は、その主力たるこれら村々の変動を示したものである。

下灘は脇浜・二ッ茶屋、神戸などの諸村をふくむ地域で、のち明治にはいってからの灘五郷の形成からは脱落してゆくが、その徴候は、この幕末期にすでにはじまっていたといえる。

以上で、だいたい、上昇してゆく魚崎村—東組、停滞をつづける御影村—中組、没落してゆく大石村—西組と下灘、という顕著な変化が認められるのである。そこでさらに、このような変動を内包しつつ、各村・各郷において特定個人への集中と他の酒造業者の没落状況を表示したのが、第66表である。これは天保八年（一八三七）と明治三年（一八七〇）との期間における株高所持別酒造家軒数を、今津・上灘両郷を中心に、参考のため明治三年の西宮郷の分についても表示したものである。ただし、天保改革以

降は酒造株高は酒造稼石高と称し、株高がそのまま酒造石高を表示していないことに留意しなければならないが、このことは一応考慮外において、次の点が指摘できる。

（一）株高一万石以上の酒造家が、三軒から五軒に増加していること、（二）千石から五千石クラスの灘五郷における中堅酒造家が一三一軒から九四軒へと、三七軒も減少していること、（三）それとは対照的に、五百石から千石の者が一九軒から四四軒に倍増していること、（四）全体として九軒の酒造家軒数の減少となり、それなりに集中化が進行していること、以上である。

灘目四組のなかで上昇してゆく東組の魚崎村は、明治三年には赤穂屋（荏部）市郎右衛門と荒牧屋（山邑）太左衛門の二軒の一万石所持者を輩出しているかわりに、軒数は二三軒から一五軒へと灘目で一番激しい集中過程を示している。第65表において、文政四年の江戸入津樽数が灘目第一位の西組の大石村は、明治三年に新たに五千石以上の酒造家（松岡甚右衛門）一軒を輩出するが、千石から五千石クラスの没落が目立っている。そして中組の御影村では、天保八年と明治三年にわたって一万石以上の嘉納家治兵衛・同治郎右衛門を輩出しているが、五千石より一万石までの酒造家が一軒減少し、軒数の増加は五百石から千石までの小規模酒造家の増加となっている。新たに明治三年に一万石の所持者木屋（木村）喜兵衛を輩出する石屋村は、そのため千石から五千石クラスが半減している。天保八年に一万石の酒造家を輩出した東明村は、明治三年にはこの酒造家が没落して、酒造家軒数では四軒より一一軒にまで増えている。

幕末期に灘目が一般的趨勢として、入津高が逓減傾向を示すとはいえ、内部的には株高一万石所持者はかえって増えており、西宮・今津両郷以上の特定個人への酒造株の集中化の激しさを示していることがわかる。

2　幕末期の今津酒造業

江戸入津樽数のうえで、文化・文政期に下降傾向を示した今津郷は、幕末期にかけて上昇傾向をたどることは既述

第 65 表　灘目四組における江戸入津樽数の変遷

地域名	文政4年(1821)			天保1年(1830)		
	樽数(樽)	比率(%)	指数	樽数(樽)	比率(%)	指数
上灘 東組	98,049	17.2	100	128,580	22.8	131
上灘 中組	208,742	36.8	100	201,372	35.6	97
上灘 西組	182,595	32.2	100	159,688	28.3	88
下灘	77,828	13.7	100	75,526	13.4	97
灘目合計	567,214	100.0	100	565,166	100.0	100
上灘三組主要村						
東組—魚崎村	47,635	8.4	100	67,450	11.9	142
中組—御影村	100,710	17.8	100	90,909	16.1	90
西組—大石村	132,697	23.4	100	116,843	20.7	88

地域名	安政3年(1856)			文久3年(1863)		
	樽数(樽)	比率(%)	指数	樽数(樽)	比率(%)	指数
上灘 東組	123,587	25.6	126	122,699		125
上灘 中組	203,520	42.1	98	156,874		75
上灘 西組	103,755	21.5	57	85,651		47
下灘	52,467	10.8	67	不明		22
灘目合計	483,329	100.0	85			66
上灘三組主要村						
東組—魚崎村	52,290	10.8	110	58,362		123
中組—御影村	94,384	19.5	94	70,871		70
西組—大石村	64185	13.3	48	58,051		44

(注) 上灘東組は、青木・魚崎・住吉の３カ村、中組は御影・石屋・東明・八幡の４カ村、西組は新在家・大石の２カ村、下灘は脇浜・神戸・二ツ茶屋の３カ村をふくんでいる。

(史料) 文政４年は『灘酒沿革誌』、天保１年は「四ケ年郷別仕訳書抜」(白嘉納家文書)、安政３年は「酒造仲間諸書物控帳」(森本家文書)、文久３年は「願書留」(魚崎酒造組合文書) により作成

第 66 表　酒造株高別酒造家軒数（天保８年と明治３年の比較）

単位：軒

株高別階層	今津		上灘 東組		上灘 中組		上灘 西組		合計			西宮
	天保8	明治3	天保8	明治3	天保8	明治3	天保8	明治3	天保8	明治3	増減	明治3
1万石以上				2	3	3			3	5	+2	
5,000石〜1万石		1			3	1	1	2	4	4	+0	3
1,000石〜5,000石	19	17	36	24	41	38	35	15	131	94	−37	32
500石〜1,000石	7	4	5	12	3	15	4	13	19	44	+25	17
500石以下	1		2	1	1	2		2	4	5	+1	
合計	27	22	43	39	51	59	40	32	161	152	−9	52
増減	−5		−4		+8		−8		−9			

(史料) 天保８年は「天保11年酉年酒造株高帳」(白嘉納家文書)、明治３年は「午年酒造米書上帳」(白嘉納家文書) より作成

のとおりである。そこで株高の変遷をみてゆくと、天保三年（一八三二）の請株高は四万五七八五石で、天保改革の天保一二年（一八四一）が四万三〇〇四石、さらに弘化元年（一八四四）には三万五七七九石と減石傾向をみせながら、安政二年（一八五五）は五万六七五三石、文久二年（一八六二）は六万三五一五石、元治元年（一八六四）は六万五四九七石、慶応四年（一八六八）には六万五三二七石におよんでいる。すなわち、江戸入津量の増大に応じて、酒造株高の面でも増加傾向を示しているのである。

また酒造株高の移動状況をみると、今津の全株高のうち、天保一四年の鑑札名が、慶応四年の所持者名義と異なっているもの、すなわち他人名義鑑札によるもの五万五八九七石で全体の七七・七パーセントを占め、したがって自己名義鑑札によるもの二二・三パーセント（九八三六石）となる。また全株高のうち他郷他村鑑札によるものは二万九五八九石で全体の四五パーセントにおよび、したがって村内請鑑札によるもの五四パーセント（三万五八三七石）となっている。つまりそれだけ株鑑札の譲渡・移動の激しさと、他方では郷内の株高集積を通して集中と没落がやはり進行していることが認められよう。

第67表　慶応1年における今津村（南組）の酒造稼石高の構成

稼石高別階層	人数	蔵数	稼石高合計(石)	比率
6,000～7,000	1	4	6,150	
5,000～6,000	3	11	16,164	
4,000～5,000	4	15	18,169	
3,000～4,000				
小　計	8	30	40483	61.80%
2,000～3,000	5	12	11,802	
1,000～2,000	8	10	9,952	
1,000石以下	5	5	3,260	
小　計	18	27	25,014	38.20%
合　計	26	57	65,497	100

（史料）慶応１年「酒造請印帳」（今津酒造組合文書）より作成

具体的に稼石高および酒造蔵の所持状況を、慶応元年（一八六五）の酒造鑑札高別に表示したのが第67表である。このとき実際の酒造石高は二分の一造りとなっている。四千石以上の稼石高所持の酒造家八人によって三〇蔵が稼働され、全株高の六一・八パーセントがこの八人に集中している。ここで六万一一五〇石の稼石高をもつ最高者は吉岡善兵衛で、三七五二石の稼石高をもつ米屋三九郎とともに有力な米屋一統の酒造家である。ついで五八五四石の鷲尾松三郎がいる。鷲尾家は正徳年間の創業であり、天明五年以来つねに今津郷にあって最高の所持株高を示してきた小豆嶋屋本家である。文化・文政期には危険の分散と営業拡大をねらって三軒に分家しているが、文久期にはさらに五軒となり、この松三郎を本家とする鷲尾家同族の株高を合計すると一万四三八四石で、全株高の二二・七パーセント、四分の一近くを占め、蔵数も一一蔵の稼働となっている。

そのほか鹿島屋正造・小池（千足屋）利右衛門・大坂屋（長部）文次郎・小池（千足屋）利三郎・小豆嶋屋政五郎が四千石以上の今津郷における有力酒造家で、長部文次郎は内蔵・西蔵・向蔵・北蔵の四蔵で四四〇〇石の稼石高があり、株高ではこのとき上位四番目となっている。そこでさらに慶応四年（一八六八）における今津郷の酒造稼石高所持状況を示せば、第68表のとおりである。慶応元年の状況とほとんど変わっていない。このときの最高株所持者も米屋善兵衛である。

第68表　慶応4年（1868）今津郷における酒造稼鑑札所持状況

酒造家名	稼石高(石)	枚数(枚)	蔵数(蔵)
米屋善兵衛	6,450	15	8
小豆嶋屋松三郎	5,854	5	3
鹿嶋屋正造	5,104	7	3
米屋三九郎	4,572.99	7	3
小池屋利右衛門	4,343.636	8	3
大坂屋文次郎	4,300	8	4
小池屋利三郎	4,090	9	2
小豆嶋屋政五郎	4,000	8	3
米屋与作	3,300	6	2
小計	42,014.626	73	31
小豆嶋屋卯之平	2,700	5	2
小池屋利平	2,550	7	3
小西屋平兵衛	2,110	7	2
米屋たき	1,800	2	1
小池屋利作	1,556	4	1
小豆嶋屋源左衛門	1,450	2	1
米屋喜作	1,350	4	1
小豆嶋屋栄次郎	1,300	3	1
米屋吉郎兵衛	1,300	4	1
米屋彦兵衛	1,300	4	1
越水屋清五郎	1,150	4	2
辰屋こぶ	1,122.40	3	1
米屋鹿次郎	924	2	1
米屋源七	900	4	1
木屋与平次	700	2	1
辰屋ます	600	3	1
樽屋音五郎	500	1	1
合計	65,327.026	134	53

（史料）慶応4年「酒造稼石高名前帳」（今津酒造組合文書）より作成

しかし幕末期に注目すべきは、酒造蔵および稼石高(株高)の所有と経営の分離がみられるということである。すなわち、この米屋善兵衛の場合においても、八蔵、六四五〇石のうち、六蔵、四〇五〇石を貸蔵としている。すなわち、貸蔵としての酒造権利と仕込資本の投下による酒造経営の分離がみられるのである。ここに、稼石高のみによって経営規模の大小を論ずることができない事情が出てきているのである。

このような点をも考慮してみてゆくならば、幕末期における自己造りの酒造経営をつづけている有力な酒造家として、鷲尾(小豆嶋屋)松三郎を本家とする政五郎・卯之平・源左衛門・栄次郎同族をはじめ小池(千足屋)利右衛門・同利作・長部(大坂屋)文次郎・吉岡(米屋)三九郎・岡田(鹿嶋屋)正造などがあげられるであろう。かくして、今津郷では幕末に西宮郷とならんで上昇過程を進みながら、郷内ではそれなりにやはり特定有力酒造家への株の集積過程が展開せられていったのである。

3　幕末期の御影酒造業

灘目上灘のうちにあって、もっとも発展した御影村の場合についてみてみよう。天保三年の新規株請株時の酒造株高については、すでに第26表で表示したとおりである。これと第69表の明治元年の株高表を比較してみて、まず第一に、株高において前者が六万六九〇〇石(それに拝借株五八六〇石)であったのに対し、後者は八万四〇〇〇石とその株高の集中化を示している。なかでも新規株請株時は三万石であった辰年御免株が、明治元年には四万三〇〇〇石と約五〇パーセントの増加率となっている。それだけ他郷他村よりの株の集中化の激しかったことが想定される。株数においても八四株から一八〇株と倍増している。第二は、相変わらず嘉納一族への集中化が顕著であるが、とくに天保三年には嘉納同族一四軒であったのに対し、明治元年には一〇軒で、しかも嘉納治兵衛・同治郎右衛門で計三万石の株高を独占している点と、第三は、嘉納家の別家にあたる材木屋が、天保三年には三軒で株高計五三〇〇石であったのに対し、明治元年は五軒で一万二〇〇〇石と、別家の飛躍的発展ぶりが注目されるのである。そして嘉納家同

第69表　明治元年御影村酒造稼鑑札所持状況

酒造人	御定免株		籾買入株		新規株		合計	
	(石)	(株数)	(石)	(株数)	(石)	(株数)	(石)	(株数)
1. 嘉納屋 治兵衛	650	(2)	7309.5	(7)	8,400	(24)	16,359.5	(33)
2. 〃 治郎右衛門	3,128	(5)	4072.8	(5)	7,650	(23)	14,850.8	(33)
3. 〃 治作	2,544	(3)			800	(5)	3,344	(8)
4. 〃 長兵衛			1200	(1)	1,700	(4)	2,900	(5)
5. 〃 治三兵衛	1,500	(2)			1,200	(3)	2,700	(5)
6. 〃 みさ					2,400	(8)	2,400	(8)
7. 〃 作之助	1,290.3	(1)			600	(2)	1,890.3	(3)
8. 〃 甚吉	1,600	(1)					1,600	(1)
9. 〃 治郎太夫	828.3	(1)			630	(2)	1,458.3	(3)
10. 〃 弥兵衛					1,250	(5)	1,250	(5)
小計	11,540.6	(15)	12,582.3	(13)	24,630	(76)	48,752.9	(104)
11. 材木屋 利助	2,643.6	(5)			3,560	(10)	6,203.6	(15)
12. 〃 孫七	700	(1)	800	(1)	800	(3)	2,300	(5)
13. 〃 喜助					1,700	(6)	1,700	(6)
14. 〃 甚助					1,000	(2)	1,000	(2)
15. 〃 孝助					800	(1)	800	(1)
16. 伊勢屋 泰之助			1533.2	(1)	2,400	(10)	3,933.2	(11)
17. 〃 七右衛門	1,790.3	(2)	1,000	(1)			2,790.3	(3)
18. 〃 長七	936.48	(1)					936.48	(1)
19. 〃 利助	700	(1)					700	(1)
20. 沢田屋 重兵衛	2,388	(2)			800	(4)	3,188	(6)
21. 木屋 たね	800	(1)			2,300	(6)	3,100	(7)
22. 鯖屋 文蔵	2,090	(5)					2,090	(5)
23. 河内屋 与八郎	1,335	(2)			600	(2)	1,935	(4)
24. 薩摩屋 弥兵衛					1,900	(4)	1,900	(4)
25. 米屋 善四郎					1,800	(2)	1,800	(2)
26. 鍵屋 与助					900	(3)	900	(3)
合計	24,923.98	(35)	15,915.5	(16)	43,190	(129)	84,029.48	(180)

（史料）明治元年「酒造株高帳」（御影酒造組合文書）より作成

族・別家を除けば、三九〇〇石の伊勢屋を筆頭に、みなそれ以下の株高となっている。このような御影村の幕末期の状況は、株高の独占的集中化を示す一方、ここでも営業特権としての株高と、実際の経営状況を示す酒造石高との背離が、顕著に進行していたことも見逃せない事実であった。第64表でみられたように、実醸額の実質的内容を示す入津樽数では、文政・天保期より文久期がむしろ停滞していたという指摘は、この事実を如実に伝えているものといえよう。つまり株高の増大ほどには、実質的に酒造米高は増えておらず、したがって入津樽数よりみる販売量の増大はみられなかったということに注意する必要があろう。その意味では、上灘郷の魚崎村は、灘目のなかでも新開地として遅れて開発されていった土地柄だけに、前掲第65表の指数でみるかぎり増大していても、天保元年の実数からは、幕末には減少しているのである。したがって第66表の天保八年と明治三年の酒造家軒数の比較でも、東組・西組の減少に対し、中組では八軒の増加がみられるのである。

4　下り酒問屋に対する十二郷酒造仲間の弱体化

そこで最後に、幕末期における摂泉十二郷の機能について考えてみよう。もともと摂泉十二郷の酒造仲間の成立は、新規組＝灘目・今津酒造仲間の台頭に対して、それまでの古規組＝都市酒造仲間がこの新興江戸積酒造仲間たる灘目・今津の酒造業を包摂することにあった。いわば今津・灘目を加えることによって、江戸問屋に対する荷主連合としての性格をもち、ここに大坂三郷を触頭としてその酒造大行司に江戸酒問屋との折衝をすべてゆだねたのである。したがって摂泉十二郷の酒造仲間の申合せを通して、伊丹・西宮両郷などは、たえず発展してゆく灘酒造業を抑えようとした。そこにまた十二郷成立の存立条件があった。文化・文政期の勝手造り期における積留・積控・減造などの生産・流通規制は、十二郷申合せを通して灘目を抑制しようとし、古規組酒造仲間の失地回復をはかろうとしたのである。灘酒造業の側からいえば、十二郷の仲間申合せを破ってまで、ほか外郷を圧倒してゆくところに、文化・文政期の灘目酒造業の飛躍的発展があった。十二郷内部の対立のなかに、また十二郷仲間申合せの有効性があった。

ところが、天保三年の新規株の交付と一連の天保改革の過程で、灘目・今津の発展は完全に幕府側に掌握されてしまった。いわばそれまでの新興酒造地としての灘酒造業から、むしろ都市酒造仲間のなかに再編されてしまったということである。もはや十二郷内部での競争・対立の契機がなくなってしまったともいえよう。そこにまた新たな問題が生まれてくる。これまで灘目・今津の在方酒造仲間と伊丹・西宮などの都市酒造仲間が対立・競争している前提のもとに、大坂三郷はその公平な調整者として触頭の地位に立っていた。ところがこの前提がなくなってしまった幕末期の状況のもとでは、もはや大坂三郷が十二郷の触頭として、江戸問屋との交渉にあたることが、問題視されてくるのである。灘酒造業が大坂三郷の触頭という窓口を通してしか、江戸問屋と取引折衝ができなくなってきたところに、問題が起こってくるのである。それが万延二年（一八六一）の「酒造年寄役一件」である。

「酒造年寄役一件」とは、今津郷、上灘東郷・中郷・西郷、下灘郷のいわゆる灘五郷から、大坂三郷触頭に対する不信を表明したものである。そして五郷酒造家はさらに積極的な江戸問屋とのかけ引きを行なってゆくために、五郷酒造家のなかより酒造年寄役を選び、これが三郷触頭にかわって問屋との交渉にあたることを願いでたものである。

さらにこのとき五郷より出された願書の主要点を列挙すれば、次のようである。

当村之儀者上方酒造拾弐郷之内、五郷と相唱、酒造江戸積専ラニ相稼、家名相続仕来難有奉存候、

(1)近年酒造人共不引合勝ニ相成候上、酒代江戸表ゟ為登金等当年積下し之分、翌五月限りニ勘定済可致之処、近年者三ケ年越ニも差滞、酒造人共不触通ニ相成、既ニ可請取仕切金乍在、為登方差滞候故、無拠仕込金高利之他借仕相稼候故、自然と不引合ニ相成候道理ニ而

(2)其上江戸問屋売捌酒六歩口銭、住古ゟ渡来候処、近年仕業不宜、口銭之外多分金高切下直ニ売捌候様申越、其余ニも不風義取斗等も間々在之、旁以必至と難渋弥増候（略）

(3)上方荷主共迷惑筋之義者、江戸問屋手元勝手新法相立、迷惑之廉々以前之通取直し申度、左候ハヽ、融通も宜敷、積下酒潤沢ニ相成可申義と江戸問屋取締向掛合方三郷大行事江申談候得共、問屋江之斜酌故歟、和平而已ニ事寄、取用不申ニ付、手元限りニ而文通等仕候得共、自儘之致取斗と申立候ニ付、無是悲空敷罷在、（略）

(4)聊之江戸文通事ニ而も諸郷参会仕、右参会度毎過分之入用掛り、右割方上方ゟ酒積下シ高ニ準シ割賦銀取集旧例ニ御座候、其入用私共五郷ニ而七歩迄出銀仕、残り三歩諸郷取賄候位之事ニ相成、年々多分入用相掛り申候、

(略)

殊ニ積高も凡三拾万駄と見積り、酒斗り拾八九万、弐拾万太迄当五郷ニ而積下シ、残拾万太余酒味淋取交諸郷ゟ積下シ候様之義ニ而、旁以当五郷ニ限商法駈引取締仕度候ニ付而者、何れ之郷ニ而も両三人人柄御見出シ之上、大行事之外江戸積酒造年寄之御名目御差免被成下度、以後両三人之者共人柄相撰、弐三ケ年ッ、交代相勤度段其度毎奉願上度、然ル上者右之者共ゟ江戸表文通引合方等仕、問屋共為登金不差滞、往古ニ立戻り候様追々駈引仕候ハ、、融通も一段宜相成、且者積下シ酒も潤沢ニ相成候歟ニ乍恐奉存候、

(『灘酒経済史料集成』上巻、四一八―四一九頁)

つまりその要点は、(一)近年酒代金の江戸問屋よりの送金がはかばかしくなく、売掛金が三カ年越しにもなっていること、(二)江戸酒問屋は従来からの六歩口銭の古法を守らず、仕切代金をさげてくる、(三)江戸酒問屋がこのような手元勝手の新法を試みているにもかかわらず、十二郷触頭としての大坂三郷酒造大行司は何等なすべきすべを講じていない、以上である。ここで改めて、江戸問屋に対する十二郷酒造仲間の弱体化の原因が、江戸問屋との交渉権をまったく十二郷触頭に一任しているところにあり、十二郷酒造仲間の販売に対する消極性を批判しているのである。さらに五郷酒造家は、十二郷参会費用である仲間入用銀の割賦が、江戸入津樽数に準じて割賦されるため、灘五郷は七割を負担しているという不満を述べ、このさい、灘五郷にかぎって特別に「江戸積酒造年寄役」を選任することを許可してほしい旨を、願い出ているのである。

それに対する大坂三郷大行司の回答は「一己の利心」のみにおぼれ、「惣体の大法」を無視した暴挙である、といって次のように反論しているのである。

乍恐口上

灘目村々酒造人共ゟ奉願上候儀ニ付、三郷酒造家大行事共御召出之上、返答可仕様被為仰付奉畏、則左ニ奉申

上候、

一大坂三郷酒造大行事儀者、従往古上方酒造拾弐郷江戸積下酒一件取扱向致来り、御府内潤沢之御趣意者勿論、拾弐郷一体家業永続可致様時宜ニ応、江戸大坂問屋共ニ至迄、万事双方釣合能依怙贔屓身勝手無之取斗候様、従古来大坂三郷ニ限酒造人之内江戸積専一ニ不致者大行事相勤、年々交代仕候旧例ニ罷在候、然者従御上様拾弐郷江被仰渡等之義有之候節者、三郷酒造大行事江仰付ニ相成、早速拾弐郷江通達仕罷在候、猶商法要談拾弐郷取締方之儀も、大坂表ニおゐて三郷・西宮両積所大行事立会、拾弐郷不残集会之上談判仕取斗候儀ニ付、一己我儘難相成、往古ゟ規範永続仕候段、全大坂三郷之義者　御上様御膝元故之義と難有奉存候、然ル処灘目村々酒造人共ゟ申立候柳之儀ニ而も、三郷大行事之手を経集会致候事故、諸事手重ニ相成、入用等相嵩、且者三郷大行事江戸積不致者故、商用不弁利之駈引致候様申立候得共、是全一己之利心ニ而已引付ケ、惣躰之大法不相弁様奉存候、此儀者従古来大坂三郷大行事共義者、江戸積専ラニ不致候者相勤申候を先規ニ相定有之候事者、身勝手自己之弁利に不泥、時々何程振合相変り候共、其時宜を相考、拾弐郷集談之上、偏枯之沙汰無之様取扱候時者万事差支無之と奉存候、江戸積専一ニ致、何程時変を相弁候者ニ候共、自己之弁利ニ迷候時者、聊眼前之事ニも相暗ミ差支出来候事、商売之常情ニ御座候、然者従古来江戸積不致候者、三郷大行事相勤候旧例者不易之良斗と奉存候、(中略)

近来灘目村々酒造人共、追々一己自儘而已多、其上江戸積酒造年寄之名目御免之義奉願上候得共、此儀大坂三郷者勿論、外々惣郷ニおゐても甚夕差支ニ相成、後来者灘目村々之外大坂初外郷々必至困窮ニ至り候者必然と奉存候、其故者、拾弐郷之内盛衰者年々時々押移り、不定之事ニ候得共、当時灘村々ニおゐて者、近来船持之者多出来候ニ付、船持・酒造荷主一ト手ニ混シ、種々得手勝之事柄多御座候ニ就而者、大坂・西宮両積所問屋共も当今荷主・船持兼帯之勢ニ被圧、諸事取扱兼、積問屋之名目乍有、却而我配下船持之申条不道理之事も不得止事、随順致居候程之義故、他郷々津出シ場所、小郷衰微之酒造人共者殊更困窮可仕者目前之儀ニ御座候、然ル処酒造年寄之名目御差免ニも相成被仰渡等之義、又者集談等も三郷・灘村と二途ニ分れ候時者、弥自儘

増長致、不道理之取斗方と存候共、船廻し便利ニ被引不得止事眼前之差支を恐、灘村之存意ニ随ひ不申候而者、不相叶事ニ成行可申、然者大坂酒造荷主者勿論、積問屋共迄も難有御膝元ニ御余光を以、安堵之渡世致来候者も、万事灘村々自儘之存意ニ被押付、商人専一之土地も野夫片業之土地江商柄を被執候時者、大坂三郷繁栄ニも差響候而者、其余弊御府内御差支ニ可及も難斗、誠以奉恐入候御義ニ御座候、既昨申七月新規之義申立間敷一札乍差入、又候右様之儀御願申上、拾弐郷酒造一統之人心を惑乱為致、甚不取締ニ候間、何卒古来ゟ申合規定通無違失可相守様、急度被仰付被下候得者難有奉存候、以上

文久元酉年五月

三郷酒造家大行事

名田屋清兵衛

河内屋勘兵衛

伊賀屋儀兵衛

同　年行事

紙　屋　弥　八

明石屋宇兵衛

播磨屋喜兵衛

御奉行様

（『灘酒経済史料集成』上巻、四二〇―四二二頁）

ここで注目されるのは、大坂三郷大行事が十二郷酒造仲間の触頭を勤めるのは、大坂が江戸積専一の場所ではなく、したがって「依怙贔屓身勝手無之取斗」いができるためで、「従古来江戸積不致候者三郷大行事相勤候旧例者、不易之良斗（計）と奉存候」と述べている点である。それと同時に灘五郷は「船持・酒造・荷主一ト手ニ混シ、種々得手勝之事柄多」く、これでは大坂・西宮両積所問屋も、とかく「荷主船持兼帯之勢ニ被圧」れ、江戸積酒造業は完全に灘五郷によって独占され、「万事灘村々自儘之存意ニ被押付」れてきた。この上、灘五郷のいうとおりに酒造年寄役

を認めると、「商人専一之土地」（大坂）も「野夫片業之土地」（灘五郷）へ商権が奪われ、ひいては大坂三郷繁栄にも差しひびく事態になり、やがて「拾弐郷酒造人一統之人心を惑乱為致、甚不取締ニ候」として、強く酒造年寄役差免に反対している。

この大坂三郷の反論に対し、文久二年（一八六二）には再度、灘五郷は酒造年寄役を願い出ているのである。

乍恐口上

（前略）

一此度奉願上候酒造年寄名目御免之儀、三郷ハ勿論、於惣郷ニ差支ニ相成、後々ハ灘郷之外郷々江必至困窮ニ至り可申と、其故ハ当時於難目船持多、酒造荷主一手ニ混有之候ニ付、大坂・西宮両積所問屋名目乍有、荷主船持兼帯之勢ニ被押、我儘之義有之候而ハ、当地繁栄ニも差響、其余弊御府内御差支ニも可及歟も難斗段被申上、何様海辺之儀ニ付、船持荷主相兼罷在候者も有之候得共、年寄名目御差免ニ相成候迚、新規出格之権ヲ取候道理も無之、誠ニ両積所之義ハ規則も有之、前々ゟ之仕来り又ハ申合等之義差心得罷在候事ニ而、夫等之義彼是可申義も無之、譬申上候共、御取用可有之筋も乍恐御座有間鋪積所之義ニ付、当時聊可願上筋又は三郷江可談義無御座、右等之義三郷ゟ掛念仕、差支ニ可相成杯と被申上候而者甚以迷惑仕候、今般奉願上候ハ、当郷内限り取締方之義ニ付、年寄名目御免奉願上候義ニ而、決而他郷又ハ三郷之手離レ一己之取斗仕度之願筋ニ而者毛頭無御座、左候ハ、他郷ハ勿論、御府内御差支ニ可相成義ニ而も無御座、元ゟ御府内諸品潤沢之御趣意差心得罷在候義ニ付、取締向も行届為方ニ相成候ハ、、蔵稼方も出精仕、是迄灘目之内江戸積不仕者も追々積下し之気込押移可申哉、左候ハ、却而御府内潤沢ニ相成候儀と乍恐奉存候、

一往古ゟ三郷ニ限り江戸積不致、大行事相勤来不易之取斗被申立、此義一応尤ニ御座候得共、先年ハ夫ニ而宜江戸酒問屋、近年振合相変、酒造人共登金捗々敷無之、何れ茂不融通勝、就而ハ種々駈引繁可仕義も有之ニ付、江戸酒問屋渡世柄、且者積入酒造人之意味委敷差含候者、要用之駈引不仕候而ハ難相成、左候ハ、江戸積専ら之者ならでは右欠引向相成兼、然ルニ御当地大行事共下方ニ而大番ト唱へ、集会多致列席取次ヲ以談示之決句

聞合候様ニ相成、猶他郷ニ而差懸り要談出来候節、最寄集会も不為致、殊ニ江戸表江他郷ゟ懸合文通にて差障申立候次第も有之、旁自然ト要用之欠引自由出来兼候様成行、自今以後往古ニ立戻り拾弐郷同席諸事談判致呉候様弁利宜敷此度奉存候、
右之通聊相違無之、何分今般奉願上候義ハ、他郷他方之差響ニ可相成義ニ而ハ無御座候、且郷限之締向仕度奉願上候義ニ付、御賢察被成下、郷内壱人宛酒造年寄御名目御差免被為成下度、此段御聞済被為下候ハヽ、灘目一同渡世向永続之基ニ御座候間、乍恐奉申上候、巳上

文久弐戊年二月

羽田十左衛門御代官所
武庫郡
摂州菟原郡
八部郡
村々酒造人
（以下略）

御奉行様

（『灘酒経済史料集成』上巻、四二五―四二六頁）

その結末は判明しないが、いずれにせよ摂泉十二郷内部に、文化・文政期にはみられなかった不平不満が、灘五郷から大坂三郷触頭に対して提出されていることが注目される。それは、まさに灘酒造業の幕末期における経営不振ともつながる問題であった。そして酒造年寄役が認められないことで、大坂三郷に対する灘五郷の不信は、その頂点に達し、天明期以来の江戸積摂泉十二郷の酒造家荷主連合に、大きなくさびが打ち込まれ、それはまさに分裂への危機的様相を呈していたのである。

5　江戸積摂泉十二郷の解体

酒造年寄役の差免をめぐり、大坂三郷と灘五郷が対立してゆくなかで、大坂三郷を触頭とする江戸酒問屋とのかけ引きの間口の狭さが改めて問題となってきた。そしてそれを灘五郷の主体性のもとに、問屋への荷主規制を強化しようとして実現せず、荷主分裂の情勢にあるとき、元治元年（一八六四）九月に下り酒問屋に対し、幕府が取締りのため鑑札を交付し、かつこれに一樽につき銀六匁宛の冥加銀を課したのである。

諸国酒造之儀、夫々鑑札等相渡置、其方共へ樽数分量を限、引請申付置候へ共、近来商法相崩候趣に付、此度為取締御株鑑札渡遣し、以来日渡世相始候儀者難相成旨、町々へ申渡候間、其旨難有可存、右に付壱樽に付六匁づゝの冥加銀可差出候、商法取締之儀老調之上追々可及沙汰候、

（『日本財政経済史料』第十巻、一一六九—一一七〇頁）

一樽につき銀六匁といっても、一〇駄につき金二両にあたり、一ヵ年入津樽数一〇〇万樽と算定すれば金一〇万両になる。幕府のこの処置に酒問屋では驚き、その免除方を請願したが聞き入れられず、ついに酒問屋はこれを荷主たる酒造家に転稼し、酒売上代金中より問屋口銭とともに勝手に控除して酒造家に負担させたのである。この酒問屋の処置に酒造家では憤慨やるかたなく、慶応三年（一八六七）六月以来、摂泉十二郷で請願し、酒一〇駄につき江戸表酒値段金三五両以上のときは一樽につき銀六匁とし、それ以下のときは右に準じて減額し、これを江戸において直上納せんことを願いでたのである。

乍恐口上

摂泉拾二郷酒家大行事共

一江戸積下り酒問屋ゟ元治元子年十月彼地へ入津之分ゟ、御冥加として壱樽ニ付銀六匁宛御上納致来り候、右は素々酒問屋共江被仰付候義ニ在之候処、当地荷主共ゟ御上納仕候様成行在之候ニ付、趣意相違之廉、当卯年六月巳来奉嘆願候始末、左ニ奉申上候

一元来右御冥加銀之儀ハ、江戸表酒問屋共江被仰付、御鑑札御下渡ニ相成、当地荷主共ニおゐて聊差障り無之儀ト相心得罷在候処、去る丑年（慶応元）八月仕切書表へ書顕し候て、御上納金引去り為登金仕候、依之手元之算当案外之相違ニ相成、一同驚入、早速集会之上、嘆願可仕候哉と種々示談仕候得共、中ニ者江戸酒問屋共江対し相背候義も在之節ハ、積込荷物不取計之事茂可在之抔ト、評談区々ニ而何分多人数之義ニ付、決談行届兼、無余儀等閑ニ打過し罷在候、其艦ニ見送り候而者、不分明之義と相心得候ニ付、不得止事酒造人一同申合、向後右御冥加銀当地荷主共ゟ御上納仕度奉存候段奉願上、且御上納銀之義者江戸積下り酒売代金之内ゟ彼地ニおゐて御上納仕度候段、奉願上置候処、御憐察ヲ以江戸表御奉行所江御通達被為成下候処、追而酒問屋共一同御召出之上、御下渡ニ相成在之候御鑑札、御引上ケ被為在候旨、今般私共御召出之上、右之次第柄、且者趣意相違之廉、明白ニ相顕候様被為成下、御憐愍之御沙汰被為仰聞奉承知、誠ニ以仁恵之段、重々難有御請奉申上候、

一御冥加銀御上納之義、以来相改左ニ奉願上候

一酒拾駄ニ付、江戸表直段、金三拾五両已上売捌之節者、壱樽ニ付、銀六匁宛御上納仕度候

一酒拾駄ニ付、江戸表直段、金三拾五両以下ニ売捌之節者、右ニ準し上納銀御減し方之儀奉願上候

右条之廉々格別之御憐愍を以、御聞届置被為成下候様、酒造人一同奉願上候、乍恐何卒右願之通、御聞済被為成下候ハ丶、広太之御慈悲難有仕合ニ奉存候　以上

慶応三卯年

十月十六日

拾弐郷連印

御奉行様

（「丙寅要書録」今津酒造組合文書）

このような荷主対問屋の関係のなかで、さらに慶応元年（一八六五）八月に下り酒問屋一七人の連印による蔵敷口銭の引上げ要求を強行してきたのである。

一去ル四日出御連札相達シ忝致披見候、就ハ兼而当春已来再三蔵敷口銭四分増之義、御歎願申上候処、其後再

度御返翰被仰下、然ル処当夏已来御答無之候ニ付、左候得者最早壱割之儀御承知ニ相成候と奉遠察、既ニ先月廿一日出を以御承知之趣申上候所、此度右為御答と猶又被仰下、尤無御捨置御郷々御談判可被下候へ共、何分諸色追々高直御酒造仕入物取訳日増之昇進而已、其上御冥加相掛り御心痛之趣ニ而、中々口銭増御承知之所ニ而者無之、乍去双方永続之基之儀ニ付、深御勘弁可被成下候得共、文談而已ニ而ハ難行届、是悲共老分外両三人登坂之上ならてハ御会得難相成旨、逸々仰之趣承知仕候得共、是又兼而申上候通、何分当節柄御公用多分有之、登坂致兼候ニ付、再度御断申上候儀ニ御座候間、必不悪御承知可被成下候、猶又船々渡金井下り為替打銀之義、銘々其取引已向掛合可致旨被仰下候得共、先達而も申上候通り、是迄之儀者甚乍迷惑茂其儘ニ打過候所、市中一体諸侯様方明屋敷同様ニ而、先キ〳〵金融通甚不宜、自然と掛先相滞、時々売代金掛日毎ニ取集り兼、依而銘々成丈手元融通致シ、高利ヲ相払、船手出船差支不相成様心配仕、猶下り為替共右同様之義ニ付、甚迷惑仕候儀ニ付、無是悲御一同様江御願申上候儀ニ御座候、就而者今般御返書之趣種々と談判仕、既ニ先便御答可申上筈ニ者候得共、折角入割被仰聞候ニ付、再三談事仕、実以御双方共永続之基ひ致度心底ゟ難題被思召候得共、是迄之姿ニ而ハ実ニ永続無覚束奉存、御地諸仕入物高直ニ相成、御心配茂不顧、口銭四分増諸色高直も見込、利欲而已ニ相当り候而ハ甚歎ケ敷奉存、今般之御返翰ニ基付、昼夜打掛り遂談判、此末如何可相成哉難斗候得共、水魚之渡世御地之御心服奉察、則今般治定仕候儀、改而奉歎願候儀左ニ

当丑ノ新酒番船ゟ

一口銭蔵敷八歩

一御冥加金口銭相除可申候

但シ右口銭相除候得共、矢張売附表江冥加金相顕シ、引去り口銭代金高ヲ以八分口銭附出し請取可申候

一船々渡金下リ為替打銀之義ハ、前書申上候通リ、打銀仕切表ニ而請取可申候

右之通今般相改御願申上候間、宜敷御承知可被成下候、尤当地之儀ハ、仲間一同再三及示談治定取極候間、必御承知双方為御永続之、強而御聞済可被成下候、已後彼是と被仰聞候とも、当地之義ハ聢と取極候間、甚乍失礼御

取用ひ不申、御不承知之御方茂有之候得者、江戸積之義ハ御見合可然と奉存候、先者右御約定申所、連印如件
慶応元年丑八月

下り酒問屋
小　西　利　作　㊞
（以下二十六名連印　人名略）

酒家御衆中様

（『灘酒経済史料集成』下巻、二一七―二一八頁）

つまりここで酒問屋が提起しているのは、四分増による一割の蔵敷口銭の取立てを要求し、この理由として「市中一体諸侯様方明屋敷同様ニ而、先キ〳〵金融通甚不宜」とし、「双方永続之基」のためとしている。しかし荷主側からは強い反対があり、結局下り酒問屋側は従来の六歩から八歩の蔵敷口銭をきめ、「御不承知之御方茂有之候得者、江戸積之義ハ御見合可然と奉存候」と強圧的に通告しているのである。

これに幕末期における江戸下り酒問屋と荷主の力関係の推移を集中的に表わしている一件であったが、このような下り酒問屋の蔵敷口銭の一方的な引上げ宣言に対しても、荷主側の結束はふたたび強化されることはなかった。灘五郷の前述の酒造年寄役差免願いは、この酒問屋に対する荷主の自主性を貫徹するためであっても、所詮他郷の賛成も得られず、大坂三郷との対立の溝を深めるだけであった。慶応元年には、このように灘五郷と大坂三郷との対立は、その頂点に達し、翌慶応二年（一八六六）一一月には減醸について大坂三郷および西宮の酒造行司で集談し、この決定を各郷に廻章をもって通達したが、徹底しなかった。このため三郷大行事はふたたび十二郷総参会を廻文で通知したが、灘五郷酒造人はこれを拒否して出席しなかった。この事態を重くみた大坂三郷酒造大行事は、大坂町奉行所に次のように取締方を願いでたのである。

乍恐書を以奉願上候

一三郷酒造大行事之義者御膝元之義ニ付、古来ゟ拾弐郷触頭と相唱、諸事相談等在之候節者、廻章を以相達候得者、三郷におゐて集談仕候古例ニ御座候、尤別紙ニ規定書も取置御座候処、兎角灘五郷之者共、一己自儘之義申立、既ニ去ル七月三歩一造御触達しニ付、従御番所様御請証文被仰付候ニ付、拾壱郷へ通達可致旨被仰渡奉畏、其段廻章を以申達候処、五郷之者共右日限差支之儀書面を以申越候ニ付、再応引合漸々出阪仕候義ニ御座候、猶又此度不成容易当年柄米価大高直ニ就而者、造方一件種々心痛之余り、当八日集談之上三郷并西宮郷丈ケニ而者不都合之場合も在之、拾弐郷惣集会触差出し、尚又外不成御沙汰之義ニ付、自然不参之者御座候而者不都合と差心得、内伺之上再廻章を以是悲共差図日限郷々無遅滞出席可被致旨通達仕候砌、既五郷之内ニも過半出坂身仕度仕、中組大行事手元迄江者出掛ケ候者も御座候儀、則追廻章持参之者慥ニ見請居候程之処、中組大行事ゟ出席差止メ、灘五郷壱人も出阪不致、勝手自儘之致方斯成行、造方不同之郷々も出来候而者、第一浦賀御改御分量之廉へ相対奉恐入候義も在之、已後拾弐郷取締向万端惣崩レニ相成、実以歎ケ敷次第奉存候間、何卒乍恐御威光を以、急速灘五郷御召出シ之上、拾弐郷一躰ニ相成、四歩一造願上候様被為仰付被成下候ハヽ、難有奉存候、左候ハヽ強性之者共江も篤と御趣意柄申渡、急度取締仕度乍恐奉存候、右内願之義御聞済被為成下候ハヽ、広太之御慈悲難有奉存候、以上

三郷酒造大行事　印（マヽ）

東地方御役所

（『灘酒経済史料集成』上巻、四六五頁）

大坂三郷と灘五郷が二分し、大坂三郷触頭による酒造家荷主の結束が動揺し、幕末期の差し迫った経営圧迫の取引慣行のなかに浮沈しようとしていた。そこから脱出して荷主の酒問屋に対する自主性を貫徹してゆこうとする灘五郷と、幕藩体制の解体のなかに沈滞してゆくことに甘んじていたほか九郷との経営差が、そこにはっきりと現われていた。そしてこの気運は、幕藩体制確立期に江戸積の主流を構成した古規組＝大坂・伊丹・池田・尼崎・兵庫などの全

面的後退、新興灘五郷の新規組の進出発展のうちに、幕末期にはすでに前者による権威回復の余地を残さず、「巳後拾弐郷取締向万端惣崩レニ相成」る事態にまで深刻化していた。これはまさに幕藩体制の崩壊とその運命をともにする摂泉十二郷の解体でもあった。

第一三章　明治前期酒造業の展開と酒屋会議

1　明治政府の酒造政策

明治維新政府は政治体制の統一とともに、慶応四年五月「商法大意」を公布し、維新政府の意図する商工政策の大綱を明示し、これによって旧幕時代の株仲間の特権と独占を排除して営業自由の原則を打ち出した。しかし酒造業に関しては例外として取扱い、改めて同年同月には「酒造規則五ケ条」を定め、「今般御一新ニ付鑑札御改被仰出候間、早々差出可申事」として、旧酒造株の書替えをもって酒造鑑札とし、旧酒造株鑑札制度をそのまま踏襲することとした。その際、株書替料（一時冥加）として旧株鑑札高一〇〇石に付金二〇両を賦課することを命じた。当時の灘三郷を中心とする摂津八部・菟原・武庫の三郡の酒造株高約五万五〇〇〇石余とすると、その書替料は実に一万一〇〇〇両となる。酒造家は家業存続のためにこのような莫大な出血を強要されたのであるが、それも新政府によって旧幕時代からの酒造営業特権を「永世之家産」として保証されることを期待したからであった。

しかし同年八月にいたり、「今般御国内一途ノ法則御確定相成り」、一時冥加が金一〇両に引き下げられるとともに、その範囲が旧幕藩全般にわたって適用されるようになった。そのため灘三郷酒造家はすでに金二〇両を徴収されていたため、明治二年一二月から三年八月にかけて結束して鑑札料半額返戻運動を展開するにいたったのである。

さらに明治二年一二月には「酒造並びに濁酒酒造株鑑札方並び年々冥加上納方」を布達し、一時冥加として一〇〇石に付金一〇両、年々冥加として金一〇両を定め、酒造税を営業税（一時冥加）と醸造税（年々冥加）の二本立てとした。さらに従来の酒造法規がなお依然として近畿・関東諸県にのみしか実効されなかったため、その徹底化をはかる目的で、畿内・南海道・山陰道・山陽道・西海道の三八ヵ国は大阪出張通商司へ、東海道・東山道・北陸道の三五ヵ国は東京通商司をとおして、全国的に酒造業の掌握につとめたのである。

しかしこれらの法令は、酒造営業者を旧幕藩以来の酒造株所有者のみに限定し、新規営業はつとめて抑制するといった、全く旧幕時代の酒造株＝鑑札制度を踏襲したものにすぎなかった。ところが明治四年に廃藩置県が実施されるに及んで、新たに「清酒濁酒醬油鑑札収与並ニ収税方法規則」が公布された。ここにおいて従来まちまちになされていた酒造政策が全国的に統一され、はじめて維新政府の酒造政策の基本路線が提示されたのである。その内容は次の三点に要約できる。

（一）従来の旧鑑札を没収して新鑑札を公布する（したがって実質的に旧幕時代からの酒造鑑札が廃棄された）。

（二）新規免許料として金一〇両、免許料として造石高に関係なく稼人一人に付毎年金五両を徴収する。

（三）醸造税として売価の五％を課税する。

ここで注目されるのは、免許料が造石高に関係なく一律に課税され、醸造税が従価税方式に準じた点で、この点は従来の政策との根本的な差異を示すものであった。これによって旧来の営業特権が廃止されて営業自由の原則が貫かれ、酒造政策の全国一元化と新規営業者の続出をもたらす結果となったのである。

さらに明治八年には三則（営業税・醸造税、鑑札および醸造検査、賞罰の規定）一八条にまとめた「酒類税則」が公布された。その内容は、酒造営業税が毎期五円より一〇円へ、醸造税が売価の五％から一〇％への酒税増徴にあり、ようやく酒税が国家財政の中で地租につぐ重要財源として注目されはじめた。しかしこの八年の「税則」では、濁酒への課税が免除されたため、清酒業者から不平等な扱いに対して反対請願があり、また現実に地方酒造業者の中には清酒より濁酒へ転業する者も現われてきた。そうした傾向への対応として、明治一〇年一二月には濁酒営業税を設けて毎期五円を課税する税則改正がなされ、同時に醸造税も一〇％から二〇％へと引き上げられた。

しかし従価方式による課税方法は各酒造業者の組合が報告する上酒相場の申告にもとづいてなされたため、そこには必然的に不正申告による脱税行為への逃げ口もあり、他面国庫財政の安定確保という点からみて、地域的偏差をもった酒価相場の変動によって生ずる税額の不安定という欠陥も有していた。そこで明治一一年九月には、この「酒類税則」を改正追加して、醸造税の従価方式を廃して造石税として、その造石税を一石に付一円に改正した。

この従価方式から従量方式への課税方式の転換は、明らかに税額増徴をみこんでの財源確保を意図したものであり、かつ従来の販売過程で課税されていたのに比較して、直接生産過程で課税することで、脱税を廃して画一的な酒造取締りを強化することができた。この点で、酒造業者の立場からすれば、酒価の地域偏差にもとづく地域性が排除され、大規模業者も群小酒造家も同一基盤にたって、否応なしに競争に駆り立てられるようになり、それだけ酒造業界全体の中での利害対立が先鋭化してゆくこととなった。

こうして明治一二年には全国の造石高二六〇万石余に達し、これは明治期を通じてのピークを記録するものであった。こうした酒造業の発展をみこして、翌一三年九月には「酒類税則」の抜本的改正が行われた。これが「酒造税則」の公布で、本則四章三四条附則一条からなり、明治二九年の「酒造税法」の改正まで明治前期の政府の酒造政策の基本線をなすものであった。その内容は次の四点に要約できる。

(一) 明治四年設定の鑑札制度が廃止されたこと。

(二) 営業免許税が明治八年の「酒類税則」の毎期五円から、清酒場所一ヵ所に付毎期三〇円に大幅に引き上げられたこと。

(三) 造石税は明治一一年の一石に付一円から二円に引き上げられたこと。

(四) 酒造検査の徹底化と罰則規定の詳細化。

こうして明治一三年の「酒造税則」の公布を契機に、翌一四年五月より酒税の降減を要求する酒造業者の反税闘争が展開してゆくのであり、この闘争はやがて全国的な酒屋会議にまで結集していったのである。

第70表は、以上の明治前期の主要な酒造諸税則を概観したもので、ここにまとめて表示しておく。

第70表　明治前期酒造諸税則一覧

布告年月	税則名	営業税	醸造税	摘要
慶応4年5月	酒造規則5ケ条(会計官布達)	一時冥加 100石ニ付 金20両		旧来よりの酒造株鑑札制度を踏襲
慶応4年8月	(会計官布達)	一時冥加 100石ニ付 金10両		濁酒は金7両
明治2年12月	酒造並ニ濁酒造株鑑札方並ビ年々冥加上納方(民部省達)	一時冥加 100石ニ付 金10両	年々冥加 100石ニ付 金10両	濁酒は金7両
明治4年7月	清酒濁酒醤油鑑札収与並ニ収税方法規則(太政官布告第389号)	新規免許 料金10両 免許税 稼人1人ニ付 金5両	(従価税) 売価の5%	旧鑑札の没収 新鑑札の公付 濁酒免許料 金5両 免許税 1両2分 醸造税 3%
明治8年2月	酒類税則(太政官布告第26号)	酒造営業税 金10円	売価の10%	濁酒の課税免除
明治10年12月	酒類税則改正追加(太政官布告第81号)		売価の20%	濁酒営業税 毎期5円
明治11年9月	酒類税則改正追加(太政官布告第28号)		(造石税) 1石ニ付 金1円	従価税を廃止 造石税の採用
明治13年9月	酒造税則(太政官布告第40号)	酒造場1ヶ所ニ付 毎期30円	1石ニ付 金2円	鑑札制度の廃止 自家用料酒の造石高は1年1石以下 酒造検査の徹底化
明治15年12月	酒造税則改正追加(太政官布告第61号)		1石ニ付 金4円	自家用料酒に免許鑑札を与え、その売買を禁止 濁酒の営業免許は10石以下、新規営業免許は100石以上と同業者5人以上の連印が必要 罰則規定の詳細化

(史料)『法令全書』

2　明治前期酒造業の発展

明治前期のわが国における経済構造の特質と、その中に占める酒造業の地位を明らかにするため、山口和雄氏がまとめられた明治七年の「府県物産表」によれば、まず農業生産の全国的な支配性と、逆に工業化の低さが確認される。そして全国工業生産高のうち、酒類を筆頭とする食料品部門と、織物を筆頭とする衣料部門との比率がきわめて大きく、この両部門で全体の七割強を占めている。しかも酒類は米についで重要な生産物で、全工業生産高の一六・八％、総生産額の五％にものぼり、織物（一五・三％）をも凌駕している点が注目される。

第71表　酒類統計と主産府県（明治7年）

		生産高(石)	(%)	生産額(円)	(%)
清　酒		3,193,598	93.1	17,562,018	94.4
濁　酒		164,691	4.8	699,705	3.8
その他		73,075	2.1	342,772	1.8
計		3,431,364	100	18,604,495	100
主産府県	兵庫県	255,500	7.4	1,176,384	6.3
	愛知県	165,861	4.8	1,465,639	7.9
	新潟県	148,150	4.3	629,779	3.4
	栃木県	122,155	3.6	772,819	4.1
	京都府	118,958	3.5	681,660	3.7
	熊谷県	112,865	3.3	681,255	3.7
	小計	923,489	26.9	5,407,536	29.1

（史料）山口和雄著『明治前期経済の分析』17 ページ

このように酒は米麦と同様に、各地で生産され、地域差が比較的少ないという点で、非常に土産的性格の強い商品であった。それでも第71表に示したように、灘と伊丹をもった兵庫県の二五万五五〇〇石を筆頭に愛知・新潟・栃木・京都・熊谷（現埼玉・群馬）の六県で、九二万三四八九石に達し、全国の三〇％近くを占めており、その他の県でも多いところで七～八万石、少ない県でも一～二万石を産出していた。

このように、明治七年の時点におけるわが国の経済発展の段階では、酒が主要工業生産物で、その生産高も三四三万石であったが、さらにこれを中心に明治二年から二〇年までの明治前期の酒造生産高を図示したのが、第18図である。実線が全国、点線は灘

第18図　造石高全国趨勢

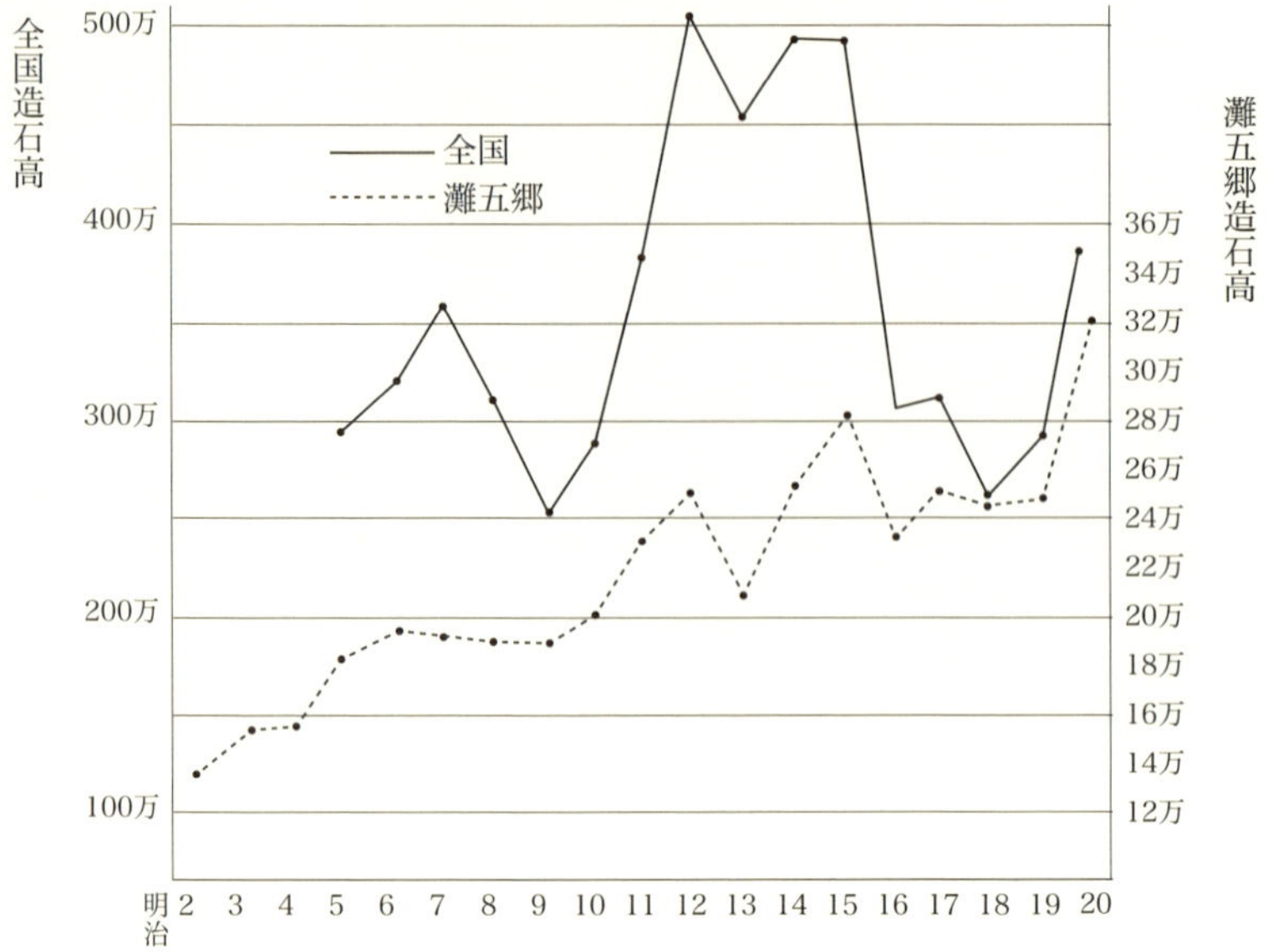

（史料）「灘酒造界の趨勢」『醸造大辞典』より作成

五郷を示している。この図によって酒造業の一般的趨勢として、明治五年以来逓増傾向にあり、とくに明治一二年の五〇〇万石をピークに増加し続けているが、一六年以降には急激な下降カーブをたどり、とくに一七～一八年には極端に下降して、二〇年にはやや持ち直している。これに対し、灘五郷では、明治前期を通じて上昇傾向にあり、そのピークは明治一五年にあって、全国生産高が急激に下降する一六年以降も、たいした減少もせずに、比率では一五年の全国比率の五・八％から一六年には七・五％へ、さらに一七年には八％へ、一八年には九・五％へと、全国比率では上昇している（第74表参照）。このことから、酒造業は明治一五年を境にして、大きな変化の様相を示していることが指摘されるであろう。この点は後述の酒屋会議と無関係ではなかったことが想定される。

さらにこの時期における全国的な酒造業発展の地域を明らかにするために、明治一四年の酒類酒造場（酒蔵）と、その醸造高を表示したのが、第72表である。

これによると、一府県あたり酒造場数（B/A）は、

第72表　地域別酒類酒造場および醸造高（明治14年）

地　域	A 府県	B 酒類酒造場(蔵)	B/A(蔵)	C 酒類醸造高(石)	(%)	C/A (石)	C/B (石)
東　北	6	2,791	465	525,873	10.1	87,646	188
関　東	7	4,437	634	731,871	14.1	104,553	165
東　山	3	1,975	658	367,102	7.1	122,367	186
東　海	3	2,140	713	538,106	10.4	179,369	251
北　陸	4	2,889	722	473,085	9.1	118,271	164
近　畿	5	3,971	794	1,021,158	19.6	204,232	257
山　陰	2	928	464	99,837	1.9	49,919	108
山　陽	3	2,506	835	465,696	9.0	155,232	186
四　国	3	1,912	637	350,466	6.7	116,822	183
九　州	7	4,153	593	621,316	12.0	88,759	150
計	43	27,702	644	5,194,510	100.0	120,803	183

（史料）山田昭次「酒屋会議」（『史苑』20巻1号）第6表より作成

山陽・近畿・北陸・東海の順で、山陰が最下位となっている。醸造高では近畿・関東・九州の順であるが、一府県あたり醸造高（C/A）では近畿・東海・山陽の順となり、山陰・東北・九州が全国平均をはるかに下廻っている。そして経営規模の基準となる一酒造場あたり醸造高（C/B）では、近畿・東海が二五〇石台で、東北の第三位以下をかなり引きはなしている。ちなみに他のデータで補足すると、近畿の中でも灘五郷を有する兵庫県は三四七石で全国のトップ水準を示している。他方山陰はわずか一〇八石で、九州（一五〇石）・北陸（一六四石）などはいずれも経営規模が零細で、酒造業発展の地域差は、商品生産一般の発展の地域差をそのまま反映していて、先進地域と後進地域の差異が浮き彫りにされるのである。

さらに造石高のピークを示す明治一二年を中心に、明治九年と一五年の間における全国地域別酒造業の動向を表示したのが、第73表である。いま明治九年を一〇〇とする指数の高い地域は、山陰・四国・九州・東北・山陽・北陸の順となり、東海・関東・近畿・東山では全国平均指数を下廻る地域となっている。つまり明治一〇年代前半に酒造業の飛躍的発展をみせるのは、前述の山陰以下のいわゆる後進地域ないしは中間地域であって、東海以下の先進地域では、顕著な変動がみられなかったのである。このように考察してみると、明治一〇年代前半の酒造業発展をもたらしたのは、灘酒造業のような旧幕以来の酒造特産地ではなくて、後進地域に属し、旧幕時代の

第73表　全国地域別酒造業の動向

	明治9年造石高(石)	指数	明治12年造石高(石)	指数	明治15年造石高(石)	指数	所属府県数	備考
東北	189,173	100	441,766	234	495,700	262	6	
関東	376,788	100	643,775	171	634,911	169	7	
東山	148,576	100	233,202	157	249,891	168	2	
東海	417,983	100	666,906	160	632,571	151	4	
北陸	182,406	100	403,172	221	417,060	229	4	明治9 福井、富山欠 明治12 福井、富山欠
近畿	635,562	100	1,012,681	159	1,051,465	165	6	
山陽	174,001	100	498,919	287	442,604	254	3	
山陰	30,216	100	104,098	345	110,014	364	2	明治9 鳥取欠 明治12 鳥取欠
四国	116,504	100	344,275	296	336,026	288	4	明治9 徳島欠
九州	160,985	100	502,069	312	459,596	285	7	明治9 佐賀、宮崎欠 明治12 佐賀、宮崎欠
全国	2,432,194	100	4,850,863	199	4,829,838	199	45	

(注) 1) 小野藤介『清酒醸造法実験説』第三巻所収県別造石高により析算加工した。
2) 引用基礎資料は大蔵省主税局調査。3) 北海道を除く。
(史料) 長倉保「明治10年代における酒造業の動向(『歴史評論』126号) 第2表参照

酒造鑑札廃止以後に農村を基盤にして台頭してきた零細な群小の地主酒造家であった。これらの酒造家は、西南の役後のインフレ景気にあおられた農村の商品貨幣経済の好況をバックに輩出してきた地方酒造家であった。そして酒税増徴策のもとに明治一六年以降急速に造石高を減少するのは、明治一〇年代の前半期に台頭してきた、これら地方の群小酒造家の一群であった。たとえば東北地方の宮城県では、明治六年から一一年にかけては酒造家数は一般的増加を示し、造石高では一二年には六年の二倍にも達していた。しかしこの期間の増加は、明治四年の布告を契機とする新規営業者の輩出によるもので、一蔵あたり造石高はかえって六年の二一五石から一一年には一二三石に半減している。そして酒造家数も一五年には、六年から一一年にかけて約二割が廃業していったという。

明治前期の全国的な酒造業の趨勢は、明治一〇年代の前半期と後半期とでは、大きな変化をきたしていたのである。そしてそれとは対照的に、全国第一位の兵庫県下における灘五郷の造石高の変遷をみると、第74表のとおりである。ここでも明治六、七年

第74表　灘五郷造石高と全国比率

年　代	灘　五　郷		全　国		灘／全国
	造石高(石)	指数	造石高(石)	指数	
明治　2年	135,866				
3年	153,711				
4年	154,983				
5年	183,163	95	296,377	82	6.2
6年	195,548	101	3,267,539	90	6.0
7年	193,775	100	3,611,713	100	5.4
8年	190,641	98	3,118,876	86	6.1
9年	190,109	98	2,491,792	69	7.6
10年	203,670	105	2,862,415	79	7.1
11年	229,821	119	3,851,780	107	6.0
12年	249,705	129	5,015,227	139	5.0
13年	209,040	108	4,498,441	125	4.6
14年	253,759	131	4,893,824	135	5.2
15年	282,091	146	4,895,462	136	5.8
16年	229,980	129	3,063,968	85	7.5
17年	251,107	130	3,139,443	87	8.0
18年	243,386	126	2,573,381	71	9.5
19年	247,145	128	2,847,936	79	8.7
20年	321,610	166	3,806,198	105	8.4
21年	340,757	176	3,654,373	101	9.3
22年	287,072	148	3,031,287	84	9.5
23年	288,214	149	3,345,060	93	8.6

(史料)『続灘酒沿革誌』、『清酒業界の趨勢』による

より一五年にかけては、全国的趨勢とほぼパラレルな動きを示している。しかし全国的動向と異なるところは、灘五郷では一六年以降も若干ながら増加を示しながら、一応順調な発展をみせている点である。そして全国造石高に対する灘五郷造石高は、百分比でみる限り、明治七年には五・四%、一二年には五%に低下しているが、一六年には七・五%に上昇し、二二年には九・五%にまでその比率を高めているのである。

なおここでの灘五郷とは、今津・西宮・東郷・中郷・西郷の五郷をさし、近世の灘三郷(今津・上灘・下灘)ないし灘五郷(今津・上灘東組・同中組・同西組と下灘)とは異なっている。正確には明治に入って下灘郷が脱落し、代って西宮郷をふくめた灘五郷の設立は、明治一九年の摂津灘酒造業組合の結成をもって実現したのである(一〇一・一〇二頁参照)。

3　殖産興業政策と酒造業の再編

殖産興業政策は、富国強兵策とともに、維新政府によるわが国近代化を推進してゆくためにとられた政策であり、その政策担当者は大久保利通であった。かれは明治四年に岩倉具視とともに欧米視察をおこない、その眼に映じたのはわが国の急速なる工業化の必要であり、西欧化であった。そこで実行された方式は、国家資本による産業の直接経営(官営企業)と、勧業資金の総花的配分であった。

しかし明治財政は、太政官札をはじめとする不換紙幣の増発と、起業公債や鉄道公債・金禄公債等の公債の累積により、極端なインフレにみまわれていた。とくに明治一〇年には西南の役の戦費と第十五国立銀行からの借入金をあわせて四二〇〇万円の不換紙幣が流通し、その年度の政府紙幣は一億二〇八三万円にも達し、さらに一一年には交換予備紙幣二〇〇〇万円と銀行券三四四二万円とを加えて、明治一二—一三年は全く不換紙幣の濫発がその極に達していた。そこで政府内部でもこのインフレ収束のための紙幣消却が問題となり、一四年の政変により政策的対立が最も先鋭化していった。ここにおいて大隈財政から松方財政への政策転換がおこなわれ、これまでの国家資本による重要産業の官営化や多方面にわたる民間企業の保護助長といった総花的殖産興業方式から、緊縮財政に対応して、特定資本に限定された重点的集中的傾斜生産方式へと興業方針が変化していったのである。明治一四年の官業払下げは、こうした政策転換路線に沿ってなされたものであった。

しかし殖産興業政策が高度の近代産業の移植を第一義としながらも、輸入の防遏と輸出の振興という現実的な要請もあって、無下に在来の伝統産業を無視することもできず、政策転換のあとも広く中小経営にも保護育成の手をさしのべねばならなかった。その配慮のあらわれとして、従来の工部省に代って明治一四年新たに農商務省が設置され、在来の遅れた諸産業に対しても、なお現実的な保護対策をとるにいたった。このような政策転換を機に、政府の酒造体制の再編が進行していった。その酒造政策は前述したとおりであるが、ここではさらに政府の酒造体制再編の意図を、明治一三年を中心とする租税政策との関連でみてみることにする。

そこで明治元年から二〇年にいたる期間において、政府財政の経常歳入とその中に占める地租と酒税を表示したのが、第75表である。明治初年以来、八〇%台を維持してきた地租が、明治八年に七〇%台となり、さらに一四年には六〇%台へと逓減してゆくのと対照的に、酒税は一%前後から四%へ、さらに一一年には一〇%近くになり、一五年には二三%へと増加の一途をたどっている。旧封建貢租そのままの高率地代といわれている地租が、地租改正反対の農民騒擾の嵐のまえに後退してゆくとき、酒税が地租に代って原蓄過程の重要な槓杆をになって登場してきたことが実証される。事実明治一二―一三年のインフレ克服のための財源確保の目的で、インフレによって相対的に低下した地租を、米納によって回復しようとする地租米納論が、政府内部で一三年六月頃から真剣に討議された。しかし同年九月になって金納維持論によって否定されたが、それというのも明治九年の農民大一揆に示されたように、政府みずからが農民層の抵抗を排除して米納を強行することの困難さを感知していたからといえよう。

おそらくそれと相前後する時期と推定されるが、著述年代と著者が不明で、ただ山県良蔵訳と記してある「地租ヲ削減シテ酒類官売ヲ行フ説」(関西学院大学図書館所蔵)においても、地租と酒造業および殖産興業政策との関連のもとに、注目すべき建白書意見を述べている。

第75表　経常歳入中に占める地租と酒税の比率

会計年度	経常歳入 (円)	地　租 (円)	比率 (%)	酒　税 (円)	比率 (%)
第1期（慶応3.12—明治1.12）	3,664,780	2,009,013	54.8		
第2期（明治2．1—明治2．9）	4,666,056	3,355,963	71.9		
第3期（明治2.10—明治3．9）	10,043,628	8,218,969	81.8		
第4期（明治3.10—明治4．9）	15,340,922	11,340,983	73.9		
第5期（明治4.10—明治5.11）	24,427,742	20,051,917	82.1	16,207	0.1
第6期（明治6．1—明治3.12）	70,561,688	60,604,242	85.9	961,030	1.4
第7期（明治7．1—明治7.12）	71,090,481	59,412,428	83.6	1,683,529	2.4
第8期（明治8．1—明治3．6）	83,080,575	67,717,946	81.5	1,310,380	1.6
明治8年	63,786,587	50,345,327	78.9	2,555,594	4.0
明治9年	55,684,997	43,023,425	77.3	1,911,639	3.4
明治10年	49,967,723	39,450,551	79.0	3,050,317	6.1
明治11年	53,558,117	40,454,714	75.5	5,100,062	9.5
明治12年	57,716,323	42,112,648	73.0	6,463,893	11.2
明治13年	58,036,574	42,346,181	73.0	5,511,335	9.5
明治14年	64,304,512	43,274,031	67.3	10,646,163	16.6
明治15年	69,888,873	43,342,189	62.0	16,329,623	23.4
明治16年	76,425,687	43,537,648	57.0	13,490,730	17.7
明治17年	72,102,190	43,425,996	60.2	14,068,132	19.5
明治18年	56,429,622	43,033,679	76.3	1,053,465	1.9
明治19年	71,094,269	43,282,477	60.9	11,743,777	16.5
明治20年	76,068,094	42,152,171	55.4	13,069,807	17.2

(注) 明治18年の酒税が1.9%となっているのは、明治18年の会計年度が明治18年7月より翌3月までで、19年からは4月より翌年3月までと、会計年度が変わるためである。
(史料)『明治大正財政詳覧』

それによると、現今の農民の地租負担がなお依然として苛酷であるのは、その徴税方法にあるとし、農民が一度に米を売却することの不利をあげて、かれらが有利に販売できるよう一年を通じて納期を適当な時期に分割することを提案している。それともう一点は、一定の地価を基準として算定された地租の確定により、収穫の凶作から生ずる農民の困窮化を避けるため、地租の一割(平均収穫高の二分五厘五毛)を予備金として農民の手元に蓄積させることをあげている。こうして地租納期の分割と地租予備金の設置によって、地租の苛酷さを減殺でき、地租の予備金のために減じた地租の一割を酒税によって補い、そのために酒類官売法を設立すべきことを提案しているのである。

この酒類官売論を展開するに際し、当時の酒造業の実態にふれて、次の三点を指摘している。

第一は、「目今醸酒ノ方法ニオイテハ、民力及ビ資本ヲ浪費スルノ弁」として、現在の低い生産性のもとにある土産性の強い酒造業を改良し、四季醸造と技術改良によって現今酒造に用いる職夫(蔵人)のおよそ九分の一および酒造資本の三分の一をもって、現在と同質同量の酒を造ることができ、残り九分の八の職夫と三分の二の資本を他の生産に転用する。

第二は、「醸造者巨額ノ逋税ヲ防グ事」とし、逋税(脱税)を可能ならしめている原因は、酒造場が各地に散在して政府の監督が不徹底であるからとしている。いま第一〇会計年度の製酒場と課税石数は第76表のとおりで、一製酒場あたり平均九〇石で、清酒についても一〇七石で、いたって小規模となっている。しかもその経営規模別の酒造人は第77表にみられるように圧倒的に一〇〇石以下に集中している。したがって逋税をなくするためには、官営の醸造所を設けて二五五ヵ所に限定し、一カ所あたり毎年一万一一六〇石を醸造すれば、第76表と同量の二八〇万石余りの生産高をあげることができる。この官営醸造所にアルコール含有量の検定のための鑑定検量器(一台一〇〇円)を設置すべしとのべている。

かくして第三に、「政府若シ此ノ巨額ノ逋税ヲ禦クトキハ、大イニ利益ヲ収ムルニ足ルベク、従来ノ地租ヲモ節減シ得ル事、蓋シ疑ヒ無カルベシ」と結論づけている。

以上この建白意見書の骨子は地租軽減にあり、その地租軽減分を、政府が酒造業を官営事業とし、技術改良による生産力の上昇と逋税の防止とによって調達できるとしている。この改革内容趣旨からいって、すでに地租軽減を要求する農民層の幅広い下からの運動に直面した政府が、さらに増税の必要に迫られていた時点において提出された建白書であり、時期的には明治一三年の「酒造税則」公布直前のものと推測しうるのである。

しかし現実には、二万六〇〇〇軒にも及ぶ酒造場を整備して、四季醸造による一ヵ所で年間一万石以上の生産を目指す官営酒造場の設立は、ほとんど机上のプランとしての理想論であって、現実性を欠く建白書であるといえよう。のち明治一七年に、前田正名が『興業意見』のなかで、「清酒改良ハ工業中最モ注意スベキ一大事業」ではあるが、「必シモ政府率先シテ工場ヲ起シ、以テ模範ヲ示ス等ノ施設ヲ要スルニアラス」とのべているところである。

第76表　酒類製酒場と課税石数（第10会計年度）

	(A) 製酒場	(B) 課税石数(石)	(B)／(A) (石)
清　酒	26,078	2,788,329	106.92
濁　酒	1,854	12,771	6.89
白　酒	199	1,305	6.56
味醂酒	569	19,425	34.14
焼　酎	2,446	23,768	9.72
銘　酒	249	1,758	7.06
合　計	31,395	2,847,356	90.69

(史料)「地租ヲ削減シテ酒類官売ヲ行フ説」(関西学院大学図書館所蔵文書)

第77表　酒類別製酒場と酒造人（第9会計年度）

酒造別製酒場		酒造人(人)
清　酒	100石以下	18,735
	100石以上1,000石以下	7,368
	1,000石以上	68
濁　酒	未詳	※1,823
白　酒	10石以下	206
	10石以上	21
味　醂	10石以下	390
	10石以上100石以下	175
	100石以上500石以下	37
	500石以上	10
焼　酎	10石以下	1,823
	10石以上100石以下	433
	100石以上	11
銘　酒	10石以下	233
	10石以上	32
合　計		31,365

(注)※第10会計年度の数字
(史料)第76表と同じ

したがって増税を目前にして政府の差し迫った対応は、結局酒造業の官営化の方向ではなしに、「酒造税則」の政策基調に則して、造石税の増徴と免許課税の大幅な引き上げ、さらに逋税を防ぐための酒造検査の厳格化によって、土産性の強い地方の小規模酒造家を整理することであった。

4 酒屋会議と減税闘争

酒屋会議は、明治政府の酒税の増徴によって酒造業者の経営が圧迫されたことに対する反税闘争の形をとって開始された。しかも時あたかも国会開設を要求する民権運動と結合して展開していった点に、この事件の特色がみられた。その発端は、明治一四年五月に高知県の酒造人約三〇〇人が減税請願書を政府に提出したが、これが却下されたので、高知の自由民権家である植木枝盛に依頼した。そこで植木は一〇月に東京で国会期成同盟および自由党の会議に上京する機会を利用し、高知県三〇〇人の酒造家の総代の権限を委託されて、会議出席の酒造家と謀って、全国的な減税請願運動を展開してゆく計画をたてたのである。

こうして一四年一一月一日付をもって、高知県の植木枝盛・児島稔、島根県の小原鉄臣、茨木県の磯山尚太郎、福井県の安立又三郎・市橋保身を発起人にたて、「檄して日本全国の酒造業人諸君に説く」とよびかけた。この檄文は明年（一五年）五月を期して開催される酒屋会議への参集を求めたもので、全国の酒造人に配布され、また新聞にも掲載された。政府はただちに弾圧を開始し、檄文の署名者全員とこれを掲載した新聞の編集責任者を刑事裁判に付したのである。ところが檄文草案者である植木のみは高知裁判所において、檄文発送を問責することができないという理由で釈放されたが、そのことが後の運動の展開に大いに幸したのである。

やがて酒屋会議の差し迫った明治一五年四月には、東京の朝野新聞、大阪の立憲政党新聞、神戸の神戸新報などに、「吾等共営業上ノ儀ニ付、日本全国同業諸君ト御懇談仕度、乃自五月一日於大坂全国酒造営業人会議致候間、全国ノ同業者諸君御来会有之度候也」と広告して、さらに酒屋会議への参加を呼びかけたのである。時まさに四月六日に自由党党主板垣退助が岐阜で凶変に遭遇し、政治状勢は極度に緊迫していた時だけに、政府はこの開催広告の記事に接してただちに開催中止の弾圧を開始した。

こうした政府の弾圧にもかかわらず、植木はなおも執拗な宣伝活動を続け、四月二八日以降には新聞紙上に「此上ハ拙者ヨリ諸君ヲ招集セズ、諸君自ラ来ル時ハ則乞フ面晤セン」という個人の来会を広く呼びかけている。そして五月四日の第一回の会議は大阪の淀川上に船を浮べて当局の目をかすめて行われ、この時の参加者は二〇余名といわれている。ついで九日には会場を京都に移し、この時二府一八県の四〇余名の全国各地の酒造業者総代が集まり、翌一〇日には祇園中村楼において具体的な減税請願の建白書を作成した。かくて六月一〇日に小原鉄臣が総代となって建白書を元老院に提出して、ここに会議の目的は終ったのである。

さてここで先に植木枝盛が全国の酒造家に呼びかけた明治一四年一一月一日の「檄文」と、酒屋会議でまとめられ、明治一五年六月に小原鉄臣が総代となって元老院に提出した「建白書」から、当時の酒造家の政府への要求を整理してみよう。まずその骨子となる「檄文」の要旨は、次の六点に要約できる。

(一) 酒造営業税と造石税の重税は営業自由の原則を侵すものであるから、酒税の軽減を請願する。

(二) 酒造家に重税を課しても、その増税分だけ酒価が高騰し、大衆に転嫁するだけで、酒造家は損害を蒙らないという考え方を是正する。

(三) 現今の租税は他の諸税と比較して、酒税のみが不当に重いが、租税はあくまで営業に均一でなければならない。

(四) 酒は人間の健康を害するが故に、国家はできるだけ干渉すべきである、という国家干渉を打破する。

(五) 酒は驕奢品である、という偏見を是正する。

(六) 政府の財政収入を増税で賄うことは不当で、国家財政における負担を営業一般と均等にすべきである。

右の六点は、いわば酒税の軽減と営業自由の保証という抽象的なスローガンで貫かれているといえよう。

ところが元老院への「建白書」では、たんなる抽象的なスローガンだけでなく、酒税の軽減と営業税・造石税の廃止を強調するとともに、課税方式の改革をも要求している点が注目される。つまり現在の酒税は造石数で検査して徴収するために販売石数とは合わず、酒造に失敗しても当初の検査をうけた石数で徴税されることになる。また政府は検査員を酒造家宅に派遣するが、かれらは密造密売の摘発ばかりに目を光らせて、酒造家の実情を理解しようとはしない。このような官憲の干渉主義を極度に強めた課税方式や検査方式を改めて、酒造家の実情に即した方法によるべきである。それは販売石数の多寡に応じ、収入の大小に準じてその等級を定め、酒造家の階層性を反映させた課税方式を採用すべきことを請願しているのである。

しかしこの要求は、明治一五年という時点での政府の増税政策に対し、酒屋会議が全国酒造業者対明治政府の真正面からの対応ではなしに、酒造業者の内部で、酒屋会議に結集してゆく酒屋と不参加の酒屋に分裂していた。そこに全国酒造業者を結集しての酒屋会議に限界があり、やがて反税闘争が挫折してゆかざるをえない側面のあったことを見逃すことができないのである。

5　明治前期の酒造経営―企業型酒造家と地主型酒造家―

酒屋会議へ結集してゆく地方の酒造家と、積極的な参加への姿勢を示さなかった灘五郷などの大規模酒造家の存在は、明治一三年の酒税増徴政策が及ぼす酒造経営の違いでもあった。そこで酒造経営の個別史料から、明治一〇年前後の時期を中心に、この二つのタイプの酒造家をとりあげて検証してみることとしよう。

(1)灘・御影郷　嘉納治兵衛の酒造経営

旧摂津国菟原郡御影村は灘五郷の中でも最も酒造業の発展した地域であるが、この御影郷で嘉納治兵衛・同治郎右衛門の両家は、その発展の頂点にたつ同族であった。嘉納治兵衛は化政期（一八〇四―三〇）には所持蔵一〇蔵、酒造株高一万石以上の酒造経営を行い、また慶応三年の兵庫開港に際しては「世話役」として兵庫商社設立に参加し、維新政府に対しては会計基立金の調達に応じ、明治二年通商司設置と同時にその「酒造取締」に任ぜられるなど、幕末維新期には新特権商人として顕著な活躍がみられた。しかしその社会的政治的役割とは裏腹に、明治に入ると同三年

店有銀		囲金銀		(A) 計		(B)預り金	(A) − (B) 店卸高	
789両	1.0%	32,606両	41.4%	79,389両	100.0%	9,158両	70,231両	100%
1,437	1.9	31,984	42.1	75,939	100.0	8,078	67,861	97
1,408	1.9	31,984	43.8	73,025	100.0	6,624	66,401	95
1,487	2.0	31,984	43.8	73,939	100.0	6,340	67,599	96
3,272円	4.3	31,984円	42.0	76,080円	100.0	10,038円	66,042円	94
1,893	2.5	31,984	43.1	74,287	100.0	10,572	63,715	91
1,103	1.5	31,984	42.9	74,539	100.0	12,368	62,171	89
837	1.1	31,984	43.0	74,327	100.0	11,974	62,353	89
894	1.1	31,984	40.4	79,182	100.0	14,394	64,788	92
1,173	1.4	31,984	36.9	86,642	100.0	15,802	70,840	101

の株高一万四七五九石にもかかわらず、実際の仕込高は三蔵・一五〇〇石の稼働で、酒造経営の方は大きな転機に差しかかっていた。この明治三年に、先代治兵衛良学が死去して治兵衛尚成がわずか二九歳の若さで家督を相続し、この苦境期を乗り切るべく経営改善に着手した。その一つが明治三年より一二年にいたる「酒造店卸下帳」で、合理的な計算性に基づいた帳簿組織を完備させた。この帳簿一冊で貸借対照表と損益計算書を網羅しているが、これを整理して表示したのが、第78・79表である。第78表では固定資産を除く流動資産のみを列挙し、次のように計算している。

期末資本（店卸高）＝
（A）流動資産（酒造仕込金・売掛金・貸付金・預け金・囲い銀）－（B）流動負債（預り金）
として当年店卸高を算出。
純損益（延銀または損銀）＝
期末資本（当年店卸高）－期首資本（前年店卸高）
として当年の純損益を計上。次に、
純損益＝
収益（徳用差引）－費用（無入）
として、一ヵ年にわたる同家の損益計算書を作成する形をとっている。

第 78 表　灘御影郷・嘉納家の店卸帳

年次	酒造資本		酒問屋売掛金		貸付金		預け金	
明治３年	11,931両	15.0%	3,221両	4.1%	30,608 両	38.5%	234両	0.3%
４年	7,824	10.3	2,672	3.5	30,724	40.5	1298	1.7
５年	9,895	13.6	819	1.1	28,653	39.2	266	0.4
６年	6,155	8.3	5,075	6.9	29,006	39.2	232	0.3
７年	5,981円	7.9	5,800円	7.6	28,877円	38.0	166円	0.2
８年	5,846	7.9	4,028	5.4	30,097	40.5	439	0.6
９年	6,919	9.3	2,801	3.8	30,871	41.4	861	1.1
10年	4,777	6.4	5,912	8.0	30,575	41.1	242	0.4
11年	7,114	9.0	5,278	6.7	33,747	42.6	165	0.2
12年	9,623	11.1	10,051	11.6	33,811	39.0		

(注) 貨幣単価の両から円への換算は、１両＝１円として計算されている。店卸高の右側の数字は明治３年を 100 とする指数。
(史料)「酒造店卸下帳」(白嘉納家文書)

第79表はこの「収益」の項目のみを表示したものである。以上の複式簿記の形式をとおして、嘉納家が営利活動の合理化をもくろんでいたことが理解できるのである。

さて第78表から次の点が指摘される。

(1)(A)流動資産の中で最も比率の高いのは、囲い金銀で毎年四〇%以上を占め、ついで貸付金四〇%前後となり、この両者で全体の八〇%という高率を示している。

(2)酒造家としての同家の本来の家業たる酒造経営への運用資本が大体一〇%前後で、とくに明治六年より毎年若干ずつ減少傾向にさえあり、一二年には回復のきざしをみせている。

(3)酒問屋(東京)の売掛金は少しずつ累積傾向にあり、とくに明治一二年には一〇%を超えている。

(4)店卸高(期末資本)は明治三年を一〇〇とすれば、ほとんど毎年減少しており、いわば拡大再生産への資本の回転とはおよそ程遠い経営規模の縮小化を示している。それは利潤を生まぬ蓄蔵貨幣としての囲い金銀の比重が大きいとともに、資本が生産資本として運用されていないことを物語っている。いまこの比率を嘉納治郎右衛門の「店卸帳」によって、第47表の文化一三年(一八一六)の場合をみると、酒造仕入銀七二・五%、貸付銀二〇・三%で約九四%となり、売掛金・預け銀・手持金銀(囲い金銀)はゼロに等しい(二三五頁)のと比較すると、酒造業発展期と明治初期とでは酒造業へ

第79表　灘御影郷・嘉納家の収益

年　次	酒造徳用	買酒損金	蔵宿賃	焼酎徳用	水車徳用	小　計	貸附利息	田地徳用	合　計
明治3年	771両	−2,307両	1,263両	31両	37両	−205両	1,233両	109両	1,137両
4年	−638		421		9	−208	1,198	44	1,034
5年	−1,550		567		81	−902	301	42	−559
6年	−701		684	21	128	132	493		625
7年	1,859円		259円	29円	120円	2,267円	399円		2,666円
8年	1,397		161	32	130	1,720	211	68	1,999
9年	−875		147	29	97	−602	148	18	−436
10年	34		158		112	304	71	126	501
11年	2,328		106		133	2,567		375	2,942
12年	3,032		434		194	3,660	172	402	4,234
合　計	5,657	−2,307	4,200	142	1,041	8,733	4,226	1,184	14,143
13年	6,497								
14年	4,680								
15年	701								
16年	5,542								
17年	2,569								
18年	−54								
合　計	19,935								

(注) −は損金
(史料) 明治3年〜12年は第78表に同じ
明治3年〜18年の酒造徳用は「配分勘定帳」(白嘉納家文書) による

の生産資本の充用という点で格段の差が認められるであろう。

つぎに第79表の収益の面からでは、蔵宿賃の説明が必要であろう。

それは酒造蔵の減価償却費に相当するもので、前述の嘉納治郎右衛門の近世の帳簿（「店卸帳」）では「敷銀」と書かれているものである（二三〇頁の第45表参照）。そして生産資本に対する収益率を算出する場合には支出項目とし、収益高を数量的に把握するこの表では収益項目として計上している。この点幕末期の嘉納治郎右衛門の帳簿とあわせて、すでに灘酒造経営が近代的な複式簿記の導入による収益計算と資産状態の数的把握が試みられている点については、改めて注目されるであろう。そこで第79表によって指摘できる点は次の諸点である。

（一）まず明治三年から一〇年にいたる期間、酒造経営はほとんど連年損銀で、宿賃と焼酎・水車の酒造業関連部門の収益を合計しても、明治七・八両年を除いては赤字か、またはそれに近い状況となっている。

（二）貸付利息は明治三、四年はかなりの額に達しているにもかかわらず、五年以降は急激に減少している。

しかも第78表の貸付金額は一定であるところより、いわゆる貸付金のこげつきか貸倒れによるものと考えられる。なかでも東京酒問屋酒代金延滞分の累積と別家への貸付が貸付金の三〇%を占め、他方旧大名貸分が四〇%となっている。そして旧大名貸分が明治六年以降公債（六千両）として計上されている点から、廃藩置県によって公債に転化され、ほとんど貸倒れの状態にあったものと推測される。

（三）全体として嘉納家の収益は、明治初年の酒造経営の不振を貸付利子によって辛うじて維持してきたものの、借方（損失）として毎年世帯入用銀その他を合わせて一五〇〇～二〇〇〇円が計上されているところより、損益計算書では明治七、八年の収益をもってしてもなお赤字状態であったといえよう。

したがってその赤字補填のために、明治三年には新場店・大坂堀江抱屋敷・兵庫北仲町抱屋敷を合計三一五五両で売却し、四年には阿波嘉家を三四五両で、さらに五年には石屋蔵酒造場を三〇〇両でそれぞれ手放すなど、全く苦境にたたされていた。弱冠二九歳で家督を継いだ当主は、その七年目にあたる明治九年大晦日には、

右之通甚見苦敷勘弁重々奉恐入候、何様酒造元高不思寄損失金にて、諸入費相嵩旁如斯次第、何様倹約第一相心得、追々右不足償納仕度日夜無怠勉強仕候

と書いてその決意の程を披瀝している。

しかし明治初年の灘酒造業不振の現象は、なにも嘉納家のみの特殊事情ではなく、灘酒造業一般の趨勢であったことは、『灘誌』の次の叙述によっても明らかであろう。

（明治）元年二月は兵革を以て米価頓に騰翔し収支償はず、産を破り業を廃するもの少からず、乃ち御影村に就き之れを検するに不景気の余、酒蔵を毀ち其材を粥（ひさ）ぐもの甚た多く、遂に酒蔵取り毀ちを以て営業となすものあるに至れり

ところが明治一一年以降になるとようやく嘉納家の酒造経営は好転のきざしをみせ、第78表で店卸高が明治一二年になって三年当時の経営規模に回復している。そして三年から一〇年までの八年間の酒造収益が合計わずか三〇〇円であるのに対し、一一年より一八年までの八年間で実に七三〇〇円に達している。つまり嘉納家では一一年を転機に

して好転しているが、その背景には、西南の役後のインフレ的好景気にあおられ、酒造業のみならず、農産物価格が高騰し、農民経済も極度に好況となり、その結果清酒市場においても消費需要が刺激されて、酒造石高も明治一〇年代を通じてのピークに達したのである。しかし明治一三年の酒造税則の布告によって造石税は一石一円より二円に引き上げられ、さらに一五年には二倍の四円に増税されるが、灘酒造家はこの増税が直ちに酒造経営を圧迫して不振に陥ることなく、むしろこれを契機により有利な条件を展開させてゆく方向に転換させてゆくことができたのである。

(2)堺県（旧河内国）河邨家の酒造経営

堺県（明治一四年大阪府に編入）の一酒造家河邨家の「酒造棚卸帳」と「歳々台所勘定帳」（いずれも関西学院大学図書館所蔵）によって、明治五年から二〇年までの地方酒造家の経営状況をみてみよう。この史料の由来については全く不明で、他に関連史料もなく、ただ表紙に「河邨」とあるのと、酒税を堺県へ上納しているので、堺県とわかるだけで、旧河内国の郡名・村名も不明である。

大阪府下の旧河内国は、明治一四年には醸造石高一万四七五七石で、大阪府全体のわずか五・五%を占めるにすぎず、しかも醸造人七六人で、一人あたり醸造石高は一九四石である。大阪府下では醸造人の半数前後もしくはそれ以上の業者が、明治一五年の酒屋会議の運動に参加し、同会議には総代二名を送り出している地域である。河邨家が酒屋会議の運動に参加したかどうかは不明であるが、同家の造石高は一〇〇石前後で、それは河内国でも平均以下の規模であるところより、おそらく酒屋会議へ同調していった酒造家の一人であったと想定できる。しかも同家は土地を所有して耕作している地主ないし自作農で、下男・下女各一人ずつ雇用しており、同時に酒造業も営んでいるという地主酒造家で、いわば典型的な地方の群小酒造家であったと考えられる。

「歳々台所勘定帳」は、最初に「台所用」として世帯入用の支出項目と金額を列挙し、そのあと「戻り勘定」として酒造収益と田地収益をあげ、損失として世帯入用を計上し、差引して純損益（過益または不足）を算出して、一応貸借対照表の形式をとっている。これを表示したのが、第80表である。

この表によると、河邨家の経営も明治五—一〇年、一一—一五年、一六—二〇年の三期に分けられる。第一期は酒造・田地ともに不振で、ほとんど赤字の累積となっているが、その原因は酒造業の不振にある。第二期は、それとは反対に好景気を示し、とくに酒造収益が大きくのびている。第三期はふたたび酒造収益が悪化しているが、田地収益は順調にのび、結局酒造経営の不振と世帯入用銀が累積して全体としてはふたたび赤字がかさなり、第一期以上に深刻な様相を呈している。そこで先述の灘の嘉納家と比較すると、少なくとも明治一五年までは類似の傾向を示し、とくに明治一二―一三年は順調に発展していて、明治前期を通じて比類のない発展をとげ、そこに農村の商品貨幣経済の伸展を基盤とした地方の地主兼営酒造家の台頭発展がみられる。しかし嘉納家が明治一五年以降も引き続いてさらに飛躍を続けるのに対し、河邨家は一六年以降急速に経営不振に陥り、そのあと四年間は六八七円の赤字が累積して決定的な打撃を蒙っている。しかもその直接の原因は、まさに酒造業のつまずきにあったわけで、次にこの点をさらに検討してみよう。

第80表　堺県・河邨家の収支決算表

年次	酒造収益	田地収益	(A) 計	(B) 世帯入用	(A)－(B) 純利益
明治5年	37両	27両	64両	91両	−27両
6年	150円	15円	165円	170円	−5円
7年	97	55	152	148	4
8年	−23	40	17	161	−144
9年	−96	42	−54	134	−188
10年	40	29	69	162	−93
11年	289	84	373	202	171
12年	472	60	532	306	226
13年	607	131	738	485	253
14年	204	107	311	450	−139
15年	390	79	469	332	137
16年	202	※ −20	182	256	−74
17年	−9	75	66	390	−324
18年	32	55	87	226	−139
19年	−17	77	60	210	−150
20年	216	68	284	277	7

（注）※史料には「大旱魃ニ付租税持出シ」として世帯入用の項に記入されている。
−は損金
（史料）「歳々台所勘定帳」（関西学院大学図書館所蔵文書）

河邨家の酒造経営の規模は、明治一五年をとると、造石高一二七石五斗、酛数一二酛で、一酛八石五斗仕舞であり、蔵人は杜氏をふくめて五人、臼屋（精米）六人で、仕込期間は九七日、仕舞個数は四分の一仕舞程度であった。

造石高一〇〇〇石、酛数一〇〇、仕舞個数一ッ仕舞で仕込期間一〇〇日、蔵人一三人という灘の標準的な千石造りの酒造規模からみると、かなり零細な経営規模であった。この経営にみられる販売高と販売場所（板看板と店売り）を表示したのが第81表である。

板看板とは、大阪の小売酒屋への卸売分で、これが販売高の半分以上を占めている。その残りが村内近村を対象とする小売店売分で、河邨家は造り酒屋であると同時に小売酒屋も兼ねた、いわゆる「田舎の造酒屋」であった。とくに板看板分と店売分とを比較すると、明治五、六年は圧倒的に板看板分が多かった（八八％）のに、その後は徐々に店売分に比重が移っていって、一〇年以降は五〇％台となっている。このことは、明治一一年以降の農村経済の好況を反映してのことであって、店売が板看板分に比して有利な価格で販売できたという点では、店売の増加は同家の経営に有利であったし、そのことが明治一〇年代前半期の黒字経営を維持することができた一因であった。この意味で、やはり近郊農村市場の好不況と密接な関係があるといえよう。

しかし明治一〇年代後半にかけての第三期の酒造業不振の原因は、市場条件からくる制約面より以上に、生産費の増大による圧迫が大きな要因となっていた。そこで生産費を酒造米・酒税と、その他の蔵人・臼屋の給銀・飯米代・樽代・割木代等を諸費用に一括して、この三項目について表示したのが、第82表である。大体幕末期の嘉納治郎右衛門の場合、酒造米代は生産費の約六五％前後で、その次は江戸積用樽代一二％という比率で、酒造株冥加銀は一％にも満たない状態であった。

また前述の嘉納治兵衛の明治前期の経営においても、酒税が直接経営を圧迫しているという事実は認められない。ところが河邨家の場合、年を追って酒税の占める比率が増大している事実が歴然としている。すなわちまず明治八年の酒類税則の布告によって、九年には三七円（四％）から六二円（八％）となり、一一年の追加改正で従価税より造石税となって四八円（九％）から一挙に一〇〇円（一三％）と二倍以上に急増し、一三年の酒造税則で二五二円（一二％）から三二三円（一六％）となり、このときの営業税三〇円、造石税一石二円となり、さらに一五年には四円となって、酒税の比率が高まり、とくに明治一七年以降は酒造米と酒税がほとんど同額に近い数字となっている。このことは、明治一三年の酒造税則の三〇円という営業税は、このような零細規模の酒造家にとって、まさに経営の存続を

第81表　河邨家の酒販売高と酒価

年次	板看板分		店売分				販売合計	1石当たり平均酒価
			現金売		通付売			
	石数(石) 比率(%)	1石当たり酒価	石数(石) 比率(%)	1石当たり酒価	石数(石) 比率(%)	1石当たり酒価	石数(石) 比率(%)	
明治5年	122.92	5両2朱	5.14	5両	12.93	5両3歩3朱	140.99	5両3歩
	(88.4)		(2.3)		(9.3)		(100.0)	
6年	125.28	6.00円	4.04	6.03円	12.02	7.38円	141.34	6.10円
	(88.6)		(2.9)		(8.5)		(100.0)	
7年	93.39	8.17	2.97	8.87	17.32	9.00	113.68	8.31
	(82.2)		(2.6)		(15.2)		(100.0)	
8年	69.69	9.00	6.65	9.00	12.65	10.70	88.99	9.46
	(78.3)		(7.5)		(14.2)		(100.0)	
9年	78.87	7.16	15.50	8.44	17.02	9.01	111.39	7.62
	(70.8)		(13.9)		(15.3)		(100.0)	
10年	53.51	7.17	23.49	7.81	42.32	8.00	119.32	7.61
	(44.8)		(19.7)		(35.5)		(100.0)	
11年	88.53	7.83	23.93	8.99	40.70	9.28	153.16	7.49
	(57.8)		(15.6)		(26.6)		(100.0)	
12年	99.39	10.11	22.78	12.00	56.03	12.35	178.20	11.05
	(55.8)		(12.8)		(31.4)		(100.0)	
13年	86.23	12.27	19.39	14.00	60.66	14.45	166.28	13.28
	(51.9)		(11.6)		(36.5)		(100.0)	
14年	60.89	13.90	19.84	16.30	49.67	17.64	130.40	14.56
	(46.7)		(15.2)		(38.1)		(100.0)	
15年	90.67	13.13	19.50	14.80	60.01	15.04	170.18	13.99
	(53.3)		(11.4)		(35.3)		(100.0)	
16年	75.50	11.51	14.35	13.15	39.47	13.47	129.32	12.31
	(58.4)		(11.1)		(30.5)		(100.0)	
17年	56.51	11.25	15.80	13.00	27.83	12.96	100.14	12.00
	(56.4)		(15.8)		(27.8)		(100.0)	
18年	10.79	13.10	7.50	14.50	18.26	14.50	36.55	13.96
	(29.5)		(20.5)		(50.0)		(100.0)	
19年	69.60	11.07	11.15	13.00	15.20	13.40	95.95	11.59
	(72.5)		(11.7)		(15.8)		(100.0)	
20年	106.39	11.80	13.14	13.00	23.66	13.13	143.19	12.23
	(74.2)		(9.3)		(16.5)		(100.0)	

(史料)「酒造棚卸帳」(関西学院大学図書館所蔵文書)

第82表　河邨家酒造経営にみる酒造米代・諸費用・酒税比率

年　次	酒造米代			諸費用		酒　税		合　計	
	数量(石)	金額	%	金額	%	金額	%	金額	%
明治5年	145	479両	66	171両	23	80両	11	730両	100
6年	110	347円	65	159円	30	27円	5	533円	100
7年	112	545	72	171	23	35	5	751	100
8年	98	639	74	188	22	37	4	864	100
9年	101	529	67	198	25	62	8	789	100
10年	80	341	61	169	30	48	9	558	100
11年	93	443	60	202	27	100	13	745	100
12年	115	715	60	303	25	174	15	1,192	100
13年	165	1,419	69	390	19	252	12	2,061	100
14年	111	1,261	66	359	18	323	16	1,943	100
15年	139	1,252	60	441	21	401	19	2,094	100
16年	168	1,259	58	421	20	473	22	2,153	100
17年	83	399	37	212	20	460	43	1,071	100
19年	91	515	43	156	17	492	40	1,163	100
20年	111	607	44	205	14	583	42	1,395	100

(注) 明治18年は休造
(史料) 第81表に同じ

不可能にするような致命的な負担であったし、それがまた造石税の引き上げとともに、酒屋会議での重要な課題であったと考えられる。

(3) 酒屋会議との関連において

以上嘉納・河邨両家の酒造経営から、次のように結論づけることができよう。

明治一二年の酒造業の比類ない繁栄期を期して、政府は酒税の引き上げを強行し、殖産興業政策との関連のもとに、原蓄過程の一槓杆として酒造体制の再編強化をもって対処した。しかしそれが全国各地の群小地主酒造家の経営を圧迫し、ためにかれらは反税闘争をもって抵抗し、それが酒屋会議へと結集させる直接の契機となった。そしてかれらが没落してゆく過程は、二つの波を描いて進行していった。第一の波は、一三年の酒造税則に対する酒屋会議結集当時は、眼前に酒税の重圧が迫りつつあったとはいえ、まだかれらの酒造経営は何らかの形で維持しえたであろうし、また政府の重税を身をもって防ぎ止めるための姿勢であったといえよう。しかしかれらが政府の徹底した弾圧のもとに敗北し、ブルジョア的発展の芽を完全に摘みとられてゆく一五年以降の第二の波においては、かれらはほとんど酒造経営の存続条件を根底から覆され、加うるに松方デフレ政策の強行と相まって酒造業から完全に脱落を余儀なくされるにいたったのである。

これとは対照的に、灘酒造家の経営例が示すように、酒造再編強化策によって酒税確保のために保護育成に系列化されてゆく酒造家の一群は、むしろ明治一五年以降から有利な経営へ立ち戻り、明治初年以来の苦境をのり超えて、収益性の高い利潤が約束される酒造技術改良と経営合理化への道を歩み出していった。明治一五年以降のこの明暗の二面性を、酒造先進地で企業型酒造家・灘御影郷の嘉納家と、明治になって輩出してきた新興の地主型酒造家・旧堺県の河邨家の経営史料が如実に証明しているのである。

酒造史参考文献目録（昭和六一年現在）

1 編著書

『清酒醸造法実験説』第一―四巻　小野藤介編輯　明治二〇年
『灘酒沿革誌・続灘酒沿革誌』神戸税務監督局編　弘文堂　明治四〇年、（復刻）明治文献資料刊行会　昭和四八年
『灘酒史』菅谷秋水纂述　大谷商店　明治四三年
『清酒ニ関スル調査』兵庫県内務部商工課編　昭和三年
『酒造関係稼人調査』兵庫県学務部社会課編　昭和四年
『酒』住江金之著　西ヶ原刊行会　昭和五年
『東北地方に於ける醸造に関する文献集』日本醸造協会東北支部　昭和九年
『和漢酒文献類聚』石橋四郎編　西文社　昭和一一年、（復刻）第一書房　昭和五一年
『日本の酒』林春隆著　一条書房　昭和一七年
『日本産業発達史の研究』小野晃嗣著　至文堂　昭和一六年、（復刻）法政大学出版局　昭和五六年
『灘酒経済史研究』柚木重三著　象山閣　昭和一六年
『灘酒経済史料集成』上・下二巻　創元社　昭和二五・二六年
『酒の浪曼』住江金之著　四季社　昭和三二年
『日本の酒』（岩波新書）坂口謹一郎著　岩波書店　昭和三九年
『清酒業の経営と経済』緑川敬・桜井宏年著　高陽書院　昭和四〇年
『近世灘酒経済史』柚木学著　ミネルヴァ書房　昭和四〇年
『宮水物語』読売新聞阪神支局編　中外書房　昭和四一年

『酒・さけ・酒』大関酒造株式会社編　毎日新聞社　昭和四二年
『会津酒造の歴史—喜多方地方を中心に—』伊藤豊松著　会津喜多方酒造組合出版委員会　昭和四四年
『岡山の酒』（岡山文庫）小出巌・西原礼之助著　日本文教出版　昭和四四年
『酒づくり談義』柳生健吉著　酒づくり談義刊行会　昭和四五年
『米の文化史』篠田統著　社会思想社　昭和四五年
『酒が語る日本史』和歌森太郎著　河出書房新社　昭和四六年
『古酒新酒』坂口謹一郎著　講談社　昭和四九年
『酒』（東京大学公開講座）東大出版会　昭和五一年
『日本酒の歴史』柚木学著　雄山閣　昭和五〇年
『会津の酒』伊藤豊松著　福島中央テレビ　昭和五二年
『日本の酒の歴史—酒造りの歩みと研究—』加藤弁三郎編　研成社　昭和五二年
『白鶴古文書史料集』白鶴酒造株式会社　昭和五三年
『灘の酒用語集』灘酒研究会編　灘酒研究会　昭和五四年
『近世海運史の研究』柚木学著　法政大学出版局　昭和五四年
『酒造りの今昔と越後の酒男』中村豊次郎著　野島出版　昭和五六年
『清酒業の歴史と産業組織の研究』桜井宏年著　中央公論事業出版　昭和五六年
『酒の話』（講談社現代新書）小泉武夫著　講談社　昭和五七年
『生一本』神戸新聞社会部　神戸新聞出版センター　昭和五七年
『灰の文化誌』小泉武夫著　リブロポート　昭和五九年
『多満自慢石川酒造文書』第一巻　多仁照広編　霞出版　昭和六〇年

2市町村史（灘五郷関係分のみ）

『西灘村史』西岡安左衛門編　大正一五年
『武庫郡誌』武庫郡教育会編　大正一〇年
『御影町誌』御影町会編　昭和一一年
『住吉町誌』谷田盛太郎編　昭和二一年
『魚崎町誌』同町誌編纂委員会　昭和三二年
『池田市史』概説篇・各説篇　同史編纂委員会編　池田市　昭和三〇・三五年
『西宮市史』全七巻　魚澄惣五郎編　西宮市　特に第二巻・第五巻（資料編2）　昭和三三―三八年
『伊丹市史』全七巻　同史編纂専門委員会編　伊丹市　特に第二巻・第四巻（史料編1）昭和四六―四八年

3酒造組合史

『土佐自醸沿革誌』丸亀税務監督局編　明治四三年
『丹波杜氏沿革誌』多紀郡醸酒業組合編　明治四四年
『大山酒史』大山町酒造組合編　大正五年
『宍粟郡酒造沿革雑記』前野善次郎編　大正六年
『灘五郷酒造一班』西宮税務署編　大正八年
『池田酒史』池田史談会編　大正八年
『玉島酒造一班』日本醸造協会中国支部編　大正九年
『西条酒造一班』日本醸造協会中国支部編　大正九年
『埼玉県酒造組合誌』埼玉県酒造組合編　大正一〇年
『西條地方酒造一班』西條税務署間税課編　昭和四年

『会津酒史要』新城貞著　若松酒造組合　昭和四年
『上越の酒造出稼人』高田税務署編　昭和五年
『東北酒史』斎藤次郎八編　昭和八年
『和歌山酒造組合史』田村渉編　和歌山酒造組合　昭和九年
『佐渡酒誌』中山五郎著　佐渡郡酒造組合　昭和一〇年
『酒造組合中央会沿革史』第一編　石橋四郎編　酒造組合中央会　昭和一七年
『東京酒問屋沿革史』横地信輔編　東京酒問屋統制商業組合　昭和一八年
『伏見酒造組合誌』伏見酒造組合編　昭和三〇年
『福岡県酒造組合沿革史』橋詰武生編　福岡県酒造組合　昭和三二年
『丹波杜氏』小林米蔵編　丹波杜氏組合　昭和三二年
『宮城県酒造史』本編　早坂芳雄編　宮城県酒造組合　昭和三三年
『栃木酒のあゆみ』徳田造淳編著　栃木県酒造組合　昭和三六年
『新潟県酒造史』松本春雄編　新潟県酒造組合　昭和三六年
『宮城県酒造史』別編　早坂芳雄編　宮城県酒造組合　昭和三七年
『南部杜氏五十年史』南部杜氏五十年史編集委員会編　南部杜氏組合　昭和四一年
『佐賀県酒造史』佐賀県酒造組合　昭和四二年
『伊丹酒造組合史』米井宗治編　伊丹酒造組合　昭和四四年
『信州の酒の歴史』田中武夫編　長野県酒造組合　昭和四五年
『秋田県酒造史』資料編　半田市太郎編　秋田県酒造組合　昭和四五年
『酒造組合中央会沿革史』第二編　同史編集室　日本酒造組合中央会　昭和四六年
『酒造組合中央会沿革史』第三編　同史編集室　日本酒造組合中央会　昭和四九年

『酒造組合中央会沿革史』第四編　同史編集室　日本酒造組合中央会　昭和五五年
『秋田県酒造史』技術編　池見元一編　秋田県酒造組合　昭和五六年
『高知県酒造史』第一集・第二集　広谷喜十郎編　高知県酒造組合連合会　昭和五六年
『但馬杜氏』但馬杜氏編集委員会編　但馬杜氏組合　昭和五六年
『南部杜氏』「南部杜氏」編纂委員会　岩手県稗貫郡石鳥谷町教育委員会編　昭和五八年
『酒造組合中央会沿革史』第五編　同史編集室　日本酒造組合中央会　昭和五八年
『会津酒造史』伊藤豊松著　会津酒造組合　昭和六一年

4 会社史

『佐藤家とその酒造業の小史』佐藤宏一・及川小太郎編　佐藤酒造店　昭和三一年
『大倉家沿革誌』石井教道編　大倉酒造株式会社　昭和三二年
『宝酒造株式会社三十年史』富士野安之助編　宝酒造株式会社　昭和三三年
『株式会社三宅本店百拾年史』知切光歳著　三宅本店　昭和四〇年
『老松酒造二百年史』老松酒造株式会社　昭和四三年
『江井ヶ嶋酒造株式会社八十年史』社史編集委員会編　江井ヶ嶋酒造株式会社　昭和四四年
『合同酒精社史』合同酒精株式会社　昭和四五年
『天寿百年（創業百年小誌）』天寿酒造株式会社　昭和四九年
『両関創業百年史』伊藤仁右衛門商店　昭和四九年
『第十三代辰馬吉左衛門翁を顧みて』矢野孝之輔編　辰馬本家酒造株式会社　昭和五〇年
『白鶴二百三十年の歩み』白鶴酒造株式会社　昭和五二年
『白鶴筒尾集（酒屋風俗譚）』白鶴酒造株式会社　昭和五二年

『株式会社山中兵右衛門商店二六〇年史』株式会社山中兵右衛門商店　昭和五六年

5酒造関係論文（ABC順に掲載）

安達　文昭　摂州伊丹酒史考　歴史研究（新人物往来社）二五四号　昭57
〃　伊丹の酒と文人墨客　歴史研究　二六四号　昭58
天野　武　酒屋の看板　酒史研究　四号　昭61
青木福太郎　灘清酒に於ける販路の変遷　関西学院商業経済時報　三号　昭10
嵐　瑞澂　篠山藩酒造出稼の一考察　地方史の研究（兵庫県立教育研究所）昭33
〃　義民伝・市原清兵衛（自家版）昭36
〃　篠山藩に於ける酒造出稼に対する統制　兵庫史学　三一号　昭37
馬場　憲一　一豪農にみる酒造業開業過程の様相―武蔵国入間郡平山村斉藤家の場合―　地方史研究　二七巻一号　昭52
土肥　鑑高　近世酒造米に関する若干の覚え書　桐朋学報　二〇号　昭45
〃　近世米穀市場の取引仕法における理論と現実―「米相場」の理解をめぐって―　桐朋学報　二七号　昭52
遠藤　元男　冬場の百日稼の杜氏・蔵人（近世職人づくし16）歴史手帖　三巻三号　昭50
江頭　恒治　伏見酒造労働に就て　経済論叢　二七巻六号　昭3
〃　中井家の酒造業経営について　彦根論叢　一〇三号　昭39　同著『近江商人中井家の研究』所収　雄

山閣　昭40
藤原　道一　三原酒　芸備地方史研究　四六号　昭38
藤原　隆男　一八九〇年代における酒造改良運動の展開とその特質　岩手大学教育学部研究年報　三四巻一・二部　昭49
〃　酒造改良教師箱石東馬と東北酒　岩手史学研究　六〇号　昭51
〃　初期帝国議会下の全国酒家大会の運動　岩手大学教育学部研究年報　三六巻一・二部　昭51
〃　近代日本酒造史序論　岩手史学研究　六二号　昭52
〃　日清戦後の増税と酒造業　歴史と文化　昭56
〃　明治末・大正期における酒造業体制　経済学（東北大）四四巻四号　昭58
〃　明治前期の酒造技術と酒造労働―岩手県婦帯村駒木酒造場の分析―　岩手大学文化論叢　一輯　昭59
〃　酒造検査制度成立の歴史的意義　酒史研究　二号　昭60
福山　昭　近世河内酒造業の展開―石川郡富田林を中心として―　富田林市史研究紀要　五号　昭51
〃　近世酒造業と在払　ヒストリア　七七号　昭52
古沢　嘉夫　酒屋神保治左衛門と酒売渡しにおける訴訟をめぐって　燕郷土史考　五号　昭48
後藤　正人　自由民権期の地域社会における権利運動と地主制―和歌山県日高郡の「酒屋会議」を中心として―　紀州経済史文化史研究所紀要　四号　昭59
林　春隆　灘酒を語る　上方　六九号　昭11
〃　灘の酒　上方　一四三号　昭17

橋本　敬一　他所酒取締考　芸備地方史研究　二一号　昭32
石恒　昭子　紀州藩における酒造業の一例—中飯隆村の木下家の場合—　日本歴史　三一〇号　昭49
平山　行三　徳川時代の酒造政策　京都法学会雑誌　九巻八号　大3　同著『経済史研究』所収　弘文堂書店　大9
本庄栄治郎　伏見造酒株仲間　京都法学会雑誌　九巻一〇号　大3　同著『日本社会経済史研究』所収　有斐閣
　〃　昭23
本城　正徳　伯太藩在払とその市場的条件—畿内における米穀市場構造の一考察として—　日本史研究　一八六号
　昭53
　〃　幕末期における米穀市場の変動について—摂泉地域の入津米集散市場を中心に—　ヒストリア　九三
　号　昭56
　〃　幕末期における市場政策の特質と都市経済　歴史評論　三九三号　昭58
　〃　幕末・明治における灘酒造業経営の一考察　酒史研究　三号　昭60
石崎　裕美　幕藩期における酒造政策—加賀藩の場合—　史艸　一四号　昭48
石田　昇　近世灘今津郷に於ける酒造業の発展　経済史研究　三〇巻五号　昭18
石橋　四郎　灘酒の発達と酒価の今昔　若林与左衛門編『醸造論文集』所収　昭11
井ヶ田良治　寛政改革と京都町奉行所（上・中）—酒造制限令と口丹波騒動—　同志社法学　一二七号・一三五号
　昭48・50
井上　定幸　北関東における近江商人の醸造経営—上州藤岡町・原田四郎右衛門店の場合—　群大史学　九号　昭38
井上洋一郎　伏見酒造業の発達　京都大学・経済論叢　六九巻三・四号　昭27
　〃　酒神への奉仕者　経済人　八巻一号　昭29
　〃　農民出稼の一形態—酒造労働者の村出事情と労働形態について—　宮本又次編『農村構造の史的分析』

所収　日本評論社　昭30
〃　近世酒造業の経済構造—伏見酒造業の場合—　広島大学・政経論叢　八巻四号　昭34
今北　由行　西摂における酒造業の発展と米の流通について　兵庫史学　三七・三八・三九号　昭39
家永　三郎　植木枝盛と酒屋会議　歴史評論　八七号　昭32　同著『植木枝盛研究』所収　岩波書店　昭35
池上　和夫　北清事変と日清戦後第三次増税　神奈川大学・商経論叢　一四巻二号　昭53
〃　日清戦後における酒税の増徴について　神奈川大学・商経論叢　二〇巻三・四号　昭60
池野　茂　灘の酒造業　ＦＨＧ　四七号　昭52
堅田　精司　西播州における酒造稼人の一史料　近世史研究　三巻六号　昭32
〃　酒屋地主と雇傭労働　近世史研究　二六号　昭33
〃　酒屋地主の終末　兵庫史学　二三号　昭35
〃　酒造稼人の労賃　日本歴史　一四五号　昭35
〃　富田の酒造業　地方史研究　一一巻五号　昭36
河村　盛一　酒造マニュファクチュアと水車　神戸外大論叢　二巻五号　昭27
川村　優　佐原・流山の酒と味醂　『日本産業史大系』4関東地方篇所収　東大出版会　昭34
川上　雅　寛文延宝期鴻池資本の運動形態—〈酒仕切目録の分析〉—　ヒストリア　三二・三三号　昭37　宮本又次編『大阪の研究』第五巻所収　清文堂出版　昭45
川那部治良　丹波酒造出稼の一考察　兵庫農科大学研究報（農学篇）一巻一号　昭28
加藤　百一　九州杜氏の成立とその背景　福岡史談報　六巻二号　昭43
〃　博多練酒考　福岡史談報　一〇巻三五号　昭45
〃　日本の酒の発掘　月刊文化財　一九六号　昭55

鎌谷　親善　近代醸造技術教育の一断面―坪井仙太郎と大阪高等工業学校醸造科―　酒史研究　一号　昭59
〃　コンシェルトと防腐剤について　酒史研究　三号　昭60
近藤　資郎　出稼労働とマニファクチュア―酒造労働の史的考察を中心として―　労働研究　一〇三号　昭31
小林　茂　元禄期前後の酒造経営　近世史研究　三〇号　昭36
神戸大学日本史研究会　幕末における酒造労働者の性格　文学部論叢　三〇号　昭34
小松　和生　近世都市酒造業の動態―大阪三郷の場合―　宮本又次編『商品流通の史的研究』所収　ミネルヴァ書房　昭42
〃　明治前期の酒造政策と都市酒造業の動向　阪大経済学　一七巻一号　昭42
〃　近世在郷町の酒造業―北摂池田郷の場合―　阪大経済学　一七巻四号　昭43
〃　近世都市酒造業の経済構造―大阪三郷を中心として―　宮本又次編『大阪の研究』第二巻所収　清文堂出版　昭45
〃　近世後期における商人資本の帳合法―備後尾道・金屋の諸帳簿について―　神戸学院大学・経済学論集　二巻一号　昭45
〃　近世備後酒の展開と生産構造　神戸学院大学・経済学論集　二巻三・四号　昭46
前田　太郎　古代醸酒雑考　史学雑誌　二九巻九号　大7
前田　治　宮水余聞　上方　四三号　昭9
松本　茂平　酒屋看板考　上方　四号　昭6
松木　侃　津軽酒造資本と青森商社　社会経済史学　一七巻六号　昭26
〃　津軽酒造資本の発展過程　人文社会（弘前大学人文社会学会）四号　昭29
〃　弘前藩における酒造業・酒造資本及びその経営形態について　社会経済史学　一九巻六号　昭29

松井久美枝　伏見酒造業の展開―一九世紀中期より二〇世紀初頭における―　研究年報（奈良女子大学文学部）二三号　昭55
真水　淳　越後酒造業史の一考察　史学論考（新潟大学教育学部歴史科談話会）一〇号　昭38
〃　幕末期の酒造業―大室酒を中心に―　水原郷（新潟県文化財調査年報一〇号）　昭46
満願寺一作　近世酒造業の生産機構　歴史学研究　一巻六号　昭9
宮本　又次　南部における小野一族の酒造経営と土地集積　同著『小野組の研究』第二巻所収　新生社　昭45
美馬　佑造　近世枚方地方の在払　ヒストリア　七七号　昭52
峰岸　秀雄　多摩郡伊奈村石川家の酒・醤油の醸造について　古文書研究会会報　創刊号　昭59
村瀬　正章　近世三河における廻船業の特質　海事史研究　一一号　昭43
〃　尾三における江戸積酒造と廻船輸送　徳川林政史研究所・昭和四七年度研究紀要　昭48
村上　勇　伏見酒造の沿革　歴史研究　二七八号　昭59
長倉　保　西摂灘における地主＝酒造資本の形成　ヒストリア　一六号　昭31
〃　江戸後期における酒造資本の存在形態―灘五郷・嘉納家の場合―　神戸大学・研究　昭35
〃　灘の酒『日本産業史大系』6近畿地方篇所収　東大出版会　昭35
〃　明治一〇年代における酒造業の動向―酒屋会議をめぐって―　歴史評論　一二六号　昭36
中部よし子　大阪周辺在郷町の形成　ヒストリア　二〇・二一号　昭32　同著『近世都市の成立と構造』所収　新生社　昭42
〃　摂津在郷町の展開―伊丹を中心として見たる―　地方史研究協議会編『封建都市の諸問題』所収　雄山閣出版　昭34
〃　封建都市酒造業の展開―摂津国川辺郡伊丹郷を中心として―　大阪歴史学会編『封建社会の村と町』

所収　吉川弘文館　昭35
中村農次郎　越後酒男出稼と関東出店の形成　社会科研究（新潟県）一六号　昭46
小泉　節子
西村　真次　下り酒情調　同著『日本文化史点描』所収　東京堂　昭12
西ケ谷恭弘　戦国の武将と酒（戦国史の風景4）歴史手帖　一〇巻五号　昭57
〃　酒の種類（戦国史の風景5）歴史手帖　一〇巻六号　昭57
〃　酒の生産（戦国史の風景6）歴史手帖　一〇巻七号　昭57
野原　敏雄　酒造経営の史的研究―三重県青山町重藤酒造の幕末文書の分析―　中小企業研究（中京大）六号　昭59
野白喜久雄　明治初期における日本酒醸造法の欧米への紹介　酒史研究　一号　昭59
〃　オスカー・コンシェルトの「酒について」　酒史研究　二号　昭60
岡　光夫　地主酒造マニュファクチュア　社会科学（同志社大学人文科学研究所）一巻一号　昭30　同著『村落産業の史的構造』所収　新生社　昭42
岡田利兵衛　徳川中葉の伊丹酒　上方　四号　昭6
小山田義夫　後期義植治下対酒屋政策についての一考察―室町幕府法を中心に―　日本社会史研究　三号　昭34
奥野　高広　造酒司領について―戦国時代の皇室御領―　日本歴史　一一号　昭23
小野　晃嗣　室町幕府の酒屋統制　史学雑誌　四三編七号　昭7　同著『日本産業発達史の研究』所収　至文堂　昭16
〃　中世酒造業の発達　社会経済史学　六巻八・九・一一号　昭11・12　同著『日本産業発達史の研究』所収　至文堂　昭16
大野　瑞男　浅草米蔵について―「浅草米廩旧例」の紹介―　史料館研究紀要　九号　昭52

斎藤　正一　学者の商法―鈴木重胤と大山酒の江戸廻酒―　日本歴史　二一六号　昭41
〃　大山酒造業発達史―東北米作地帯における酒造業の一例―　鶴岡工業高等専門学校研究紀要　一・二号　昭42・43
斉藤　勤　畿内在郷町の変質過程　歴史研究（大阪教育大）一六号　昭54
酒井　一　近世後期における農民闘争について―灘地方を中心にして―　兵庫史学　二号　昭29
〃　西摂青山主水領の在払制度　丹丘（市立伊丹高校）二号　昭35
佐々木銀弥　中世の社寺と醸造　日本醸造協会雑誌　六八巻六号　昭48
佐藤　元重　越後杜氏の研究―積雪地方農村経済史の一齣―　日本歴史　二八号　昭25　同著『北陸風土記経済史』所収　弘文堂　昭34
下村　寛治　篠山藩における酒造出稼制限政策といわゆる義民市原清兵衛の伝説　兵庫史学　二五号　昭35
新保　博　清酒醸造業の発達　『中小企業研究』Ⅶ巻所収　東洋経済新報社　昭37
篠田　統　近世末期江州野洲郡における酒造業とその技術　大阪学芸大学紀要（B自然科学）五号　昭23
〃　西日本の酒造杜氏集団　京都大学人文科学研究所調査報告　一五号　昭32
〃　奥能勢の酒造史資料　大阪学芸大学紀要（自然科学）八号　昭35
〃　池田酒造史　『池田市史』各説篇所収　池田市　昭35
〃　日本酒の系統　金関博士古稀記念委員会編『日本民族と南方文化』所収　平凡社　昭43
〃　日本酒の源流　同著『米の文化史』所収　社会思想社　昭45
篠田　壽夭　知多郡御払居米制度の変遷　豊田工業高専研究紀要　一五号　昭57
〃　鳴海村の酒造業　奈留美　一三号　昭58
〃　知多酒の市場―盛田久左衛門家の場合―　豊田工業高専研究紀要　一六号　昭58
〃　知多の在郷商人経営―安政六年の盛田久左衛門家の場合―　豊田工業高専研究紀要　一八号　昭60

〃　尾張国知多郡酒造業と尾張藩の財政政策　酒史研究　四号　昭61
庄司吉之助　酒屋会議にあつまる人たち―自由民権運動と近代産業の成立―　『日本生活風俗史』産業風俗3所収　雄山閣　昭36
塩野　芳夫　近世の酒造業に関する一考察―大阪三郷を中心として―　帝塚山短大紀要　昭50
武野杢三郎　菊屋株の起源に就て　醸造会誌　一〇号　大3
高尾　一彦　酒づくり『講座日本風俗史』第八巻所収　雄山閣　昭34
田村　実　酒造業の経済的研究　小島昌太郎監修『内海地域の経済的研究』所収　昭28
津川　正幸　樽廻船輸送の海損分担　魚澄先生古稀記念『国史学論叢』所収　同記念会　昭34
〃　近世中期の樽廻船輸送の動向（その1）関西大学・経済論集　九巻五号　昭35
塚本　学　酒と政治―綱吉政権期のばあい―　月刊百科　二一七号　昭55
鳥羽　正雄　近世の森林経済と上方　上方　一八・二一号　昭7
〃　近世の森林経済と酒樽　史学雑誌　四七編六号　昭11
外崎　光広　酒屋会議と児島稔　社会科学論集（高知短大）四二号　昭57
海谷　照　近世飯山領酒造業の特質―天明期酒造米高の考察―　信濃　三一巻二号　昭54
鷲尾　三郎　灘五郷酒造宮水の話　上方　二九号　昭8
〃　灘酒雑考　上方　一四三号　昭17
渡辺梨枝子　尾張鳴海における一酒造業の展開―〈千代倉〉東店家を中心として―　史苑　三〇巻一号　昭44
渡辺　慶一　柿崎の酒屋打ちこわし一揆　頸城文化　二一号　昭39

和田　篤憲　番船と清酒取引の慣例　本庄栄治郎編『日本交通史の研究』所収　改造社　昭4
〃　江戸下り酒問屋について　日本醸造協会雑誌　二六巻七・八号　昭6
〃　灘酒を江戸へ運ぶ　海運　一九二号　昭13
和田　邦平　灘の酒づくりと習俗　月刊文化財　一九六号　昭55
若井　　正　村山照吉の「酒屋会議事件」　東海近代史研究　七号　昭60
若林　　泰　宝塚地方の酒造業盛衰　地方史研究　一八二号　昭58
〃　「宝塚地方」における近世酒造業の盛衰について　酒史研究　一号　昭59
柳生　健吉　延喜式にかかれた酒について　兵庫史学　一三号　昭32
山　下　勝　高木家文書「酒銘」による京都酒造業についての考察（そのⅠ・Ⅱ）　酒史研究　二・三号　昭60
山下美智子
山田　昭次　酒屋会議―その階層的基盤―　史苑　二〇巻一号　昭34
〃　明治一〇年代における明治政権と酒造業者の動向―酒屋会議小論　歴史評論　一三五号　昭36
山本　三郎　室町時代の酒造業　唯物論研究　一五号　昭9
〃　徳川時代の酒造労働者　社会経済史学　五巻一二号・六巻一号　昭11
〃　幕末に於ける酒造労働賃銀の問題　社会経済史学　七巻八・九号　昭12
〃　徳川幕府の酒造米統制　歴史学研究　五八・五九号　昭13
山中　寿夫　広島城下における酒造仲間―その形成と強化―　芸備地方史研究　五・六合併号　昭29
柚木　重三　灘酒経済史研究序説　商経雑誌　三号　昭11
〃　徳川幕府の酒造統制　商学論究　九号　昭12
〃　造酒株の特異性　商学論究　一二号　昭13
〃　徳川幕府の入津樽統制　商学論究　一四号　昭13

〃　佐田介石の造酒万益論　経済史研究　二一巻二号　昭14
〃　造酒株の種別性　商学論究　一六号　昭14
〃　近世酒造業の経済的性格　日本醸造協会雑誌　三四巻二、三、四、五号　昭14
〃　近世末期所謂灘五郷に於ける酒造業発展の地域別性格（一）（二）　法と経済　一二巻二、五号　昭14
〃　江戸時代前半期に於ける幕府の酒税政策　商学論究　一七号　昭14
〃　江戸時代後半期に於ける幕府の酒税政策（一）（二）　法と経済　一三巻二、三号　昭15
柚木　学　近世灘魚崎村における酒造業の発展　兵庫史学　一四号　昭32
〃　灘地方における江戸積酒造業の発展過程　経済学論究　一二巻一号　昭32
〃　近世灘酒造業の展開と酒造経営―御影村本嘉納家を中心として―　経済学論究　一三巻一号　昭34
〃　兵庫開港と商社の設立　経済学論究　一三巻四号　昭35　宮本又次編『上方の研究』第二巻所収　清文堂出版　昭50
〃　明治前期における酒造業の展開と酒屋会議―酒造経営を中心として―　経済学論究　一六巻二号　昭37
〃　寛政改革と酒造統制　兵庫史学　二九・三〇号　昭37
〃　江戸酒問屋の成立と下り酒の流通機構　経済学論究　一七巻二号　昭38
〃　下り酒の流通機構と荷主対問屋の対立　経済学論究　一八巻一号　昭39
〃　下り酒の流通機構と代金決済方法について　経済学論究　一八巻三号　昭39
〃　酒『産業史Ⅱ』（体系日本史叢書）所収　山川出版社　昭40
〃　近世海運史研究の動向―菱垣廻船・樽廻船・北前船を中心として―　海事史研究　三・四号　昭40
〃　近世海運業における加入形態について―菱垣廻船・樽廻船を中心として―　経済学論究　二〇巻一号　昭41
〃　明治前期の経済構造―明治政府の殖産興業政策―　明治研究（関西学院大学共同研究１）　昭42

〃　幕末期における樽廻船経営の動態　経済学論究　二二巻一号　昭43
〃　兵庫商社と維新政府の経済政策　社会経済史学　三五巻二号　昭44
〃　幕藩体制確立期の都市酒造業—北摂池田郷の場合—　経済学論究　二四巻三号　昭45
〃　伊丹の酒、明治時代の伊丹酒造業　伊丹市史編纂室編『伊丹史話』所収　伊丹市　昭47
〃　紀州廻船と樽廻船—近世海運史の一局面—　甲南経済学論集　一四巻一号　昭48
〃　九店仲間の結成と廻船支配　商学論究　二二巻三・四号　昭50
〃　天保期以降における菱垣廻船の動態　経済学論究　三〇巻一号　昭51
〃　篠山藩と百日稼ぎ　ＮＨＫ神戸放送局編『兵庫史探訪』所収　日本放送出版協会　昭51
〃　灘の酒造り—江戸時代を中心に—　化学と工業　三〇巻三号　昭52
〃　近世における酒造経営と別家制度　秀村他編『近代経済の歴史的基礎』所収　ミネルヴァ書房　昭52
〃　Sake Brewing Industry in Tokugawa Japan,O.Kojima ed.,Studies in the Business Economics. Daigakudo Shoten Limited,1977.
〃　摂州伊丹酒樽銘鑑　地域研究いたみ　八号　昭53
〃　酒造　『講座・日本技術の社会史』第一巻所収　日本評論社　昭58
〃　杜氏を頂点とする蔵人（酒造働き人）の生活　生活文化史　三号　昭59
〃　近世酒造史の研究と課題　酒史研究　一号　昭59
〃　江戸積摂泉十二郷酒造仲間と北在郷　市史研究紀要たからづか　一号　昭59
〃　近世十二郷酒樽屋仲間の成立とその動態　経済学論究　三八巻三号　昭59
〃　灘酒造業の発展と西宮・今津　『西宮の歴史と文化』（西宮市立郷土資料館紀要）所収　西宮市立郷土資料館　昭60
〃　伊丹の銘酒「印帳」　特許研究　一号　昭61

著者紹介

柚木　学（ゆのき　まなぶ）

昭和４年 石川県金沢市生まれ。昭和28年関西学院大学経済学部卒業。同大学院経済学研究科博士課程修了。経済学博士。昭和47年関西学院大学経済学部教授。昭和57年『近世海運史の研究』で日本学士院賞受賞。平成６年４月関西学院大学学長（〜平成９年３月）。平成10年３月関西学院大学名誉教授。平成12年４月21日逝去。
編著書：『近世灘酒経済史』（ミネルヴァ書房）、『日本酒の歴史』（雄山閣）、『諸国御客船帳』（清文堂出版）、『近世海運史の研究』（法政大学出版局）、『酒造経済史の研究』（有斐閣）、『日本水上交通史論集 全６巻』（編／文献出版）ほか多数。

【本書の刊行履歴】
『日本酒の歴史』〈雄山閣歴史選書26〉（初版／1975年）
『酒造りの歴史』〈雄山閣ブックス20〉（増補・改題／1987年）
『酒造りの歴史』〈新装版〉（改版／2005年）

著者のご遺族、あるいはご遺族のご連絡先をご存知の方は、小社までご連絡くださいますようお願い申し上げます。

2018年１月25日　初版発行　《検印省略》

酒造《さけづく》りの歴史《れきし》【普及版】

著　者　柚木　学
発行者　宮田哲男
発行所　株式会社 雄山閣
東京都千代田区富士見２-６-９
ＴＥＬ　03-3262-3231 / ＦＡＸ　03-3262-6938
ＵＲＬ　http://www.yuzankaku.co.jp
e-mail　info@yuzankaku.co.jp
振　替：00130-5-1685

印刷・製本　株式会社 ティーケー出版印刷

Printed in Japan 2018
ISBN978-4-639-02556-6 C1021
N.D.C.588　368p　22cm